电子信息前沿技术丛书

北京高等教育精品教材
北京理工大学"十四五"规划教材

多抽样率数字信号处理理论及其应用 （第2版）

陶然　石岩　王越　编著

清华大学出版社

北京

内 容 简 介

本书全面系统地阐述了多抽样率信号处理的理论、方法和应用。全书共 12 章，第 1~4 章为基础理论部分，主要包括抽样率转换基础、多抽样率系统的网络结构与高效实现、两通道滤波器组、M 通道滤波器组；第 5~8 章为扩展理论部分，主要包括小波变换与滤波器组、分数域多抽样率信号处理、多维多抽样率信号处理、多尺度方向变换与方向滤波器组；第 9~12 章为应用部分，主要包括多抽样率技术在 ADC 中的应用、滤波器组在数字通信中的应用、滤波器组在音频编码中的应用、小波变换在图像处理中的应用。全书内容编排由浅入深，循序渐进，注重理论与应用相结合，兼顾知识的深度与广度。每章配有精选的习题，包括理论练习和 MATLAB 练习，附录部分包含相关的 MATLAB 实验代码，便于读者自学和实践。

本书可作为高等学校电子信息类专业的高年级本科生、研究生教材，也可作为电子信息领域的科研人员和工程技术人员的参考资料。

图书在版编目（CIP）数据

多抽样率数字信号处理理论及其应用 / 陶然，石岩，王越编著. —2 版. —北京：清华大学出版社，2022.8
（电子信息前沿技术丛书）
ISBN 978-7-302-61044-1

Ⅰ. ①多… Ⅱ. ①陶… ②石… ③王… Ⅲ. ①数字信号—信号处理—高等学校—教材
Ⅳ. ①TN911.72

中国版本图书馆 CIP 数据核字（2022）第 099524 号

责任编辑：文 怡
封面设计：王昭红
责任校对：韩天竹
责任印制：杨 艳

出版发行：清华大学出版社
    网   址：http://www.tup.com.cn, http://www.wqbook.com
    地   址：北京清华大学学研大厦 A 座   邮 编：100084
    社 总 机：010-83470000   邮 购：010-62786544
    投稿与读者服务：010-62776969，c-service@tup.tsinghua.edu.cn
    质 量 反 馈：010-62772015，zhiliang@tup.tsinghua.edu.cn
    课 件 下 载：http://www.tup.com.cn,010-83470236
印 刷 者：北京富博印刷有限公司
装 订 者：北京市密云县京文制本装订厂
经 销：全国新华书店
开 本：185mm×260mm   印 张：21.5   字 数：510 千字
版 次：2007 年 4 月第 1 版 2022 年 9 月第 2 版   印 次：2022 年 9 月第 1 次印刷
印 数：1~1500
定 价：79.00 元

产品编号：093604-01

随着数字化时代的到来，数字信号处理技术已经广泛应用于日常生活和工程领域，例如通信、计算机、多媒体、自动控制、生物医学等，由此产生了诸多的数字系统和数字设备。在不同系统或设备的交互中，通常需要信号在不同采样率①之间进行转换，这就涉及抽样率转换问题，该问题是多抽样率信号处理（multirate signal processing，MSP）的核心问题之一。此外，随着数据量的增长，对存储、传输、处理等方面的要求也越来越高，如何在保证信息不损失的前提下，降低计算量和存储量，或是在资源有限的条件下，提高系统的性能，这些都是多抽样率信号处理所要研究的问题。

作为数字信号处理的一个分支，多抽样率信号处理的研究可追溯至 20 世纪 70 年代。经过近半个世纪的发展，在理论和应用方面取得了丰硕的成果。概括来讲，多抽样率信号处理的理论体系主要包括抽样率转换与滤波器组，以及在此基础上发展起来的多域、多维等扩展内容。

抽样率转换是多抽样率信号处理的基础。本书第 1、2 章将介绍这部分内容，主要包括抽样率转换的基本原理、多抽样率系统的等效网络和高效实现方式等。抽取和内插是抽样率转换的基本单元，两者级联则可实现任意分数倍的抽样率转换。在实际应用中，特别是面对高速率高存储量的数据，如何降低计算量是系统分析和设计的首要问题。多相结构和多级实现提供了两种不同的解决方案。

滤波器组部分的内容则更加丰富。两通道滤波器组是滤波器组中最典型的结构，它源自音频信号的子带编码。两通道分析滤波器组包含一个低通滤波器和一个高通滤波器，从而将信号分解为不同频率成分的子带信号，有利于编码、传输和存储。与分析滤波器组相对应的是综合滤波器组，其作用是将子带信号重构，以保证信息的完整性。在信号分解和重构过程中，通常会引入一些失真。如何避免失真，实现完全重构是滤波器组理论研究的重点内容。两通道滤波器组可以扩展为更一般的多通道滤波器组，从而实现更细致的频带划分。通常，滤波器组的频带划分是均匀的，即均匀滤波器组。而有些学者也研究了更一般化的非均匀滤波器组。关于两通道与多通道滤波器组的内容将分别在第 3、4 章详细阐述。

---

① 又称抽样率，本书将"采样"与"抽样"视为相同含义，两者经常交换使用。

　　小波变换是一种典型的时频分析工具，相比于傅里叶变换，小波变换的基函数具有尺度伸缩的能力，能够刻画信号的时频局部特性，因此被形象地称为"数学显微镜"。自20世纪80年代以来，小波理论快速发展，特别是随着多分辨分析理论和离散小波变换算法的提出，小波变换同滤波器组紧密联系起来，为其实现和工程应用奠定了重要的基础。目前，小波变换已经成功应用于信号处理、图像处理、计算机视觉、地球物理学、生物医学、通信等领域。本书第 5 章将对小波变换与滤波器组进行详细介绍。

　　分数阶傅里叶变换是另一种时频分析工具，作为傅里叶变换的广义形式，它能够提供介于时域和频域之间的信号表征，十分适合非平稳信号，特别是线性调频信号的分析。相应地，基于分数阶傅里叶变换域（简称为分数域）的多抽样率信号处理也是近些年来学术界的热点研究问题，本书第 6 章将对相关内容进行详细介绍。

　　随着现代信息技术的发展，在许多应用场景中，信号呈现多维度的特点。本书第 7 章将介绍多维多抽样率信号处理，主要包括多维信号的表征、多维抽样率转换及滤波器组。从数学角度来看，多维信号是一维信号的一般化描述，因此多维的分析过程与一维有相似之处，一维中的许多结论可拓展至多维。然而，多维信号并非是一维信号的简单组合，它所蕴含的高维度特征（如二维信号的方向性）是一维信号不具备的。因此，多维信号的表征、分析与处理是信号处理领域的热点问题之一。第 8 章将以二维信号为例，介绍方向滤波器组及多尺度几何变换。

　　在应用方面，本书将以模/数转换、数字通信、音频编码、图像处理等四个方面为例来说明多抽样率技术在实际工程中的应用。这些内容将分别在第 9~12 章介绍。

　　综上，本书的内容结构安排如图 1 所示，其中，第 1~4 章为基础理论部分，第 5~8 章为扩展理论部分，第 9~12 章为应用部分。结合编者的教学经验，建议授课学时为 32~48 学时，其中，基础理论部分应重点讲授，扩展部分可根据实际学时作为选学内容，应用部分可供专题研讨、研究型学习使用。

　　本书凝结了编者多年的教学心得，并汲取了历届选修"多抽样率信号处理"课程的研究生的反馈意见，内容编排循序渐进，注重理论与实践相结合，兼顾知识的深度与广度。为了帮助读者更好地理解书中的内容，每章的"本章要点"以问题方式提炼本章的核心知识，"本章小结"总结本章的内容，梳理知识脉络，并附相关的参考文献，拓展读者的知识视野。此外，每章配有精选的习题，包括理论练习和 MATLAB 练习，以强化读者对相关内容的理解，提高动手实践能力。

　　本书获得北京理工大学"十四五"规划教材立项资助，并得到北京理工大学信息与电子学院和清华大学出版社的大力支持。在编写过程中，北京理工大学单涛教授、北京机电工程总体设计部张惠云研究员（本书第一版作者）提供了宝贵的指导性建议。硕士研究生王微、谭艾雍为书稿内容的编辑、绘图、实验调试等做了大量的工作，赵娟副教授、刘娜博士、硕士研究生徐子铭参与了书稿的校对。在此向以上人员表示感谢！

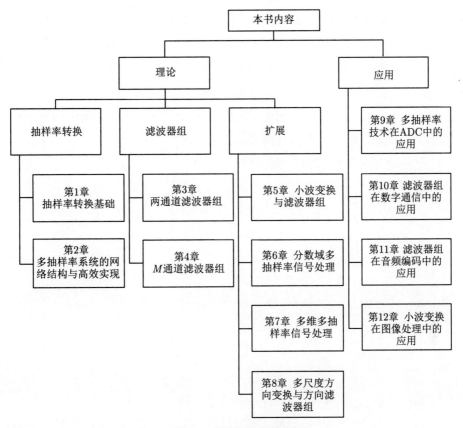

图 1　本书的内容结构

　　多抽样率信号处理理论仍处于完善之中，各类应用技术发展迅速，加之编者水平有限，书中难免存在纰漏之处，恳请广大专家、同行和读者不吝批评指正。

编　者

2022 年 6 月

修订说明

REVISION NOTES

　　本书第一版于 2007 年出版，获评 2008 年北京高等教育精品教材。但上一版距今已 10 余年，部分知识陈旧，无法反映当前多抽样率信号处理的发展现状。为此，本次修订主要内容包括：

　　（1）精炼核心内容，优化教材结构。多抽样率信号处理是数字信号处理的一个分支，理论性强，部分内容较为抽象，要求读者具备良好的信号处理知识基础。本次修订主要提炼多抽样率信号处理的核心内容，重新编排了内容结构，删减了过于陈旧的知识方法和部分繁冗的数学推导，突出物理概念的解释，力求使读者对多抽样率信号处理的知识脉络有清晰、完整的认识。例如，删除了第一版第 1 章概述，将原有内容穿插在各个章节进行介绍，增加知识关联性和内容可读性。又如，重新编写了抽样率转换和滤波器组部分的内容（本书第 1~4 章，第一版第 2~5 章），对绝大多数图形进行了重新绘制。此外，删除了第一版第 6 章"双正交组"，将部分内容放到第 12 章"滤波器组在数字通信中的应用"来介绍，避免引入过多抽象繁杂的数学推导。

　　（2）跟踪学科动态，补充前沿内容。近 20 年来，多抽样率信号处理发展迅速，涌现了许多新的理论与方法。本次修订结合本领域的最新发展动态，补充了相关内容，例如第 5 章"小波变换与滤波器组"、第 8 章"多尺度方向变换与方向滤波器组"，同时对原有内容，如第 6 章"分数域多抽样率信号处理"（第一版第 8 章）、第 7 章"多维多抽样率信号处理"（第一版第 7 章）等进行了更新。体现了教材内容的前沿性、创新性，以拓展读者的知识视野，培养创新思维能力。

　　（3）理论联系实际，强化应用能力。多抽样率信号处理的技术方法广泛应用于模/数转换、数字通信、音频处理、图像处理等领域。为了增强读者理论联系实际、动手实践的能力，本次修订补充了相关的 MATLAB 实验和应用专题，突出理论与实践相辅相成的作用。例如增加了第 11 章"滤波器组在音频编码中的应用"、第 12 章"小波变换在图像处理中的应用"，并配以相应的 MATLAB 示例和代码。

　　本次修订依然保留了第一版的一些特色。例如在内容结构上分为理论和应用两部分，前后呼应，联系紧密。每章从"本章要点"开始，以"本章小结"结束，以帮助读者更好地梳理每章的知识脉络。每章配有精选的习题，包括理论练习和 MATLAB 练习，以强化读者对相关内容的理解，提高动手实践能力。

编　者

2022 年 6 月

目录

CONTENTS

第1章

抽样率转换基础

本章要点

- 什么是抽取？什么是内插？两者的作用分别是什么？
- 抽取、内插前后信号在时域和频域如何变化？
- 抗混叠滤波器和除镜像滤波器的原理和作用是什么？
- 怎样实现分数倍抽样率转换？
- 如何从时变滤波的角度理解抽样率转换？
- 数字音频系统中为何要采用多抽样率技术？

多抽样率信号处理的研究对象是具有不同抽样率的信号和系统，其中抽样率转换（sampling rate conversion，SRC）是核心问题之一。抽样率转换主要包括模拟和数字两种方法。模拟方法先利用数/模转换器（digital to analog converter，DAC）将采样信号转换成模拟信号，然后再利用模/数转换器（analog to digital converter，ADC）进行采样，从而得到新的采样率下的信号。而数字方法直接在数字域完成抽样率转换，不需要进行 D/A 和 A/D 转换。相对于模拟方法，数字方法降低了系统的复杂度，避免了引入量化噪声，可以实现高保真度的转换。本书主要围绕数字方法展开介绍，并假定读者已熟悉数字信号处理的相关内容。

本章首先介绍采样的概念；随后介绍在数字域进行抽样率转换的两个基本运算单元，即抽取和内插；接着讨论如何利用抽取和内插实现分数倍抽样率转换；并结合数字音频系统说明多抽样率技术的作用和优势；最后介绍抽样率转换在 MATLAB 上的实现方法。

1.1 采样

采样（sampling）是将连续时间信号转换成离散时间信号的过程。设连续时间信号为 $x_c(t)$，现对它进行均匀采样（uniform sampling），即每隔时间 T 取一个点，于是得到一组离散点列，记作

$$x[n] = x(t)|_{t=nT} = x(nT) \tag{1.1.1}$$

称 $x(nT)$ 为 $x(t)$ 的采样信号，其中，T 为采样间隔。$F_s = 1/T$ 称为采样率或抽样率（sampling rate），单位为 Hz。

傅里叶变换是信号分析与处理的重要工具。定义连续时间信号的傅里叶变换为

$$X(j\Omega) = \int_{-\infty}^{\infty} x(t)e^{-j\Omega t}dt \tag{1.1.2}$$

式中，Ω 为模拟角频率（analog radian frequency），单位为 rad/s，即 $\Omega = 2\pi F$，其中，F 为信号的实际频率，单位为 Hz。

下面分析采样信号与原始连续时间信号（简称原始信号）的频谱关系。注意采样信号可表示为原始信号与冲激序列的乘积，即

$$x(nT) = x(t)\sum_{n=-\infty}^{\infty}\delta(t-nT) \tag{1.1.3}$$

对上式作傅里叶变换，记采样信号的频谱为 $X_s(j\Omega)$，原始信号的频谱为 $X(j\Omega)$，同时注意冲激序列的傅里叶变换依然是冲激序列，根据卷积定理可知，采样信号与原始信号的频谱具有如下关系：

$$X_s(j\Omega) = \frac{1}{2\pi}X(j\Omega) * \frac{2\pi}{T}\sum_{n=-\infty}^{\infty}\delta(\Omega-n\Omega_s) = \frac{1}{T}\sum_{n=-\infty}^{\infty}X(j(\Omega-n\Omega_s)) \tag{1.1.4}$$

式中，$\Omega_s = \dfrac{2\pi}{T} = 2\pi F_s$ 为采样角频率（简称为采样率）。

式(1.1.4)说明，采样信号的频谱是将原始信号频谱以 Ω_s 为周期进行周期延拓，且幅度变为原来的 $1/T$，图 1.1 给出了该过程的示意图。显然，若采样率过低则会造成相邻周期的频谱交叠在一起产生失真，这种现象称为混叠（aliasing）。为避免混叠，采样率应大于信号最高频率的 2 倍。在此条件下，通过适当选取一个低通滤波器，可以从采样信号的频谱恢复出原始信号的频谱。这就是著名的奈奎斯特-香农采样定理。

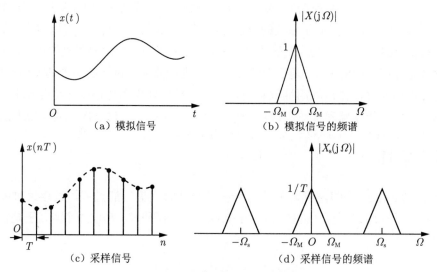

（a）模拟信号　　　（b）模拟信号的频谱

（c）采样信号　　　（d）采样信号的频谱

图 1.1　采样信号与模拟信号的关系

定理 1.1（奈奎斯特-香农采样定理）　设 $x(t)$ 是带限信号，频带范围为 $(-\Omega_M, \Omega_M)$。如果采样率满足

$$\Omega_s > 2\Omega_M$$

则 $x(t)$ 可以从其采样信号 $x(nT)$ 重构：

$$x(t) = \sum_{n=-\infty}^{\infty} x(nT)\frac{T\sin(\Omega_c(t-nT))}{\pi(t-nT)} \tag{1.1.5}$$

式中，Ω_c 为理想低通滤波器的截止频率，$\Omega_M \leqslant \Omega_c \leqslant \Omega_s - \Omega_M$。特别地，若取 $\Omega_c = \Omega_s/2 = \pi/T$，则重构公式为

$$x(t) = \sum_{n=-\infty}^{\infty} x(nT)\text{sinc}\left(\frac{t-nT}{T}\right) \tag{1.1.6}$$

上述分析过程只涉及连续时间信号的傅里叶变换，而采样信号本质上是离散时间信号，故通常采用离散时间傅里叶变换（DTFT）分析更为方便。定义 $x[n]$ 的离散时间傅里叶变换为

$$X(e^{j\omega}) = \sum_{n=-\infty}^{\infty} x[n]e^{-jn\omega} \tag{1.1.7}$$

式中，ω 为归一化角频率（normalized radian frequency）或数字角频率，单位为 rad，它与模拟角频率的关系为 $\omega = \Omega/F_s = \Omega T$。

对比式(1.1.7)与式(1.1.4)，易知

$$X(e^{j\omega}) = X_s(j\Omega)|_{\Omega=\omega/T} \tag{1.1.8}$$

上式表明，$X(e^{j\omega})$ 是将 $X_s(j\Omega)$ 的频率坐标轴进行了归一化，两者本质上描述的都是采样信号的频谱。注意到 $X(e^{j\omega})$ 是以 2π 为周期的，因此通常选取一个完整周期（例如 $[-\pi, \pi]$）进行分析即可。

对于离散时间信号，经常还会使用 z 变换进行分析。定义 $x[n]$ 的 z 变换为

$$X(z) = \sum_{n=-\infty}^{\infty} x[n]z^{-n} \tag{1.1.9}$$

当 $z = e^{j\omega}$ 时，z 变换即为离散时间傅里叶变换。

本书假定读者对以上提及的变换及相关的变换域分析方法十分熟悉，因此不再过多阐述，相关内容可参阅数字信号处理教材[1-5]。

1.2　整数倍抽取

当信号的数据量较大时，为了减少数据量，便于计算和存储，通常希望降低采样率。这可以通过抽取①（decimation）来实现，即从原采样信号中均匀地抽出一些点，形成新的采

---

① 又称为下采样（downsampling）。

样信号。具体而言，设抽取前的信号为 $x(nT_1)$，现每隔 $D-1$ 个点抽取一个点，其中，D 为整数，称为抽取因子，于是得到抽取后的信号为 $y_D(nT_2)$。易知两者的关系为

$$y_D(nT_2) = x(nDT_1) \tag{1.2.1}$$

式中，T_1，T_2 分别为抽取前后的采样间隔，且 $T_2 = DT_1$。

实现抽取的单元称为抽取器（decimator），记为 $\boxed{\downarrow D}$，如图 1.2 所示。图 1.3 给出了 $D=3$ 时抽取过程的示意图。

图 1.2　D 倍抽取器

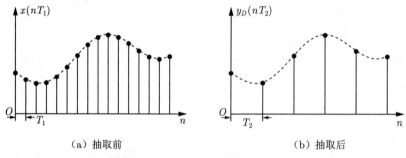

（a）抽取前　　　　　　　　（b）抽取后

图 1.3　抽取过程示意图，$D=3$

抽取过程也可以简记为

$$y_D[n] = x[Dn] \tag{1.2.2}$$

事实上，式(1.2.1)与式(1.2.2)是等价的。第一种记法明确了信号所处的采样率（即采样间隔的倒数），这种记法有利于分析一些复杂的多抽样率网络。而第二种记法符合离散时间信号的表示习惯，也更为简便。在本书中，两种记法经常交替使用。值得注意的是，在使用第一种记法时应遵照信号实际的采样率，以避免产生歧义。例如，如果将 $y_D(nT_2)$ 写成 $y_D(nDT_1)$，尽管从数学形式上来看似乎没什么问题（因为 $T_2 = DT_1$），但由于 y_D 实际所处的采样率为 $F_2 = 1/T_2$，而 $y_D(nDT_1)$ 意味着采样率为 $F_1 = 1/T_1$，违背了实际的物理意义。同理，$x(nDT_1)$ 也不能写成 $x(nT_2)$。

例 1.1　已知某多抽样率系统如图 1.4 所示，输入为 $x(nT_1)$，求输出 $y(nT_2)$。

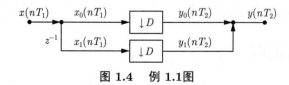

图 1.4　例 1.1图

解： 根据图 1.4 所示结构，系统由两条支路组成，第一条支路为输入信号，第二条支路为输入信号经过一个单位的延时，故

$$x_0(nT_1) = x(nT_1)$$

$$x_1(nT_1) = x[(n-1)T_1]$$

各支路经 D 倍抽取后的信号为

$$y_0(nT_2) = x_0(nDT_1) = x(nDT_1)$$

$$y_1(nT_2) = x_1(nDT_1) = x[(Dn-1)T_1]$$

因此最后的输出信号为

$$y(nT_2) = y_0(nT_2) + y_1(nT_2) = x(nDT_1) + x[(Dn-1)T_1]$$

该系统也可以理解为，输入端从下至上依次接通两条支路，得到 $x[(Dn-1)T_1]$ 与 $x(nDT_1)$，然后两者相加得到输出 $y(nT_2)$。注意输入端各条支路接通的时间间隔为 T_1，而输出时间间隔为 $T_2 = 2T_1$，故抽样率之比为 $F_1/F_2 = T_2/T_1 = 2{:}1$。

下面分析抽取前后信号的频域关系。不妨假设 $x[n]$，$y_D[n]$ 均是由某个连续时间信号 $x_c(t)$ 采样得到的，即 $x[n] = x_c(nT_1)$，$y_D[n] = x_c(nT_2)$，其中 $T_2 = DT_1$。故根据式(1.1.4)，

$$x[n] = x_c(nT_1) \overset{\mathscr{F}}{\longleftrightarrow} X(e^{j\omega_1}) = \frac{1}{T_1} \sum_{n=-\infty}^{\infty} X_c\left[j\left(\frac{\omega_1 - 2n\pi}{T_1}\right)\right] \tag{1.2.3}$$

$$y_D[n] = x_c(nT_2) \overset{\mathscr{F}}{\longleftrightarrow} Y_D(e^{j\omega_2}) = \frac{1}{T_2} \sum_{n=-\infty}^{\infty} X_c\left[j\left(\frac{\omega_2 - 2n\pi}{T_2}\right)\right] \tag{1.2.4}$$

式中，ω_1, ω_2 分别为 F_1, F_2 所对应的归一化角频率，且 $\omega_2 = \Omega T_2 = \Omega DT_1 = D\omega_1$。

将 $T_2 = DT_1$ 代入式(1.2.4)，并令 $n = Dm + k$

$$\begin{aligned}
Y_D(e^{j\omega_2}) &= \frac{1}{DT_1} \sum_{n=-\infty}^{\infty} X_c\left[j\left(\frac{D\omega_1 - 2n\pi}{DT_1}\right)\right] \\
&= \frac{1}{DT_1} \sum_{k=0}^{D-1} \sum_{m=-\infty}^{\infty} X_c\left[j\left(\frac{D\omega_1 - 2\pi(Dm+k)}{DT_1}\right)\right] \\
&= \frac{1}{D} \sum_{k=0}^{D-1} \frac{1}{T_1} \sum_{m=-\infty}^{\infty} X_c\left[j\left(\frac{(\omega_1 - 2\pi k/D) - 2m\pi}{T_1}\right)\right] \\
&= \frac{1}{D} \sum_{k=0}^{D-1} X(e^{j(\omega_1 - 2\pi k/D)}) \tag{1.2.5}
\end{aligned}$$

注意到 $\omega_2 = D\omega_1$，上式等式两端可统一用变量 ω_2 表示，此时下标也可省略，于是得到信号抽取前后在频域的关系式为

$$Y_D(e^{j\omega}) = \frac{1}{D} \sum_{k=0}^{D-1} X(e^{j\frac{\omega - 2\pi k}{D}}) \tag{1.2.6}$$

式(1.2.6)的物理意义是将 $X(\mathrm{e}^{\mathrm{j}\omega})$ 的频谱展宽为原来的 D 倍，再分别以 $2\pi k(k = 1, 2, \cdots, D-1)$ 为单位进行平移，最后将展宽的频谱及其平移副本叠加起来，并在幅度上减小为原来的 $1/D$。图 1.5给出了当 $D = 3$ 时频谱变化的示意图。

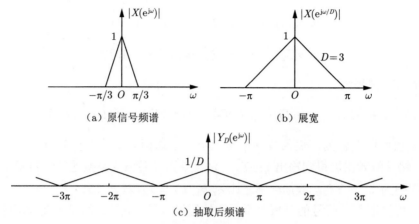

（a）原信号频谱　　　　　　　　（b）展宽

（c）抽取后频谱

图 1.5　抽取前后的频谱关系，$D = 3$

相应地，根据式(1.2.5)和式(1.2.6)，也可以得到抽取前后信号在 z 变换域上的关系式为

$$Y_D(z_2) = \frac{1}{D} \sum_{k=0}^{D-1} X(z_1 W_D^k) \tag{1.2.7}$$

$$Y_D(z) = \frac{1}{D} \sum_{k=0}^{D-1} X(z^{\frac{1}{D}} W_D^k) \tag{1.2.8}$$

式中，$W_D = \mathrm{e}^{-\mathrm{j}\frac{2\pi}{D}}$，$z_i = \mathrm{e}^{\mathrm{j}\omega_i} = \mathrm{e}^{\mathrm{j}\Omega T_i}, i = 1, 2$。

式(1.2.7)采用 z_1, z_2 以区分不同采样率下的变量，而式(1.2.8)统一用单一变量 z 表示，两者本质上是等价的。本书中的许多数学推导均采用 z 变换，两种记法可根据实际需要灵活选择。

由于抽取降低了采样率，因此抽取之后的信号可能会发生混叠。为了避免此类现象，通常会在抽取之前放置一个低通滤波器，组成完整的抽取系统，如图 1.6所示，该滤波器称为抗混叠滤波器（anti-aliasing filter）。此时输入、输出的关系式为

$$\text{时域：} y[n] = v[Dn] = \sum_k x[k] h_D[nD - k] \tag{1.2.9}$$

$$\text{频域：} Y(\mathrm{e}^{\mathrm{j}\omega}) = \frac{1}{D} \sum_{k=0}^{D-1} V(\mathrm{e}^{\mathrm{j}\frac{\omega - 2\pi k}{D}}) = \frac{1}{D} \sum_{k=0}^{D-1} H_D(\mathrm{e}^{\mathrm{j}\frac{\omega - 2\pi k}{D}}) X(\mathrm{e}^{\mathrm{j}\frac{\omega - 2\pi k}{D}}) \tag{1.2.10}$$

$$z \text{ 变换域：} Y(z) = \frac{1}{D} \sum_{k=0}^{D-1} V(z^{\frac{1}{D}} W_D^k) = \frac{1}{D} \sum_{k=0}^{D-1} H_D(z^{\frac{1}{D}} W_D^k) X(z^{\frac{1}{D}} W_D^k) \tag{1.2.11}$$

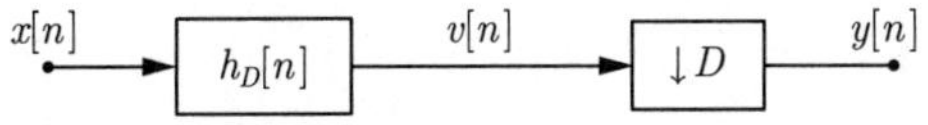

$$x[n] \longrightarrow \boxed{h_D[n]} \xrightarrow{v[n]} \boxed{\downarrow D} \xrightarrow{y[n]}$$

图 1.6　含有抗混叠滤波器的 D 倍抽取系统

为了避免频谱经 D 倍展宽后发生混叠，滤波器的截止频率应满足 $\omega_{\mathrm{c}} \leqslant \pi/D$。特别地，若抗混叠滤波器为理想低通滤波器，即

$$H_D(\mathrm{e}^{\mathrm{j}\omega}) = \begin{cases} 1, & |\omega| \leqslant \pi/D \\ 0, & \text{其他} \end{cases} \tag{1.2.12}$$

则

$$Y(\mathrm{e}^{\mathrm{j}\omega}) = \frac{1}{D} X(\mathrm{e}^{\mathrm{j}\frac{\omega}{D}}) \tag{1.2.13}$$

1.3　整数倍内插

与抽取相反，内插[①]（interpolation）是在已知信号相邻采样点之间插入一些点，从而提高信号的采样率。一般而言，新插入的点可以是任意取值，但是为了便于分析，通常考虑零值内插，即在相邻采样点之间均匀地插入 $I-1$ 个零，其中 I 为整数，称为内插因子。实现内插过程的系统单元称为内插器（interpolator），记为 $\boxed{\uparrow I}$，如图 1.7所示。

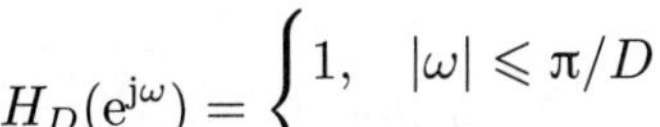

$$x(nT_1) \longrightarrow \boxed{\uparrow I} \longrightarrow y_I(nT_2)$$

图 1.7　I 倍内插器

信号内插前后的关系为

$$y_I(nT_2) = \begin{cases} x(nT_1/I), & n = kI, k \in \mathbb{Z} \\ 0, & \text{其他} \end{cases} \tag{1.3.1}$$

式中，$T_2 = T_1/I$。图 1.8给出了 $I = 3$ 时内插过程的示意图。

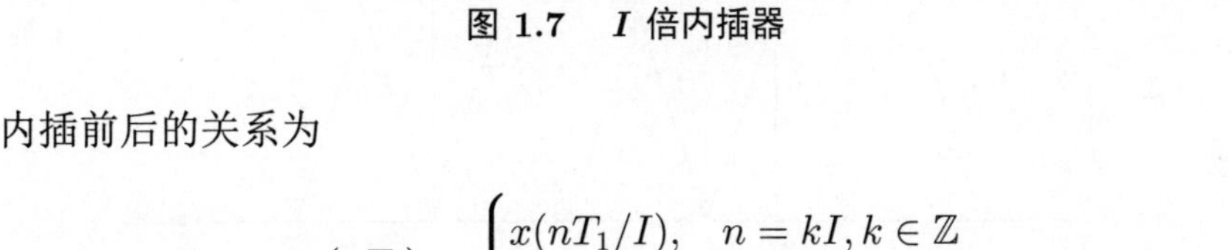

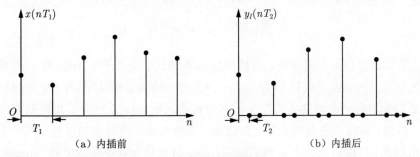

（a）内插前　　　　　　　　　　　　（b）内插后

图 1.8　内插过程示意图，$I = 3$

---

① 又称为上采样（upsampling）。

若不考虑信号所处的采样率，也可简记为

$$y_I[n] = \begin{cases} x[n/I], & n = kI, k \in \mathbb{Z} \\ 0, & \text{其他} \end{cases} \tag{1.3.2}$$

下面分析内插前后信号的频谱关系。易知

$$Y_I(\mathrm{e}^{\mathrm{j}\omega}) = \sum_{n=-\infty}^{\infty} y_I[n]\mathrm{e}^{-\mathrm{j}n\omega} = \sum_{n=kI} y_I[n]\mathrm{e}^{-\mathrm{j}n\omega} = \sum_{k=-\infty}^{\infty} x[k]\mathrm{e}^{-\mathrm{j}kI\omega} = X(\mathrm{e}^{\mathrm{j}\omega I}) \tag{1.3.3}$$

由此可见，内插将原始信号的频谱压缩为 $\dfrac{1}{I}$[①]，如图 1.9（b）所示。注意内插之后信号的频谱依然是以 2π 为周期的，只不过在一个完整周期内产生了多个周期副本，称为镜像（image）。

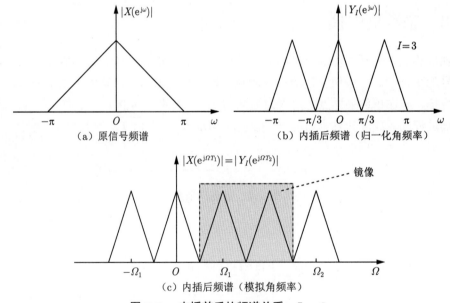

图 1.9　内插前后的频谱关系，$I = 3$

事实上，注意到 $\omega_2 = \omega_1/I$，因此 $Y_I(\mathrm{e}^{\mathrm{j}\omega_2}) = X(\mathrm{e}^{\mathrm{j}\omega_2 I}) = X(\mathrm{e}^{\mathrm{j}\omega_1})$，即

$$Y_I(\mathrm{e}^{\mathrm{j}\Omega T_2}) = X(\mathrm{e}^{\mathrm{j}\Omega T_1}) \tag{1.3.4}$$

上式说明，若以模拟角频率为单位，内插前后的频谱几乎是"一样"的，唯一差异在于延拓周期，即采样率。内插前的采样率为 $\Omega_1(= 2\pi F_1)$，内插后的采样率为 $\Omega_2 = I\Omega_1(= 2\pi F_2)$，因此内插后的频谱在一个周期之内产生了多个镜像。图 1.9（c）给出了在模拟角频率域上的频谱关系。显然，镜像信息是冗余的。换言之，零值内插并没有增加任何新的信息。为了去除这些冗余信息，可以引入一个低通滤波器，该滤波器称为除镜像滤波器（image-removing

---

① 习惯性称为压缩了 I 倍，即 I 倍内插。

filter），也称为插值滤波器。完整的内插系统如图 1.10所示，相应的输入、输出关系式为

$$
时域：y[n] = \sum_{k=mI} v[k]h[n-k] = \sum_m x[m]h_I[n-mI] \tag{1.3.5}
$$

$$
频域：Y(e^{j\omega}) = H_I(e^{j\omega})V(e^{j\omega}) = H_I(e^{j\omega})X(e^{j\omega I}) \tag{1.3.6}
$$

$$
z \text{ 变换域：} Y(z) = H_I(z)V(z) = H_I(z)X(z^I) \tag{1.3.7}
$$

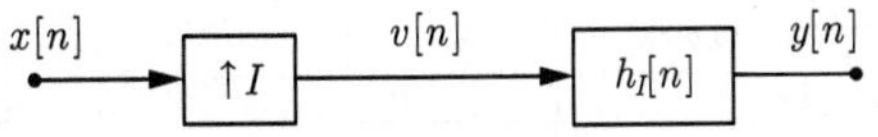

$$
x[n] \longrightarrow \boxed{\uparrow I} \xrightarrow{v[n]} \boxed{h_I[n]} \xrightarrow{y[n]}
$$

图 1.10   含有除镜像滤波器的 I 倍内插系统

为了保证镜像完全滤除，除镜像滤波器的截止频率应满足 $\omega_c \leqslant \omega/I$。特别地，若为理想低通滤波器，即

$$
H_I(e^{j\omega}) = \begin{cases} I, & |\omega| \leqslant \pi/I \\ 0, & 其他 \end{cases}
$$

则滤波之后信号的频谱为

$$
Y(e^{j\omega}) = \begin{cases} IX(e^{j\omega I}), & |\omega| \leqslant \pi/I \\ 0, & 其他 \end{cases}
$$

其中，增益 I 是为了保证内插前后信号的幅值相等，即

$$
y[n] = x[n/I], \ n = kI, k \in \mathbb{Z}
$$

1.4 分数倍抽样率转换

前面两节分别介绍了整数倍的抽取和内插，而在实际应用中，经常涉及分数倍（即有理数倍）的抽样率转换。例如在数字音频中，CD（compact disk）的采样率为 44.1kHz，DVD（digital video disk）的采样率为 48kHz，两个音频系统的采样率之比是非整数，当信号源从一个系统转换到另一个系统时就需要进行分数倍抽样率转换。

分数倍抽样率转换可以通过抽取和内插的级联实现。具体而言，对给定的信号，若希望进行 I/D 倍抽样率变换，可以先对信号作 I 倍内插，再作 D 倍抽取；或是先作 D 倍抽取，再作 I 倍内插。然而考虑到抽取会减少采样点，有可能产生信息的丢失，因此合理的方法是先作内插再作抽取。此外，由于抽取和内插均涉及滤波的过程，而抗混叠滤波与除镜像滤波都是低通滤波，因此先内插后抽取的方式可以将两个滤波器等效为一个低通滤波器，如图 1.11所示。注意到两个滤波器是级联的，因此截止频率只需选择两者之中频率较低的一个，即

$$H(\mathrm{e}^{\mathrm{j}\omega}) = \begin{cases} I, & |\omega| \leqslant \min\{\pi/D, \pi/I\} \\ 0, & \text{其他} \end{cases} \tag{1.4.1}$$

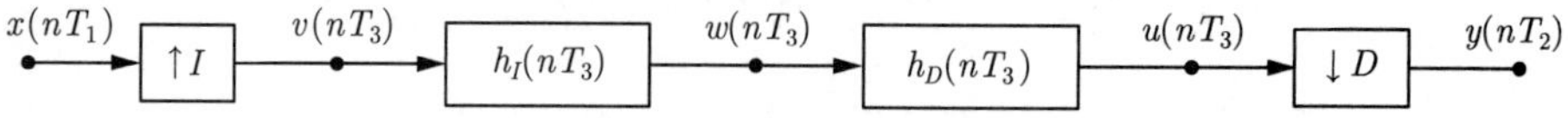

（a）内插与抽取级联系统

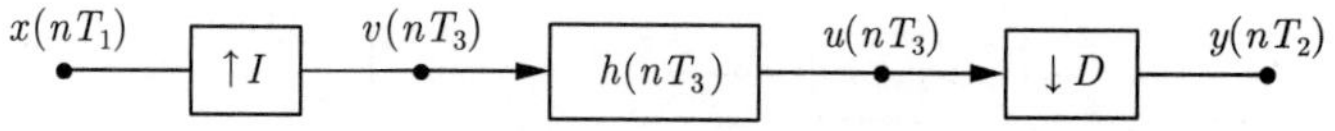

（b）等效系统

图 1.11　分数倍抽样率转换系统

下面分析信号经分数倍抽样率转换前后的关系。设 $x(nT_1)$ 为转换前的信号，其抽样率 $F_1 = 1/T_1$，$y(nT_2)$ 为转换后的信号，其抽样率 $F_2 = 1/T_2$，则两者的抽样率比值为

$$\frac{F_1}{F_2} = \frac{T_2}{T_1} = \frac{D}{I} \tag{1.4.2}$$

根据图 1.11（b），易知

$$x(nT_1) \xrightarrow{\uparrow I} v(nT_3) : v(nT_3) = \begin{cases} x(nT_1/I), & n = mI, m \in \mathbb{Z} \\ 0, & \text{其他} \end{cases}$$

$$v(nT_3) \xrightarrow{h} u(nT_3) : u(nT_3) = \sum_k v(kT_3)h(nT_3 - kT_3)$$

$$u(nT_3) \xrightarrow{\downarrow D} y(nT_2) : y(nT_2) = u(nDT_3)$$

因此

$$y(nT_2) = u(nDT_3) = \sum_k v(kT_3)h(nDT_3 - kT_3) \xlongequal{k=mI} \sum_m x(mT_1)h(nDT_3 - mIT_3) \tag{1.4.3}$$

为了更加清楚地说明采样率的变化，上述推导过程使用了第一种记法以区别信号所处的不同的采样率。注意到式(1.4.3)的结果包含 $x(mT_1)$ 与 $h(nDT_3 - mIT_3)$ 的乘积，但这并非意味着两者在不同采样率下相乘。事实上，卷积计算依然是在采样率 $F_3 = 1/T_3$ 下进行的。只不过由于 $v(kT_3)$ 是 $x(mT_1)$ 的零值内插结果，而零值对卷积结果没有影响，只有非零值即 $x(mT_1)$ 参与了计算，故最后可以化简为关于 $x(mT_1)$ 与 $h(nDT_3 - mIT_3)$ 相乘的表达式[①]。当然，如果不考虑采样率，则上述结果可以简记为

$$y[n] = \sum_m x[m]h[nD - mI] \tag{1.4.4}$$

---

① 在本书许多推导过程中，经常会出现类似的情况，读者应当结合实际物理意义来分析表达式的含义。

相应地，输入、输出在频域的关系式为

$$Y(\mathrm{e}^{\mathrm{j}\omega_2}) = \frac{1}{D}\sum_{k=0}^{D-1} X(\mathrm{e}^{\mathrm{j}\omega_1}W_D^{kI})H(\mathrm{e}^{\mathrm{j}\omega_3}W_D^k) \tag{1.4.5}$$

式中，$W_D = \mathrm{e}^{-\mathrm{j}\frac{2\pi}{D}}$，$\omega_i$ 为 F_i 下的归一化角频率，$i = 1, 2, 3$。

注意到 $\omega_3 = \omega_1/I = \omega_2/D$，故式(1.4.5)可统一用单一变量 ω 表示：

$$Y(\mathrm{e}^{\mathrm{j}\omega}) = \frac{1}{D}\sum_{k=0}^{D-1} X(\mathrm{e}^{\mathrm{j}\omega I/D}W_D^{kI})H(\mathrm{e}^{\mathrm{j}\omega/D}W_D^k) \tag{1.4.6}$$

特别地，若滤波器为理想低通滤波器，如式(1.4.1)所示，则

$$Y(\mathrm{e}^{\mathrm{j}\omega}) = \frac{I}{D}X(\mathrm{e}^{\mathrm{j}\omega I/D}) \tag{1.4.7}$$

图 1.12展示了分数倍抽样率转换前后的频谱变化。

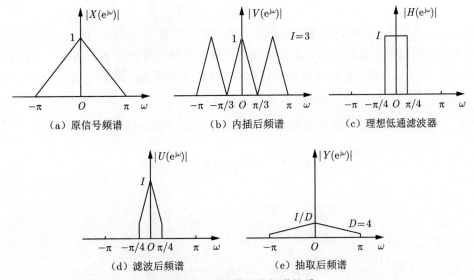

图 **1.12** 分数倍抽样率转换前后的频谱关系，$I = 3, D = 4$

1.5 从时变滤波的角度分析抽样率转换

抽取和内插都是时变系统。以抽取为例，设输入信号为 $x[n]$，则经过 D 倍抽取后的信号为 $y_D[n] = x[Dn]$。现考虑 $x[n]$ 的时延信号 $x[n-k]$ 经过 D 倍抽取，则结果为 $x[Dn-k]$；而 $y_D[n]$ 经 k 个单位时延为 $y_D[n-k] = x[D(n-k)]$，显然两者不等。内插可作类似分析。因而包含抽取和内插的系统通常不具备时移不变性。

本节将从时变滤波的角度分析抽样率转换的过程。回顾分数倍抽样率转换前后的时域关系，将式(1.4.3)改写为

$$y(nT_2) = \sum_m x(mT_1)h\left[(nD - mI)T_3\right]$$

$$= \sum_m x(mT_1)h\left[\left(nD - \left\lfloor\frac{nD}{I}\right\rfloor I + \left\lfloor\frac{nD}{I}\right\rfloor I - mI\right)T_3\right] \tag{1.5.1}$$

式中，$\lfloor u \rfloor$ 表示下取整，即取不超过 u 的最大整数。

记 $\left\lfloor\dfrac{nD}{I}\right\rfloor - m := k$，$nD - \left\lfloor\dfrac{nD}{I}\right\rfloor I := nD \oplus I$，则

$$y(nT_2) = \sum_k x\left[\left(\left\lfloor\frac{nD}{I}\right\rfloor - k\right)T_1\right]h\left[(nD \oplus I + kI)T_3\right] \tag{1.5.2}$$

或简记为

$$y[n] = \sum_k x\left[\left\lfloor\frac{nD}{I}\right\rfloor - k\right]h\left[nD \oplus I + kI\right] \tag{1.5.3}$$

注意到在式(1.5.3)中，系统的冲激响应是随 n 变化的；换言之，对每个输出，系统的冲激响应是不同的，因而系统是时变的。为了让读者更好地理解时变性，下面通过一个例子说明。

例 1.2 已知分数倍抽样率转换系统如图 1.11（b）所示，设 $D = 4$，$I = 3$，h 为一 FIR 滤波器，长度 $N = 12$。试分析系统的时变性。

解： 不妨通过具体计算观察系统输入、输出的关系。例如，当 $n = 10$ 时，易知 $\left\lfloor\dfrac{nD}{I}\right\rfloor = \left\lfloor\dfrac{10 \times 4}{3}\right\rfloor = 13$，$nD \oplus I = 40 \oplus 3 = 1$，根据式(1.5.3)：

$$y[10] = \sum_{k=0}^3 x[13 - k]h[1 + 3k]$$

当 $n = 11$ 时，$\left\lfloor\dfrac{nD}{I}\right\rfloor = \left\lfloor\dfrac{11 \times 4}{3}\right\rfloor = 14$，$nD \oplus I = 44 \oplus 3 = 2$，故

$$y[11] = \sum_{k=0}^3 x[14 - k]h[2 + 3k]$$

以此类推，表 1.1给出了不同输出所对应的输入及滤波器系数。

观察表 1.1可以得出一些结论。首先，滤波器系数被分成了三组，且随 n 的增长呈现周期性变化。例如，第 10 个输出对应的滤波器系数为 $h[1], h[4], h[7], h[10]$；第 11 个输出对应的滤波器系数为 $h[2], h[5], h[8], h[11]$；第 12 个输出对应的滤波器系数为 $h[0], h[3], h[6], h[9]$，如此循环。事实上，这种周期性正是由 $h[nD \oplus I + kI]$ 决定的，其中 $\{nD \oplus I\} = \{0, 1, 2\}$，

故有三组。其次，注意到每计算 1 个输出需要 4 个输入，但是从动态过程来看，每计算 3 个输出需要 4 个输入。考虑这一过程是在同一个时间内完成的，即 $4T_1 = 3T_2$，因此输入、输出的抽样率之比为

$$\frac{F_1}{F_2} = \frac{T_2}{T_1} = \frac{4}{3}$$

表 1.1   例 1.2各输出对应的输入和滤波器系数

n	$nD \oplus I$	$h[nD \oplus I + kI]$	$x\left[\lfloor nD/I \rfloor - k\right]$
10	1	$h[1], h[4], h[7], h[10]$	$x[13], x[12], x[11], x[10]$
11	2	$h[2], h[5], h[8], h[11]$	$x[14], x[13], x[12], x[11]$
12	0	$h[0], h[3], h[6], h[9]$	$x[16], x[15], x[14], x[13]$
13	1	$h[1], h[4], h[7], h[10]$	$x[17], x[16], x[15], x[14]$
14	2	$h[2], h[5], h[8], h[11]$	$x[18], x[17], x[16], x[15]$
15	0	$h[0], h[3], h[6], h[9]$	$x[20], x[19], x[18], x[17]$
$\vdots$	$\vdots$	$\vdots$	$\vdots$

此外，也可通过图形化的方式来理解上述过程。图 1.13 给出了式(1.5.2)计算的直观示意图。从图中可以看出，当计算第 10 个输出时，输入为 $x(10T_1), x(11T_1), x(12T_1), x(13T_1)$，对应的滤波器系数为 $h(10T_3), h(7T_3), h(4T_3), h(T_3)$。注意计算是在采样率 F_3 下进行的，但由于输入信号经过零值内插，实际上只有与 $x(nT_1)$ 重叠位置的滤波器系数参与了计算，其他系数并无作用。从图中也可以看出 $T_1 = 3T_3$。

当计算下一个输出时，输入为 $x(11T_1), x(12T_1), x(13T_1), x(14T_1)$，对应的滤波器系数为 $h(11T_3), h(8T_3), h(5T_3), h(2T_3)$，相当于滤波器整体向右移动了 $4T_3$ 个单位，而这个过程是在 T_2 内完成的，故

$$T_2 = 4T_3 = \frac{4}{3}T_1$$

同样可以得到抽样率之比为 $F_1/F_2 = 4/3$。

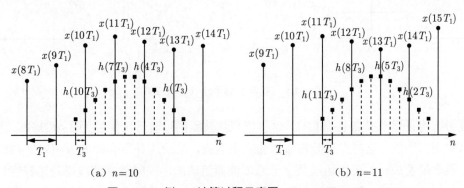

(a) $n=10$ (b) $n=11$

图 1.13   例 1.2计算过程示意图，$I = 3, D = 4$

结合例 1.2的分析，可将结论推广至一般情况。即对于分数倍抽样率转换系统，若抽取因子为 D，内插因子为 I，则 FIR 滤波器的系数被分为 I 组，每组系数为 $h[nD \oplus I + kI]$ 且循环使用。每 D 个输入得到 I 个输出，抽样率之比为

$$\frac{F_1}{F_2} = \frac{T_2}{T_1} = \frac{D}{I}$$

1.6　应用示例——数字音频系统

本节介绍多抽样率技术在数字音频系统中的应用。语音信号是一种典型的带限信号，通常人耳能够接收的频率范围是 20Hz~20kHz，因此合理地选择采样率能够在保证音频质量的前提下降低数据量。以数字电话系统为例，假设需要保证 4kHz 以内的语音信号质量，根据采样定理，系统最低采样率为 8kHz。然而这意味着模拟抗混叠滤波器的过渡带为零，实际中是无法实现的。如果放宽过渡带，则会产生混叠，影响 4kHz 以内的频谱。图 1.14给出了相应的频谱示意图。

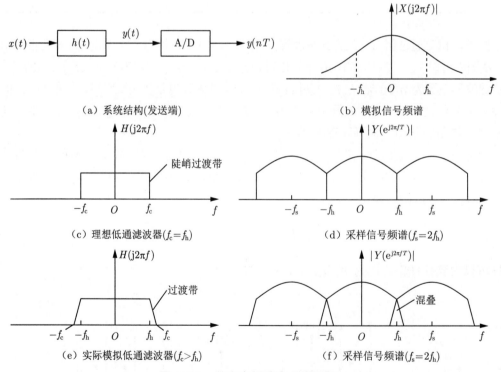

图 1.14　数字音频系统（发送端）

现考虑将采样率提高至 16kHz，这样模拟滤波器的过渡带可扩展为 4~12kHz，因而比较容易实现。当然，这时在过渡带依然会产生混叠，然而这并不会影响 0~4kHz 内的音频信号。至于混叠成分，可以通过数字低通滤波器组滤除，同时数字滤波器是比较容易设计成具有陡峭的过渡带。随后再进行 2 倍抽取降至 8kHz 的采样率，最终数据量并没有增加。

图 1.15 给出了这种方式的示意图。这种提高采样率的方式也称为过采样（oversampling）技术。

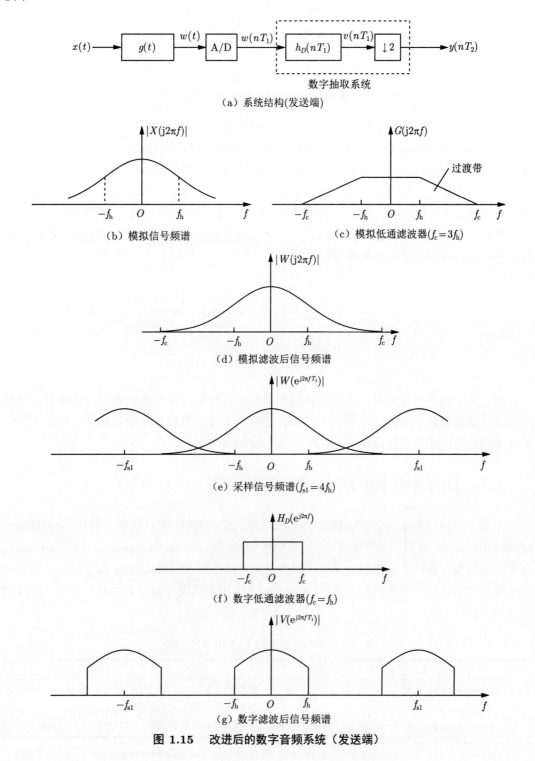

（a）系统结构(发送端)

（b）模拟信号频谱

（c）模拟低通滤波器($f_c = 3f_h$)

（d）模拟滤波后信号频谱

（e）采样信号频谱($f_{s1} = 4f_h$)

（f）数字低通滤波器($f_c = f_h$)

（g）数字滤波后信号频谱

图 1.15 改进后的数字音频系统（发送端）

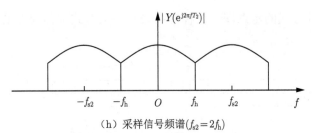

（h）采样信号频谱（$f_{s2} = 2f_h$）

图 1.15　改进后的数字音频系统（发送端）（续）

在接收端，需要将数字信号转换成模拟信号，这时同样会面临刚才所述的问题。即若直接采用模拟滤波器提取 0~4kHz 的频谱，则过渡带须为零，实际中无法实现。若放宽过渡带，则必然会影响基带信号的频谱。因此，解决的方案是先对信号进行 2 倍内插，将采样率提高至 16kHz，然后通过数字滤波器进行滤波除去镜像谱。同样地，可以选择足够大的阶数以保证数字滤波器具有陡峭的过渡带。最后再通过模拟滤波器提取基带信号的频谱，系统结构如图 1.16所示。由于采样率较高，滤波器的过渡带可以放宽，因而就比较容易实现。读者可自行画出接收端的频谱示意图。

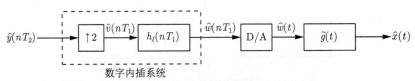

图 1.16　改进后的数字音频系统（接收端）

通过上述例子可以看出，采用多抽样率技术，可以增加模拟滤波器的过渡带宽，从而降低滤波器的设计要求。同时利用数字抽样率转换系统，数据量并没有增加。随着多抽样率技术的发展，这种方式已经广泛应用于数字音频系统。

1.7　抽样率转换的 MATLAB 实现

本节介绍抽样率转换的 MATLAB[①]实现方法。MATLAB 信号处理工具箱（signal processing toolbox）提供了多种函数用于实现抽样率转换，例如，downsample 和 upsample 可分别实现整数倍的下采样和上采样（不涉及滤波操作）；而 decimate 和 interp 分别用于实现包含滤波的抽取和内插；此外，resample 可用于实现分数倍的抽样率转换。具体使用说明见表 1.2。

表 1.2　抽样率转换的 MATLAB 函数

基本句法	说　明
y=downsample(x,D)	整数倍下采样，D 为抽取因子
y=upsample(x,I)	整数倍上采样，I 为内插因子
y=decimate(x,D)	整数倍抽取，默认使用 8 阶切比雪夫 I 型低通 IIR 滤波器

① MATLAB® 是美国 MathWorks 公司出品的商业数学软件，https://ww2.mathworks.cn/products/matlab.html

续表

基本句法	说　　明
y=interp(x,I)	整数倍内插，默认使用由 intfilt 设计的 FIR 插值滤波器
y=resample(x,I,D)	分数倍抽样率转换，使用 firls 设计的低通滤波器
y=upfirdn(x,h,I,D)	使用自定义滤波器 h 进行分数倍抽样率转换

实验 1.1　已知正弦信号 $x[n] = \cos(\pi n/8)$，分别使用 downsample 和 decimate 对它进行 2 倍抽取和 8 倍抽取，观察结果差别。

```
N = 512;
n = 0:N-1;
T = 16;
f = 1/T;
x = cos(2*pi*f*n);          %生成正弦信号
D1 = 2;
D2 = 8;
y1 = downsample(x,D1);
y2 = decimate(x,D1);
y3 = downsample(x,D2);
y4 = decimate(x,D2);
```

记 downsample 和 decimate 的结果分别为 $y_D[n]$ 和 $\tilde{y}_D[n]$，如图 1.17所示。可以看出，虽然都是降低采样率，但是两个函数的结果有所不同。特别是当 $D = 8$ 时，差异非

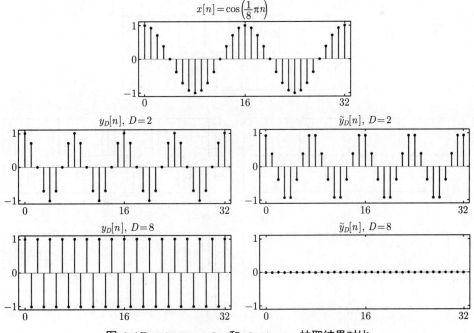

图 1.17　downsample 和 decimate 抽取结果对比

常大。downsample 的结果在 ±1 间来回波动，而 decimate 的结果几乎为零。这是因为 decimate 包含低通滤波，滤波器的截止频率（理论值）为 $\pi/8$，恰好将信号的频率成分滤去了，因而滤波之后信号没有任何频率分量；而 downsample 只是单纯地抽取，故结果为 $y_D[n] = (-1)^n$。此时信号的波形变化更为剧烈，这是由于抽取造成的混叠。

实验 1.2 已知正弦信号 $x[n] = \cos(\pi n/2)$，分别使用 upsample 和 interp 对它进行 2 倍内插和 8 倍内插，观察结果差别。

```
N = 512;
n = 0:N-1;
T = 4;
f = 1/T;
x = cos(2*pi*f*n);    %生成正弦信号
I1 = 2;
I2 = 8;
y1 = upsample(x,I1);
[y2,h1] = interp(x,I1);
y3 = upsample(x,I2);
[y4,h2] = interp(x,I2);
```

记 upsample 和 interp 的结果分别为 $y_I[n]$ 和 $\tilde{y}_I[n]$，结果如图 1.18所示。可以看出，两者有明显差异，$y_I[n]$ 只是单纯地在原采样点间插入 $I-1$ 个零值，而 $\tilde{y}_I[n]$ 经过了除镜像滤波，结果更为接近正弦波的形式。且随着 I 的提高，波形更加平滑。

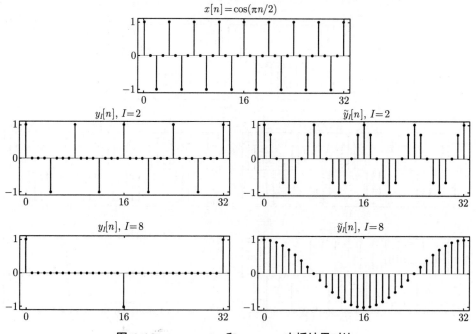

图 1.18 upsample 和 interp 内插结果对比

图 1.19给出了 `interp` 使用的低通除镜像滤波器的幅频响应。注意到根据理论分析，滤波器的通带截止频率应为 π/I，但由于实际滤波器存在一定的过渡带，截止频率并非严格等于 π/I。实际使用中应当考虑过渡带的影响。MATLAB 提供 `intfilt` 函数用于设计插值滤波器，具体使用方法可参考帮助文档。

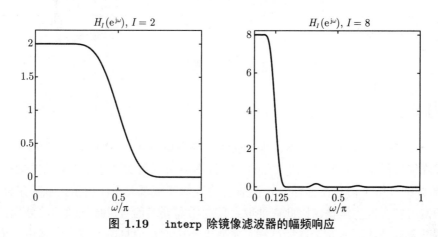

图 1.19　interp 除镜像滤波器的幅频响应

实验 1.3　已知正弦信号 $x(t) = \sin(10\pi t)$，初始采样率为 $F_1 = 60\mathrm{Hz}$。现需要将其转化采样率为 $F_2 = 80\mathrm{Hz}$，画出转换前后的时域波形和频谱。

```
N = 512;
n = 0:N-1;
f0 = 5;
Fs = 60;
T = 1/Fs;
x = sin(2*pi*f0*n*T);    %生成正弦信号
I = 4;
D = 3;
y = resample(x,I,D);
```

根据 $F_1/F_2 = D/I$，易知抽取因子为 $D = 3$，内插因子为 $I = 4$。使用 `resample` 进行分数倍抽样率转换，结果如图 1.20所示。注意到转换后的信号频谱发生了压缩，这是由于 $\omega_2 = \omega_1 \times \dfrac{D}{I} = \dfrac{3}{4}\omega_1$。

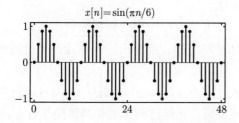
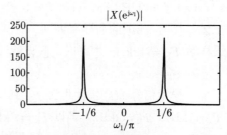

图 1.20　正弦波经分数倍抽样率转换前后的时域波形与频谱

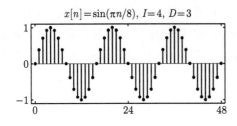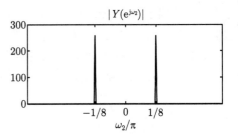

图 1.20　（续）

本章小结

本章介绍了抽样率转换的基本原理。**抽取**和**内插**是抽样率转换中的两个基本运算单元，前者用于降低采样率，后者用于提高采样率，而两者级联可实现任意分数倍的抽样率转换。1.2~1.4 节详细分析了信号在抽样率转换前后的时域和频域关系。由于抽取后采样率降低，信号的频谱可能会发生**混叠**，因此在抽取之前通常需要对信号进行低通滤波处理，该滤波器称为**抗混叠滤波器**。而对于内插过程，本质上不会增加信息，但会产生**镜像**频谱，因此在内插之后需要利用**除镜像滤波器**将镜像成分滤除。1.5 节从时变滤波的角度分析了抽样率转换的过程，通过分析可知抽样率转换是一个**时变系统**。1.6 节给出了抽样率转换在数字音频系统中的应用。通过示例可以看出，采用多抽样率技术可以降低模拟滤波器的设计要求，这种方法已经广泛应用于工程实际中。最后一节介绍了利用 MATLAB 实现抽样率转换的基本方法，建议读者上机实践，增强对理论知识的理解。

本章内容是多抽样率信号处理的基础，除书中所介绍的内容之外，读者还可以阅读一些代表性文献或教程[6-10]。

习题

1.1　已知信号 $x[n]$ 的频谱如图 1.21（a）所示，其中 B 为信号的带宽，分别画出下列情况中 $y[n]$ 的频谱。

（1）对于如图 1.21（b）所示的抽取系统，其中 $h_D[n]$ 为理想低通滤波器。

（a）$D=2, B=\pi/3$；（b）$D=3, B=\pi/2$。

（2）对于如图 1.21（c）所示的内插系统，其中 $h_I[n]$ 为理想低通滤波器。

（a）$I=2, B=\pi$；（b）$I=3, B=3\pi/4$。

1.2　信号 $x[n]$ 的采样率为 $F_0=8\text{kHz}$，如果想要在一个音频系统输出该信号，则需要采样率 $F_1=12\text{kHz}$ 才可以，假设滤波器都是理想的，请画出抽样率转换系统的结构框图。

1.3　模拟信号 $x(t)$ 包含两部分，具体的表达式为 $x(t)=2\cos(2\pi F_1 t)+3\cos(2\pi F_2 t)$，其中 $F_1=1\text{kHz}$，$F_2=2\text{kHz}$。当以 $F_s=6\text{kHz}$ 采样后，求经过图 1.22 中两种操作后 $y[n]$ 的数字域频谱。

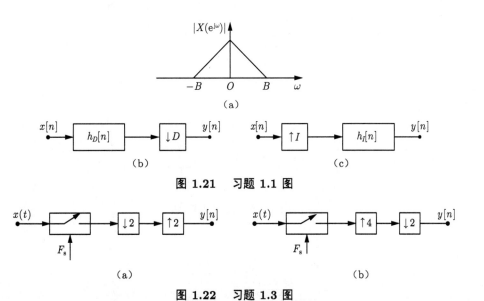

图 1.21　习题 1.1 图

图 1.22　习题 1.3 图

1.4　已知如图 1.10所示的 I 倍内插系统。

（1）假设 $h_I[n]$ 是零相位的，当 $h_I[n]$ 满足什么条件时，输出信号 $y[n]$ 能够精确复制 $x[n]$，即

$$y[n] = x\left[\frac{n}{I}\right], \quad n = 0, \pm I, \pm 2I, \cdots$$

（2）假设 $h_I[n]$ 是线性相位、对称、因果 FIR 滤波器，长度为 N。若滤波后的信号 $y[n]$ 能够精确复制 $x[n]$，但存在一个整数延迟 α，即

$$y[n] = x\left[\frac{n-\alpha}{I}\right], \quad n - \alpha = 0, \pm I, \pm 2I, \cdots$$

则对滤波器长度 N 有何限制?

1.5　已知如图 1.23（a）所示的 D 倍抽取系统，其中 $x[n]$ 为带通信号，其频谱如图 1.23（b）所示。$H_{\mathrm{BP}}(z)$ 为理想带通滤波器，即

$$H_{\mathrm{BP}}(\mathrm{e}^{\mathrm{j}\omega}) = \begin{cases} 1, & (k-1)\dfrac{\pi}{D} < |\omega| < k\dfrac{\pi}{D} \\ 0, & \text{其他} \end{cases}$$

试分别画出 $k = 3$ 和 $k = 4$ 时 $y[n]$ 的频谱。

1.6　已知 $x[n]$ 的带宽为 $3\pi/14$，经过分数倍抽样率转换后 $y[n]$ 为满带信号，即 $|\omega| < \pi$。试确定内插因子 I 和抽取因子 D。

1.7　如图 1.24（a）所示，其中 $H_0(z)$、$H_1(z)$、$H_2(z)$ 分别为理想零相位低通、带通和高通滤波器，其频率响应如图 1.24（b）所示，如果输入是如图 1.24（c）所示的离散时间傅里叶变换实序列，画出输出 $y_0[n]$、$y_1[n]$、$y_2[n]$ 的幅频曲线。

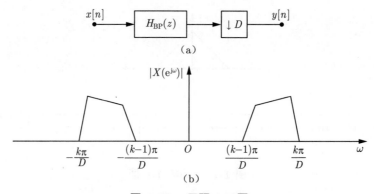

图 1.23　习题 1.5 图

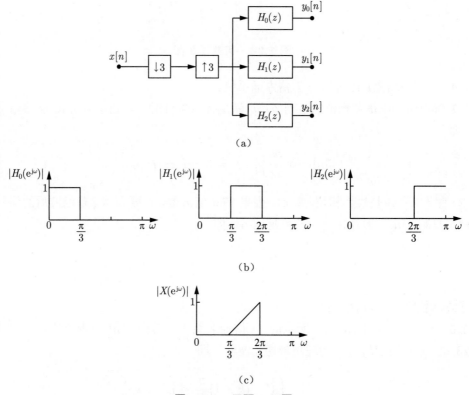

图 1.24　习题 1.7 图

1.8　画出 1.6节中改进后的数字音频系统的接收端的频谱示意图。

1.9（MATLAB 练习）　已知信号

$$x[n] = \max(1 - |n|/15, 0),\ n \in \mathbb{Z}$$

（1）分别使用 downsample 和 decimate 对它进行 4 倍抽取，对比抽取前后的时域波形和频谱变化；

（2）分别使用 upsample 和 interp 对它进行 3 倍内插，对比内插前后的时域波形和频谱变化。

1.10（**MATLAB 练习**） 比较 MATLAB 中 interp、resample、upfirdn 三个函数在抽样率转换中的差异。

第2章

多抽样率系统的网络结构与高效实现

本章要点

- 如何衡量多抽样率系统的计算量？
- 多抽样率系统有哪些等效网络？
- 什么是网络易位？其作用是什么？
- 多抽样率系统的多相结构及其作用是什么？
- 为何多级实现能够降低多抽样率系统的计算量？
- 什么是半带滤波器？该滤波器有何特点？
- 什么是 CIC 滤波器？在多抽样率系统中的作用是什么？

在实际应用中，计算量是影响系统性能的重要因素之一。对于多抽样率系统，计算量可以用每秒乘法次数（multiplication per second，MPS）来衡量。我们希望多抽样率系统的计算量较低，换言之，计算应尽量在低抽样率一侧进行。举例来讲，考虑信号先经过 c 倍放大后再进行 D 倍抽取，如图 2.1（a）所示，此时计算在高抽样率一侧进行，计算量为 $\text{MPS}_1 = F_1$。显然，由于抽取后一部分采样点被舍弃，很多计算是无效的，造成了计算存储资源的浪费。为了降低计算量，可以先对信号作 D 倍抽取再进行 c 倍放大，如图 2.1（b）所示，这样计算在低抽样率一侧进行，计算量为 $\text{MPS}_2 = F_2 = F_1/D = \text{MPS}_1/D$，是前者的 $1/D$，而两种计算方式的结果是完全相同的。

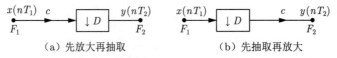

（a）先放大再抽取　　　　　　　（b）先抽取再放大

图 2.1　信号放大与抽取的实现方案

类似于图 2.1（a）、图 2.1（b）这样的输入、输出关系完全相同，但结构有差异的网络称为"等效"网络，其中计算量较低的网络称为"高效"网络。本章将详细介绍几类典型的等效网络，这些等效关系可为设计高效的多抽样率系统提供指导依据。随后介绍多抽样率系统的几种高效实现方式，包括多相实现与多级实现。

2.1　等效网络

本节介绍一些常见的等效网络，其中一些关系是显而易见的，另一些关系可以借助数学推导而得出。

2.1.1　简单的等效网络

1. 抽取/内插与常数乘子的等效网络

正如本章开头所给出的例子，抽取、内插与常数乘子可以交换顺序，本书用"⇔"表示两者的等效关系，如图 2.2 所示，其中右侧均为高效网络。

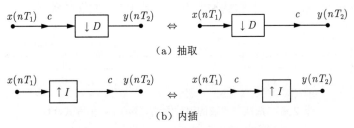

（a）抽取

（b）内插

图 2.2　抽取/内插与常数乘子的等效网络

2. 抽取/内插与信号相乘的等效网络

更一般地，两个信号相乘（即调制）与抽取、内插也可交换顺序，等效关系如图 2.3 所示，其中右侧均为高效网络。

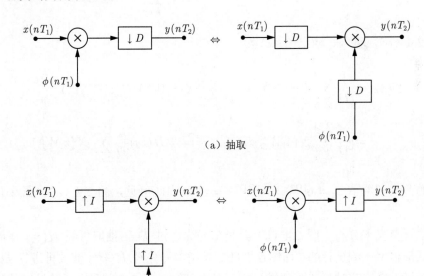

（a）抽取

（b）内插

图 2.3　抽取/内插与信号相乘的等效网络

除此之外，加法运算也具有类似乘法运算的等效网络。例如两个信号相加再作抽取，等效于分别先作抽取再相加，网络结构与图 2.3（a）类似，只需将乘法器替换为加法器，这里不再单独画出。

2.1.2 抽取/内插与滤波的等效网络

在抽样率转换系统中，经常涉及抽取、内插与滤波器级联组成的网络。我们希望滤波在低抽样率一侧进行以降低计算量，这就需要运用一些等效关系进行转换。其中有两个非常重要的等效关系，称为 Noble 恒等式（Noble identity），下面具体介绍。

1. 抽取与滤波的等效网络

设线性滤波器为 $H(z)$，抽取与滤波具有如图 2.4所示的等效关系。

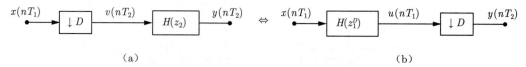

（a）　　　　　　　　　　　　　　　（b）

图 2.4　抽取与滤波的等效网络（Noble 恒等式 I）

上述关系可以通过数学推导证明。为了便于书写，以下采用 z 变换进行推导。对于图 2.4（a），易知输入、输出的关系式为

$$Y(z_2) = H(z_2)V(z_2) = H(z_2)\frac{1}{D}\sum_{k=0}^{D-1} X(z_1 W_D^k) \tag{2.1.1}$$

而对于图 2.4（b），输入、输出关系式为

$$Y(z_2) = \frac{1}{D}\sum_{k=0}^{D-1} U(z_1 W_D^k) = \frac{1}{D}\sum_{k=0}^{D-1} X(z_1 W_D^k)H((z_1 W_D^k)^D)$$

$$= \frac{1}{D}\sum_{k=0}^{D-1} X(z_1 W_D^k)H(z_1^D) \xlongequal{z_2=z_1^D} H(z_2)\frac{1}{D}\sum_{k=0}^{D-1} X(z_1 W_D^k) \tag{2.1.2}$$

上式最后的等式利用了 $z_2 = \mathrm{e}^{\mathrm{j}\Omega T_2} = \mathrm{e}^{\mathrm{j}\Omega D T_1} = z_1^D$。由此可见，图 2.4（a）、图 2.4（b）是等效的。

结合物理意义来分析，图 2.4（a）是指信号先经过 D 倍抽取再经 $H(z_2)$ 滤波，此时滤波是在低抽样率一侧进行的；而图 2.4（b）是指信号先经 $H(z_1^D)$ 滤波再进行 D 倍抽取，这种情况下滤波是在高抽样率一侧进行的。对比可知，两者的差异在于滤波时的采样率以及滤波器的形式。注意，这里用 $H(z_2)$、$H(z_1^D)$ 表示是为了说明滤波器所处的采样率。如果不考虑具体的采样率，则图 2.4可简化为图 2.5所示的关系。这说明若在低抽样率一侧的滤波器为 $H(z)$，则在高抽样率一侧的滤波器为 $H(z^D)$，$H(z^D)$ 恰为 $H(z)$ 经内插（即上采样）得到的。换言之，$H(z^D)$ 是 $H(z)$ 在高抽样率下的形式。

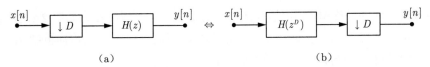

图 2.5　抽取与滤波的等效网络（不考虑具体采样率）

例 2.1　试判断图 2.6 所示网络是否等效。

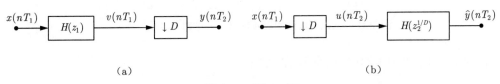

图 2.6　例 2.1 图

解： 从形式来看，图 2.6 与图 2.4 非常相似，只不过是将抽取前后的滤波器分别替换为 $H(z_1)$ 和 $H(z_2^{1/D})$。下面不妨通过数学推导验证两者是否等效。

对于图 2.6（a），输入、输出关系式为

$$Y(z_2) = \frac{1}{D} \sum_{k=0}^{D-1} V(z_1 W_D^k) = \frac{1}{D} \sum_{k=0}^{D-1} X(z_1 W_D^k) H(z_1 W_D^k) \tag{2.1.3}$$

对于图 2.6（b），输入、输出关系式为

$$\hat{Y}(z_2) = H(z_2^{1/D}) \frac{1}{D} \sum_{k=0}^{D-1} X(z_1 W_D^k) \xRightarrow{z_2^{1/D}=z_1} H(z_1) \frac{1}{D} \sum_{k=0}^{D-1} X(z_1 W_D^k) \tag{2.1.4}$$

由此可见，两者并不相等。

2. 内插与滤波的等效网络

类似地，可以得出内插与滤波的等效关系，如图 2.7 所示。

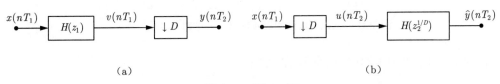

图 2.7　内插与滤波的等效网络（Noble 恒等式 Ⅱ）

该关系可通过数学推导证明。图 2.7（a）的输入、输出关系式为

$$Y(z_2) = V(z_1) = H(z_1) X(z_1) \tag{2.1.5}$$

图 2.7（b）的输入、输出关系式为

$$Y(z_2) = H(z_2^I) U(z_2) \xRightarrow{z_1 = z_2^I} H(z_1) X(z_1) \tag{2.1.6}$$

因此，两者相等。

若不考虑具体的采样率，则内插与滤波的等效关系也可以简化为如图 2.8 所示。该关系的物理意义是信号先经 $H(z)$ 滤波再作 I 倍内插，等效于先作 I 倍内插再经 $H(z^I)$ 滤波，而 $H(z^I)$ 恰为 $H(z)$ 的内插（上采样）版本。

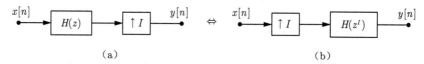

图 2.8　内插与滤波的等效网络（不考虑具体采样率）

例 2.2　试判断图 2.9 所示网络是否等效。

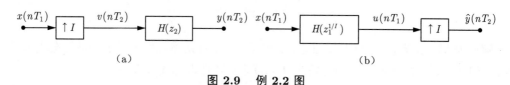

图 2.9　例 2.2 图

解：　首先推导两个网络的输入、输出关系式。对于图 2.9（a）：

$$Y(z_2) = H(z_2)V(z_2) = H(z_2)X(z_1) \tag{2.1.7}$$

对于图 2.9（b）：

$$\hat{Y}(z_2) = U(z_1) = H(z_1^{1/I})X(z_1) \tag{2.1.8}$$

注意到 $z_1 = z_2^I$，因此 $H(z_1^{1/I}) = H(z_2)$，由此得出 $Y(z_2) = \hat{Y}(z_2)$。从数学形式来看，两者是相等的。

然而结合物理意义来分析，$H(z_1^{1/I})$ 可能并不存在。例如考虑延迟滤波器 $H(z) = z^{-1}$，则 $H(z^{1/I}) = z^{-1/I}$，这意味着在低抽样率一侧进行 $1/I$ 单位（分数倍）的延迟，是没有物理意义的[①]。因此，当遇到类似于 $H(z^{1/I})$ 的形式，要结合其物理意义来分析是否等效。

例 2.1 与例 2.2 说明，当多抽样率系统中含有 $H(z^{1/k})$（其中 k 为整数）这类形式的滤波器时要格外谨慎，应当结合其物理意义来分析是否等效，避免得出错误的结论。

2.1.3　抽取与内插级联的等效网络

若多抽样率系统中含有抽取与内插的级联，一般情况下应当按照其顺序进行处理。但是在一些特殊情况下，也有相应的等效关系。

1. 抽取因子与内插因子相等

当 $I = D$ 时，对信号先作 I 倍内插再作 D 倍抽取等效为恒等算子，即信号没有任何改变，如图 2.10 所示。

---

① 这并非意味着分数倍延迟不可实现。事实上，分数倍延迟可以通过将信号转换为模拟信号来实现，具体方法可参见文献 [4]。

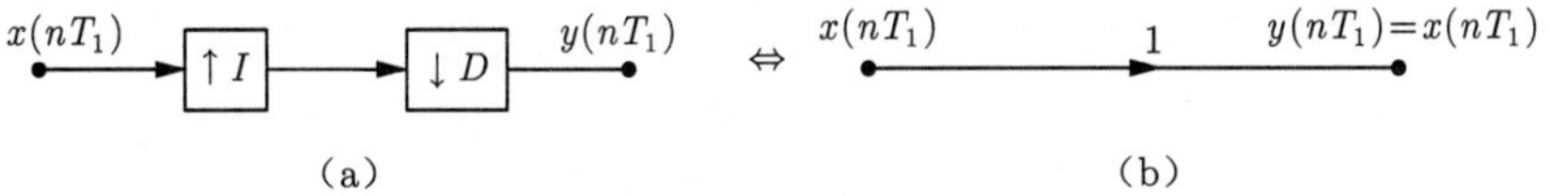

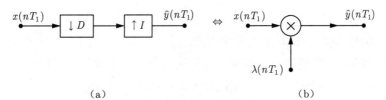

图 2.10 先内插再抽取的等效网络（$I = D$）

但是应当注意，当 $I = D$ 时，对信号先内插再抽取并不等效于先抽取再内插，即两者不可交换。事实上，通过计算可以得出后者的输入、输出关系式为

$$\hat{y}(nT_1) = x(nT_1)\lambda(nT_1), \quad \lambda(nT_1) = \begin{cases} 1, & n = mD, m \in \mathbb{Z} \\ 0, & \text{其他} \end{cases} \tag{2.1.9}$$

即信号 $x(nT_1)$ 与 $\lambda(nT_1)$ 相乘，采样率保持不变，如图 2.11所示。

图 2.11 先抽取再内插的等效网络（$I = D$）

2. 抽取因子与内插因子互质

根据上文可知，一般情况下，抽取与内插级联与顺序有关，不能随意交换。但是当抽取因子与内插因子互质时，两者可以交换，如图 2.12所示。

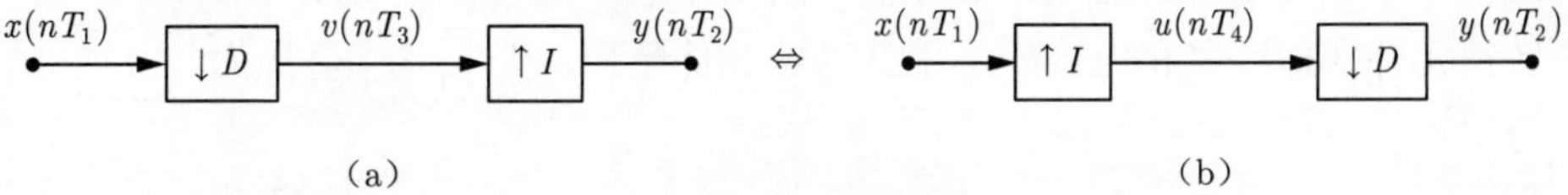

图 2.12 内插与抽取可交换（I, D 互质）

证明如下。对于图 2.12（a），

$$Y(z_2) = V(z_3) = \frac{1}{D}\sum_{k=0}^{D-1} X(z_1 W_D^k) \tag{2.1.10}$$

对于图 2.12（b），

$$Y(z_2) = \frac{1}{D}\sum_{k=0}^{D-1} U(z_4 W_D^k) = \frac{1}{D}\sum_{k=0}^{D-1} X(z_1 W_D^{kI}) \tag{2.1.11}$$

上式中第二个等式利用了 $U(z_4) = X(z_1) = X(z_4^I)$ 和 $U(z_4 W_D^k) = X((z_4 W_D^k)^I) = X(z_1 W_D^{kI}), k = 1, 2, \cdots, D-1$。

对比式(2.1.10)与式(2.1.11)，两者的差异在于求和式内的每一项，前者为 $X(z_1 W_D^k)$，后者为 $X(z_1 W_D^{kI})$。由于 I, D 互质，除 $k = 0$ 之外，$X(z_1 W_D^k) \neq X(z_1 W_D^{kI})$。但是注意到对任意 k，

$$W_D^{kI} = \mathrm{e}^{-\mathrm{j}2\pi kI/D} = \mathrm{e}^{-\mathrm{j}2\pi(kI-mD)/D} = W_D^{kI \oplus D}$$

式中，$kI \oplus D$ 表示 kI 模 D。

由于 I, D 互质，当 k 取 $0, 1, \cdots, D-1$ 时，模 $kI \oplus D$ 也遍历 $0 \sim D-1$ 的所有整数。举例来讲，设 $I = 3, D = 4$，则 k 与 $kI \oplus D$ 的对应关系为

$$
\begin{array}{cccc}
k & 0 & 1 & 2 & 3 \\
& \updownarrow & \updownarrow & \updownarrow & \updownarrow \\
kI \oplus D & 0 & 3 & 2 & 1
\end{array}
$$

因此，式(2.1.10)与式(2.1.11)的结果是相等的。

除上述介绍的几种典型的等效网络，对于更为复杂的多抽样率网络可以将其视为多个子网络的组合，再依据相应的等效关系进行转换，在此不再赘述。

2.2 网络的易位

易位（transposition）是系统分析中一种重要的方法。对于单抽样率系统，易位是指把信号流方向翻转过来，并将输入端、输出端调换位置，同时保留各支路的传递函数不变；而对于多抽样率系统，除需上述操作之外还应满足：①保留网络节点处的抽样率不变；②将抽样率转换元件（抽取器和内插器）用其易位元件替换，即 $\boxed{\downarrow D}$ 替换为 $\boxed{\uparrow D}$，$\boxed{\uparrow I}$ 替换为 $\boxed{\downarrow I}$。

未经易位的系统称为原系统，经过易位后的系统称为易位系统。对于单抽样率系统，原系统与易位系统具有相同的传递函数（即系统函数）。具体证明读者可参考文献[9]，下面通过一个例子进行说明。

例 2.3 已知单抽样率系统如图 2.13（a）所示，其易位系统如图 2.13（b）所示，分别求两者的系统函数。

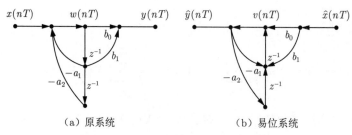

（a）原系统   （b）易位系统

图 2.13   单抽样率系统及其易位系统

解： 对于原系统，可以求得各节点上的信号关系式为

$$Y(z) = b_0 W(z) + b_1 z^{-1} W(z) = (b_0 + b_1 z^{-1}) W(z)$$

$$X(z) = (1 + a_1 z^{-1} + a_2 z^{-2}) W(z)$$

因此系统函数为

$$H(z) = \frac{Y(z)}{X(z)} = \frac{b_0 + b_1 z^{-1}}{1 + a_1 z^{-1} + a_2 z^{-2}}$$

类似地，对于易位系统，可以求得

$$\hat{Y}(z) = V(z)$$

$$V(z) = b_0 \hat{X}(z) + b_1 z^{-1} \hat{X}(z) - a_1 z^{-1} \hat{Y}(z) - a_2 z^{-2} \hat{Y}(z)$$

因此系统函数为

$$\hat{H}(z) = \frac{\hat{Y}(z)}{\hat{X}(z)} = \frac{b_0 + b_1 z^{-1}}{1 + a_1 z^{-1} + a_2 z^{-2}}$$

由此可见，两者的系统函数相等。

对于多抽样率系统，原系统与易位系统具有对偶（也称为互补）运算性质，而并非等效网络，一般也不能保持其系统函数不变。例如，D 倍抽取的易位为 D 倍内插，如图 2.14 所示。显然，抽取是将信号的采样点减少，从而降低抽样率；内插是将信号的采样点增加，从而提高抽样率，两个运算具有互补作用。图 2.15 给出了 $D = 3$ 时的抽取（原系统）和内插（易位系统）的输入、输出示意图。

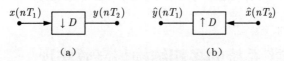

图 2.14　D 倍抽取及其易位

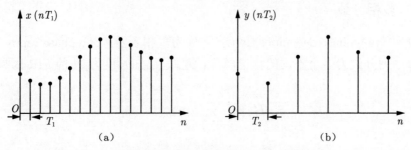

图 2.15　D 倍抽取及其易位的输入、输出关系（$D = 3$）

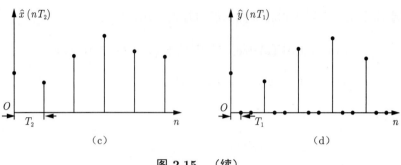

图 2.15　（续）

在多抽样率系统的分析和设计中，经常运用易位的思想将原系统转化为易位系统（或反之），从而节省系统分析的任务量。例如，考虑分数倍抽样率转换系统，如图 2.16（a）所示，其抽样率转换之比为 $F_2/F_1 = I/D$。该系统的易位系统如图 2.16（b）所示，抽样率转换之比为 $\hat{F}_2/\hat{F}_1 = F_1/F_2 = D/I$。由于两个系统具有对偶关系，在实际中只需要选取其中一个进行分析即可。

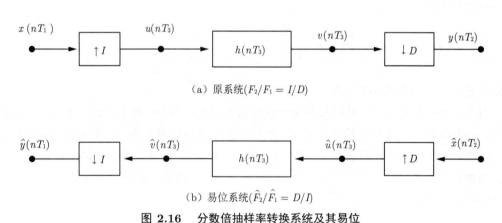

图 2.16　分数倍抽样率转换系统及其易位

2.3　多抽样率系统的多相结构与高效实现

2.3.1　多相分解

多相分解（polyphase decomposition），又称为多相表示（polyphase representation），是指将离散序列分解为多个不同的相位成分。例如，已知长度为 N 的 FIR 因果滤波器：

$$H(z) = \sum_{n=0}^{N-1} h(n)z^{-n}$$

现将该滤波器系数按如下方式分成 M 组，并假设 N 是 M 的整数倍（记 $Q = N/M \in \mathbb{Z}$）：

$$
\begin{aligned}
H(z) = \quad & h[0] && +h[1]z^{-1} && +\cdots && +h[M-1]z^{-(M-1)} \\
& +h[M]z^{-M} && +h[M+1]z^{-(M+1)} && +\cdots && +h[2M-1]z^{-(2M-1)} \\
& \quad\vdots && \quad\vdots && && \quad\vdots \\
& +h[(Q-1)M]z^{-(Q-1)M} && +h[(Q-1)M+1]z^{-((Q-1)M+1)} && +\cdots && +h[QM-1]z^{-(QM-1)} \\
& \qquad\downarrow && \qquad\downarrow && && \qquad\downarrow \\
& \text{第 1 组} && \text{第 2 组} && \cdots && \text{第 } M \text{ 组}
\end{aligned}
$$

将上述形式整理，得

$$
\begin{aligned}
H(z) &= \sum_{k=0}^{M-1} \sum_{n=0}^{Q-1} h[Mn+k]z^{-(Mn+k)} \\
&= \sum_{k=0}^{M-1} z^{-k} \sum_{n=0}^{Q-1} h[Mn+k](z^M)^{-n} = \sum_{k=0}^{M-1} z^{-k} E_k(z^M) \tag{2.3.1}
\end{aligned}
$$

由此可见，$H(z)$ 可以分解为 M 个形如 $z^{-k}E_k(z^M)$ 的分量，其中 z^{-k} 为延迟滤波器，$E_k(z)$ 是由子序列 $h[Mn+k]$ 确定的 FIR 滤波器。事实上，$h[Mn+k]$ 可视为 $h[n]$ 先经过 k 位移再经过 M 倍抽取后的结果。同时注意上述假设 "N 是 M 的整数倍" 只是为了便于描述。事实上，不必要求 N 是 M 的整数倍，如果不满足可以通过补零来修正。此外，上述分解也不限于因果滤波器。对于非因果滤波器，只需根据实际情况将 $E_k(z)$ 中求和的上下限进行调整。为了简化分析，本书如无特别说明，默认为因果滤波器。下面给出第一型多相分解的一般化定义。

定义 2.1（第一型多相分解）　设 FIR 滤波器为 $H(z)$，第一型多相分解形式如下：

$$
H(z) = \sum_{k=0}^{M-1} z^{-k} E_k(z^M) \tag{2.3.2}
$$

其中

$$
E_k(z) = \sum_n h[Mn+k]z^{-n} \tag{2.3.3}
$$

为 $H(z)$ 的第 k 个（第一型）多相成分（polyphase component）。

第一型多相分解的结构如图 2.17所示。注意各条支路含有一个延迟滤波器 z^{-k}，整体构成一个延迟链。同时注意延迟链的位置靠近输入端的一侧，稍后会看到，这样表示是为了便于推导抽取系统的多相结构。

除第一型多相分解之外，还存在其他的多相分解形式，下面介绍另外两种形式。

定义 2.2（第二型多相分解）　设 FIR 滤波器为 $H(z)$，第二型多相分解形式如下：

$$
H(z) = \sum_{k=0}^{M-1} z^{-(M-1-k)} R_k(z^M) \tag{2.3.4}
$$

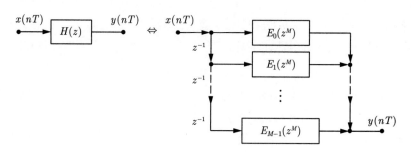

（a）第一型多相分解结构

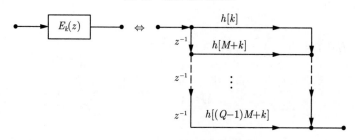

（b）第一型多相成分结构

图 2.17　第一型多相分解结构图

其中

$$R_k(z) = \sum_n h[Mn + M - 1 - k]z^{-n} \tag{2.3.5}$$

为 $H(z)$ 的第 k 个（第二型）多相成分。

　　对比定义 2.1 与定义 2.2，易知 $R_k(z) = E_{M-1-k}(z)$，即第二型多相分解是将第一型多相分解中的多相成分顺序颠倒过来，结构如图 2.18 所示。事实上，第二型多相分解可视为第一型多相分解的易位网络。注意到此时延迟链靠近输出端的一侧，这样表示是为了便于推导内插系统的多相结构。

　　定义 2.3（第三型多相分解）　设 FIR 滤波器为 $H(z)$，第三型多相分解形式如下：

$$H(z) = \sum_{k=0}^{M-1} z^k F_k(z^M) \tag{2.3.6}$$

其中

$$F_k(z) = \sum_n h[Mn - k]z^{-n} \tag{2.3.7}$$

为 $H(z)$ 的第 k 个（第三型）多相成分。

　　与第一型多相分解比较，易知

$$F_k(z) = \begin{cases} E_0(z), & k = 0 \\ z^{-1}E_{M-k}(z), & k = 1, 2, \cdots, M-1 \end{cases} \tag{2.3.8}$$

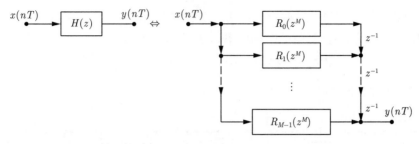

（a）第二型多相分解结构

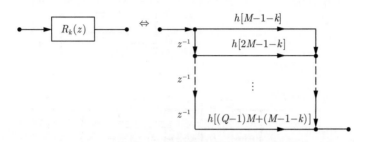

（b）第二次型多相成分结构

图 2.18 第二型多相分解结构图

上述介绍的多相分解是以 FIR 滤波器为主体进行的。当然，多相分解的概念可以推广至 IIR 滤波器及离散信号。事实上，从数学角度来看，无论是数字滤波器还是离散信号都是离散序列，在 z 变换域均为洛朗多项式（Laurent polynomial）。多相分解是多抽样率信号处理的核心概念之一，在系统分析、设计中具有重要作用。

2.3.2 多抽样率系统的多相实现

在目前所介绍的抽样率转换系统中，计算都是在高抽样率一侧进行的。以抽取系统为例，信号先经过抗混叠滤波器再进行抽取，由于抽取后部分采样点被舍弃，与之相关的计算都是徒劳的。试想如果能够在抽取之后再计算，即只需要计算那些被抽取的采样点，毫无疑问，计算量将大大降低。本节将多相分解与多抽样率系统结合，讨论抽样率转换的高效实现方式。

1. 抽取系统的多相实现

已知 D 倍抽取系统如图 2.19（a）所示。现对滤波器 $H(z)$ 进行第一型多相分解：

$$H(z) = \sum_{k=0}^{D-1} z^{-k} E_k(z^D) \tag{2.3.9}$$

于是滤波器被分解为 D 个多相成分，如图 2.19（b）所示。

注意到每个多相成分 $E_k(z^D)$ 依然为滤波器，而所有支路汇总后进行 D 倍抽取。现将抽取放到每条支路中，利用 Noble 恒等式 I，将 $\boxed{\downarrow D}$ 与 $E_k(z^D)$ 交换顺序，故得到如图 2.19（c）所示的网络结构，该结构称为抽取系统的多相结构。此时，滤波在低抽样率一侧进行，因此能够有效降低计算量。一般地，设滤波器长度为 N，转换之前的计算量为

$\text{MPS}_1 = NF_1$；而采用多相结构，共有 D 个多相滤波器，每个滤波器的长度为 N/D（假设 N 为 D 的整数倍），计算所处的抽样率为 F_2，故计算量为

$$\text{MPS}_2 = D \times N/D \times F_2 = NF_2 = \text{MPS}_1/D \tag{2.3.10}$$

因此计算量降为原来的 $1/D$。

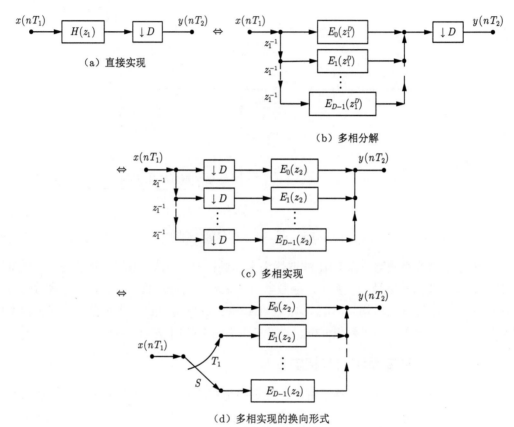

图 2.19　抽取系统的多相结构

进一步分析，注意到在图 2.19（c）输入一侧，信号分别经过 k 个 T_1 单位的延迟再抽取，因而每条支路的信号为 $x[Dn-k]$，$k = 0, 1, \cdots, D-1$。该过程可以用旋转开关等价表示，如图 2.19（d）所示，即开关按逆时针（思考为什么？）逐一接通每条支路，在接通时刻信号通过并进行滤波，最后所有支路信号叠加得到输出。整个过程是在 $T_2 = DT_1$ 时间内完成的，因而是一种高效的实现方式。

为了让读者更加直观理解多相结构的高效计算方式，下面通过一个例子来说明。

例 2.4　已知 3 倍抽取系统如图 2.20 所示，其中 $H(z)$ 为 FIR 因果滤波器，长度为 $N = 12$，试分析该系统的直接实现与多相实现的计算量。

解:　首先来看直接实现，易知输入、输出关系式为

$$y(nT_2) = \sum_{k=0}^{11} x[(3n-k)T_1]h(kT_1) \tag{2.3.11}$$

图 2.21（a）展示了该系统的卷积计算过程，可以看出，该计算在采样率 F_1 下进行，计算量为 $12F_1$。

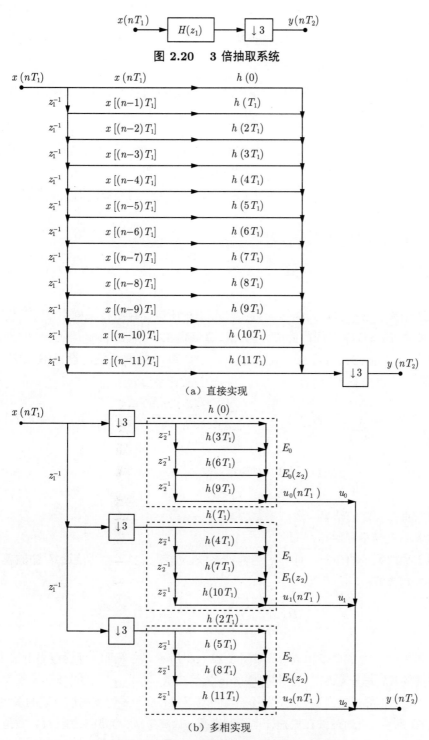

图 **2.20**　3 倍抽取系统

（a）直接实现

（b）多相实现

图 **2.21**　3 倍抽取系统的直接实现与多相实现

下面讨论该系统的多相实现，结构如图 2.21（b）所示，不妨记每一支路右端的输出为 $u_i(nT_2), i = 0, 1, 2$，易知

$$u_0(nT_2) = x(nT_2)h(0) + x[(n-1)T_2]h(3T_1) + x[(n-2)T_2]h(6T_1) + x[(n-3)T_2]h(9T_1)$$

$$u_1(nT_2) = x(nT_2 - T_1)h(T_1) + x[(n-1)T_2 - T_1]h(4T_1) + x[(n-2)T_2 - T_1]h(7T_1)$$
$$+ x[(n-3)T_2 - T_1]h(10T_1)$$

$$u_2(nT_2) = x(nT_2 - 2T_1)h(2T_1) + x[(n-1)T_2 - 2T_1]h(5T_1) + x[(n-2)T_2 - 2T_1]h(8T_1)$$
$$+ x[(n-3)T_2 - 2T_1]h(11T_1)$$

注意在上述表达式中，每个多相滤波器 $E_k(z)$ 的系数均用 $h(kT_1)$ 表示，例如 $E_0(z)$ 的系数为 $h(0), h(3T_1), h(6T_1), h(9T_1)$。这是为了便于说明 $E_k(z)$ 与 $H(z)$ 系数间的对应关系，即 $h_k(nT_2) = h[(3n + k)T_1]$，其中 $h_k(nT_2)$ 为 $E_k(z)$ 的系数。而实际乘法运算还是在 F_2 下进行的。

最后，将所有支路叠加的结果为

$$y(nT_2) = u_0(nT_2) + u_1(nT_2) + u_2(nT_2) = \sum_{k=0}^{11} x[(3n-k)T_1]h(kT_1) \tag{2.3.12}$$

显然，上述结果与直接实现的结果一致。然而由于所有计算是在采样率 F_2 下进行，换言之，只需要在 $T_2 = 3T_1$ 时间内完成，因此计算量为 $12F_2 = 4F_1$。

可以将例 2.4 的结果推广至一般情况，即对于 D 倍抽取系统，设 FIR 滤波器长度为 N，则输入、输出关系式为

$$y(nT_2) = \sum_{k=0}^{D-1} u_k(nT_2) = \sum_{k=0}^{D-1} \sum_{m=0}^{N/D-1} x[nT_2 - (Dm+k)T_1]h[(Dm+k)T_1]$$

$$= \sum_{l=0}^{N-1} x(nT_2 - lT_1)h(lT_1), \quad (T_2 = DT_1) \tag{2.3.13}$$

上述结果与直接实现的结果一致。

2. 内插系统的多相实现

类似于抽取系统的分析，对于 I 倍内插系统，如图 2.22（a）所示，对滤波器 $H(z)$ 进行第二型多相分解：

$$H(z) = \sum_{k=0}^{I-1} z^{-(I-1-k)} R_k(z^I) \tag{2.3.14}$$

于是滤波器被分解为 I 个多相成分，如图 2.22（b）所示。注意此时延迟链靠近输出端一侧。

将内插放入到每条支路中，再利用 Noble 恒等式 Ⅱ，将 $\boxed{\uparrow I}$ 与 $R_k(z^I)$ 交换顺序，同时注意到由于延迟链靠近输出端一侧，故不会影响交换操作，于是得到内插系统的多相结构，如图 2.22（c）所示。此时滤波在低抽样率一侧进行，计算量减少为原来的 $1/I$，故是一种高效的实现方式。内插系统的多相高效结构也可等价地表示为换向形式，如图 2.22（d）所示。

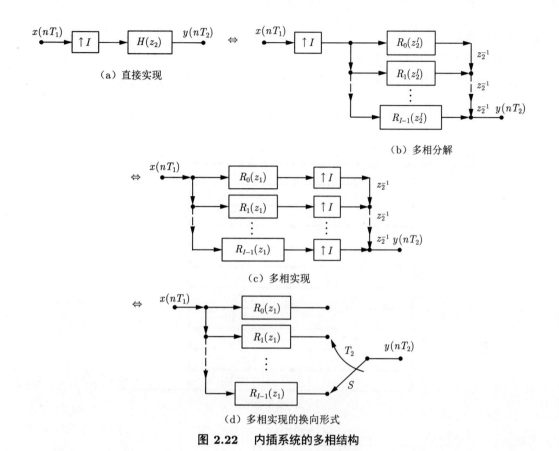

图 2.22 内插系统的多相结构

联系上一节介绍的易位网络的概念，易知内插系统与抽取系统互为易位，因而两者的多相结构也具有易位的关系。

例 2.5 已知 3 倍内插系统如图 2.23 所示，其中 $H(z)$ 为 FIR 因果滤波器，长度为 $N = 12$，试分析该系统的直接实现与多相实现的计算量。

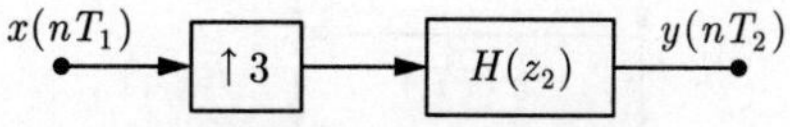

$$x(nT_1) \longrightarrow \uparrow 3 \longrightarrow H(z_2) \longrightarrow y(nT_2)$$

图 2.23 3 倍内插系统

解： 对于直接实现，记内插后的信号为 x_I，故

$$x_I(nT_2) = \begin{cases} x(mT_1), & n = 3m, m \in \mathbb{Z} \\ 0, & \text{其他} \end{cases}$$

则输出信号为

$$y(nT_2) = \sum_{k=0}^{11} x_I[(n-k)T_2]h(kT_2)$$

$$= x(nT_1)h(0) + x[(n-1)T_1]h(3T_2) + x[(n-2)T_1]h(6T_2) + x[(n-3)T_1]h(9T_2)$$

注意上述计算是在采样率 F_2 下进行的，计算量为 $12F_2$，但是由于信号经过内插，实际计算结果只取决于原始信号的非零值。

图 2.24（a）给出了上述计算过程的示意图，此时各支路信号依次为

$$x(nT_1), 0, 0, x[(n-1)T_1], 0, 0, x[(n-2)T_1], 0, 0, x[(n-3)T_1], 0, 0$$

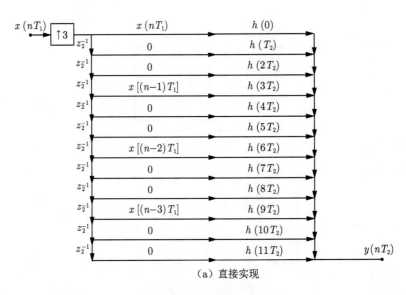

（a）直接实现

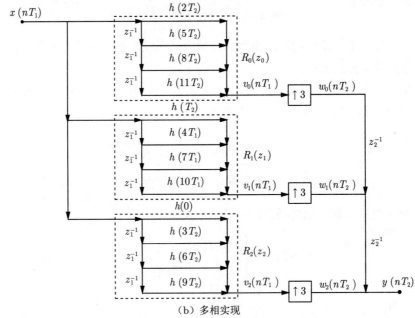

（b）多相实现

图 2.24　3 倍内插系统的直接实现与多相实现

当计算第 $n+1$ 个输出时，较上一时刻时间间隔为 T_2，此时输入信号流依次移动 T_2 个时间单位，即各支路信号依次下移，故输出信号为

$$y[(n+1)T_2] = x(nT_1)h(T_2) + x[(n-1)T_1]h(4T_2) + x[(n-2)T_1]h(7T_2)$$
$$+ x[(n-3)T_1]h(10T_2)$$

类似地，第 $n+2$ 个的输出为

$$y[(n+2)T_2] = x(nT_1)h(2T_2) + x[(n-1)T_1]h(5T_2) + x[(n-2)T_1]h(8T_2)$$
$$+ x[(n-3)T_1]h(11T_2)$$

由此可见，每输出一个信号，输入信号流移动 T_2 个时间单位，与对应滤波器系数相乘后叠加，如此反复。

下面讨论该系统的多相实现，结构如图 2.24（b）所示，记经过多相滤波器的各支路输出为 $v_i(nT_1), i = 0, 1, 2$，易知

$$v_0(nT_1) = x(nT_1)h(2T_2) + x[(n-1)T_1]h(5T_2) + x[(n-2)T_1]h(8T_2) + x[(n-3)T_1]h(11T_2)$$

$$v_1(nT_1) = x(nT_1)h(T_2) + x[(n-1)T_1]h(4T_2) + x[(n-2)T_1]h(7T_2) + x[(n-3)T_1]h(10T_2)$$

$$v_2(nT_1) = x(nT_1)h(0) + x[(n-1)T_1]h(3T_2) + x[(n-2)T_1]h(6T_2) + x[(n-3)T_1]h(9T_2)$$

接下来，各支路信号再经过 3 倍内插，分别得到信号 $w_i(nT_2), i = 0, 1, 2$，此时采样率变为 F_2。随后，将 w_0 与 w_1 分别延迟 $2T_2$ 与 T_2 个时间单位，最后汇总为一路输出。事实上，上述过程可理解为 w_2, w_1, w_0 按间隔 T_2 依次输出，如图 2.25所示。由此可见，多相实现与直接实现的结果是一致的。但是多相实现的计算在低抽样率一侧进行，因此是一种高效的实现方式。

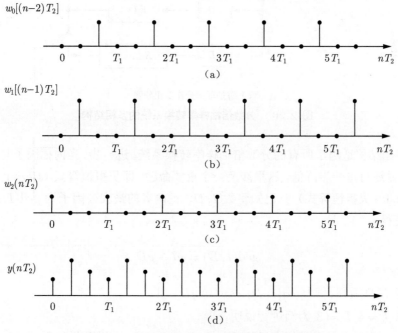

图 2.25　3 倍内插系统多相实现的输出示意图

3. 分数倍抽样率转换系统的多相实现

已知分数倍抽样率转换系统如图 2.26（a）所示。注意到卷积计算是在最高抽样率 F_3（$= IF_1 = DF_2$）下进行的，故不是高效实现方式。

为了得到分数倍抽样率转换系统的高效结构，可以将 $\boxed{\uparrow I}$ 与滤波器 $H(z)$ 视为一个整体，对它作第二型多相分解，如图 2.26（b）所示。这样卷积计算就在抽样率 F_1 下进行，计算量减为原系统的 $1/I$。当然，也可以把滤波器 $H(z)$ 与 $\boxed{\downarrow D}$ 看作一个整体，对它作第一型多相分解，如图 2.26（c）所示。此时卷积计算在抽样率 F_2 下进行，计算量减为原来的 $1/D$。

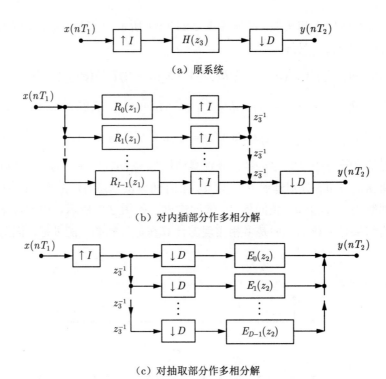

（a）原系统

（b）对内插部分作多相分解

（c）对抽取部分作多相分解

图 2.26　分数倍抽样率转换系统的多相结构

上述多相结构适用于所有的分数倍抽样率转换系统。进一步，当内插因子与抽取因子互质时，计算量还可进一步降低，这里涉及一个重要命题，即贝祖恒等式（Bézout's identity）。

命题 2.1（贝祖恒等式）　已知整数 I, D，记两者的最大公因子为 $\gcd(I, D)$，则存在整数 p, q 使得

$$\gcd(I, D) = pI + qD \tag{2.3.15}$$

特别地，若 I, D 互质，则 $\gcd(I, D) = pI + qD = 1$。

下面以 $I = 4, D = 3$ 为例进行说明。

例 2.6　已知分数倍抽样率转换系统中 $I = 4, D = 3$，试分析该系统的高效结构。

解： 根据贝祖恒等式，易知 $p=1, q=-1$。不妨假设先对系统的内插部分进行多相分解，如图 2.26（b）所示。注意到抽取器在干路中，不妨将其放到各支路中来，同时将延迟链中的 z_3 表示为 $z_3^4 z_3^{-3}$，于是得到如图 2.27（a）所示的结构。

将各条支路中的延迟滤波器 $(z_3^4 z_3^{-3})^{-k}$ 拆分成 $(z_3^4)^{-k}$ 与 $(z_3^{-3})^{-k}$，利用滤波与内插、抽取的等效网络，即

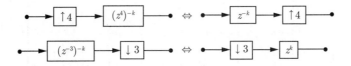

将延迟滤波器与内插、抽取交换顺序，并分别置于输入端和输出端一侧，此时结构如图 2.27（b）所示。

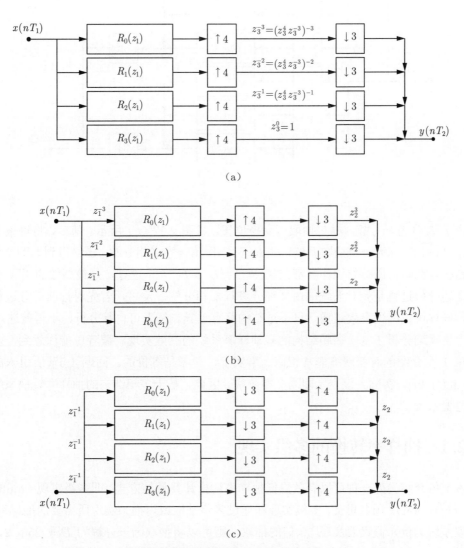

图 2.27　分数倍抽样率转换系统的高效实现（$I=4, D=3$）

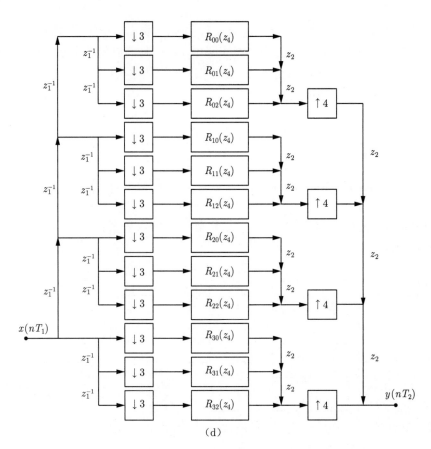

(d)

图 2.27 （续）

由于 I, D 互质，故内插与抽取可交换位置，如图 2.27（c）所示。随后，将每条支路的 $R_m(z_1)$ 与 $\boxed{\downarrow 3}$ 视为一个抽取系统，对 $R_m(z_1)$ 作第一型多相分解，最终得到如图 2.27（d）所示结构。此时，所有卷积计算都在 $F_4 = F_1/D = F_2/I$ 下进行，是最高效的实现方式。

上述分析过程是先对系统的内插部分进行多相分解。反之，若先对抽取部分进行多相分解，同样可以得到高效结构，只不过结构略有差异。读者可自行分析，不再赘述。

上文详细分析了基于多相结构的多抽样率系统的高效实现。读者可能注意到，多相结构与第 1 章介绍的时变网络非常相似。事实上，两者是等价的。回顾 1.5 节所引入的表示 $h[nD \oplus I + kI]$，实际上该表示即为多相分解。因此，基于多相结构的抽样率转换系统即是一种时变系统。

2.4　抽样率转换的多级实现

本节将介绍另外一种可以有效降低抽样率转换计算量的方式，即多级实现（multistage implementation）。顾名思义，多级实现即通过多步抽取或内插来实现所需要的抽样率转换。以抽取系统为例，假设要实现 50 倍的抽取，则可以将抽取因子分解为 $D = 25 \times 2$，通过先后进行 25 倍抽取和 2 倍抽取而实现。在此基础上，还可以将 25 倍抽取继续分解为两次

5 倍抽取。从形式上看，多级实现增加了系统的复杂度，但为何可以有效降低计算量呢？下面就来具体分析。

2.4.1 多级实现的原理

由于内插系统与抽取系统互为易位网络，故下面主要以抽取系统为例进行分析。图 2.28 给出了抽取系统单级实现与多级实现的结构图。

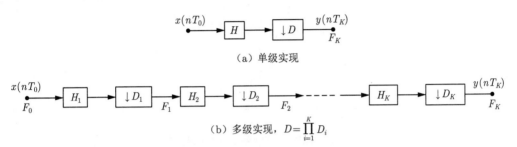

（a）单级实现

（b）多级实现，$D=\prod\limits_{i=1}^{K} D_i$

图 2.28　抽取系统的单级实现与多级实现

在抽样率转换过程中，采用每秒乘法次数（MPS）来衡量计算量。设抽取系统中的 FIR 滤波器长度[①]为 N，滤波器所处采样率为 F_s，则直接实现的计算量为 $\mathrm{MPS}=NF_s$。进一步，如果 FIR 滤波器具有线性相位（滤波器系数对称）并采用多级实现，则计算量可降低为 $\mathrm{MPS}=NF_s/2D$。由此可见，计算量主要取决于 N 与 F_s 两个参数。

由数字滤波器知识可知，滤波器的参数主要包括滤波器的长度 N、通带误差容限 δ_p、阻带误差容限[②]δ_s、通带（最高）截止频率 f_p 与阻带（最低）截止频率 f_s，如图 2.29所示。这五个参数并非是完全独立的，彼此存在依存关系。特别地，滤波器长度可由其他参数估计。例如，对于最佳等纹滤波器，有如下估计式[③]：

$$N \approx \frac{D_\infty(\delta_p, \delta_s)}{\Delta f/F_s} \tag{2.4.1}$$

式中，$\Delta f/F_s$ 为归一化过渡带宽，即 $\Delta f = f_s - f_p$，F_s 为滤波器所处的采样率；

---

① 滤波器的长度即滤波器系数的个数，有些教材也将长度称为阶数。事实上，阶数 = 长度 − 1，两者稍有区别。从数学角度来看，滤波器的阶数对应于洛朗多项式 $H(z)$ 的阶数，例如延迟滤波器 az^{-k} 的阶数为零，但长度为 1。为了严谨起见，本书主要采用长度来描述。

② 误差容限即幅频响应上下波动的幅度值，又称为波纹（ripple）。由于误差容限通常较小，也可用对数坐标系表示：

$$\text{通带容限：} R_p = -20\lg\left(\frac{1-\delta_p}{1+\delta_p}\right)$$

$$\text{阻带衰减：} A_s = -20\lg\left(\frac{\delta_s}{1+\delta_p}\right)$$

③ 原作[11] 估计式为

$$N \approx \frac{D_\infty(\delta_p, \delta_s)}{\Delta f/F_s} - f(\delta_p, \delta_s)\Delta f/F_s + 1$$

式中，$f(\delta_p, \delta_s) = 11.012 + 0.51244(\lg\delta_p - \lg\delta_s)$。由于过渡带宽通常要比采样率小得多，即 $\Delta f \ll F_s$，且 $N \gg 1$，因此可简化为式(2.4.1)。

$$D_\infty(\delta_p, \delta_s) = [a_1(\lg\delta_p)^2 + a_2\lg\delta_p + a_3]\lg\delta_s - [a_4(\lg\delta_p)^2 + a_5\lg\delta_p + a_6]$$

$$a_1 = 0.005309, a_2 = 0.07114, a_3 = -0.4761,$$

$$a_4 = 0.00266, a_5 = 0.5941, a_6 = 0.4278$$

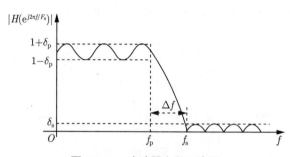

图 2.29　滤波器参数示意图

如果采用 Kaiser 窗设计 FIR 滤波器，则估计式[①]为

$$N \approx \frac{-20\lg(\sqrt{\delta_s\delta_p}) - 13}{14.6\Delta f/F_s} \tag{2.4.2}$$

综合式(2.4.1)与式(2.4.2)可知，滤波器长度与归一化过渡带宽 $\Delta f/F_s$ 成反比，或等价地，与所处的采样率 F_s 成正比，且与过渡带宽 Δf 成反比。当然，滤波器长度也与误差容限有关，但由于其数值较小，影响可以忽略。显然，若要降低计算量，可尝试降低采样率或增加过渡带宽。但是对于单级实现而言，这是难以实现的。下面通过一个例子来说明。

例 2.7　已知信号为 $x(nT_0)$，抽样率为 $F_0 = 1/T_0 = 5000\text{Hz}$，信号的最高频率为 60Hz，其中绝大部分能量集中在 40Hz 以内。现对该信号进行 50 倍抽取，记抽取后的信号为 $y(nT_K)$，其中，$F_K = 1/T_K = 100\text{Hz}$。并设抗混叠滤波器的通带误差容限为 $\delta_p = 0.01$，阻带误差容限为 $\delta_s = 0.001$。试分析单级实现与多级实现的计算量。

解：首先来看单级实现。根据题目条件，设抗混叠滤波器的通带截止频率为 $f_p = 40\text{Hz}$，阻带截止频率 $f_s = F_K/2 = 50\text{Hz}$，过渡带宽 $\Delta f = 10\text{Hz}$。采用 FIR 最佳等纹滤波器设计时，滤波器的长度估计为

$$N \approx \frac{D_\infty(\delta_p, \delta_s)}{\Delta f/F_0} = \frac{D_\infty(0.01, 0.001)}{10/5000} \approx 1271$$

因此单级实现的计算量为

$$\text{MPS} = \frac{NF_0}{2D} = \frac{1271 \times 5000}{2 \times 50} = 63550$$

[①] 原作估计式为

$$N \approx \frac{-20\lg(\sqrt{\delta_s\delta_p}) - 13}{14.6\Delta f/F_s} + 1$$

考虑到 $N \gg 1$，故常数 1 可忽略不计。

通过观察可知，计算量偏大的原因在于归一化过渡带宽 $\Delta f/F_0$ 过小。若想降低计算量，可以降低采样率或增加过渡带宽。但是单级实现的采样率是固定的，不能改变，唯一可能的途径是增加过渡带宽。

注意到 $\Delta f = f_s - f_p$，故要增加过渡带宽，可以增大阻带的截止频率或减小通带的截止频率。然而，阻带的截止频率不能超过 50Hz，否则会造成混叠；通带的截止频率也不能小于 40Hz，否则会造成信号成分损失。因此，过渡带宽最大为 $\Delta f = 50 - 40 = 10$Hz。图 2.30 给出了单级实现中滤波器的幅频响应示意图。为了明确滤波器所处的采样率，这里采用实际频率而非归一化频率来表示，其中实线为滤波器在一个周期内的幅频响应，虚线是为了说明抽取后信号频谱的大致位置，以便于分析滤波器的截止频率。综合上述分析，在单级实现中，计算量不可能降低。

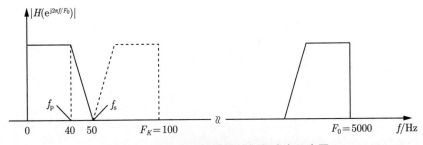

图 2.30　单级实现滤波器的幅频响应示意图

下面分析多级实现。以二级实现为例，假设信号先后经过 25 倍抽取和 2 倍抽取，系统结构如图 2.31 所示。为了便于分析，不妨设抗混叠滤波器 H_1, H_2 的通带误差容限均为 $\delta_{p1} = \delta_{p2} = \delta_p/2$，阻带误差容限均为 $\delta_{s1} = \delta_{s2} = \delta_s$（2.4.2 节给出解释）。

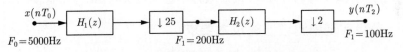

图 2.31　50 倍抽取系统的二级实现结构图

对于第一级抽取，滤波器 H_1 所处的采样率为 $F_0 = 5000$Hz，通带截止频率为 $f_{p1} = 40$Hz，而阻带截止频率可适当增加，例如取 $f_{s1} = 150$Hz，此时过渡带宽为 $\Delta f = f_{s1} - f_{p1} = 150 - 40 = 110$Hz，如图 2.32（a）实线所示。显然，若按上述参数进行滤波抽取后信号会发生混叠，如图 2.32（a）虚线所示，但该混叠成分可由第二级抽取消除，对最终结果没有影响。故滤波器长度为

$$N_1 \approx \frac{D_\infty(\delta_p, \delta_s)}{\Delta f_1/F_0} = \frac{D_\infty(0.005, 0.001)}{110/5000} \approx 126$$

相应的计算量为

$$\text{MPS}_1 = \frac{N_1 F_0}{2D_1} = \frac{126 \times 5000}{2 \times 25} = 12600$$

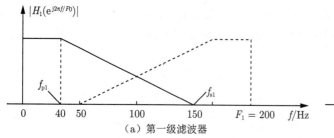 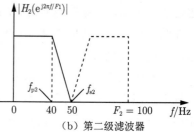

（a）第一级滤波器　　　　　　　　　　　（b）第二级滤波器

图 2.32　二级实现滤波器的幅频响应示意图

对于第二级抽取，滤波器 H_2 所处的采样率为 $F_1 = 200\text{Hz}$，通带截止频率依然为 $f_{p2} = 40\text{Hz}$，而为避免混叠，阻带截止频率最高为 $f_{s2} = F_2/2 = 50\text{Hz}$。因此，过渡带宽为 $\Delta f_2 = f_{s2} - f_{p2} = 10\text{Hz}$，如图 2.32（b）所示。滤波器长度为

$$N_2 \approx \frac{D_\infty(\delta_p, \delta_s)}{\Delta f_2/F_1} = \frac{D_\infty(0.005, 0.001)}{10/200} \approx 56$$

相应的计算量为

$$\text{MPS}_2 = \frac{N_2 F_1}{2D_2} = \frac{56 \times 200}{2 \times 2} = 2800$$

综合上述分析，二级实现的计算量总计为

$$\text{MPS}_T = \text{MPS}_1 + \text{MPS}_2 = 15400$$

相比于单级实现，计算量减少了约 3/4，是相当可观的。

结合上述例题的分析可知，多级实现的关键在于允许除最后一级之外的各级滤波器的过渡带宽适当放宽，甚至可以有混叠，同时采样率也在逐级降低，因此能够有效降低计算量。

2.4.2　多级实现中滤波器的技术要求

本节给出多级实现中各级滤波器的具体技术参数。已知 K 级抽取系统如图 2.28（b）所示，设输入端的采样率为 F_0，经第 i 级抽取后的采样率为 F_i，第 i 级滤波器的通带误差容限为 δ_{pi}，阻带误差容限为 δ_{si}，通带截止频率为 f_{pi}，阻带截止频率为 f_{si}，由于每一级的采样率在改变，这里采用实际频率来描述，避免因归一化引起混淆。相应地，单级抽取滤波器的各项参数分别为 $\delta_p, \delta_s, f_p, f_s$。

(1) 各级滤波器的通带误差容限　由于各级抽取是级联的，因此

$$1 + \delta_p = (1 + \delta_{p1})(1 + \delta_{p2}) \cdots (1 + \delta_{pK})$$

$$= 1 + (\delta_{p1} + \delta_{p2} + \cdots + \delta_{pK}) + (\delta_{p1}\delta_{p2} + \cdots) + \cdots$$

由于误差容限通常较小，即 $\delta_{pi} \ll 1$，故上式可近似为

$$1 + \delta_p \approx 1 + (\delta_{p1} + \delta_{p2} + \cdots + \delta_{pK})$$

不妨假设 $\delta_{p1} = \delta_{p2} = \cdots = \delta_{pK}$，则

$$\delta_{pi} = \frac{\delta_p}{K}, \ i = 1, 2, \cdots, K \tag{2.4.3}$$

(2) 各级滤波器的阻带误差容限 类似地，根据级联关系

$$\delta_s = \delta_{s1}\delta_{s2}\cdots\delta_{sK}$$

不妨假设 $\delta_{s1} = \delta_{s2} = \cdots = \delta_{sK}$，由于 $\delta_{si} \ll 1$，故各级误差相乘依然在单级误差容限之内，因此可令

$$\delta_{si} = \delta_s, \ i = 1, 2, \cdots, K \tag{2.4.4}$$

(3) 各级滤波器的通带截止频率 为保证信号在 $0 \leqslant f \leqslant f_p$ 内的成分不损失，各级通带截止频率应与单级一致，即

$$f_{pi} = f_p, \ i = 1, 2, \cdots, K \tag{2.4.5}$$

(4) 各级滤波器的阻带截止频率 阻带截止频率相对比较灵活，不妨先考虑最后一级，为保证抽取之后信号无混叠，阻带截止频率不能超过抽取后的奈奎斯特频率（采样率的一半），即

$$f_{sK} = f_s \leqslant \frac{1}{2}F_K \tag{2.4.6}$$

为保证过渡带宽尽可能大，通常可取 $f_{sK} = F_K/2$，如图 2.33（a）所示。

对于第一级至第 $K-1$ 级，由于允许过渡带存在混叠，故阻带截止频率可适当增大，具体分为两种情况。

① 为保证第 i 级抽取信号在基带（即 $0 \leqslant f \leqslant f_s$）内不发生混叠，阻带截止频率应满足：

$$f_{si} \leqslant F_i - f_s, \ i = 1, 2, \cdots, K-1 \tag{2.4.7}$$

通常为保证过渡带宽尽可能大，可取 $f_{si} = F_i - f_s$，如图 2.33（b）所示。

② 若只要求第 i 级抽取信号在通带（即 $0 \leqslant f \leqslant f_p$）内无混叠，则阻带截止频率应满足：

$$f'_{si} \leqslant F_i - f_p, \ i = 1, 2, \cdots, K-1 \tag{2.4.8}$$

类似地，通常可取 $f'_{si} = F_i - f_p$，如图 2.33（c）所示，这样可以进一步增大过渡带宽，从而减少滤波器的长度。

在确定各级滤波器的技术参数之后，便可以利用式(2.4.1)或式(2.4.2)对滤波器长度进行估计，进而得出每级的计算量。至于滤波器的设计，可以采用窗函数法、最佳等纹法等方法。限于篇幅，本书不再展开介绍，有关内容可参考文献[4]。

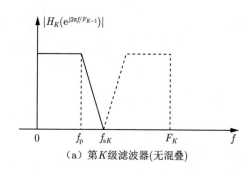

（a）第K级滤波器(无混叠)

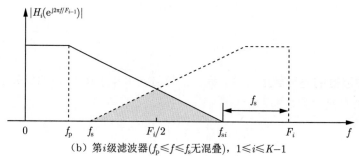

（b）第i级滤波器($f_\mathrm{p} \leqslant f \leqslant f_\mathrm{s}$无混叠)，$1 \leqslant i \leqslant K-1$

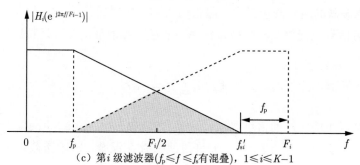

（c）第i级滤波器($f_\mathrm{p} \leqslant f \leqslant f_\mathrm{s}$有混叠)，$1 \leqslant i \leqslant K-1$

图 2.33　多级实现滤波器的幅频响应示意图

2.4.3　多级实现的最优组合方案

在一般情况下，抽取因子 D 的分解并非是唯一的，因此在设计多级实现时存在不同的方案。究竟哪种方案最优？一般而言并无定论，通常可以通过比较不同方案的计算量与存储量来确定最优方案。

这里首先明确计算量与存储量的评价准则。假设各级滤波器均为线性相位的，同时假设采用多相高效实现，则第 i 级的计算量为

$$\mathrm{MPS}_i = \frac{N_i F_{i-1}}{2D_i} = \frac{N_i F_i}{2}$$

故总计算量为

$$\mathrm{MPS_T} = \sum_{i=1}^{K} \mathrm{MPS}_i$$

而存储量通常与滤波器的长度成正比，这里直接用滤波器长度来衡量。设第 i 级滤波器的长度为 N_i，则总存储量为

$$S_{\mathrm{T}} = \sum_{i=1}^{K} N_i$$

下面仍以例 2.7为例，来说明最优方案的选取。

例 2.8 试分析例 2.7中不同多级实现的计算量与存储量，并确定最优方案。

解： 首先不妨将所有的组合方案列举出来，如表 2.1所示。

表 2.1 多级实现的各种组合方案

单级	二级		三级		
D	D_1	D_2	D_1	D_2	D_3
	25	2	5	5	2
50	10	5	5	2	5
	5	10	2	5	5
	2	25	——		

例 2.7分析了单级实现和二级实现中的 $D = 25 \times 2$，下面以三级实现中 $D = D_1 \times D_2 \times D_3 = 5 \times 5 \times 2$ 为例进行分析。首先确定各级采样率为

$$F_0 = 5000\mathrm{Hz}, F_1 = 1000\mathrm{Hz}, F_2 = 200\mathrm{Hz}, F_3 = 100\mathrm{Hz}$$

各级滤波器的通带误差容限与阻带误差容限分别为

$$\delta_{\mathrm{p}i} = \frac{1}{3}\delta_{\mathrm{p}} = 0.01/3, \delta_{\mathrm{s}i} = \delta_{\mathrm{s}} = 0.001, \ i = 1, 2, 3$$

各级滤波器的通带截止频率均为 $f_{\mathrm{p}i} = f_{\mathrm{p}} = 40\mathrm{Hz}$。

对于第一级滤波器，若保证信号基带无混叠，则阻带截止频率为 $f_{\mathrm{s}1} = F_1 - f_{\mathrm{s}} = 950\mathrm{Hz}$，过渡带宽为 $\Delta f_1 = f_{\mathrm{s}1} - f_{\mathrm{p}1} = 910\mathrm{Hz}$，滤波器长度为

$$N_1 \approx \frac{D_\infty(\delta_{\mathrm{p}1}, \delta_{\mathrm{s}1})}{\Delta f_1 / F_0} \approx 16$$

故第一级的计算量为

$$\mathrm{MPS}_1 = \frac{N_1 F_1}{2} = 8000$$

第二级滤波器的阻带截止频率为 $f_{\mathrm{s}2} = F_2 - f_{\mathrm{s}} = 150\mathrm{Hz}$，过渡带宽为 $\Delta f_2 = f_{\mathrm{s}2} - f_{\mathrm{p}2} = 110\mathrm{Hz}$，滤波器长度为

$$N_2 \approx \frac{D_\infty(\delta_{\mathrm{p}2}, \delta_{\mathrm{s}2})}{\Delta f_2 / F_1} \approx 27$$

故第二级的计算量为

$$\mathrm{MPS}_2 = \frac{N_2 F_2}{2} = 2700$$

第三级滤波器的阻带截止频率为 $f_{s3} = F_3/2 = 50\mathrm{Hz}$，过渡带宽为 $\Delta f_3 = f_{s3} - f_{p3} = 10\mathrm{Hz}$，滤波器长度为

$$N_3 \approx \frac{D_\infty(\delta_{p3}, \delta_{s3})}{\Delta f_3/F_2} \approx 58$$

故第三级的计算量为

$$\mathrm{MPS}_3 = \frac{N_3 F_3}{2} = 2900$$

故总计算量与总存储量分别为

$$\mathrm{MPS}_T = \sum_{i=1}^{3} \mathrm{MPS}_i = 13600, \quad S_T = \sum_{i=1}^{3} N_i = 101$$

表 2.2 列出了不同组合方案的计算量和存储量。可以看出，三级实现 $D = 5 \times 5 \times 2$ 在所有组合方案中最优，计算量约为单级的 21.4%，存储量仅为单级的 8%。此外，无论是二级实现还是三级实现，抽取因子较大的在先，计算量往往更低，例如二级实现中 $D = 25 \times 2$ 的计算量明显要比 $D = 2 \times 25$ 的更低。这不难理解，因为先进行较大倍数的抽取，可以显著降低采样率，进而有效降低计算量。

根据上述例子可知，多级实现能够有效降低计算量和存储量，但这并非意味着级数越多越好。事实上，随着级数的增加，系统的复杂度也在增加，带来不稳定性；而当级数增加到一定程度，计算量还可能出现不降反升的情况。因此在实际应用中，应当综合计算量、存储量、系统复杂度等各项因素，选择较为合适的多级实现方案。

表 2.2　各种组合方案的计算量与存储量

组合方案			计算量 (MPS)	存储量 (S_T)
$D = 50$			63550	1271
D_1	D_2			
25	2		15400	182
10	5		15450	173
5	10		21850	293
2	25		42050	697
D_1	D_2	D_3		
5	5	2	13600	101
5	2	5	14250	169
2	5	5	19250	169

2.4.4　基于二倍抽取级联的抽样率转换

本节介绍一种特殊的多级实现，主要由二倍抽取级联组成。这种结构在实际中应用非常广泛，一方面，2 倍抽取是最简单的抽取系统；另一方面，在 2 倍抽取下有一种特殊的 FIR 滤波器，称为半带滤波器，该滤波器能够进一步降低计算量。

首先明确，K 个 2 倍抽取级联可实现 $D = 2^K$ 倍抽取。而如果抽取因子不是 2 的整数幂，通常可以将其分解为 $D = M \times 2^K$，先进行 M 倍抽取，再进行 K 级 2 倍抽取。因此以下主要考虑 $D = 2^K$ 的情况。设第 i 级二倍抽取前的采样率为 F_{i-1}，则抽取之后的采样率为 $F_i = F_{i-1}/2$，结构如图 2.34 所示。结合 2.4.2 节的分析可知，若允许信号在过渡带有混叠，而在通带无混叠（见图 2.33（c）），则通带截止频率与阻带截止频率应满足

$$f_{\mathrm{p}} + f_{si} = F_i = F_{i-1}/2 \tag{2.4.9}$$

或等价地用归一化角频率表示为

$$\omega_{\mathrm{p}} + \omega_{\mathrm{s}} = \pi \tag{2.4.10}$$

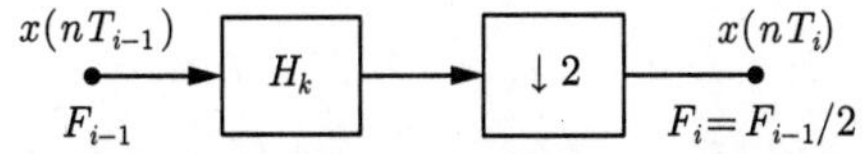

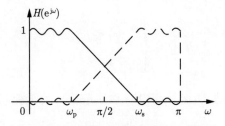

图 2.34　第 i 级 2 倍抽取示意图

进一步，若滤波器的频率响应满足

$$H(\mathrm{e}^{\mathrm{j}\omega}) + H(\mathrm{e}^{\mathrm{j}(\pi-\omega)}) = 1 \tag{2.4.11}$$

则称滤波器为半带滤波器（half-band filter）。

根据半带滤波器的定义，易知 $H(\mathrm{e}^{\mathrm{j}\pi/2}) = 1/2$，且通带误差容限等于阻带误差容限，即 $\delta_{\mathrm{p}} = \delta_{\mathrm{s}}$。图 2.35 给出了半带滤波器的频率响应示意图。此外，半带滤波器的系数具有如下性质。

图 2.35　半带滤波器频率响应示意图

命题 2.2　已知 FIR 滤波器 $H(z)$ 为半带滤波器，长度为 $N = 2L + 1$，且具有零相位，则 $h[0] = 1/2$，而其他偶数项系数均为零。

证明　根据题目条件，FIR 滤波器具有零相位，等价于滤波器系数关于原点对称，即

$$h[n] = h[-n], \ |n| \leqslant L$$

进一步可知 $H(e^{j\omega}) = |H(e^{j\omega})|$ 为偶函数。

根据半带滤波器的定义，若 $H(e^{j\omega}) + H(e^{j(\pi-\omega)}) = 1$，则

$$H(e^{j\omega}) + H(e^{j(\pi-\omega)}) = \sum_{n=-L}^{L} h[n]e^{-j\omega n} + \sum_{n=-L}^{L} h[n]e^{-j(\pi-\omega)n}$$

$$= \sum_{n=-L}^{L} h[n]e^{-j\omega n} + \sum_{n=-L}^{L} (-1)^n h[n]e^{-j\omega n}$$

$$= \sum_{n=-L}^{L} \left(h[n] + (-1)^n h[n]\right) e^{-j\omega n} = 1$$

另一方面，注意到 $\delta[n] \xleftrightarrow{\text{DTFT}} 1$，故

$$h[n] + (-1)^n h[n] = \delta[n] = \begin{cases} 1, & n = 0 \\ 0, & \text{其他} \end{cases}$$

因此当 $n = 0$ 时，$h[0] = 1/2$；当 $n = 2r, r \neq 0$ 时，$h[n] = 0$；而对奇数项系数并无限制。

命题 2.2 说明，半带滤波器有近一半的系数均为零，因而在卷积计算中计算量可以大幅降低。

一般而言，对于 $D = 2^K$ 倍抽取，采用半带滤波器与 2 倍抽取级联是最高效的。关于各级半带滤波器的技术参数，依然可以按照 2.4.2 节讨论的方式确定，这里不再赘述。但值得注意的是，在多级实现中最后一级通常不是半带滤波器。这是因为最后一级滤波器的阻带截止频率最高为 $f_{sK} = F_K/2$，否则会引起信号的混叠，而半带滤波器的过渡带是允许有混叠的。

此外，对于更一般的情况，若 $D = M \times 2^K$，则可先进行 M 倍抽取，再进行 K 级 2 倍抽取。这里值得一提的是，对于 M 倍抽取，可以采用梳状滤波器（comb filter）进行滤波，该滤波器由 M 个常数组成，即

$$h[n] = \begin{cases} 1, & 0 \leqslant n \leqslant M - 1 \\ 0, & \text{其他} \end{cases}$$

因此在计算过程中只需要加法运算而没有乘法运算。关于梳状滤波器的具体分析可见文献 [5]。

2.4.5 内插系统的多级实现

由于内插系统可视为抽取系统的易位，因此内插系统的多级实现可由抽取系统的易位来得到，如图 2.36 所示。

这里需要补充一点关于内插系统"不关心带"（don't care band）的问题。由于内插之后信号会产生镜像频谱，这部分是需要滤除的。以 $I = 3$ 为例，假设内插前后信号的频谱

和如图 2.37（a）。图 2.37（b）所示，滤波器的阻带范围为 $f_M \leqslant f \leqslant F_2 - f_M$。但是注意到信号并非满带，频谱存在空隙，在这些空隙地方，滤波器的频率响应可以任意，而不会影响滤波结果。因此，滤波器的阻带范围只限定在 $F_1 \pm f_M$ 和 $2F_1 \pm f_M$，如图 2.37（c）所示。这样就放宽了滤波器的设计要求，从而可以减小滤波器的长度。

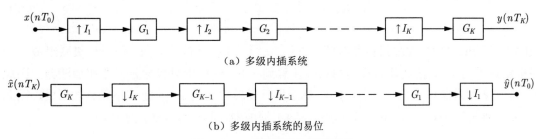

（a）多级内插系统

（b）多级内插系统的易位

图 2.36 内插系统的多级实现

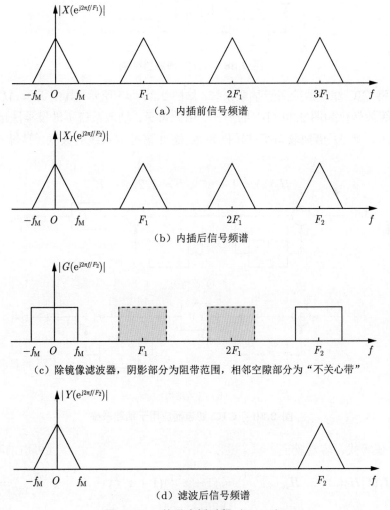

（a）内插前信号频谱

（b）内插后信号频谱

（c）除镜像滤波器，阴影部分为阻带范围，相邻空隙部分为"不关心带"

（d）滤波后信号频谱

图 2.37 信号内插过程（$I = 3$）

2.5 CIC 滤波器

在抽样率转换系统中，除了半带滤波器之外，另一种常用的滤波器为级联积分梳状（cascaded integrator-comb，CIC）滤波器[12]。（一阶）CIC 滤波器定义为

$$H(z) = \frac{1 - z^{-M}}{1 - z^{-1}} = \sum_{k=0}^{M-1} z^{-k} \tag{2.5.1}$$

由定义可知，CIC 滤波器由积分器 $1/(1 - z^{-1})$ 和梳状滤波器 $1 - z^{-M}$ 级联组成，如图 2.38 所示，这正是其名称的由来。注意到 CIC 结构中只包含延迟器和加法器，因此实现起来非常简单。另一方面，CIC 滤波器可以转化为由 M 个延迟单元叠加组成，因此也是一种滑动平均（moving average，MA）滤波器，具有低通滤波的作用。

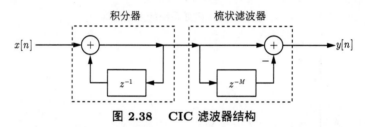

图 2.38　CIC 滤波器结构

现考虑将 CIC 滤波器应用于抽取系统，如图 2.39（a）所示，其中 $D = M$。利用 Noble 恒等式，可等效转化为图 2.39（b）的形式。由此可见，抽取系统不涉及乘法运算。特别地，如果 $M = 2^K$，则 M 倍抽取系统可转化为 K 级 2 倍抽取系统的级联，且每一级抽取滤波器为

$$H_k(z) = 1 + z^{-1}, \ k = 1, 2, \cdots, K \tag{2.5.2}$$

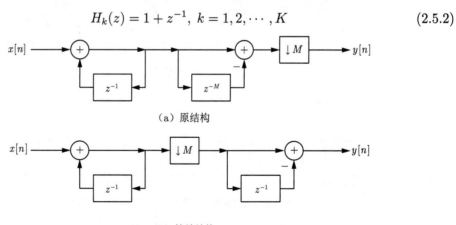

（a）原结构

（b）等效结构

图 2.39　CIC 滤波器应用于抽取系统

利用 Noble 恒等式，容易验证

$$H(z) = H_1(z)H_2(z^2) \cdots H_K(z^{2^{K-1}}) = (1 + z^{-1})(1 + z^{-2}) \cdots (1 + z^{-2^{K-1}}) = \frac{1 - z^{2^K}}{1 - z^{-1}}$$

$$\tag{2.5.3}$$

图 2.40 画出了该系统的高效实现结构。

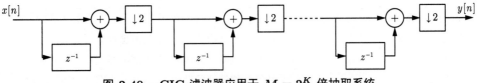

$$\text{图 2.40} \quad \text{CIC 滤波器应用于 } M = 2^K \text{ 倍抽取系统}$$

一阶 CIC 滤波器的频率响应为

$$H(\mathrm{e}^{\mathrm{j}\omega}) = \frac{1 - \mathrm{e}^{-\mathrm{j}M\omega}}{1 - \mathrm{e}^{-\mathrm{j}\omega}} = \mathrm{e}^{-\mathrm{j}\omega(M-1)/2} \frac{\sin M\omega/2}{\sin \omega/2} \tag{2.5.4}$$

旁瓣衰减约 13dB。为了提高旁瓣衰减，可以定义 n 阶 CIC 滤波器：

$$H_n(\mathrm{e}^{\mathrm{j}\omega}) = \left(\frac{1 - \mathrm{e}^{-\mathrm{j}M\omega}}{1 - \mathrm{e}^{-\mathrm{j}\omega}} \right)^n = \mathrm{e}^{-\mathrm{j}n\omega(M-1)/2} \left| \frac{\sin M\omega/2}{\sin \omega/2} \right|^n \tag{2.5.5}$$

图 2.41 给出了 1~3 阶 CIC 滤波器的幅频响应。

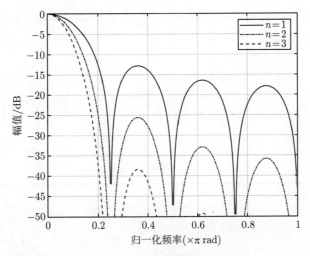

图 2.41 CIC 滤波器幅频响应

2.6 抽样率转换中的 FIR 滤波器设计

本节介绍利用 MATLAB 设计抽样率转换系统中的 FIR 滤波器。FIR 滤波器的设计方法主要包括：加窗法、频率采样法、最优等纹法（Parks-McClellan 算法）等，相关算法的详细描述可参见数字信号处理教材[1,4]。MATLAB 提供了相应的滤波器设计函数，具体见表 2.3。

表 2.3　滤波器设计函数

函　　数	说　　明
designfilt	滤波器设计
fir1	基于加窗法的 FIR 滤波器设计
fir2	基于频率采样法的 FIR 滤波器设计
firls	最小二乘线性相位滤波器设计，resample 默认使用此函数
firpm	最优等纹法
firpmod	最优等纹法 FIR 滤波器阶数估计
intfilt	插值 FIR 滤波器设计，interp 内置使用此函数

实验 2.1　使用 intfilt 设计插值滤波器。

```
h = intfilt(I,p,alpha);
```

其中 I 为内插因子，p 为非零插值点个数，滤波器长度为 2*p*I-1，alpha 为通带截止频率与 Nyquist 频率之比。

以 I = 5 为例，设 p=4,alpha=0.5，图 2.42 给出了插值滤波器的幅频和相频特性。

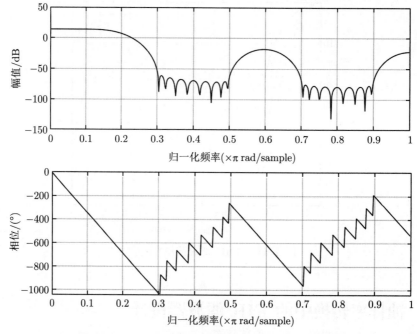

图 2.42　$I = 5$ 插值滤波器的幅频响应与相频响应

给定一个信号，用上述生成的滤波器对信号进行插值滤波，结果如图 2.43 所示。注意为了便于观察内插前后的关系，这里对滤波之后的信号进行了对齐处理。事实上，intfilt 生成的滤波器并非是零相位的，因此实际滤波之后的信号相对于原始信号有一个延迟。

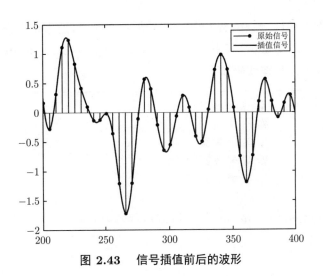

图 **2.43**　信号插值前后的波形

具体代码如下。

```
I = 5;
p = 4;
alpha = 0.5;
h1 = intfilt(I,p,alpha);          % 插 值 滤 波 器
freqz(h1);

h2 = fir1(40,alpha);
rng('default')
x = filter(h2,1,randn(200,1));    % 原 始 信 号
xr = upsample(x,I);
y = filter(h1,1,xr);              % 插 值 信 号

delay = mean(grpdelay(h1));
y(1:delay) = [];
figure
stem(1:I:I*length(x),x,'linewidth',1.5);
hold on
plot(y,'linewidth',1.5);
xlim([200 400]);
legend('原始信号','插值信号');
```

实验 2.2　使用 `firpm` 设计半带滤波器。

```
h = firpm(N,F,A);
```

其中，`N` 为滤波器阶数，`F` 为截止频率向量，`A` 为幅频响应向量。

在实际使用中，既可以直接指定参数 `N`，`F`，`A`，也可以在指定通带/阻带截止频率、通带/阻带波纹的条件下通过 `firpmord` 函数进行估计。例如，设通带截止频率 $\omega_p = \pi/2 - \Delta\omega$，阻带截止频率 $\omega_s = \pi/2 + \Delta\omega$，其中过渡带宽为 $\Delta\omega = \omega_s - \omega_p = \pi/16$，通带与阻带误差容限为 $\delta_p = \delta_s = 0.01$，具体代码如下。

```
dp = 0.01;           % 通带波纹
ds = dp;             % 阻带波纹
dw = pi/16;          % 通带带宽
wp = pi/2-dw;        % 通带截止频率
ws = pi/2+dw;        % 阻带截止频率

[N,F,A,~]= firpmord([wp,ws]/pi,[1,0],[dp,ds]);
if rem(N,2)==1
    N = N+1;
end
h = firpm(N,F,A);
```

图 2.44 画出了滤波器的冲激响应和幅频响应。可以看出，滤波器的系数关于 $n = 0$ 对称分布，且除 $n = 0$ 之外的所有偶数项系数均为零。幅频响应关于 $\omega = \pi/2$ 对称，因此该滤波器为半带滤波器。

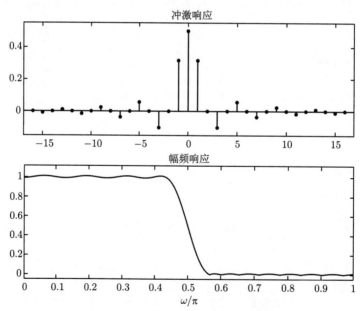

图 2.44　半带滤波器的冲激响应和幅频响应

本章小结

本章介绍了多抽样率系统的网络结构和高效实现方式，这些内容对于理解多抽样率系统的工作原理及实际应用具有重要意义。**计算量**是影响多抽样率系统性能的重要因素之一，多抽样率系统采用**每秒乘法次数（MPS）**来衡量计算量。在设计系统时，通常希望计算在低抽样率一侧进行，这就需要运用一些**等效网络**变换来实现。2.1节详细介绍了几类典型的等效网络，其中最重要的是 **Noble 恒等式**，即抽取/内插与滤波的交换关系。在多抽样率网络分析中，可以借助**易位网络**的概念将问题化简。例如抽取系统与内插系统互为易位，因此通常可以选择其中一个分析即可。

　　多相表示（分解）是多抽样率系统中的一种典型结构，利用该结构可以有效降低计算量，实现高效的抽样率转换。多相分解也是滤波器组分析与设计中经常采用的一种方法，是多抽样率信号处理中的核心方法之一。

　　多级实现是降低计算量的另一种方式，2.4节详细分析了多级实现的原理和滤波器参数设计要求。尽管多级实现增加了系统的复杂度，但由于该方法能够大幅降低计算量、节约存储量，同时简化滤波器的设计难度，因此广泛应用于工程实际。特别是对于 2 倍级联的抽取系统，可以选择**半带滤波器**用于抗混叠滤波，该滤波器在所有非零偶数点上的系数均为零，因此可以进一步降低计算量。关于多级实现中滤波器的设计方法，读者可参考文献[6]。**CIC 滤波器**也是多抽样率系统中经常使用的滤波器，由于该滤波器只需要加法器和延迟器，因此能够有效降低抽样率转换过程中的计算量。关于 CIC 滤波器的更多内容，读者可参考文献[12]。

习题

2.1　已知多抽样率系统如图 2.45所示，画出下列情况的所有等效网络结构框图。
（1）$I = D$；（2）I, D 互质。

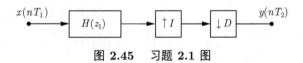

图 2.45　习题 2.1 图

2.2　当内插因子 I 和抽取因子 D 互质时，分别判断图 2.46所示的系统是否等效并说明理由。

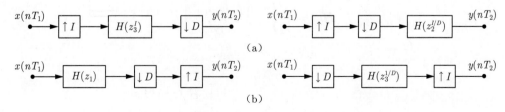

图 2.46　习题 2.2 图

2.3　已知多抽样率系统如图 2.47所示，试写出 $y[n]$ 与 $x[n]$ 的关系。

图 2.47　习题 2.3

2.4　试分别给出下列情况中 IIR 滤波器 $H(z)$ 的第一型多相分解。

（1）$H_1(z) = \dfrac{a}{1 + cz^{-1}}$,　$|c| < 1$

（2）$H_2(z) = \dfrac{bz^{-1}}{1 + cz^{-1}}$,　$|c| < 1$

（3）$H_3(z) = \dfrac{a + bz^{-1}}{1 + cz^{-1}}$,　$|c| < 1$

（4）$H_4(z) = \dfrac{2 + 3.1z^{-1} + 1.5z^{-2}}{1 + 0.9z^{-1} + 0.8z^{-2}}$

2.5　设截止频率为 π/M 的理想低通滤波器 $H(z)$ 表示为

$$H(z) = \sum_{k=0}^{M-1} z^{-k} H_k(z^M)$$

证明其每个多相滤波器 $H_k(z)$ 为全通滤波器。

2.6　设 $H(z)$ 是一个 FIR 因果滤波器，长度为 N，即

$$H(z) = \sum_{n=0}^{N-1} h(n)z^{-n}$$

（1）证明 $H(z)$ 可表示为

$$H(z) = \begin{bmatrix} 1 & z^{-1} \end{bmatrix} \begin{bmatrix} 1 & 1 \\ 1 & -1 \end{bmatrix} \begin{bmatrix} H_0(z^2) \\ H_1(z^2) \end{bmatrix}$$

其中矩阵 $\begin{bmatrix} 1 & 1 \\ 1 & -1 \end{bmatrix}$ 称为 1 阶哈达玛（Hadamard）矩阵；

（2）定义 k 阶哈达玛矩阵 $\boldsymbol{H}_{2^k}$ 为

$$\boldsymbol{H}_{2^k} = \begin{bmatrix} \boldsymbol{H}_{2^{k-1}} & \boldsymbol{H}_{2^{k-1}} \\ \boldsymbol{H}_{2^{k-1}} & -\boldsymbol{H}_{2^{k-1}} \end{bmatrix}$$

证明 $H(z)$ 可表示为

$$H(z) = \begin{bmatrix} 1 & z^{-1} & \cdots & z^{-(L-1)} \end{bmatrix} \boldsymbol{H}_L \begin{bmatrix} H_0(z^L) \\ H_1(z^L) \\ \vdots \\ H_{L-1}(z^L) \end{bmatrix}, \, L = 2^k$$

2.7　需要计算存在于宽带信号中的一个窄带信号频谱。感兴趣频带为 $49 \sim 51\text{Hz}$，但混合信号包含了 $0 \sim 100\text{Hz}$ 的频带。现在获得了按 1kHz 抽样的混合信号的 N 点数据序列 $x[n]$。

（1）画图说明怎样使用多抽样率方法得到希望的信号频谱；

（2）多抽样率方法比直接 FFT 方法有哪些优势？比较两种方法得到的频谱分辨率。

2.8　已知抽取系统如图 2.48所示，其中 $H_0(z)$ 为 FIR 滤波器。

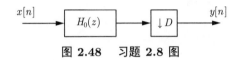

图 2.48　习题 **2.8** 图

（1）设 $D=8, H_0(z)=[(1-z^{-8})/(1-z^{-1})]^3$。若采用 3 级实现，试确定每一级抽取系统对应的滤波器 $H_k(z), k=1,2,3$。

（2）判断 $H_k(z), k=1,2,3$ 是否为半带滤波器。

（3）画出以 $H_0(z)$ 为传输函数，抽取因子为 2 的 CIC 抽取滤波器结构图，并画出上述 CIC 抽取滤波器分解后的级联结构图。

2.9（MATLAB 练习）　通过 MATLAB 实验验证 Noble 恒等式。

2.10（MATLAB 练习）　设一个带宽为 4kHz 的音频信号，以 $f_s = 8\text{kHz}$ 频率取样后得到离散时间信号 $x[n]$。现利用一个通带和阻带截止频率分别为 75kHz 和 80kHz 的低通滤波器，从 $x[n]$ 中分离出 80kHz 以下的低频成分 $x_0[n]$。设滤波器的通带和阻带波纹分别为 $\delta_p \leqslant 10^{-2}$ 和 $\delta_s \leqslant 10^{-4}$。

（1）若要无混叠失真地降低 $x_0[n]$ 的取样频率，最多允许降低多少倍？

（2）若采用窗函数法（选用 Kaiser 窗）设计一个线性相位 FIR 滤波器来实现低通滤波器，估计所需要的阶数；

（3）用多级抽取的方法将 $x_0[n]$ 的取样频率降低到允许的最大倍数，重新估计每级滤波器的阶数、过渡带宽、通带和阻带波纹。

2.11（MATLAB 练习）　一个用于将抽样率从 96kHz 降低到 1kHz 的三级抽取滤波器的框图如图 2.49所示，其抽取因子依次为 8、6、2。

图 2.49　习题 **2.11** 图

（1）指出在每级输出的抽样率；

（2）若抽取滤波器满足如表 2.4所示的指标，设计满足条件的每级滤波器，并利用 MATLAB 画出其幅频响应；

（3）对于（2）中的抽取滤波器，确定总计算量 MPS_T 和总存储量 S_T。

表 2.4　滤波器指标

指　　标	数　　值
输入抽样频率	96kHz
抽取因子	96
通带波纹	0.01dB
阻带衰减	60dB
感兴趣频带	0～450Hz

第3章

两通道滤波器组

本章要点

- 什么是滤波器组？其基本结构和作用是什么？
- 滤波器组的失真来源有哪些？如何避免失真？
- 两通道滤波器组的基本结构及输入、输出关系是什么？
- 滤波器组无混叠失真和完全重构的条件是什么？
- 什么是两通道正交镜像滤波器组（QMFB）？其特点是什么？
- 什么是两通道共轭正交滤波器组（CQFB）？其特点是什么？
- 什么是仿酉滤波器组？其特点是什么？
- 如何设计满足完全重构的滤波器组？有哪些方法？
- 什么是功率互补滤波器？满足功率互补条件的滤波器是否是线性相位的？

3.1 滤波器组的基本概念

滤波器组（filter bank），顾名思义，是由多个滤波器组成的系统。具体又可分为分析（analysis）滤波器组和综合（synthesis）滤波器组，结构分别如图 3.1（a）和图 3.1（b）所示。每个滤波器对应的支路称为通道（channel）。

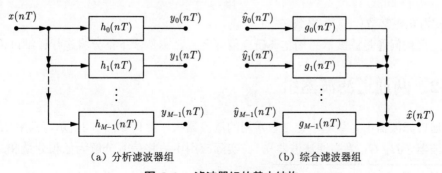

（a）分析滤波器组　　　　　　　　（b）综合滤波器组

图 3.1　滤波器组的基本结构

分析滤波器组的作用是将信号分解为多个不同的子带（subband），进而可以对各子带信号进行单独地处理。这个过程也称为信号分解（signal decomposition）。与之相反，综合滤波器组的作用是将各子带信号重新组合起来，以形成新的信号。这个过程又称为信号重构（signal reconstruction）。

在分析端，由于子带信号的带宽通常比输入信号的带宽小得多，因此可以在滤波之后放置一个 D 倍抽取器，以降低各支路的采样率，如图 3.2（a）所示。相应地，在综合端可在滤波之前先对各子带信号进行 D 倍内插，以恢复至原始的采样率，如图 3.2（b）所示。对于 M 通道均匀（uniform）滤波器组而言，每个通道的带宽为 $2\pi/M$。为了避免子带信号抽取之后发生混叠，抽取因子应满足 $D \leqslant M$。当 $D = M$ 时，称为最大抽取（maximally decimated）或临界采样（critically sampled）滤波器组。当 $D < M$ 时，则称为过采样（over-sampled）或冗余（redundant）滤波器组。本书主要讨论最大抽取滤波器组。

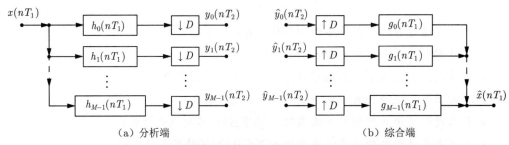

（a）分析端　　　　　　　　　　　　　　　　（b）综合端

图 3.2　含有抽取与内插的滤波器组结构（$D \leqslant M$）

通常，信号经过分解和重构之后会产生一定的失真，主要包括：混叠失真（aliasing distortion，ALD）、幅度失真（amplitude distortion，AMD）、相位失真（phase distortion，PHD），以及子带量化误差（subband quantization error）等。其中前三类失真源于滤波器组的内部结构，而最后一类失真发生在子带处理过程中（如量化、编码等），与滤波器组的自身特性无关。因此在设计滤波器组的过程中，主要考虑前三类失真。如果能够消除这三类失真，则称该滤波器组是完全重构（perfect reconstruction，PR）的，此时重构信号可以表示为原始信号的一个延迟，且至多在幅度上相差一个倍数，即

$$\hat{x}(nT) = cx[(n - n_0)T] \tag{3.1.1}$$

式中，c 为非零常数；n_0 为整数。

完全重构问题是滤波器组的主要研究内容之一，本章余下部分将进行详细讨论。

3.2　两通道滤波器组

两通道滤波器组是最基本也是最常用的滤波器组，结构如图 3.3所示，其中 H_0, G_0 为低通滤波器，H_1, G_1 为高通滤波器[①]。在实际应用中，将信号分解为低频分量和高频分量

---

① 稍后会解释分析端与综合端的关系。

是一种十分常见的处理方式。以子带编码为例，已知信号 $x(nT_1)$ 的采样率为 $F_1 = 1/T_1$，若采用 16bit 编码，则码率为 $16F_1$bps。假设信号的能量主要集中在低频部分，可以利用两通道滤波器组对该信号进行分解，得到信号的低频分量 $y_0(nT_2)$ 和高频分量 $y_1(nT_2)$。由于两个子带包含的信息量不同，可以选择不同的字长进行编码。如对 $y_0(nT_2), y_1(nT_2)$ 分别采用 16bit 与 8bit 编码，则总码率为

$$F_1/2 \times 16 + F_1/2 \times 8 = 12F_1 \text{ (bps)}$$

其中，$F_1/2$ 表示子带信号的采样率。相较于直接编码，码率减少 1/4。因此在保证信号主要信息不损失的情况下实现了数据压缩。

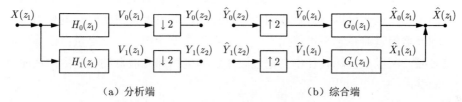

（a）分析端　　　　　　　　　（b）综合端

图 3.3　二通道滤波器组

3.2.1　两通道滤波器组的输入、输出关系

下面分析两通道滤波器组的输入、输出关系。方便起见，以下全部采用 z 变换进行表示。对于分析端，根据抽样率转换关系，不难得到

$$Y_k(z_2) = \frac{1}{2}\sum_{l=0}^{1} V_k(z_1 W^l) = \frac{1}{2}\sum_{l=0}^{1} X(z_1 W^l)H_k(z_1 W^l)$$
$$= \frac{1}{2}[X(z_1)H_k(z_1) + X(-z_1)H_k(-z_1)],\ k = 0, 1 \tag{3.2.1}$$

式中，$W = \mathrm{e}^{-\mathrm{j}\pi}$，$z_2 = z_1^2$。

式(3.2.1)也可写作矩阵形式：

$$\begin{bmatrix} Y_0(z_2) \\ Y_1(z_2) \end{bmatrix} = \frac{1}{2} \begin{bmatrix} H_0(z_1) & H_0(-z_1) \\ H_1(z_1) & H_1(-z_1) \end{bmatrix} \begin{bmatrix} X(z_1) \\ X(-z_1) \end{bmatrix} \tag{3.2.2}$$

对于综合端，易知各支路信号为

$$\hat{X}_k(z_1) = \hat{V}_k(z_1)G_k(z_1) = \hat{Y}_k(z_2)G_k(z_1),\ k = 0, 1 \tag{3.2.3}$$

故重构信号为

$$\hat{X}(z_1) = \sum_{k=0}^{1} \hat{X}_k(z_1) = \sum_{k=0}^{1} \hat{Y}_k(z_2)G_k(z_1) \tag{3.2.4}$$

或写成矩阵形式：

$$\hat{X}(z_1) = \begin{bmatrix} G_0(z_1) & G_1(z_1) \end{bmatrix} \begin{bmatrix} \hat{Y}_0(z_2) \\ \hat{Y}_1(z_2) \end{bmatrix} \tag{3.2.5}$$

注意到在上述推导过程中使用了 z_1, z_2 以区分信号所处的采样率。当然也可以利用 $z_2 = z_1^2$ 的关系将表达式统一为同一变量，读者可自行写出，不再赘述。

3.2.2 无混叠失真条件

混叠失真源自滤波器组内部的抽样率转换过程，是影响滤波器组性能的主要因素之一，也是在滤波器组设计过程中首先需要考虑的问题。在理想情况下，滤波器组将信号划分为互不交叠的子带，进而可以最大抽取因子进行抽取，理论上来讲是没有混叠的。而在实际应用中，滤波器的过渡带宽不可能为零。为了不丢失原始信息，应尽量保证滤波器通带内没有严重衰减，所以在实际设计中会把过渡带延伸到相邻滤波器的频带中，从而在过渡带内会产生混叠。

以两通道滤波器组为例，图 3.4（a）给出了原始输入信号频谱，图 3.4（b）为低通滤波器 H_0 与高通滤波器 H_1 的幅频响应示意图（注意这里暂不考虑幅度失真）。可以看出两个滤波器的过渡带有交叠。相应地，图 3.4（c）、图 3.4（d）分别给出了原始信号经过低通滤波和高通滤波之后的频谱，图 3.4（e）、图 3.4（f）则为经过 2 倍抽取之后的各子带频谱。可以明显看出，此时子带信号发生了混叠。对于综合端，各子带信号先经过 2 倍内插，此时产生了镜像频谱。图 3.4（g）、图 3.4（h）给出了滤除镜像之后的频谱。最后，将两个子带信号的频谱叠加得到重构信号的频谱，如图 3.4（i）所示。显然，相较于原始信号，频谱发生了一定的失真，这就是由于混叠造成的。

为了定量描述混叠失真，下面通过数学公式推导重构信号与原始信号的关系。在此不考虑任何子带处理，故令 $\hat{Y}_k(z_2) = Y_k(z_2), k = 0, 1$，结合式(3.2.2)与式(3.2.5)，有

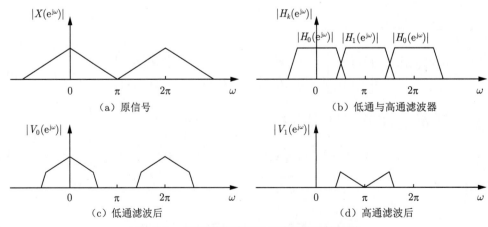

图 3.4　两通道滤波器组各阶段信号的频谱

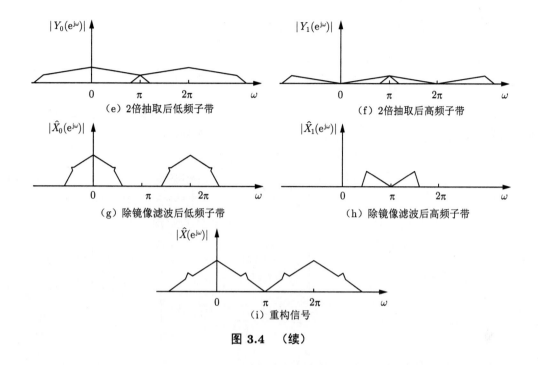

图 3.4　（续）

$$\hat{X}(z_1) = \frac{1}{2} \begin{bmatrix} G_0(z_1) & G_1(z_1) \end{bmatrix} \begin{bmatrix} H_0(z_1) & H_0(-z_1) \\ H_1(z_1) & H_1(-z_1) \end{bmatrix} \begin{bmatrix} X(z_1) \\ X(-z_1) \end{bmatrix}$$

$$= \frac{1}{2} X(z_1)[H_0(z_1)G_0(z_1) + H_1(z_1)G_1(z_1)]$$

$$+ \frac{1}{2} X(-z_1)[H_0(-z_1)G_0(z_1) + H_1(-z_1)G_1(z_1)] \tag{3.2.6}$$

注意到上式变量均为 z_1，为了便于分析，下面省略下标，并记

$$T(z) = \frac{1}{2}[H_0(z)G_0(z) + H_1(z)G_1(z)] \tag{3.2.7}$$

$$A(z) = \frac{1}{2}[H_0(-z)G_0(z) + H_1(-z)G_1(z)] \tag{3.2.8}$$

于是式(3.2.6)可记作

$$\hat{X}(z) = T(z)X(z) + A(z)X(-z) \tag{3.2.9}$$

上式说明，重构信号 $\hat{X}(z)$ 由原始信号 $X(z)$ 与其混叠分量 $X(-z)$ 组成。显然，若要求滤波器组无混叠失真，应令 $A(z) = 0$，此时滤波器组的输入、输出关系式为

$$\hat{X}(z) = T(z)X(z) \tag{3.2.10}$$

称 $T(z)$ 为滤波器组的总体传递函数(overall transfer function)或失真函数(distortion function)。

结合上述分析，得到两通道滤波器组无混叠的充要条件。

命题 3.1　两通道滤波器组无混叠的充要条件为

$$\begin{bmatrix} H_0(z) & H_1(z) \\ H_0(-z) & H_1(-z) \end{bmatrix} \begin{bmatrix} G_0(z) \\ G_1(z) \end{bmatrix} = \begin{bmatrix} 2T(z) \\ 0 \end{bmatrix} \tag{3.2.11}$$

下面分析是否存在相应的 H_0, H_1 与 G_0, G_1 满足式(3.2.11)。不妨将式(3.2.11)理解为线性方程组，记

$$\boldsymbol{H}(z) = \begin{bmatrix} H_0(z) & H_1(z) \\ H_0(-z) & H_1(-z) \end{bmatrix} \tag{3.2.12}$$

称 $\boldsymbol{H}(z)$ 为调制矩阵（modulation matrix）[①]。根据线性代数知识，可得

$$\begin{bmatrix} G_0(z) \\ G_1(z) \end{bmatrix} = \boldsymbol{H}^{-1}(z) \begin{bmatrix} 2T(z) \\ 0 \end{bmatrix} = \frac{2T(z)}{\det \boldsymbol{H}(z)} \begin{bmatrix} H_1(-z) & -H_1(z) \\ -H_0(-z) & H_0(z) \end{bmatrix} \begin{bmatrix} 1 \\ 0 \end{bmatrix}$$

$$= \frac{2T(z)}{\det \boldsymbol{H}(z)} \begin{bmatrix} H_1(-z) \\ -H_0(-z) \end{bmatrix} \tag{3.2.14}$$

式中，$\det \boldsymbol{H}(z) = H_0(z)H_1(-z) - H_1(z)H_0(-z)$。

式(3.2.14)实际给出了 $G_0(z), G_1(z)$ 的一般形式。特别地，若取

$$\begin{bmatrix} G_0(z) \\ G_1(z) \end{bmatrix} = \begin{bmatrix} H_1(-z) \\ -H_0(-z) \end{bmatrix} \tag{3.2.15}$$

则

$$2T(z) = H_0(z)G_0(z) + H_1(z)G_1(z) = H_0(z)H_1(-z) - H_1(z)H_0(-z) = \det \boldsymbol{H}(z)$$

这说明式(3.2.15)是满足无混叠条件的一个解。结合物理意义来看，若 $H_0(z), H_1(z)$ 分别为低通和高通滤波器，中心频率分别为 0 和 π。则 $G_0(z) = H_1(-z)$ 是将 $H_1(z)$ 的中心频率搬移至 0，因此为低通滤波器；类似地，$G_1(z) = -H_0(-z)$ 为高通滤波器。

3.2.3　完全重构条件

根据式(3.2.10)，在无混叠条件下，重构信号与原始信号的关系完全由总体传递函数 $T(z)$ 刻画。据此还可以得到滤波器组无其他失真的条件。例如，若 $T(z)$ 为全通函数（all-pass function），即 $|T(z)| = c \neq 0$，则

$$|\hat{X}(z)| = |T(z)X(z)| = c|X(z)| \tag{3.2.16}$$

---

① 有些文献也将调制矩阵定义为

$$\boldsymbol{H}(z) = \begin{bmatrix} H_0(z) & H_0(-z) \\ H_1(z) & H_1(-z) \end{bmatrix} \tag{3.2.13}$$

与本书定义相比较，两者仅相差一个转置，在一些推导中稍有区别，但不会影响矩阵的性质及相关结论。

此时滤波器组无幅度失真。

若 $T(z)$ 具有线性相位，即 $\angle T(\mathrm{e}^{\mathrm{j}\omega}) = -n_0\omega$，则

$$\angle \hat{X}(\mathrm{e}^{\mathrm{j}\omega}) = \angle X(\mathrm{e}^{\mathrm{j}\omega}) + \angle T(\mathrm{e}^{\mathrm{j}\omega}) = \angle X(\mathrm{e}^{\mathrm{j}\omega}) - n_0\omega \tag{3.2.17}$$

那么滤波器组无相位失真。

若要求滤波器组既无幅度失真也无相位失真，则 $T(z)$ 只能是纯延迟，即 $T(z) = cz^{-n_0}$，其中 c 为非零常数，n_0 为整数。此时输入、输出关系为

$$\hat{X}(z) = cz^{-n_0} X(z) \tag{3.2.18}$$

式(3.2.18)即为式(3.1.1)在 z 变换域的表达。

综合上述分析，得到完全重构滤波器组的充要条件。

命题 3.2 两通道滤波器组完全重构的充要条件为

$$\begin{bmatrix} H_0(z) & H_1(z) \\ H_0(-z) & H_1(-z) \end{bmatrix} \begin{bmatrix} G_0(z) \\ G_1(z) \end{bmatrix} = \begin{bmatrix} 2cz^{-n_0} \\ 0 \end{bmatrix} \tag{3.2.19}$$

式中，c 为非零常数；n_0 为整数。

式(3.2.19)还可以扩展为

$$\begin{bmatrix} H_0(z) & H_1(z) \\ H_0(-z) & H_1(-z) \end{bmatrix} \begin{bmatrix} G_0(z) & G_0(-z) \\ G_1(z) & G_1(-z) \end{bmatrix} = \begin{bmatrix} 2cz^{-n_0} & 0 \\ 0 & 2c(-z)^{-n_0} \end{bmatrix} \tag{3.2.20}$$

式中，等式左端的两个矩阵分别为 H_0, H_1 和 G_0, G_1 构成的调制矩阵。特别地，当 n_0 为偶数时，

$$\boldsymbol{H}(z)\boldsymbol{G}^{\mathrm{T}}(z) = 2cz^{-n_0}\boldsymbol{I} \tag{3.2.21}$$

或等价地，

$$\boldsymbol{G}(z)\boldsymbol{H}^{\mathrm{T}}(z) = 2cz^{-n_0}\boldsymbol{I} \tag{3.2.22}$$

因此式(3.2.21)或式(3.2.22)也可作为完全重构的一个充分条件[①]。

在滤波器组的理论分析中，矩阵是一种常用的形式。其优势在于数学表示更紧凑，同时可将物理问题抽象为数学问题，并借助数学相关方法来进行分析求解。3.4节将详细讨论完全重构滤波器组的构造方法。

3.3 正交镜像滤波器组

正交镜像滤波器组（quadrature mirror filter bank，QMFB）是一种典型的两通道滤波器组，最早应用于语音子带编码[13]中。QMFB 分析端的滤波器具有如下关系：

$$H_1(z) = H_0(-z) \tag{3.3.1}$$

---

① 对于理论分析而言，为了保证结论的严谨性和完整性，通常希望得到滤波器组完全重构的充要条件。而在实际应用中，目标是设计满足完全重构的滤波器组，这时只要满足充分条件就足够了。本书不刻意强调充分条件和充要条件的差别。

或在频域表示为

$$H_1(e^{j\omega}) = H_0(e^{j(\omega-\pi)}) \tag{3.3.2}$$

即 $H_1(e^{j\omega})$ 是由 $H_0(e^{j\omega})$ 频移 π 得到的。若 $H_0(e^{j\omega})$ 是低通滤波器，则 $H_1(e^{j\omega})$ 是高通滤波器，两者的幅频响应如图 3.5所示。注意到 $|H_0(e^{j\omega})|$ 与 $|H_1(e^{j\omega})|$ 关于 $\pi/2$ 镜像对称，这正是其名称中"正交镜像"[①]的由来。

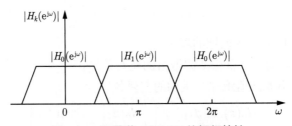

图 3.5   两通道 QMFB 的幅频特性

若要求 QMFB 无混叠失真，可令综合端的滤波器组为

$$G_0(z) = H_1(-z) = H_0(z) \tag{3.3.3a}$$

$$G_1(z) = -H_0(-z) = -H_1(z) \tag{3.3.3b}$$

由此可见，无混叠 QMFB 仅由一个滤波器 $H_0(z)$ 决定，且分析端和综合端的低通滤波器完全相同，高通滤波器相差一个负号（这意味着幅频响应相同，相频响应相差 $\pi/2$）。以下讨论均假设 QMFB 无混叠。

3.3.1   QMFB 的多相结构

对 $H_0(z)$ 进行第一型多相分解，

$$H_0(z) = E_{00}(z^2) + z^{-1}E_{01}(z^2) \tag{3.3.4}$$

相应地，

$$H_1(z) = H_0(-z) = E_{00}(z^2) - z^{-1}E_{01}(z^2) \tag{3.3.5}$$

式(3.3.4)与式(3.3.5)可用矩阵形式表示为

$$\begin{bmatrix} H_0(z) \\ H_1(z) \end{bmatrix} = \begin{bmatrix} 1 & 1 \\ 1 & -1 \end{bmatrix} \begin{bmatrix} E_{00}(z^2) \\ z^{-1}E_{01}(z^2) \end{bmatrix} \tag{3.3.6}$$

---

① "正交"源于英文 quadrature，本意是相位差 $\pi/2$，即采样率的四分之一（$2\pi/4$），这与几何意义（内积空间）上的正交（orthogonality）并非同一含义。此外值得说明的是，并非所有的两通道滤波器组都满足式(3.3.1)，但由于 QMFB 的起源较早，且最具有代表性，以致后续的许多研究者习惯将两通道滤波器组称为 QMFB，甚至将该名称推广至多通道滤波器组[8,14]，这时 QMFB 已经失去了原本的含义。

图 3.6给出了分析端的多相结构。注意到此时两条支路并非平行的关系，而是有相互作用，这种结构又称为格形（lattice）结构。

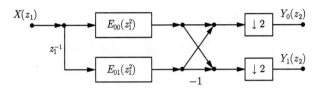

图 3.6　QMFB 分析端的格形结构

类似地，对于综合端的滤波器有

$$G_0(z) = H_0(z) = E_{00}(z^2) + z^{-1}E_{01}(z^2) \tag{3.3.7}$$

$$G_1(z) = -H_0(-z) = -E_{00}(z^2) + z^{-1}E_{01}(z^2) \tag{3.3.8}$$

或写成矩阵形式：

$$\begin{bmatrix} G_0(z) \\ G_1(z) \end{bmatrix} = \begin{bmatrix} 1 & 1 \\ -1 & 1 \end{bmatrix} \begin{bmatrix} E_{00}(z^2) \\ z^{-1}E_{01}(z^2) \end{bmatrix} \tag{3.3.9}$$

由此可以看出，分析端与综合端的滤波器均由 $H_0(z)$ 的两个多相成分决定。图 3.7给出了综合端的多相结构。

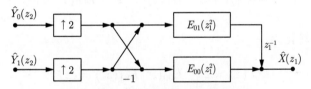

图 3.7　QMFB 综合端的格形结构

进一步，利用多抽样率网络的恒等关系，可以将上述的格形结构转换为一种高效结构。以分析端为例，注意到转换前的计算是在高抽样率一侧。现将 2 倍抽取放到各支路中去，再与 $E_{00}(z^2)$ 和 $E_{01}(z^2)$ 交换顺序，于是便将计算转化为在低抽样率一侧进行。综合端的分析类似。图 3.8给出了 QMFB 格形结构的高效实现方式。

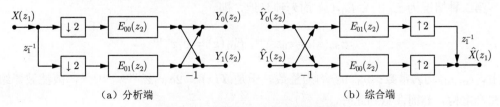

（a）分析端　　　　　　　　　（b）综合端

图 3.8　QMFB 的高效格形结构

不妨具体分析一下转换前后的计算量。假设分析滤波器 $H_0(z)$（同 $H_1(z)$）的长度为 N，采样率为 F，则分析端的总计算量为 $2NF$（MPS）；若采用高效实现方式，各支路的

多相滤波器长度为 $N/2$，抽样率为 $F/2$，分析端的总计算量为 $NF/2$（MPS），计算量减少为原来的 $1/4$。对于综合端可以得到同样的结果。

3.3.2　QMFB 的误差分析

本节分析两通道 QMFB 是否满足完全重构。在无混叠条件下，根据式(3.2.6)及式(3.3.3)，输入、输出关系式为

$$\hat{X}(z) = T(z)X(z) = \frac{1}{2}\left[H_0^2(z) - H_1^2(z)\right]X(z) \tag{3.3.10}$$

因此，完全重构的充要条件为

$$T(z) = \frac{1}{2}\left[H_0^2(z) - H_1^2(z)\right] = cz^{-\lambda} \tag{3.3.11}$$

于是问题归结为是否存在 $H_0(z)$, $H_1(z)$ 使得式(3.3.11)成立。

假设 $H_0(z), H_1(z)$ 均为 FIR 滤波器，注意到如果 $H_0(z), H_1(z)$ 具有线性相位，则 $T(z)$ 也是线性相位，因此不存在相位失真。反之，若 $H_0(z), H_1(z)$ 不是线性相位，则 $T(z)$ 也非线性相位。因此，为了满足式(3.3.11)应要求 $H_0(z), H_1(z)$ 都具有线性相位。对 $H_0(z)$ 和 $H_1(z)$ 进行第一型多相分解，如式(3.3.4)与式(3.3.5)所示，于是得

$$T(z) = \frac{1}{2}\left[H_0^2(z) - H_1^2(z)\right] = 2z^{-1}E_{00}(z^2)E_{01}(z^2) \tag{3.3.12}$$

此时完全重构条件转化为

$$T(z) = 2z^{-1}E_{00}(z^2)E_{01}(z^2) = cz^{-\lambda} \tag{3.3.13}$$

上式成立存在两种可能的情况。第一种为

$$E_{00}(z^2) = \frac{1}{2}cz^{-(\lambda-1)}/E_{01}(z^2)$$

这意味着 $E_{00}(z)$ 或 $E_{01}(z)$ 中至少有一个为有理函数，即 IIR 滤波器。进而 $H_0(z)$ 和 $H_1(z)$ 也是 IIR 滤波器，与假设不符。

第二种情况为 $E_{00}(z), E_{01}(z)$ 均为纯延迟，即

$$E_{00}(z) = c_0 z^{-n_0}, \quad E_{01}(z) = c_1 z^{-n_1}$$

式中，c_0, c_1 均为常数；n_0, n_1 均为整数。于是 $T(z) = 2c_0 c_1 z^{-2(n_0+n_1)-1}$，故滤波器组满足完全重构。然而注意到此时，

$$H_0(z) = c_0 z^{-2n_0} + c_1 z^{-2n_1-1} \tag{3.3.14}$$

$$H_1(z) = c_0 z^{-2n_0} - c_1 z^{-2n_1-1} \tag{3.3.15}$$

上述形式的滤波器没有平坦的通带及快速衰减的阻带，实际应用价值不大。举例来讲，令 $c_0 = c_1 = 1/\sqrt{2}, n_0 = n_1 = 0$，则得到 Haar 滤波器组：

$$H_0(z) = \frac{1}{\sqrt{2}}(1 + z^{-1}) \tag{3.3.16}$$

$$H_1(z) = \frac{1}{\sqrt{2}}(1 - z^{-1}) \tag{3.3.17}$$

相应地，频率响应为

$$H_0(e^{j\omega}) = \frac{1}{\sqrt{2}}(1 + e^{-j\omega}) = \sqrt{2}\cos\frac{\omega}{2}e^{-j\omega/2} \tag{3.3.18}$$

$$H_1(e^{j\omega}) = \frac{1}{\sqrt{2}}(1 - e^{-j\omega}) = \sqrt{2}\sin\frac{\omega}{2}e^{-j(\omega-\pi)/2} \tag{3.3.19}$$

注意到，$|H_0(e^{j\omega})|, |H_1(e^{j\omega})|$ 均为三角函数，结合图 3.9来看，两者既没有平坦的通带，也没有快速衰减的阻带，因此不具备良好的幅频特性[①]。

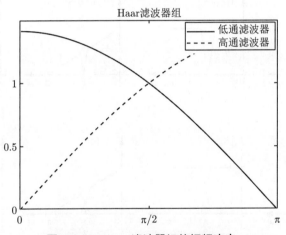

图 3.9　Haar 滤波器组的幅频响应

综合上述分析，QMFB 在要求 $H_0(z), H_1(z)$ 都是 FIR 线性相位的情况下，既要满足完全重构，又要使滤波器具有良好的幅频特性是不可行的。在实际应用中，可以考虑以下折中方案：

① FIR QMFB：要求 $H_0(z), H_1(z)$ 都是 FIR 且具有线性相位，在无混叠失真、无相位失真的条件下，尽可能减小幅度失真，从而近似实现完全重构。

[①] 尽管 Haar 滤波器组的幅频特性不理想，但它在小波分析理论中尤为重要。注意到滤波器的冲激响应为

$$h_0[n] = \frac{1}{\sqrt{2}}(\delta[n] + \delta[n-1])$$

$$h_1[n] = \frac{1}{\sqrt{2}}(\delta[n] - \delta[n-1])$$

因此 $H_0(z)$ 的作用是对信号相邻两点求平均（可忽略倍数上的差异，下同），$H_1(z)$ 则为相邻两点求差。经过分析滤波器组，信号被分解为其平均值（低频信息）和局部差值（高频信息）。这种计算方式即为 Haar 小波变换。

② IIR QMFB：要求 $H_0(z)$, $H_1(z)$ 都是 IIR，保证无混叠失真和无幅度失真，而相位失真由额外的相位均衡器解决，从而近似实现完全重构。

③ 共轭正交滤波器组：修正 $H_0(z)$ 与 $H_1(z)$ 的关系，从而实现完全重构。

下面对前两种方案进行简要讨论，第三种方案将在 3.3.3 节详细介绍。

1. FIR QMFB 的设计

首先来分析滤波器组幅度失真的原因。幅度失真主要来源于滤波器幅频特性中的波纹（误差容限）、截止频率的位置以及过渡带的陡峭程度。其中波纹是不可避免的，过渡带宽主要由滤波器阶数决定，这里主要分析截止频率的位置。以图 3.10 为例，若 $H_0(z)$, $H_1(z)$ 的幅频响应如图 3.10（a）所示，两者在 $\pi/2$ 处不重叠，则重构信号会在 $\pi/2$ 附近出现频谱损失。损失的信息是无法复原的，因此在设计滤波器时应当避免这种情况。也就是说允许 $H_0(z)$、$H_1(z)$ 在 $\pi/2$ 处有重叠，如图 3.10（b）所示。此时子带信号会有混叠，但混叠成分可以通过综合滤波器组消除。而最终的重构信号会在 $\pi/2$ 附近有幅度偏差。因此减小幅度失真的途径就是优化传递函数 $T(\mathrm{e}^{\mathrm{j}\omega})$，使其幅度接近于 1（或常数 c）。

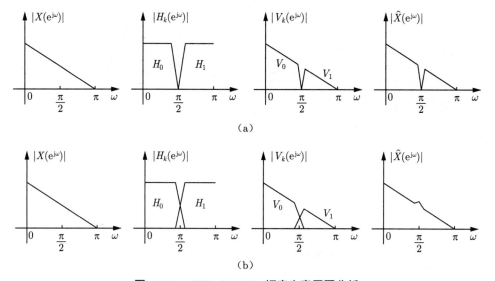

图 3.10　FIR QMFB 幅度失真原因分析

以下假设 $H_0(z)$, $H_1(z)$ 都是具有线性相位的 FIR 滤波器。不妨设滤波器的长度为 N，则

$$H_0(\mathrm{e}^{\mathrm{j}\omega}) = \mathrm{e}^{-\mathrm{j}\omega M}|H_0(\mathrm{e}^{\mathrm{j}\omega})|$$

$$H_1(\mathrm{e}^{\mathrm{j}\omega}) = H_0(\mathrm{e}^{\mathrm{j}(\omega-\pi)}) = (-1)^M \mathrm{e}^{-\mathrm{j}\omega M}|H_1(\mathrm{e}^{\mathrm{j}\omega})|$$

式中，$M = \dfrac{N-1}{2}$。于是

$$T(\mathrm{e}^{\mathrm{j}\omega}) = \frac{1}{2}[H_0^2(\mathrm{e}^{\mathrm{j}\omega}) - H_1^2(\mathrm{e}^{\mathrm{j}\omega})]$$

$$= \frac{1}{2}e^{-j\omega(N-1)}\left[|H_0(e^{j\omega})|^2 - (-1)^{N-1}|H_1(e^{j\omega})|^2\right]$$

$$= \begin{cases} \frac{1}{2}e^{-j\omega(N-1)}\left[|H_0(e^{j\omega})|^2 - |H_1(e^{j\omega})|^2\right], & N \text{ 为奇数} \\ \frac{1}{2}e^{-j\omega(N-1)}\left[|H_0(e^{j\omega})|^2 + |H_1(e^{j\omega})|^2\right], & N \text{ 为偶数} \end{cases}$$

若 N 为奇数，注意到 $|H_1(e^{j\omega})| = |H_0(e^{j(\omega-\pi)})|$，故

$$T(e^{j\pi/2}) = \frac{1}{2}e^{-j\omega(N-1)}\left[|H_0(e^{j\omega})|^2 - |H_1(e^{j\omega})|^2\right]\bigg|_{\omega=\pi/2} = 0$$

这意味着重构信号在 $\pi/2$ 处有严重的幅度失真。为避免此类情况，N 只能取偶数。此时，若

$$|H_0(e^{j\omega})|^2 + |H_1(e^{j\omega})|^2 = c \tag{3.3.20}$$

则 $T(e^{j\omega}) = \frac{1}{2}ce^{-j\omega(N-1)}$，滤波器组满足完全重构。

不失一般性，可以令式(3.3.20)中 $c = 1$，称满足该式的滤波器 $H_0(z)$，$H_1(z)$ 为功率互补滤波器（power-complementary filters）。理论分析表明[15]，若 $H_0(z)$，$H_1(z)$ 为功率互补滤波器，同时又要求具有线性相位，则一般形式为

$$H_0(z) = \frac{1}{2}(z^{-k_1} + z^{-k_2}), \ H_1(z) = \frac{1}{2}(z^{-k_1} - z^{-k_2}) \tag{3.3.21}$$

相应地，幅频响应为

$$|H_0(e^{j\omega})| = \cos(K\omega), \ |H_1(e^{j\omega})| = \sin(K\omega) \tag{3.3.22}$$

式中，$K = (k_1 - k_2)/2$。根据前文的分析，这种设计出来的线性相位滤波器缺乏良好的幅频特性。因此实际设计中只能要求

$$|H_0(e^{j\omega})|^2 + |H_1(e^{j\omega})|^2 = |H_0(e^{j\omega})|^2 + |H_0(e^{j(\omega-\pi)})|^2 \approx 1 \tag{3.3.23}$$

Johnston 提出一种基于优化的设计方法[16]，可以得到一组近似完全重构的 FIR QMFB，最小化目标函数为

$$E = \alpha \int_{\omega_s}^{\pi} |H_0(e^{j\omega})|^2 d\omega + (1-\alpha)\int_0^{\pi}\left(1 - |H_0(e^{j\omega})|^2 - |H_0(e^{j(\omega-\pi)})|^2\right)^2 d\omega$$

$$:= \alpha E_1 + (1-\alpha)E_2$$

式中，ω_s 为阻带边缘频率；E_1 表示阻带的能量；E_2 为完全重构误差的能量（即波纹误差的能量）；α 为权重。具体方法参见文献[16]。

2. IIR QMFB 的设计

实现完全重构的另一种思路是在无混叠失真的条件下，利用 IIR 全通滤波器消除幅度失真，而相位失真的问题则依靠全通均衡器解决。设 $H_0(z), H_1(z)$ 的多相分解为

$$H_0(z) = Q_{00}(z^2) + z^{-1}Q_{01}(z^2) \tag{3.3.24a}$$

$$H_1(z) = Q_{00}(z^2) - z^{-1}Q_{01}(z^2) \tag{3.3.24b}$$

式中，$Q_{00}(z), Q_{01}$ 均为全通函数，即

$$Q_{00}(z) = \prod_k \frac{z^{-1} - a_k}{1 - a_k z^{-1}}, Q_{01}(z) = \prod_k \frac{z^{-1} - b_k}{1 - b_k z^{-1}} \tag{3.3.25}$$

于是

$$T(z) = \frac{1}{2} z^{-1} Q_{00}(z^2) Q_{01}(z^2) \tag{3.3.26}$$

也为全通函数，因而保证了滤波器组无幅度失真。

研究表明[17-18]，许多典型的滤波器（如具有奇数阶的巴特沃斯、切比雪夫或椭圆半带滤波器等）都可以表示为两个全通函数的和，这意味着多相表示对 IIR 滤波器同样有效。此外，若 $H_0(z)$ 为 IIR 低通滤波器且 $|H_0(z)| \leqslant 1$，则总可以找到一个 IIR 高通滤波器 $H_1(z)$ 使得它与 $H_0(z)$ 满足功率互补条件[14,19]，即

$$|H_0(e^{j\omega})|^2 + |H_1(e^{j\omega})|^2 = 1 \tag{3.3.27}$$

具体分析及设计实例可参见文献[19]。

3.3.3 共轭正交滤波器组

根据 3.3.2 节的分析，QMFB 在满足完全重构的条件下，滤波器只能是纯延迟的线性组合形式，幅频特性不佳。造成这一问题的重要因素之一在于约束 $H_1(z) = H_0(-z)$。如果修正 $H_0(z)$ 与 $H_1(z)$ 的关系，则可以在满足完全重构的条件下，优化滤波器的幅频特性。下面考虑 $H_0(z), H_1(z)$ 均为 FIR 且具有如下关系：

$$H_1(z) = -z^{-N} H_0(-z^{-1}) \tag{3.3.28}$$

式中，N 为奇数。称满足式(3.3.28)的滤波器组为共轭正交滤波器组（conjugate quadrature filter bank，CQFB)[20-21]。注意到如果 $H_0(z)$ 为因果滤波器，则 $H_0(-z^{-1})$ 为非因果滤波器，因此可通过选取合适的 z^{-N} 保证 $H_1(z)$ 为因果滤波器。

下面分析 CQFB 是否满足完全重构。令 $G_0(z) = H_1(-z), G_1(z) = -H_0(-z)$ 以满足无混叠条件，根据式(3.2.7)，滤波器组的传递函数为

$$T(z) = \frac{1}{2} [H_0(z)H_1(-z) - H_1(z)H_0(-z)]$$

$$= \frac{1}{2} z^{-N} [H_0(z)H_0(z^{-1}) + H_1(z)H_1(z^{-1})] \tag{3.3.29}$$

上式推导利用了 N 为奇数。显然，当

$$H_0(z)H_0(z^{-1}) + H_1(z)H_1(z^{-1}) = 1 \tag{3.3.30}$$

时，滤波器组满足完全重构。这意味着 $H_0(z), H_1(z)$ 依然是功率互补滤波器。根据 3.3.2 节的分析可知，若 $H_0(z), H_1(z)$ 满足功率互补条件且具有线性相位，则幅频响应只能是三角函数的形式。因此，为了设计具有良好幅频特性的滤波器，须放弃 $H_0(z), H_1(z)$ 为线性相位的条件，但此时仍可以保证 $T(z)$ 是线性相位的。

现令 $P(z) = H_0(z)H_0(z^{-1})$，则完全重构等价于

$$P(z) + P(-z) = 1 \tag{3.3.31}$$

或在频域表示为

$$P(e^{j\omega}) + P(e^{j(\omega-\pi)}) = 1 \tag{3.3.32}$$

上式表明，$P(z)$ 为半带滤波器。因此，完全重构问题转化为半带滤波器的设计问题。当半带滤波器 $P(z)$ 确定之后，可依据谱分解定理求得 $H_0(z)$。

上述构造思路最早由 Smith 等人于 1984 年提出[20]，Mintzer 在文献[22]中也阐述了类似的思想。具体的设计方法与实例可参见文献[20-22]。

3.4 仿酉滤波器组

本节介绍满足完全重构条件的两通道滤波器组的一般形式。首先给出滤波器组的多相结构，并分析基于多相矩阵的完全重构条件，进而引入仿酉矩阵的概念，并介绍仿酉滤波器组的设计方法。

3.4.1 两通道滤波器组的多相结构

多相结构是滤波器组的一种高效实现结构。3.3.1 节给出了 QMFB 的多相结构，即格形结构。本节将给出一般的两通道滤波器组的多相结构。

对 $H_0(z)$、$H_1(z)$ 作第一型多相分解：

$$\begin{bmatrix} H_0(z) \\ H_1(z) \end{bmatrix} = \begin{bmatrix} E_{00}(z^2) & E_{01}(z^2) \\ E_{10}(z^2) & E_{11}(z^2) \end{bmatrix} \begin{bmatrix} 1 \\ z^{-1} \end{bmatrix} = \boldsymbol{E}(z^2) \begin{bmatrix} 1 \\ z^{-1} \end{bmatrix} \tag{3.4.1}$$

式中，$\boldsymbol{E}(z)$ 的第 k 行元素为 $H_k(z)$ 的多相成分，称 $\boldsymbol{E}(z)$ 为第一型多相矩阵。

类似地，对 $G_0(z)$、$G_1(z)$ 作第二型多相分解：

$$\begin{bmatrix} G_0(z) \\ G_1(z) \end{bmatrix} = \begin{bmatrix} R_{00}(z^2) & R_{01}(z^2) \\ R_{10}(z^2) & R_{11}(z^2) \end{bmatrix} \begin{bmatrix} z^{-1} \\ 1 \end{bmatrix} = \boldsymbol{R}^{\mathrm{T}}(z^2) \begin{bmatrix} z^{-1} \\ 1 \end{bmatrix} \tag{3.4.2}$$

注意 $R(z)$ 带有一个转置符号[①]，故 $R(z)$ 的第 k 列元素为 $G_k(z)$ 的多相成分，称 $R(z)$ 为第二型多相矩阵。

根据上述关系，可以将两通道滤波器组转化为多相结构，如图 3.11（a）所示，其中，$E(z)$、$R(z)$ 的内部结构分别如图 3.11（b）、图 3.11（c）所示。

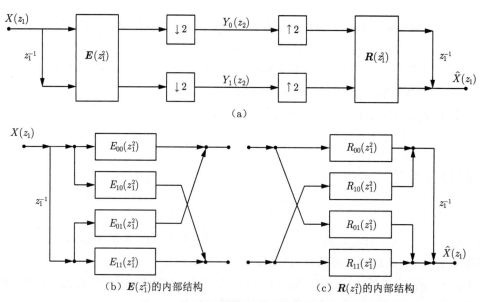

图 3.11　两通道滤波器组的多相结构

注意到在图 3.11（a）所示的多相结构中，计算均是在高抽样率一侧进行的。根据第 2 章介绍的多抽样率网络的等效关系，可以将多相矩阵 $E(z^2)$ 与 2 倍抽取交换，同时将多相矩阵 $R(z^2)$ 与 2 倍内插交换，这样就得到了多相结构的高效实现，如图 3.12（a）所示。进一步，若不考虑分析端与综合端的中间处理过程，则可以将多相矩阵 $E(z)$ 与 $R(z)$ 视为一个整体，记

$$P(z) = R(z)E(z) \tag{3.4.3}$$

称 $P(z)$ 为滤波器组的转移矩阵或传递矩阵（transfer matrix），该矩阵决定了滤波器组的传输特性，如图 3.12（b）所示。稍后会看到，$P(z)$ 与 $T(z)$ 具有固定关系，通过恰当构造 $E(z)$ 与 $R(z)$，滤波器组就能够实现完全重构。

3.4.2　基于多相矩阵的完全重构条件

本节讨论基于多相矩阵的两通道滤波器组完全重构条件。两通道滤波器组的输入、输出关系为

$$\hat{X}(z) = \frac{1}{2}X(z)[H_0(z)G_0(z) + H_1(z)G_1(z)]$$

---

① 稍后会看到，综合端多相矩阵加一个转置符号是为了便于推导。当然也可按照第一型多相矩阵方式定义，推导形式上有所区别。

$$+ \frac{1}{2}X(-z)[H_0(-z)G_0(z) + H_1(-z)G_1(z)] \tag{3.4.4}$$

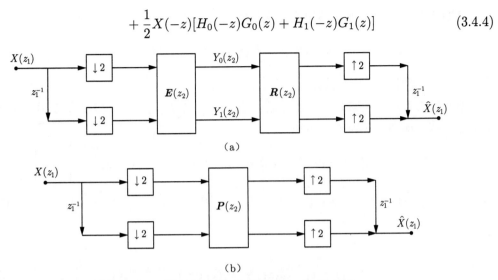

（a）

（b）

图 3.12 两通道滤波器组的多相结构（高效实现）

根据命题 3.2 及其扩展形式，完全重构的充要条件为

$$\begin{bmatrix} G_0(z) & G_1(z) \\ G_0(-z) & G_1(-z) \end{bmatrix} \begin{bmatrix} H_0(z) & H_0(-z) \\ H_1(z) & H_1(-z) \end{bmatrix} = \begin{bmatrix} 2cz^{-n_0} & 0 \\ 0 & 2c(-z)^{-n_0} \end{bmatrix} \tag{3.4.5}$$

为了便于后续推导，这里将原式(3.2.20)等式两端都取了转置。

对 $H_0(z), H_1(z)$ 进行第一型多相分解，易知多相矩阵 $\boldsymbol{E}(z)$ 与调制矩阵 $\boldsymbol{H}(z)$ 具有如下关系：

$$\boldsymbol{H}^{\mathrm{T}}(z) = \begin{bmatrix} H_0(z) & H_0(-z) \\ H_1(z) & H_1(-z) \end{bmatrix} = \boldsymbol{E}(z^2) \begin{bmatrix} 1 & 1 \\ z^{-1} & -z^{-1} \end{bmatrix} \tag{3.4.6}$$

类似地，对 $G_0(z), G_1(z)$ 进行第二型多相分解，得

$$\boldsymbol{G}(z) = \begin{bmatrix} G_0(z) & G_1(z) \\ G_0(-z) & G_1(-z) \end{bmatrix} = \begin{bmatrix} z^{-1} & 1 \\ -z^{-1} & 1 \end{bmatrix} \boldsymbol{R}(z^2) \tag{3.4.7}$$

于是式(3.4.5)可以写作

$$\begin{bmatrix} z^{-1} & 1 \\ -z^{-1} & 1 \end{bmatrix} \boldsymbol{R}(z^2)\boldsymbol{E}(z^2) \begin{bmatrix} 1 & 1 \\ z^{-1} & -z^{-1} \end{bmatrix} = \begin{bmatrix} 2cz^{-n_0} & 0 \\ 0 & 2c(-z)^{-n_0} \end{bmatrix} \tag{3.4.8}$$

不难验证，当 $\boldsymbol{E}(z), \boldsymbol{R}(z)$ 满足如下关系时：

$$\boldsymbol{R}(z)\boldsymbol{E}(z) = cz^{-\lambda}\boldsymbol{I}, \ \lambda \in \mathbb{Z} \tag{3.4.9}$$

式(3.4.8)成立，此时 $n_0 = 2\lambda + 1$。于是得到两通道滤波器组完全重构的充分条件。

命题 3.3 两通道滤波器组完全重构的充分条件为

$$P(z) = R(z)E(z) = cz^{-\lambda}I \tag{3.4.10}$$

式中，c 为非零常数；λ 为整数；I 为单位矩阵。

不妨结合系统框图来验证上述命题。事实上，当 $P(z) = cz^{-\lambda}I$ 时，其作用相当于一个延迟系统，如图 3.13所示。易知

$$\hat{X}_0(z_1) = V_0(z_2) = cz_2^{-\lambda}U_0(z_2) = \frac{1}{2}cz_1^{-2\lambda}[X(z_1) + X(-z_1)] \tag{3.4.11}$$

$$\hat{X}_1(z_1) = V_1(z_2) = cz_2^{-\lambda}U_1(z_2) = \frac{1}{2}cz_1^{-(2\lambda+1)}[X(z_1) - X(-z_1)] \tag{3.4.12}$$

于是

$$\hat{X}(z_1) = z_1^{-1}\hat{X}_0(z_1) + \hat{X}_1(z_1) = cz_1^{-(2\lambda+1)}X(z_1) \tag{3.4.13}$$

因此满足完全重构。

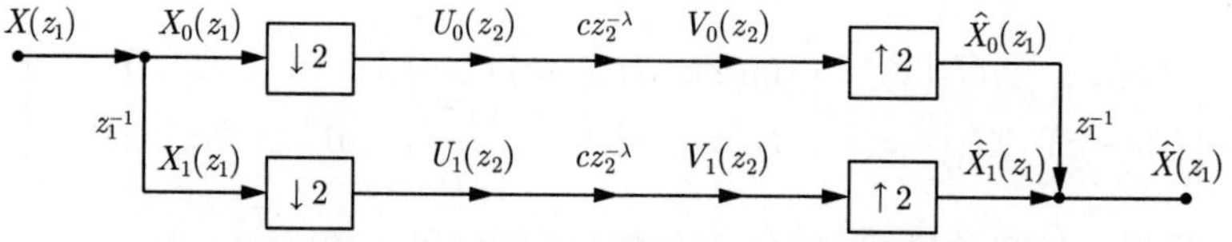

图 3.13 $P(z_2) = cz_2^{-\lambda}I$ 时的滤波器组结构

3.4.3 仿酉滤波器组的一般形式

命题 3.3给出了构造完全重构滤波器组的一般原则，即如果找到一对多相矩阵 $E(z), R(z)$ 满足式(3.4.10)，则该滤波器组必然满足完全重构。由于纯延迟 $cz^{-\lambda}$ 并不会影响完全重构的性质，因此为了便于分析，下面均假设 $cz^{-\lambda} = 1$。此时完全重构条件可进一步简化为

$$R(z)E(z) = I \tag{3.4.14}$$

是否存在多相矩阵满足式(3.4.14)？如果存在，形式又是怎样的？关于这些问题，可以借助所谓的仿酉矩阵（paraunitary matrix）来解决。

定义 3.1 称矩阵 $E(z)$ 为仿酉矩阵，如果

$$\widetilde{E}(z)E(z) = I \tag{3.4.15}$$

式中，$\widetilde{E}(z)$ 为 $E(z)$ 的共轭转置矩阵[①]。特别地，若 $E(z)$ 中的元素为实系数多项式，则 $\widetilde{E}(z) = E^{\mathrm{T}}(z^{-1})$。

---

① 即对 $E(z)$ 的元素取共轭后再转置。例如 $E(z) = [a+bz^{-1}, c+dz^{-1}]^{\mathrm{T}}$，则 $\widetilde{E}(z) = [a^*+b^*z, c^*+d^*z], a, b, c, d \in \mathbb{C}$。

注意到当 $z = 1$ 时，仿酉矩阵即为复数域上的酉矩阵。因此仿酉矩阵可视为酉矩阵在多项式域上的推广。仿酉矩阵具有如下性质。

命题 3.4 若 $\boldsymbol{E}(z)$ 为仿酉矩阵，则 $\det \boldsymbol{E}(z) = \pm z^{-n}$，其中，$n$ 为整数。

命题 3.5 若 $\boldsymbol{E}_1(z)$、$\boldsymbol{E}_2(z)$ 为仿酉矩阵，则 $\boldsymbol{E}_1(z)\boldsymbol{E}_2(z)$ 也是仿酉矩阵。

上述性质可通过仿酉矩阵的定义直接证明，具体证明过程留给读者。

联系式(3.4.14)，显然，若多相矩阵 $\boldsymbol{E}(z)$ 为仿酉矩阵，则可令 $\boldsymbol{R}(z) = \widetilde{\boldsymbol{E}}(z)$，这样就找到了满足完全重构条件的一对多相矩阵。由仿酉矩阵构造的滤波器组称为仿酉滤波器组（paraunitary FB）或正交滤波器组（orthogonal FB）[①]。

那么 $\boldsymbol{E}(z)$ 和 $\boldsymbol{R}(z)$ 的具体形式是怎样的？下面进行详细分析。

设二通道分析滤波器组的多相矩阵为

$$\boldsymbol{E}(z) = \begin{bmatrix} E_{00}(z) & E_{01}(z) \\ E_{10}(z) & E_{11}(z) \end{bmatrix} \tag{3.4.16}$$

并假设它为仿酉矩阵。令综合滤波器组的多相矩阵为

$$\boldsymbol{R}(z) = \widetilde{\boldsymbol{E}}(z) = \begin{bmatrix} \widetilde{E}_{00}(z) & \widetilde{E}_{10}(z) \\ \widetilde{E}_{01}(z) & \widetilde{E}_{11}(z) \end{bmatrix} \tag{3.4.17}$$

式中，$\widetilde{E}_{ij}(z)$ 表示 $E_{ij}(z)$ 的复共轭。特别地，若 $E_{ij}(z)$ 均为实系数多项式，则 $\widetilde{E}_{ij}(z) = E_{ij}(z^{-1})$。

另一方面，注意到 $\boldsymbol{E}(z)$ 可逆，故

$$\boldsymbol{E}^{-1}(z) = \frac{1}{\det \boldsymbol{E}} \begin{bmatrix} E_{11}(z) & -E_{01}(z) \\ -E_{10}(z) & E_{00}(z) \end{bmatrix} = \pm z^n \begin{bmatrix} E_{11}(z) & -E_{01}(z) \\ -E_{10}(z) & E_{00}(z) \end{bmatrix} \tag{3.4.18}$$

式中，$\pm z^n$ 是由 $\boldsymbol{E}(z)$ 的行列式引入的。

令 $\widetilde{\boldsymbol{E}}(z) = \boldsymbol{E}^{-1}(z)$，对比式(3.4.17)与式(3.4.18)可知

$$\widetilde{E}_{00}(z) = \pm z^n E_{11}(z) \tag{3.4.19a}$$

$$\widetilde{E}_{10}(z) = \mp z^n E_{01}(z) \tag{3.4.19b}$$

$$\widetilde{E}_{01}(z) = \mp z^n E_{10}(z) \tag{3.4.19c}$$

$$\widetilde{E}_{11}(z) = \pm z^n E_{00}(z) \tag{3.4.19d}$$

将式(3.4.19a)与式(3.4.19c)代入式(3.4.16)，替换原有的 $E_{10}(z)$ 和 $E_{11}(z)$，可得

$$\boldsymbol{E}(z) = \begin{bmatrix} E_{00}(z) & E_{01}(z) \\ \mp z^{-n}\widetilde{E}_{01}(z) & \pm z^{-n}\widetilde{E}_{00}(z) \end{bmatrix} \tag{3.4.20}$$

[①] 这是因为仿酉矩阵也称为正交（orthogonal）矩阵，即矩阵的列向量是正交的。正交滤波器组的概念在小波分析理论中经常使用。事实上，离散小波变换与滤波器组具有密切联系，第 5 章将详细阐述。

上式说明，矩阵 $\boldsymbol{E}(z)$ 实际只由 $E_{00}(z)$、$E_{01}(z)$ 决定。

类似地，将式(3.4.19b)与式(3.4.19d)代入式(3.4.17)，替换原有的 $\widetilde{E}_{10}(z)$ 和 $\widetilde{E}_{11}(z)$，得

$$\boldsymbol{R}(z) = \widetilde{\boldsymbol{E}}(z) = \begin{bmatrix} \widetilde{E}_{00}(z) & \mp z^n E_{01}(z) \\ \widetilde{E}_{01}(z) & \pm z^n E_{00}(z) \end{bmatrix} \tag{3.4.21}$$

同样发现，矩阵 $\boldsymbol{R}(z)$ 只由 $E_{00}(z)$、$E_{01}(z)$ 决定。事实上，利用 $\boldsymbol{R}(z) = \widetilde{\boldsymbol{E}}(z)$ 可得同样结果。

式(3.4.20)与式(3.4.21)给出了 $\boldsymbol{E}(z)$ 与 $\boldsymbol{R}(z)$ 为仿酉矩阵时的一般形式。注意到两者均是由多相分量 $E_{00}(z)$ 和 $E_{01}(z)$ 决定，这意味着所有滤波器均可以由分析端的低通滤波器 $H_0(z)$ 得到。下面推导仿酉滤波器组的一般形式。为了便于分析，以下假设滤波器均为实系数，则相应的多相矩阵也为实系数。因此式(3.4.20)与式(3.4.21)又可写作

$$\boldsymbol{E}(z) = \begin{bmatrix} E_{00}(z) & E_{01}(z) \\ \mp z^{-n} E_{01}(z^{-1}) & \pm z^{-n} E_{00}(z^{-1}) \end{bmatrix} \tag{3.4.22}$$

$$\boldsymbol{R}(z) = \begin{bmatrix} E_{00}(z^{-1}) & \mp z^n E_{01}(z) \\ E_{01}(z^{-1}) & \pm z^n E_{00}(z) \end{bmatrix} \tag{3.4.23}$$

根据第一型多相分解，

$$\begin{aligned} \begin{bmatrix} H_0(z) \\ H_1(z) \end{bmatrix} = \boldsymbol{E}(z^2) \begin{bmatrix} 1 \\ z^{-1} \end{bmatrix} &= \begin{bmatrix} E_{00}(z^2) & E_{01}(z^2) \\ \mp z^{-2n} E_{01}(z^{-2}) & \pm z^{-2n} E_{00}(z^{-2}) \end{bmatrix} \begin{bmatrix} 1 \\ z^{-1} \end{bmatrix} \\ &= \begin{bmatrix} E_{00}(z^2) + z^{-1} E_{01}(z^2) \\ \mp z^{-2n}(E_{01}(z^{-2}) - z^{-1} E_{00}(z^{-2})) \end{bmatrix} \end{aligned} \tag{3.4.24}$$

由于

$$H_1(z) = \mp z^{-2n}(E_{01}(z^{-2}) - z^{-1} E_{00}(z^{-2})) \tag{3.4.25}$$

故

$$H_1(-z^{-1}) = \mp z^{2n}(E_{01}(z^2) + z E_{00}(z^2)) = \mp z^{2n+1} H_0(z) \tag{3.4.26}$$

因此

$$H_1(z) = \pm z^{-(2n+1)} H_0(-z^{-1}) \tag{3.4.27}$$

于是得到 $H_1(z)$ 与 $H_0(z)$ 的关系，其中 $\pm$ 号及指数中的 n 均是由仿酉矩阵的行列式决定的。不难发现，上述关系与 CQFB 非常相似。事实上，CQFB 可视为仿酉滤波器组的一种特例[①]。

[①] 尽管 CQFB 是通过截然不同的方式分析得到的，但是由于仿酉滤波器组具有满足完全重构的一般形式，不难预见，CQFB 也必然满足仿酉滤波器组的一般形式。

类似地，根据第二型多相分解，

$$\begin{bmatrix} G_0(z) \\ G_1(z) \end{bmatrix} = \boldsymbol{R}^{\mathrm{T}}(z^2) \begin{bmatrix} z^{-1} \\ 1 \end{bmatrix} = \begin{bmatrix} E_{00}(z^{-2}) & E_{01}(z^{-2}) \\ \mp z^{2n}E_{01}(z^2) & \pm z^{2n}E_{00}(z^2) \end{bmatrix} \begin{bmatrix} z^{-1} \\ 1 \end{bmatrix}$$

$$= \begin{bmatrix} z^{-1}E_{00}(z^{-2}) + E_{01}(z^{-2}) \\ \mp z^{2n}(z^{-1}E_{01}(z^2) - E_{00}(z^2)) \end{bmatrix} \tag{3.4.28}$$

注意到

$$G_0(z) = z^{-1}E_{00}(z^{-2}) + E_{01}(z^{-2}) = z^{-1}H_0(z^{-1}) = \mp z^{2n}H_1(-z) \tag{3.4.29}$$

$$G_1(z) = \mp z^{2n}(z^{-1}E_{01}(z^2) - E_{00}(z^2)) = \pm z^{2n}H_0(-z) \tag{3.4.30}$$

由此得到 $G_0(z)$、$G_1(z)$ 与 $H_0(z)$、$H_1(z)$ 的关系，其中延迟项 $\pm z^{2n}$ 是由仿酉矩阵的行列式引入的。

综合上述分析，可以得到仿酉滤波器组的一般形式：

$$\begin{cases} H_0(z) = H_0(z) \\ H_1(z) = \pm z^{-(2n+1)}H_0(-z^{-1}) \\ G_0(z) = z^{-1}H_0(z^{-1}) = \mp z^{2n}H_1(-z) \\ G_1(z) = z^{-1}H_1(z^{-1}) = \pm z^{2n}H_0(-z) \end{cases} \tag{3.4.31}$$

注意若 $H_0(z)$ 为 FIR 因果滤波器，则可以选择恰当的正整数 n，以保证 $H_1(z)$ 同为因果滤波器。但此时综合端 $G_0(z)$、$G_1(z)$ 可能为非因果的。为保证综合端滤波器同样为因果的，可以对 $G_0(z)$、$G_1(z)$ 乘以一个恰当的延迟 z^{-L}。不难验证，此时

$$\hat{X}(z) = T(z)X(z) = z^{-(L+1)}X(z)$$

因此不会影响完全重构的性质。

根据式(3.4.31)，仿酉滤波器组由 $H_0(z)$ 决定，这是否意味着 $H_0(z)$ 可以任意选取？答案是并非如此！事实上，仿酉滤波器组是由仿酉矩阵生成的，这里面即蕴含了一种约束。根据输入、输出关系，若滤波器组满足完全重构，则

$$T(z) = \frac{1}{2}[H_0(z)G_0(z) + H_1(z)G_1(z)]$$

$$= \frac{1}{2}z^{-1}[H_0(z)H_0(z^{-1}) + H_0(-z)H_0(-z^{-1})] = z^{-1} \tag{3.4.32}$$

上式意味着

$$H_0(z)H_0(z^{-1}) + H_0(-z)H_0(-z^{-1}) = 2 \tag{3.4.33}$$

或用多相分解等价表示为

$$E_{00}(z^2)E_{00}(z^{-2}) + E_{01}(z^2)E_{01}(z^{-2}) = 1 \qquad (3.4.34)$$

显然，当 $E(z)$ 为仿酉矩阵时，式(3.4.34)成立。因此 $H_0(z)$ 实际上由仿酉矩阵决定，并非任意选取。

此外，式(3.4.33)还可以写作

$$H_0(z)H_0(z^{-1}) + H_1(z)H_1(z^{-1}) = 2 \qquad (3.4.35)$$

上式说明，$H_0(z)$，$H_1(z)$ 为一对功率互补滤波器。结合前面几节的分析，所有两通道完全重构滤波器组中都涉及功率互补条件，这并非是一种巧合。事实上，功率互补是完全重构的约束条件之一。

3.4.4　基于格形结构的仿酉滤波器组设计与实现

根据前文分析，设计仿酉滤波器组的关键在于仿酉矩阵。依据仿酉矩阵的性质，多个仿酉矩阵的乘积仍为仿酉矩阵。因此，可以通过简单的仿酉矩阵的乘积形式来构造更复杂的仿酉矩阵。本节介绍一种基于格形结构的仿酉滤波器组设计方法[23]，该方法主要包含两个基本仿酉单元，其中一个为旋转矩阵：

$$\boldsymbol{B} = \begin{bmatrix} \cos\theta & \sin\theta \\ -\sin\theta & \cos\theta \end{bmatrix} = \begin{bmatrix} c & s \\ -s & c \end{bmatrix}$$

式中，θ 为任意角度；$c = \cos\theta$，$s = \sin\theta$。

注意到

$$\widetilde{\boldsymbol{B}} = \boldsymbol{B}^{\mathrm{T}} = \begin{bmatrix} \cos\theta & -\sin\theta \\ \sin\theta & \cos\theta \end{bmatrix}$$

因此 $\widetilde{\boldsymbol{B}}\boldsymbol{B} = \boldsymbol{B}\widetilde{\boldsymbol{B}} = \boldsymbol{I}$。

仿酉单元 $\boldsymbol{B}$ 的结构如图 3.14所示，在前文中介绍过，这种结构即为格形结构。相应地，输入、输出关系式为

$$\begin{bmatrix} V_0(z) \\ V_1(z) \end{bmatrix} = \begin{bmatrix} c & s \\ -s & c \end{bmatrix} \begin{bmatrix} U_0(z) \\ U_1(z) \end{bmatrix} = \begin{bmatrix} (cU_0 + sU_1)(z) \\ (cU_1 - sU_0)(z) \end{bmatrix}$$

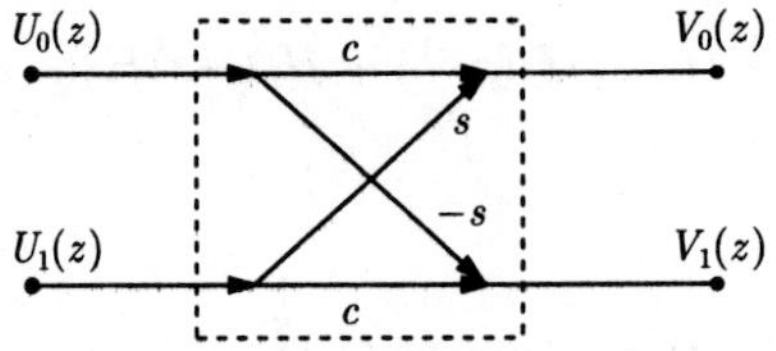

图 3.14　旋转矩阵 $\boldsymbol{B}$ 的结构

另一个仿酉单元为

$$\boldsymbol{\Lambda}(z) = \begin{bmatrix} 1 & 0 \\ 0 & z^{-1} \end{bmatrix}$$

该矩阵的作用是对第二路信号作一个单位的延迟，结构如图 3.15所示。

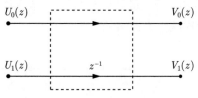

图 3.15　矩阵 $\boldsymbol{\Lambda}(z)$ 的结构

显然，$\boldsymbol{B}$ 与 $\boldsymbol{\Lambda}(z)$ 的乘积仍是仿酉矩阵。现考虑由多个仿酉单元 $\boldsymbol{B}_k$ 与 $\boldsymbol{\Lambda}(z)$ 级联组成的系统，记

$$\boldsymbol{E}(z) = \boldsymbol{B}_{N-1}\boldsymbol{\Lambda}(z)\boldsymbol{B}_{N-2}\boldsymbol{\Lambda}(z)\cdots\boldsymbol{B}_1\boldsymbol{\Lambda}(z)\boldsymbol{B}_0 \tag{3.4.36}$$

其中

$$\boldsymbol{B}_k = \begin{bmatrix} \cos\theta_k & \sin\theta_k \\ -\sin\theta_k & \cos\theta_k \end{bmatrix} = \begin{bmatrix} c_k & s_k \\ -s_k & c_k \end{bmatrix}$$

故 $\boldsymbol{E}(z)$ 仍是仿酉矩阵，结构如图 3.16所示。注意，矩阵 $\boldsymbol{E}(z)$ 与向量的乘法运算是从右至左进行的，因此信号先经过 $\boldsymbol{B}_0$，最后经过 $\boldsymbol{B}_{N-1}$，同时注意延迟单元只存在于两个旋转单元之间。

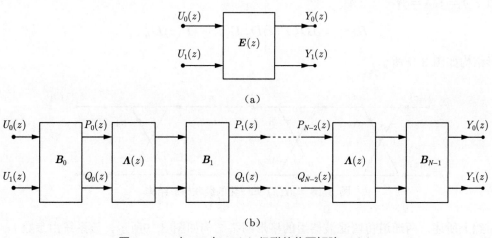

图 3.16　由 $\boldsymbol{B}_i$ 与 $\boldsymbol{\Lambda}(z)$ 级联的仿酉矩阵 $\boldsymbol{E}(z)$

按照上述结构计算，每一级系统（旋转单元）需要 4 次乘法运算，总计需要 $4N$ 次。为降低计算量，可将 $\boldsymbol{B}_k$ 改写为 $\boldsymbol{B}_k = c_k\begin{bmatrix} 1 & \alpha_k \\ -\alpha_k & 1 \end{bmatrix} = c_k\boldsymbol{D}_k$，并将所有 $\boldsymbol{B}_k$ 中的系数 c_k 合

并为一个系数，记为 $\beta = \prod\limits_{k=0}^{N-1} c_k$，于是

$$E(z) = \beta \boldsymbol{D}_{N-1} \boldsymbol{\Lambda}(z) \boldsymbol{D}_{N-2} \boldsymbol{\Lambda}(z) \cdots \boldsymbol{D}_1 \boldsymbol{\Lambda}(z) \boldsymbol{D}_0 \tag{3.4.37}$$

上述形式称为归一化的格形结构，如图 3.17 所示。与归一化之前的结构相比较，现在每级系统（旋转单元）只需要 2 次乘法运算，最后再与系数 β 作 2 次乘法运算，总计需要 $2N+2$ 次。当 N 较大时，计算量大约减小为原来的一半。

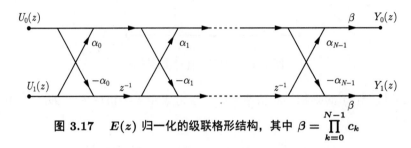

图 3.17　$E(z)$ 归一化的级联格形结构，其中 $\beta = \prod\limits_{k=0}^{N-1} c_k$

类似地，设综合端多相矩阵 $\boldsymbol{R}(z) = b z^{-\lambda} \widetilde{\boldsymbol{E}}(z)$，则

$$\boldsymbol{R}(z) = b z^{-\lambda} \beta \left[\widetilde{\boldsymbol{D}}_0 \widetilde{\boldsymbol{\Lambda}}(z) \widetilde{\boldsymbol{D}}_1 \widetilde{\boldsymbol{\Lambda}}(z) \cdots \widetilde{\boldsymbol{\Lambda}}(z) \widetilde{\boldsymbol{D}}_{N-1} \right]$$

其中

$$\widetilde{\boldsymbol{D}}_k = \boldsymbol{D}^{\mathrm{T}} = \begin{bmatrix} 1 & -\alpha_k \\ \alpha_k & 1 \end{bmatrix}, \quad \widetilde{\boldsymbol{\Lambda}}(z) = \begin{bmatrix} 1 & 0 \\ 0 & z \end{bmatrix} = z \begin{bmatrix} z^{-1} & 0 \\ 0 & 1 \end{bmatrix} = z \boldsymbol{\Gamma}(z)$$

不妨令 $b = 1, \lambda = N - 1$，则

$$\boldsymbol{R}(z) = \beta \boldsymbol{D}_0^{\mathrm{T}} \boldsymbol{\Gamma}(z) \boldsymbol{D}_1^{\mathrm{T}} \boldsymbol{\Gamma}(z) \cdots \boldsymbol{\Gamma}(z) \boldsymbol{D}_{N-1}^{\mathrm{T}}$$

格形结构如图 3.18 所示。

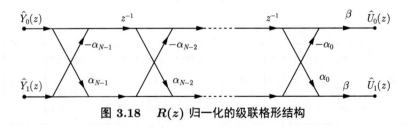

图 3.18　$R(z)$ 归一化的级联格形结构

综上所述，两通道仿酉滤波器组的格形网络结构如图 3.19 所示，该系统由参数 α_k 完全决定，这些参数为设计最优滤波器提供了可能。

下面分析滤波器与参数 α_k 的关系。根据第一型多相分解，

$$\begin{bmatrix} H_0(z) \\ H_1(z) \end{bmatrix} = \boldsymbol{E}(z^2) \begin{bmatrix} 1 \\ z^{-1} \end{bmatrix} \tag{3.4.38}$$

不妨设分析端输入为单位冲激 $x[n] = \delta[n]$，则信号经过多相矩阵 $\boldsymbol{E}(z^2)$ 的输出（抽取之前）即为滤波器 $H_0(z)$、$H_1(z)$。

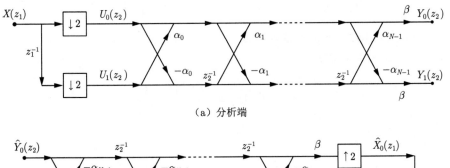

（a）分析端

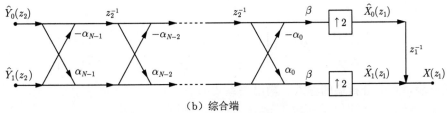

（b）综合端

图 3.19　两通道仿酉滤波器组的格形网络结构

由于 $\boldsymbol{E}(z)$ 是由 N 级仿酉单元级联组成，记信号经过第 k 级旋转单元之后的输出分别为 $P_k(z)$、$Q_k(z)$，如图 3.16所示，易知[①]

$$\begin{bmatrix} P_0(z) \\ Q_0(z) \end{bmatrix} = \begin{bmatrix} 1 & \alpha_0 \\ -\alpha_0 & 1 \end{bmatrix} \begin{bmatrix} 1 \\ z^{-1} \end{bmatrix} = \begin{bmatrix} 1 + \alpha_0 z^{-1} \\ -\alpha_0 + z^{-1} \end{bmatrix}$$

$$\begin{bmatrix} P_k(z) \\ Q_k(z) \end{bmatrix} = \begin{bmatrix} 1 & \alpha_k \\ -\alpha_k & 1 \end{bmatrix} \begin{bmatrix} 1 & 0 \\ 0 & z^{-2} \end{bmatrix} \begin{bmatrix} P_{k-1}(z) \\ Q_{k-1}(z) \end{bmatrix}, \; k = 1, 2, \cdots, N-1$$

最后，$H_0(z) = \beta P_{N-1}(z), H_1(z) = \beta Q_{N-1}(z)$。

由此可见，每增加一级仿酉单元，滤波器的阶数增加 2，因此可以利用格形结构逐级增加滤波器的阶数。并通过优化参数 α_k 获得满足设计要求的滤波器。例如，以最小化阻带能量为目标进行设计，即

$$\alpha_k = \arg \min_{\alpha_k} \int_{\omega_s}^{\pi} |H_0(e^{j\omega})|^2 d\omega$$

具体设计方法参见文献[23]。

例 3.1（Haar 滤波器组）　设仿酉矩阵由一级旋转单元构成，并令 $\theta = \dfrac{\pi}{4}$，则

$$\boldsymbol{B} = \begin{bmatrix} \cos\theta & \sin\theta \\ -\sin\theta & \cos\theta \end{bmatrix} = \frac{\sqrt{2}}{2} \begin{bmatrix} 1 & 1 \\ -1 & 1 \end{bmatrix}$$

---

① 注意图 3.16中的级联结构并未考虑抽样，事实上，式(3.4.38)中的 $\boldsymbol{E}(z^2)$ 表示计算在高抽样率一侧（抽取之前），因此每一级仿酉单元为 $\boldsymbol{B}_k \boldsymbol{\Lambda}(z^2)$。

因此

$$\begin{bmatrix} H_0(z) \\ H_1(z) \end{bmatrix} = \frac{\sqrt{2}}{2} \begin{bmatrix} 1 & 1 \\ -1 & 1 \end{bmatrix} \begin{bmatrix} 1 \\ z^{-1} \end{bmatrix} = \frac{\sqrt{2}}{2} \begin{bmatrix} 1 + z^{-1} \\ -1 + z^{-1} \end{bmatrix}$$

由此得到的滤波器组即为 Haar 滤波器组。

相应地，综合端的多相矩阵为

$$\boldsymbol{R}(z) = \boldsymbol{E}^{\mathrm{T}}(z) = \frac{\sqrt{2}}{2} \begin{bmatrix} 1 & -1 \\ 1 & 1 \end{bmatrix}$$

因此综合端滤波器组为

$$\begin{bmatrix} G_0(z) \\ G_1(z) \end{bmatrix} = \boldsymbol{R}^{\mathrm{T}}(z) \begin{bmatrix} z^{-1} \\ 1 \end{bmatrix} = \frac{\sqrt{2}}{2} \begin{bmatrix} 1 + z^{-1} \\ 1 - z^{-1} \end{bmatrix} = \begin{bmatrix} H_0(z) \\ -H_1(z) \end{bmatrix}$$

进一步，可得分析端的输入、输出关系式为

$$y_0[n] = \frac{\sqrt{2}}{2} \left(x[2n] + x[2n-1] \right)$$

$$y_1[n] = -\frac{\sqrt{2}}{2} \left(x[2n] - x[2n-1] \right)$$

上式说明，Haar 滤波器组的低频子带为输入信号相邻两点的均值，而高频子带为输入信号相邻两点的差值。结合物理意义来看，均值反映信号的整体近似信息，而差值反映信号的局部变化信息。因此 Haar 滤波器组蕴含了多分辨分析的思想。

综合端的输入、输出关系式为

$$\hat{x}_0[n] = \begin{cases} \frac{\sqrt{2}}{2} \left(y_0[n] - y_1[n] \right), & n = 2k \\ 0, & n \neq 2k \end{cases} = \begin{cases} x[2n], & n = 2k \\ 0, & n \neq 2k \end{cases}$$

$$\hat{x}_1[n] = \begin{cases} \frac{\sqrt{2}}{2} \left(y_0[n] + y_1[n] \right), & n = 2k \\ 0, & n \neq 2k \end{cases} = \begin{cases} x[2n-1], & n = 2k \\ 0, & n \neq 2k \end{cases}$$

因此

$$\hat{x}[n] = \hat{x}_0[n-1] + \hat{x}_1[n] = x[n-1]$$

Haar 滤波器组满足完全重构。

格形结构的设计方法基于仿酉矩阵，因而设计出来的 $H_0(z)$、$H_1(z)$ 也是功率互补滤波器。这也意味着无论参数 α_k 如何选取，$H_0(z)H_0(z^{-1})$ 始终是一个零相位的半带滤波器。与 CQFB 的设计方法不同的是，格形结构设计方法避免了谱分解运算。这种结构化的设计思路在滤波器组设计中经常使用，而且很容易推广至多通道滤波器组，相关内容将在第 4 章介绍。

3.5 双正交滤波器组

根据前面几节的分析可知，为了得到完全重构滤波器组，$H_0(z)$、$H_1(z)$ 应为功率互补滤波器。然而，在 3.3.2节中也提到，若 $H_0(z)$、$H_1(z)$ 满足功率互补条件，同时又要求具有线性相位，则滤波器只能是纯延迟的线性组合形式[15]，这样就不具有良好的幅频特性。这也意味着，对于两通道滤波器组而言，功率互补与线性相位是两个互不相容的条件。

在许多实际应用（例如图像处理）中，通常希望滤波器是线性相位的。为此，只能放弃功率互补条件。事实上，功率互补并非是完全重构的必要条件。两通道滤波器组无混叠条件下的输入、输出关系式为

$$\hat{X}(z) = T(z)X(z) = \frac{1}{2}[H_0(z)H_1(-z) - H_0(-z)H_1(z)] \tag{3.5.1}$$

若

$$H_0(z)H_1(-z) - H_0(-z)H_1(z) = cz^{-\lambda} \tag{3.5.2}$$

则滤波器组能够实现完全重构。于是得到了更宽松的完全重构条件。称满足该条件的滤波器组为双正交滤波器组（biorthogonal filter bank）。

现假设存在某个滤波器 $P(z)$ 能分解为如下形式：

$$z^{-N}P(z) = H_0(z)H_1(-z) \tag{3.5.3}$$

称式(3.5.3)为广义谱分解。易知此时滤波器组的传递函数为

$$T(z) = \frac{1}{2}[H_0(z)H_1(-z) - H_1(z)H_0(-z)] = \frac{1}{2}z^{-N}[P(z) + P(-z)] \tag{3.5.4}$$

若 $P(z) + P(-z) = 1$，即 $P(z)$ 为半带滤波器，则 $T(z) = z^{-N}/2$。此时可以实现完全重构。因此，问题转化为先设计一个半带滤波器 $P(z)$，再将其分解为式(3.5.3)的形式，同时保证分解后的 $H_0(z)$ 和 $H_1(-z)$ 为线性相位。下面给出一个例子。

例 3.2 假设 $P(z) = (-z^3 + 9z + 16 + 9z^{-1} - z^{-3})/32$，注意到 $P(z)$ 的系数关于 $l = 0$ 对称（零相位），且不含有非零的偶次幂项，因此是一个半带滤波器。令 $P_0(z) = z^{-3}P(z)$，可以验证，$P_0(z)$ 可以分解为如下形式：

$$H_0(z) = \frac{1}{8}(-1 + 2z^{-1} + 6z^{-2} + 2z^{-3} - z^{-4})$$

$$H_1(-z) = \frac{1}{4}(1 + 2z^{-1} + z^{-2})$$

注意到 $H_0(z)$ 是低通滤波器，$H_1(z)$ 是高通滤波器，两者均为线性相位。此时滤波器组满足完全重构。

基于谱分解的设计方法可参见文献 [24-26]。需要指出的是，基于谱分解的设计方法存在一定的不足。首先，谱分解的形式并不是唯一的。研究表明[27]，谱分解的形式随着 $P(z)$ 零点的数目呈几何式增长。当零点数目较大时，选择最优分解变得几乎不可能。其次，当 $P(z)$ 阶数较小时，谱分解难以得到较好的滤波器特性。此外，当通道数增加时，谱分解变得更加困难，因此难以推广至多通道滤波器组。

为了突破谱分解方法的局限，可以采用多相矩阵的构造方法。此时只须要求分析端与综合端的多相矩阵满足

$$R(z)E(z) = z^{-\lambda}I \tag{3.5.5}$$

如果 $E(z)$ 可逆，则可令 $R(z) = z^{-\lambda}E^{-1}(z)$。显然，相较于仿酉（正交）滤波器组，条件(3.5.5)更为宽松。

由于双正交滤波器组具有宽松的约束，引起了学术界的广泛研究。早期工作可参见文献 [28]。在该文献中，采用格形结构设计了一种满足线性相位的完全重构滤波器组，并给出了具体的设计实例。格形结构的设计思路也可推广至多通道滤波器组，相关工作可参见文献 [29-30]。其他设计方法主要基于优化理论，包括拉格朗日乘子法[31]、最小二乘法[32]、极小极大法[33] 等。此外，双正交滤波器组与离散小波变换联系密切，许多学者从滤波器组的角度设计小波变换[34-37]，促进了小波理论及应用的发展。第 5 章将详细介绍小波变换。

3.6　利用 MATLAB 设计两通道滤波器组

MATLAB 信号处理工具箱提供的函数 `firpr2chfb` 可用于设计两通道仿酉滤波器组，句法为

```
[h0,h1,g0,g1] = firpr2chfb(n,fp)
```

其中，输入参数 n 为滤波器的阶数（必须是奇数），fp 是低通滤波器通带边缘频率；输出 h0、h1 为分析端低通和高通滤波器，g0、g1 为综合端低通和高通滤波器。

实验 3.1　使用 `firpr2chfb` 设计一个两通道完全重构 FIR 滤波器组，其滤波器阶数为 19，低通滤波器的归一化通带边缘频率为 0.35。

所设计的两通道滤波器组的幅频响应如图 3.20所示，可以看出分析滤波器和综合滤波器的幅度不相等，这是因为 `firpr2chfb` 设计出的综合滤波器组满足 $G_0(z) = 2H_1(-z)$，$G_1(z) = -2H_0(-z)$，与前文所介绍的综合端表达式在幅度上相差 2 倍，但是不会影响滤波器组实现完全重构。完整代码见附录 A.1。

根据命题 3.2，验证该滤波器组是否满足完全重构：

```
n = 0:N;
a = conv(g0,((-1).^n.*h0))+conv(g1,((-1).^n.*h1));
t = 1/2*conv(g0,h0)+1/2*conv(g1,h1);
```

由图 3.21可以看出 $a[n] = 0, t[n] = \delta[n-20]$，故该滤波器组满足完全重构。

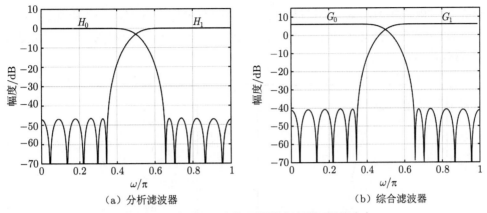

（a）分析滤波器　　　　　　　　　　　（b）综合滤波器

图 3.20　实验 3.1中的两通道滤波器组幅频响应

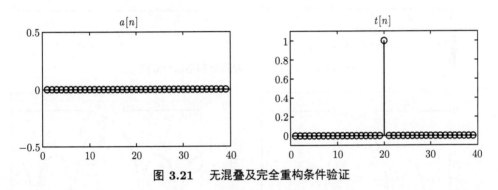

图 3.21　无混叠及完全重构条件验证

除了利用 MATLAB 提供的函数直接设计完全重构的两通道滤波器组，也可以利用半带滤波器自行设计仿酉滤波器组。半带滤波器的设计方法已经在第 2 章给出，下面给出一个利用半带滤波器设计两通道滤波器组的示例。

实验 3.2　利用半带滤波器设计一个两通道仿酉滤波器组，要求分析端低通滤波器 $H_0(z)$ 的设计指标为：采样频率 $F_{\rm s} = 1000{\rm Hz}$，阻带截止频率 $f_{\rm s} = 320{\rm Hz}$，阻带最小衰减大于 $\alpha = 17{\rm dB}$。

根据 $H_0(z)$ 的设计指标可以确定半带滤波器 $P(z)$ 的设计指标，其阻带截止频率与 $H_0(z)$ 相等，即 $f_{\rm s} = 320{\rm Hz}$，通带截止频率与阻带截止频率关于 $F_{\rm s}/4$ 对称，所以 $f_{\rm p} = F_{\rm s}/2 - f_{\rm s} = 180{\rm Hz}$。$P(z)$ 的阻带最小衰减为 $A_{\rm s} = 2\alpha + 20{\lg}(2 - 10^{-\alpha/10}) \approx 40{\rm dB}$。通带波纹 $\delta_{\rm p}$ 与阻带波纹 $\delta_{\rm s}$ 相等，即 $\delta_{\rm p} = \delta_{\rm s} = 10^{-40/20} = 0.01$。

根据上述条件可以设计半带滤波器 $P(z)$，其幅频响应和零点分布分别如图 3.22（a）和图 3.22（b）所示，可以看到 $P(z)$ 共有 14 个零点，其中 z_1、z_2、z_3 位于单位圆外，z_{12}、z_{13}、z_{14} 位于单位圆内，其余则位于单位圆上（实际仿真过程中会存在一定的偏差），且成对出现，即有 4 对二重零点。对于这些在单位圆上的二重零点，在构造 $H_0(z)$ 时只需选择其中一个（即单根）。其余零点的选取可分为三种情况：若要求 $H_0(z)$ 是最小相位，则选取单位圆内的全部零点，即 z_{12}、z_{13}、z_{14}；若要求 $H_0(z)$ 是最大相位，则选取单位圆外的全部零点，即 z_1、z_2、z_3；若对相位无特殊要求，则只需任选一半即可。三种情况下构造的 $H_0(z)$ 的幅频响应相同。本实验以最小相位为例进行分析，由 $H_0(z)$ 可以确定其他三个滤波器，其幅频响应如图 3.23所示。可以验证 $H_0(z)$ 的阻带最小衰减为 18dB，满足设计要求。完整代码见附录 A.1。

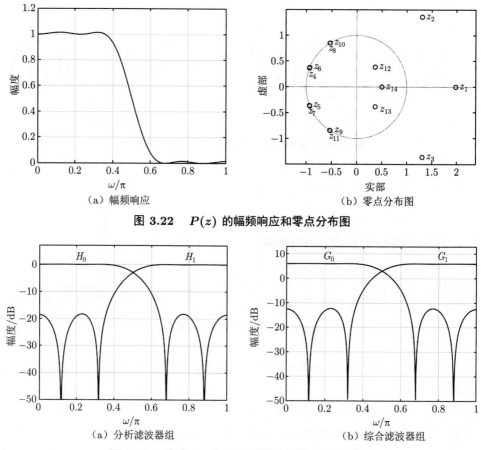

图 3.22　$P(z)$ 的幅频响应和零点分布图

图 3.23　实验 3.2中的两通道滤波器组的幅频响应

本章小结

本章介绍了**滤波器组**的基本概念和结构。**失真**是影响滤波器组性能的重要因素，失真的来源主要包括混叠失真、幅度失真、相位失真及子带量化误差。其中前三者与滤波器组自身特性有关，如果能够消除这三类失真，则称该滤波器组是**完全重构**的。此时滤波器组相当于一个延迟系统。本章以**两通道滤波器组**为主要对象详细分析了滤波器组的输入、输出关系、无混叠条件及完全重构条件。同时介绍了几类典型的两通道滤波器组，包括**正交镜像滤波器组（QMFB）**、**共轭正交滤波器组（CQFB）**、**仿酉（正交）滤波器组**及**双正交滤波器组**。表 3.1总结了各类滤波器组的特点。最后介绍了利用 MATLAB 设计两通道滤波器组的基本方法。

表 3.1　几类两通道滤波器组的比较

	FIR QMFB	IIR QMFB	CQFB/仿酉 [1]	双正交
分析端	$H_1(z) = H_0(-z)$		$H_1(z) = -z^{-(2n+1)}H_0(-z^{-1})$	无显式关系
综合端 [2]	$G_0(z) = H_1(-z)$ $G_1(z) = -H_0(-z)$			
$H_0(z)$ 相位特点	线性	非线性	非线性	线性
功率互补条件	近似功率互补	功率互补	功率互补	非功率互补
混叠失真	无	无	无	无
幅度失真	尽量减小	无	无	无
相位失真	无	有	无	无
完全重构	近似完全重构	近似完全重构	完全重构	完全重构

[1] 由于 CQFB 与仿酉滤波器组性质基本一致，这里合并列出。

[2] 这里仅考虑满足无混叠的基本关系。

完全重构问题是滤波器组理论研究的重要内容之一。自 20 世纪 80 年代起，众多学者投入到此问题的研究中，产生了大量成果。除了前面提到的一些代表性工作，读者还可以阅读 Vaidyanathan，Vetterli 等的论著[8,14,18,27,34-35,38]。此外，两通道滤波器组的分析思路及相关结论可以拓展到 M 通道滤波器组，第 4 章将详细论述。

习题

3.1　根据命题 3.2，写出两通道滤波器组完全重构条件的时域表示（即用冲激响应表示）。

3.2　考虑如图 3.24所示的滤波器组。

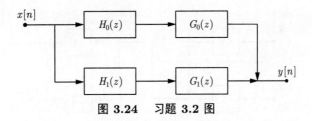

图 3.24　习题 3.2 图

（1）若要求滤波器组完全重构，分析端与综合端的滤波器应满足什么条件？

（2）令分析滤波器组 $H_1(z) = H_0(-z)$，试确定 IIR 滤波器 $G_0(z)$ 和 $G_1(z)$ 满足完全重构。

（3）令分析滤波器组 $H_0(z) = 1 + 2z^{-1} + 3z^{-2} + 2z^{-3} + z^{-4}$，$H_1(z) = H_0(-z)$。确定一个因果 FIR 滤波器 $G_0(z)$ 和 $G_1(z)$ 满足完全重构。

（4）如果分析滤波器组 $H_0(z)$ 和 $H_1(z)$ 是长度为 N 的功率互补 FIR 滤波器，且综合滤波器 $G_0(z) = z^{-N}H_0(z^{-1}), G_1(z) = z^{-N}H_1(z^{-1})$，证明该滤波器组满足完全重构。

（5）为了保证（4）中的 $G_0(z)$ 和 $G_1(z)$ 为因果滤波器，N 应如何选取？

3.3 对于两通道滤波器组，如果 $H_0(z)$、$H_1(z)$ 都是具有线性相位的 FIR 滤波器，证明若要满足功率互补条件，则 $H_0(z)$、$H_1(z)$ 只能取纯延迟的形式，即滤波器组不能实现完全重构。

3.4 考虑图 3.25 中的两通道滤波器组结构，其中 $A_i(z)$ 是稳定的全通传输函数。设 $E(z)$ 和 $R(z)$ 分别为分析和综合滤波器的多相矩阵。

（1）用 $A_i(z)$ 来表示 $E(z)$ 和 $R(z)$；

（2）$E(z)$ 是否为仿酉矩阵？

（3）用 $E(z)$ 表示 $R(z)$；

（4）滤波器组是否满足完全重构？

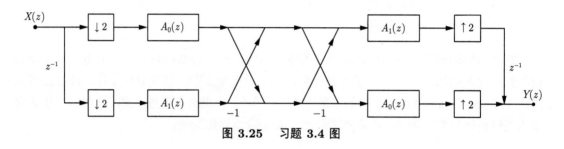

图 3.25　习题 3.4 图

3.5 若 QMFB 的 FIR 低通滤波器 $H_0(z)$ 的长度为 N，N 为偶数。

（1）实现 QMFB 一共需要多少计算量？

（2）如果 QMFB 无幅度失真，则分析和综合滤波器可以由 IIR 全通滤波器之和得到，那么分析端和综合端共需要多少计算量？

3.6 分析如图 3.26 所示的结构并确定输入、输出关系。

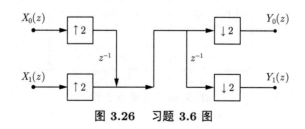

图 3.26　习题 3.6 图

3.7 具有相同传输函数 $H(z)$ 的两个独立的单输入、单输出 LTI 离散时间系统，是利用如图 3.27 所示的流水线交错（pipeline interleave，PI）技术由一个双输入、双输出多抽样率离散时间系统得到的。证明图 3.27 中的系统是时不变的，并确定从输入到输出的传输函数。

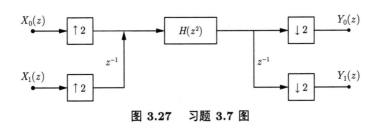

图 3.27   习题 3.7 图

3.8   证明如图 3.28所示的多抽样率系统是时不变的，并确定它的传输函数。

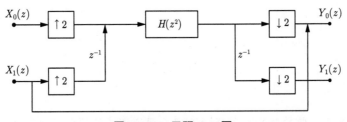

图 3.28   习题 3.8 图

3.9   已知两通道正交滤波器组的分析滤波器为

$$H_0(z) = \frac{1}{2}[1 - 2z^{-1} + 21z^{-2} - 27z^{-3} - 10z^{-4} - 5z^{-5}]$$

（1）证明 $H_0(z)$ 是功率对称函数，即

$$H(z)H(z^{-1}) + H(-z)H(-z^{-1}) = 1$$

（2）确定滤波器组的其他三个滤波器的传输函数。

3.10   已知两通道完全重构滤波器组，其分析滤波器为 $H_0(z)$ 和 $H_1(z)$，综合滤波器为 $G_0(z)$ 和 $G_1(z)$。若将 $G_0(z)$ 和 $G_1(z)$ 用作分析滤波器，而 $H_0(z)$ 和 $H_1(z)$ 用作综合滤波器，那么这个两通道滤波器组还是一个完全重构的系统吗？证明你的结论。

3.11（MATLAB 练习） 设计一个两通道完全重构滤波器组，使其低通分析滤波器 $H_0(z)$ 的长度为 4，并且在 $z = -1$ 处有二阶零点。能否设计一个线形相位的分析滤波器且在 $z = -1$ 处有二阶零点？

3.12（MATLAB 练习）   用 MATLAB 设计一个阻带截止频率为 0.6π，最小阻带衰减为 30dB 的实系数功率对称 FIR 低通滤波器 $H_0(z)$。然后基于 $H_0(z)$ 设计一个两通道正交镜像滤波器组。给出所有 4 个滤波器的传输函数，并在同一幅图中画出两个分析滤波器的幅频响应。

第4章

M 通道滤波器组

本章要点

- M 通道滤波器组的结构是怎样的？它与两通道滤波器组有何联系和区别？
- M 通道滤波器组的完全重构条件是什么？如何构造满足完全重构的 M 通道滤波器组？
- 什么是均匀 DFT 滤波器组？其特点是什么？是否满足完全重构？
- 什么是余弦调制滤波器组？它是否满足完全重构？
- 滤波器组的平行结构与树形结构是怎样的？两者有何关系？

4.1　M 通道完全重构滤波器组

4.1.1　M 通道滤波器组的输入、输出关系

M 通道滤波器组可视为两通道滤波器组的推广，结构如图 4.1 所示。

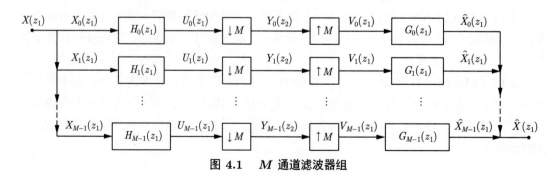

图 4.1　M 通道滤波器组

在分析端，各支路的输入、输出的关系式为

$$Y_k(z_2) = \frac{1}{M}\sum_{l=0}^{M-1} U_k(z_1 W^l) = \frac{1}{M}\sum_{l=0}^{M-1} X(z_1 W^l)H_k(z_1 W^l), \quad k = 0, 1, \cdots, M-1 \quad (4.1.1)$$

式中，$W = \mathrm{e}^{-\mathrm{j}2\pi/M}$。这里为了便于书写，省略了下标 M。

在综合端，各支路的输入、输出关系式为

$$\hat{X}_k(z_1) = V_k(z_1)G_k(z_1) = Y_k(z_2)G_k(z_1), \quad k = 0, 1, \cdots, M-1 \tag{4.1.2}$$

综合式(4.1.1)与式(4.1.2)，可以得到 M 通道滤波器组总的输入、输出关系式为

$$\hat{X}(z_1) = \sum_{k=0}^{M-1} \hat{X}_k(z_1) = \frac{1}{M} \sum_{k=0}^{M-1} \sum_{l=0}^{M-1} X(z_1 W^l) H_k(z_1 W^l) G_k(z_1)$$

$$= \frac{1}{M} \sum_{l=0}^{M-1} X(z_1 W^l) \sum_{k=0}^{M-1} H_k(z_1 W^l) G_k(z_1) \tag{4.1.3}$$

注意到上式各分量均以 z_1 为自变量，为了书写方便可以将下标省略。记

$$A_l(z) = \frac{1}{M} \sum_{k=0}^{M-1} H_k(zW^l) G_k(z), \ l = 0, 1, \cdots, M-1 \tag{4.1.4}$$

则输入、输出关系式可简写为

$$\hat{X}(z) = X(z)A_0(z) + \sum_{l=1}^{M-1} X(zW^l) A_l(z) \tag{4.1.5}$$

由此可见，重构信号 $\hat{X}(z)$ 由原输入信号 $X(z)$ 及其混叠分量 $X(zW^l), l = 1, 2, \cdots, M-1$ 叠加组成。显然，如果 $A_l(z) = 0, l = 1, 2, \cdots, M-1$，则滤波器组无混叠。进一步，如果 $A_0(z) = cz^{-n_0}$，则滤波器组可实现完全重构。下面将详细讨论 M 通道滤波器组的完全重构条件及构造方法。

4.1.2　M 通道滤波器组的多相结构

与两通道滤波器组类似，M 通道滤波器组同样具有多相结构。对 $H_k(z)$ 和 $G_k(z)$ 分别作第一型和第二型多相分解，并用矩阵形式表示为

$$\begin{bmatrix} H_0(z) \\ H_1(z) \\ \vdots \\ H_{M-1}(z) \end{bmatrix} = \begin{bmatrix} E_{00}(z^M) & E_{01}(z^M) & \cdots & E_{0,M-1}(z^M) \\ E_{10}(z^M) & E_{11}(z^M) & \cdots & E_{1,M-1}(z^M) \\ \vdots & \vdots & \ddots & \vdots \\ E_{M-1,0}(z^M) & E_{M-1,1}(z^M) & \cdots & E_{M-1,M-1}(z^M) \end{bmatrix} \begin{bmatrix} 1 \\ z^{-1} \\ \vdots \\ z^{-(M-1)} \end{bmatrix}$$

$$:= \boldsymbol{E}(z^M) \begin{bmatrix} 1, & z^{-1}, & \cdots, & z^{-(M-1)} \end{bmatrix}^{\mathrm{T}} \tag{4.1.6}$$

$$\begin{bmatrix} G_0(z) \\ G_1(z) \\ \vdots \\ G_{M-1}(z) \end{bmatrix} = \begin{bmatrix} R_{00}(z^M) & R_{01}(z^M) & \cdots & R_{0,M-1}(z^M) \\ R_{10}(z^M) & R_{11}(z^M) & \cdots & R_{1,M-1}(z^M) \\ \vdots & \vdots & \ddots & \vdots \\ R_{M-1,0}(z^M) & R_{M-1,1}(z^M) & \cdots & R_{M-1,M-1}(z^M) \end{bmatrix} \begin{bmatrix} z^{-(M-1)} \\ z^{-(M-2)} \\ \vdots \\ 1 \end{bmatrix}$$

$$:= \boldsymbol{R}^{\mathrm{T}}(z^M) \left[z^{-(M-1)}, \quad z^{-(M-2)}, \quad \cdots, \quad 1 \right]^{\mathrm{T}} \tag{4.1.7}$$

式中，$\boldsymbol{E}(z)$，$\boldsymbol{R}(z)$ 分别为分析端和综合端的多相矩阵。注意综合端的多相矩阵带有转置，这意味着 $\boldsymbol{R}(z)$ 的第 k 列为 $G_k(z)$ 的多相成分。这样标记是为了便于后续推导。

图 4.2（a）给出了 M 通道滤波器组的多相结构。进一步地，利用多抽样率系统的等效关系，可以将该结构转化为高效的多相结构，如图 4.2（b）所示。

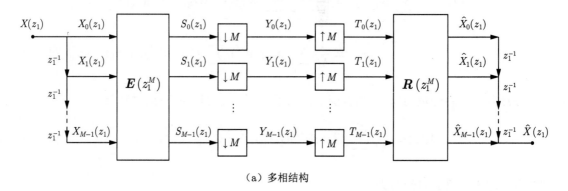

（a）多相结构

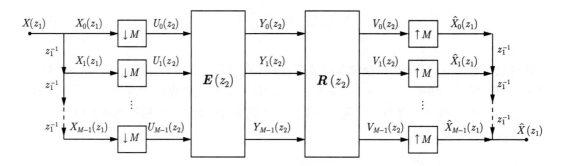

（b）多相高效结构

图 4.2　M 通道滤波器组的多相结构

读者可自行写出各节点的输入、输出关系，不再赘述。

4.1.3　M 通道滤波器组的完全重构条件

根据 4.1.1节的分析，当 $A_0(z) = cz^{-n_0}$ 且 $A_l(z) = 0, l \neq 0$ 时，滤波器组完全重构。这意味着 $H_k(z)$ 与 $G_k(z)$ 须满足：

$$\begin{bmatrix} H_0(z) & H_1(z) & \cdots & H_{M-1}(z) \\ H_0(zW) & H_1(zW) & \cdots & H_{M-1}(zW) \\ \vdots & \vdots & \ddots & \vdots \\ H_0(zW^{M-1}) & H_1(zW^{M-1}) & \cdots & H_{M-1}(zW^{M-1}) \end{bmatrix} \begin{bmatrix} G_0(z) \\ G_1(z) \\ \vdots \\ G_{M-1}(z) \end{bmatrix} = \begin{bmatrix} Mcz^{-n_0} \\ 0 \\ \vdots \\ 0 \end{bmatrix} \tag{4.1.8}$$

其中，等式左侧的矩阵的第 k 列为 $H_k(z)$ 的不同频移分量，记

$$\boldsymbol{H}_{\mathrm{AC}}(z) = \left[H_k(zW^l) \right]_{0 \leqslant l, k \leqslant M-1} \tag{4.1.9}$$

称该矩阵为调制矩阵或混叠分量（alias-component，AC）矩阵[①]。

与两通道滤波器组分析类似，假设在 $H_k(z)(k = 0, 1, \cdots, M-1)$ 全部已知的情况下，可以通过解方程组的方式得到 $G_k(z)$，即

$$\begin{bmatrix} G_0(z) \\ G_1(z) \\ \vdots \\ G_{M-1}(z) \end{bmatrix} = \boldsymbol{H}_{\mathrm{AC}}^{-1}(z) \begin{bmatrix} Mcz^{-n_0} \\ 0 \\ \vdots \\ 0 \end{bmatrix} = \frac{\mathrm{adj}\, \boldsymbol{H}_{\mathrm{AC}}(z)}{\det \boldsymbol{H}_{\mathrm{AC}}(z)} \begin{bmatrix} Mcz^{-n_0} \\ 0 \\ \vdots \\ 0 \end{bmatrix}$$

式中，$\mathrm{adj}\, \boldsymbol{H}_{\mathrm{AC}}(z)$ 是 $\boldsymbol{H}_{\mathrm{AC}}(z)$ 的伴随矩阵，$\det \boldsymbol{H}_{\mathrm{AC}}(z)$ 是 $\boldsymbol{H}_{\mathrm{AC}}(z)$ 的行列式。

然而当 M 较大时，求 $\boldsymbol{H}_{\mathrm{AC}}(z)$ 的逆并非易事。同时注意到 $\mathrm{adj}\, \boldsymbol{H}_{\mathrm{AC}}(z)/\det \boldsymbol{H}_{\mathrm{AC}}(z)$ 是一个有理函数，这意味着所有 $G_k(z)$ 是 IIR 滤波器（即使 $H_k(z)$ 是 FIR 滤波器）。此外，很难保证 $\det \boldsymbol{H}_{\mathrm{AC}}(z)$ 的零点在单位圆内，因此 $G_k(z)$ 可能不稳定。退一步讲，即使不要求滤波器组完全重构而只要求无混叠，这时可令

$$MA_0(z) = cz^{-n_0} \det \boldsymbol{H}(z) \tag{4.1.10}$$

这样所有的 $G_k(z)$ 都是 FIR 滤波器，但 $G_k(z)$ 由 $\mathrm{adj}\, \boldsymbol{H}(z)$ 决定，阶次会很高，频率特性也很难控制。综上所述，通过解方程组的方式来设计 M 通道滤波器组并不可行。因此需要寻找其他的方法。

下面采用多相表示进行分析。对混叠分量矩阵中的所有元素作第一型多相分解，即

$$H_k(zW^l) = \sum_{m=0}^{M-1} (zW^l)^{-k} E_{km}(z^M), \; 0 \leqslant k, l \leqslant M-1 \tag{4.1.11}$$

记多相矩阵 $\boldsymbol{E}(z) = [E_{km}(z)]_{0 \leqslant k, m \leqslant M-1}$，可以得出混叠分量矩阵与多相矩阵具有如下关系：

$$\boldsymbol{H}_{\mathrm{AC}}(z) = \begin{bmatrix} 1 & z^{-1} & \cdots & z^{-(M-1)} \\ 1 & (zW)^{-1} & \cdots & (zW)^{-(M-1)} \\ \vdots & \vdots & \ddots & \vdots \\ 1 & (zW^{M-1})^{-1} & \cdots & (zW^{M-1})^{-(M-1)} \end{bmatrix} \boldsymbol{E}^{\mathrm{T}}(z^M) \tag{4.1.12}$$

$$= \begin{bmatrix} 1 & 1 & \cdots & 1 \\ 1 & W^{-1} & \cdots & W^{-(M-1)} \\ \vdots & \vdots & \ddots & \vdots \\ 1 & W^{-(M-1)} & \cdots & W^{-(M-1)(M-1)} \end{bmatrix} \begin{bmatrix} 1 & 0 & \cdots & 0 \\ 0 & z^{-1} & \cdots & 0 \\ \vdots & \vdots & \ddots & \vdots \\ 0 & 0 & \cdots & z^{-(M-1)} \end{bmatrix} \boldsymbol{E}^{\mathrm{T}}(z^M)$$

$$\tag{4.1.13}$$

---

① 有些文献将 AC 矩阵定义为 $\boldsymbol{H}_{\mathrm{AC}}(z) = \left[H_k(zW^l) \right]_{0 \leqslant k, l \leqslant M-1}$，即各行为相应的混叠分量。表达形式稍有不同，本质上没有区别。

或简记为

$$H_{\mathrm{AC}}(z) = W^* D(z) E^{\mathrm{T}}(z^M) \tag{4.1.14}$$

式中，W^* 为 DFT 矩阵的复共轭；$D(z) = \mathrm{diag}(1, z^{-1}, \cdots, z^{-(M-1)})$。

对 $G_k(z)$ 作第二型多相分解，如式(4.1.7) 所示，于是得到

$$
\begin{bmatrix} A_0(z) \\ A_1(z) \\ \vdots \\ A_{M-1}(z) \end{bmatrix} = \frac{1}{M} H_{\mathrm{AC}}(z) \begin{bmatrix} G_0(z) \\ G_1(z) \\ \vdots \\ G_{M-1}(z) \end{bmatrix} = \frac{1}{M} W^* D(z) E^{\mathrm{T}}(z^M) R^{\mathrm{T}}(z^M) \begin{bmatrix} z^{-(M-1)} \\ z^{-(M-2)} \\ \vdots \\ 1 \end{bmatrix}
$$

$$
= \frac{1}{M} W^* D(z) P^{\mathrm{T}}(z^M) \bar{D}(z) e
$$

式中，$P(z) = R(z) E(z)$ 为滤波器组的转移矩阵；$\bar{D}(z) = \mathrm{diag}(z^{-(M-1)}, z^{-(M-2)}, \cdots, 1)$；$e = [1, 1, \cdots, 1]^{\mathrm{T}}$。

若 $A_l(z) = 0, l = 1, \cdots, M-1$，则滤波器组无混叠，此时

$$D(z) P^{\mathrm{T}}(z^M) \bar{D}(z) e = W \begin{bmatrix} A_0(z) \\ 0 \\ \vdots \\ 0 \end{bmatrix} = A_0(z) e \tag{4.1.15}$$

因此，只需找到满足式(4.1.15)的转移矩阵 $P(z)$ 即可。

不妨先来分析一下式(4.1.15)所表示的意义。为了便于说明问题，记 $D(z) P^{\mathrm{T}}(z^M) \bar{D}(z) = M(z)$，则式(4.1.15)化简为

$$M(z) e = A_0(z) e \tag{4.1.16}$$

该式说明 e 是 $M(z)$ 的右特征向量，相应的特征值为 $A_0(z)$。这也意味着 $M(z)$ 的每一行之和均为 $A_0(z)$。显然，$M(z) = A_0(z) I$ 即满足该条件。除此之外，数学上有一类特殊结构的矩阵也满足该条件，即循环矩阵。

定义 4.1 称 $C \in \mathbb{C}^{M \times M}$ 为循环矩阵（circulant matrix），如果具有如下形式：

$$
C = \begin{bmatrix}
c_0 & c_{M-1} & \cdots & c_2 & c_1 \\
c_1 & c_0 & c_{M-1} & \cdots & c_2 \\
c_2 & c_1 & c_0 & \ddots & \vdots \\
\vdots & \vdots & \ddots & \ddots & c_{M-1} \\
c_{M-1} & c_{M-2} & \cdots & c_1 & c_0
\end{bmatrix}
$$

类似地，可以定义多项式域上的循环矩阵 $C(z)$，即矩阵元素均为洛朗多项式。

循环矩阵是一种特殊的 Toeplitz 矩阵[①]，它由列向量 $[c_0, c_1, \cdots, c_{M-1}]^{\mathrm{T}}$ 的循环移位构成，故各列元素之和为常数，即 $\boldsymbol{C}^{\mathrm{T}}\boldsymbol{e} = a_0\boldsymbol{e}$，其中 $a_0 = \sum\limits_{i=0}^{M-1} c_i$。当然，循环矩阵也可按照行向量的循环移位定义。单位矩阵是最简单的循环矩阵。据此，当 $\boldsymbol{M}(z)$ 为循环矩阵时，

$$\boldsymbol{M}(z)\boldsymbol{e} = \boldsymbol{D}(z)\boldsymbol{P}^{\mathrm{T}}(z^M)\bar{\boldsymbol{D}}(z)\boldsymbol{e} = \boldsymbol{C}^{\mathrm{T}}(z)\boldsymbol{e} = A_0(z)\boldsymbol{e} \qquad (4.1.17)$$

其中 $A_0(z) = \sum\limits_{i=0}^{M-1} c_i(z)$，此时式(4.1.15)成立。接下来的问题就是否存在 $\boldsymbol{P}(z)$ 满足式 (4.1.17)？如果存在，$\boldsymbol{P}(z)$ 的一般形式是什么？为回答此问题，下面引入伪循环矩阵的定义。

定义 4.2　已知 $\boldsymbol{P}(z) = [P_{i,j}(z)]_{0 \leqslant i,j \leqslant M-1}$ 为 $M \times M$ 的 Toeplitz 矩阵，如果满足：

$$P_{k,0}(z) = z^{-1}P_{0,M-k}(z),\ 1 \leqslant k \leqslant M-1 \qquad (4.1.18)$$

则称 $\boldsymbol{P}(z)$ 为伪循环矩阵（pseudo-circulant matrix）。

根据定义 4.2，伪循环矩阵的一般形式可以写成

$$\boldsymbol{P}(z) = \begin{bmatrix} p_0(z) & p_1(z) & \cdots & p_{M-2}(z) & p_{M-1}(z) \\ z^{-1}p_{M-1}(z) & p_0(z) & p_1(z) & \cdots & p_{M-2}(z) \\ z^{-1}p_{M-2}(z) & z^{-1}p_{M-1}(z) & p_0(z) & \ddots & \vdots \\ \vdots & \vdots & \ddots & \ddots & p_1(z) \\ z^{-1}p_1(z) & z^{-1}p_2(z) & \cdots & z^{-1}p_{M-1}(z) & p_0(z) \end{bmatrix} \qquad (4.1.19)$$

式中，$p_0(z), p_1(z), \cdots, p_{M-1}(z)$ 均为洛朗多项式。由此可见，伪循环矩阵中的第 k 行元素是将第 0 行元素进行 k 个单位的循环移位，并将所有下三角元素乘以 z^{-1} 而得到的。显然，当 $\boldsymbol{P}(z)$ 为伪循环矩阵时，$\boldsymbol{P}(z^M)$ 也是伪循环矩阵。可以验证，此时 $\boldsymbol{D}(z)\boldsymbol{P}^{\mathrm{T}}(z^M)\bar{\boldsymbol{D}}(z)$ 即为循环矩阵。于是得到无混叠的充要条件。

命题 4.1　M 通道滤波器组无混叠的充要条件是 $\boldsymbol{P}(z)$ 为伪循环矩阵。

由于伪循环矩阵的元素有 M 个，当 M 较大时会增加滤波器组的设计复杂度。因此，在实际中通常考虑仅由少量非零元素构成的伪循环矩阵。最简单的情况是仅有一个非零元素，这样就得到无混叠的一个充分条件。

---

① Toeplitz 矩阵具有如下形式：

$$\boldsymbol{T} = \begin{bmatrix} t_0 & t_{-1} & \cdots & t_{2-M} & t_{1-M} \\ t_1 & t_0 & t_{-1} & \cdots & t_{2-M} \\ t_2 & t_1 & t_0 & \ddots & \vdots \\ \vdots & \vdots & \ddots & \ddots & t_{-1} \\ t_{M-1} & t_{M-2} & \cdots & t_1 & t_0 \end{bmatrix}$$

即所有斜对角元素相同，$\boldsymbol{T}_{i,j} = t_{i-j}$。

命题 4.2 M 通道滤波器组无混叠的充分条件为

$$\boldsymbol{P}(z) = Q(z) \begin{bmatrix} 0 & \boldsymbol{I}_{M-r} \\ z^{-1}\boldsymbol{I}_r & 0 \end{bmatrix} \tag{4.1.20}$$

式中，$\boldsymbol{I}_r$ 是 $r \times r$ 单位矩阵，$Q(z)$ 为 $\boldsymbol{P}(z)$ 中的非零元素。

以 $M = 4$ 为例，假设伪循环矩阵只有一个非零元素，若 $r = 2$，则形式为

$$\boldsymbol{P}(z) = Q(z) \begin{bmatrix} 0 & \boldsymbol{I}_2 \\ z^{-1}\boldsymbol{I}_2 & 0 \end{bmatrix} = \begin{bmatrix} 0 & 0 & Q(z) & 0 \\ 0 & 0 & 0 & Q(z) \\ z^{-1}Q(z) & 0 & 0 & 0 \\ 0 & z^{-1}Q(z) & 0 & 0 \end{bmatrix}$$

若 $r = 3$，则形式为

$$\boldsymbol{P}(z) = Q(z) \begin{bmatrix} 0 & 1 \\ z^{-1}\boldsymbol{I}_3 & 0 \end{bmatrix} = \begin{bmatrix} 0 & 0 & 0 & Q(z) \\ z^{-1}Q(z) & 0 & 0 & 0 \\ 0 & z^{-1}Q(z) & 0 & 0 \\ 0 & 0 & z^{-1}Q(z) & 0 \end{bmatrix}$$

由此可见，转移矩阵完全由参数 $Q(z)$ 决定。图 4.3 画出了 $r = 2$ 时滤波器组的结构，易知

$$\hat{X}(z) = A_0(z)X(z) = z^{-5}Q(z^4)X(z)$$

此时滤波器组无混叠。

更一般地，当 $\boldsymbol{P}(z)$ 具有如式(4.1.20)的形式时，可以验证（见习题 4.5）：

$$\hat{X}(z) = A_0(z)X(z) = z^{-(M-1+r)}Q(z^M)X(z) \tag{4.1.21}$$

进一步，若 $Q(z) = cz^{-\lambda}$，则系统不仅无混叠而且可以实现完全重构。据此，得到 M 通道滤波器组完全重构的充分条件。

命题 4.3 M 通道滤波器组完全重构的充分条件为

$$\boldsymbol{P}(z) = cz^{-\lambda} \begin{bmatrix} 0 & \boldsymbol{I}_{M-r} \\ z^{-1}\boldsymbol{I}_r & 0 \end{bmatrix} \tag{4.1.22}$$

此时

$$\hat{X}(z) = cz^{-(M-1+M\lambda+r)}X(z) \tag{4.1.23}$$

第 3 章在分析两通道滤波器组的完全重构条件时，得到了完全重构的一个条件，即 $P(z) = cz^{-\lambda}\boldsymbol{I}$，此时 $\hat{X}(z) = cz^{-(2\lambda+1)}X(z)$。显然，该条件即为命题 4.3的一个特例。除此之外，若 $\boldsymbol{P}(z) = cz^{-\lambda} \begin{bmatrix} 0 & 1 \\ z^{-1} & 0 \end{bmatrix}$，则 $\hat{X}(z) = cz^{-(2\lambda+2)}X(z)$，同样可以实现完全重构。

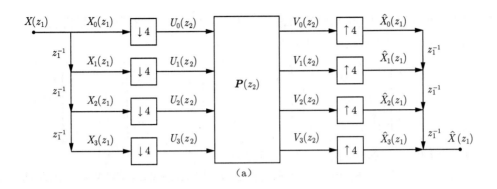

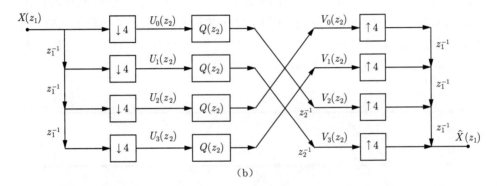

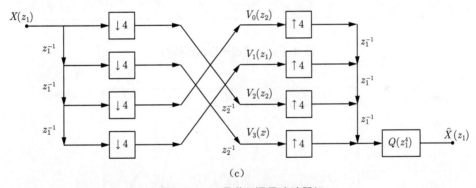

图 4.3　4 通道无混叠滤波器组

4.1.4　M 通道完全重构滤波器组的构造方法

命题 4.3 为设计 M 通道完全重构滤波器组提供了一般原则。当然在实际应用中，为了简化设计的复杂度，通常考虑 $\boldsymbol{P}(z) = cz^{-\lambda}\boldsymbol{I}$ 就足够了。类似于两通道滤波器组的设计思路，若 $\boldsymbol{E}(z)$ 为 $M \times M$ 的仿酉矩阵，则可令

$$\boldsymbol{R}(z) = cz^{-\lambda}\widetilde{\boldsymbol{E}}(z) \tag{4.1.24}$$

这样就避免了矩阵求逆。因此完全重构问题转化为仿酉矩阵的设计问题。

第 3 章介绍了 $M = 2$ 时仿酉矩阵的一种构造方法，即通过旋转矩阵 $\boldsymbol{B}$ 与对角矩阵 $\boldsymbol{\Lambda}(z)$ 的级联，或所谓的格形结构。该方法可以直接推广至多通道的情况。Vaidyanathan 在

文献[39]中给出了 M 通道格形结构的设计方法。下面以 $M=3$ 为例简要说明，此时的旋转矩阵 $\boldsymbol{B}$ 和延迟对角矩阵 $\boldsymbol{\Lambda}(z)$ 分别为

$$\boldsymbol{B} = \begin{bmatrix} c_0 & s_0 & 0 \\ -s_0 & c_0 & 0 \\ 0 & 0 & 1 \end{bmatrix} \begin{bmatrix} 1 & 0 & 0 \\ 0 & c_1 & s_1 \\ 0 & -s_1 & c_1 \end{bmatrix} \begin{bmatrix} c_2 & 0 & -s_2 \\ 0 & 1 & 0 \\ s_2 & 0 & c_2 \end{bmatrix} \begin{bmatrix} \mu_0 & & \\ & \mu_1 & \\ & & \mu_2 \end{bmatrix}, \boldsymbol{\Lambda}(z) = \begin{bmatrix} 1 & & \\ & 1 & \\ & & z^{-1} \end{bmatrix}$$

式中，$s_i = \sin\theta_i, c_i = \cos\theta_i, \mu_i = \pm 1, i = 1, 2, 3$。

相应地，一级格形结构如图 4.4所示。由于 $\boldsymbol{B}$ 与 $\boldsymbol{\Lambda}(z)$ 都是仿酉矩阵，因此通过多个 $\boldsymbol{B}$ 与 $\boldsymbol{\Lambda}(z)$ 的级联便可以构造指定阶数的滤波器组。图 4.5给出了文献[39]中所设计的三通道分析滤波器组的幅频响应。然而，由于该方法参数过多，且旋转矩阵的形式随维度 M 增大而愈加复杂，因此计算复杂度较高。下面介绍另外一种仿酉矩阵的设计方法，该方法由 Vaidyanathan 提出，称为并矢（dyadic）分解法[39]。

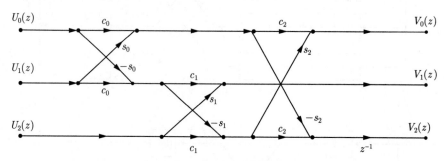

图 4.4　三通道一级格形结构

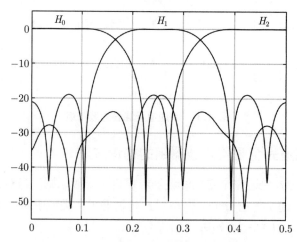

图 4.5　三通道分析滤波器组的幅频响应

设多相矩阵具有如下形式：

$$\boldsymbol{E}(z) = \sum_{k=0}^{N} z^{-k} \boldsymbol{E}_k \tag{4.1.25}$$

式中，$\boldsymbol{E}_k \in \mathbb{C}^{M \times M}$；$N$ 为矩阵的阶数。

若 $\boldsymbol{E}(z)$ 为一阶仿酉矩阵，可以证明存在以下分解式：

$$\boldsymbol{E}(z) = \left[\boldsymbol{I} - \boldsymbol{v}\boldsymbol{v}^{\mathrm{H}} + z^{-1}\boldsymbol{v}\boldsymbol{v}^{\mathrm{H}} \right] \boldsymbol{K}_0 \tag{4.1.26}$$

式中，$\boldsymbol{v}$ 是 M 维单位复向量，即 $\boldsymbol{v} \in \mathbb{C}^M$ 且 $\boldsymbol{v}^{\mathrm{H}}\boldsymbol{v} = 1$，上标 H 表示共轭转置；$\boldsymbol{K}_0 = \boldsymbol{E}(1) = \boldsymbol{E}_0 + \boldsymbol{E}_1$ 为酉矩阵。

更一般地，若 $\boldsymbol{E}(z)$ 为 N 阶仿酉矩阵，则可以分解为如下形式：

$$\boldsymbol{E}(z) = \boldsymbol{K}_N(z) \cdots \boldsymbol{K}_1(z)\boldsymbol{K}_0 \tag{4.1.27}$$

式中 $\boldsymbol{K}_0 = \boldsymbol{E}(1)$，

$$\boldsymbol{K}_m(z) = \boldsymbol{I} - \boldsymbol{v}_m\boldsymbol{v}_m^{\mathrm{H}} + z^{-1}\boldsymbol{v}_m\boldsymbol{v}_m^{\mathrm{H}}, \ 1 \leqslant m \leqslant N \tag{4.1.28}$$

$\boldsymbol{v}_m \in \mathbb{C}^M$ 且 $\boldsymbol{v}_m^{\mathrm{H}}\boldsymbol{v}_m = 1$。

$\boldsymbol{v}_m\boldsymbol{v}_m^{\mathrm{H}}$ 称为并矢张量（dyadic tensor），故式(4.1.28)的分解形式称为并矢形式，读者可自行验证具有该形式的矩阵为仿酉矩阵（见习题 4.2）。

对于酉矩阵 $\boldsymbol{K}_0$，可进一步作 Householder 分解：

$$\boldsymbol{K}_0 = \boldsymbol{U}_1 \cdots \boldsymbol{U}_{M-1}\boldsymbol{D} \tag{4.1.29}$$

式中，$\boldsymbol{U}_i = \boldsymbol{I} - 2\boldsymbol{u}_i\boldsymbol{u}_i^{\mathrm{H}}, 1 \leqslant i \leqslant M - 1$；$\boldsymbol{D}$ 为对角矩阵。

于是，多相矩阵 $\boldsymbol{E}(z)$ 完全由 $\boldsymbol{v}_m, \boldsymbol{u}_i$ 决定。通过对 $\boldsymbol{v}_m, \boldsymbol{u}_i$ 的优化，就可以获得所需要的滤波器组。具体优化方法参见文献[8]。

4.2　均匀 DFT 滤波器组

均匀 DFT 滤波器组是最具有代表性的一类多通道滤波器组，其分析端滤波器满足

$$H_k(z) = H_0(zW_M^k), \ k = 1, 2, \cdots, M - 1 \tag{4.2.1}$$

式中，$W_M = \mathrm{e}^{-\mathrm{j}\frac{2\pi}{M}}$。或在时域或频域等价地表示为

$$h_k[n] = h_0[n]\mathrm{e}^{\mathrm{j}\frac{2\pi k}{M}n}, \ k = 1, 2, \cdots, M - 1 \tag{4.2.2}$$

$$H_k(\mathrm{e}^{\mathrm{j}\omega}) = H_0(\mathrm{e}^{\mathrm{j}(\omega - \frac{2\pi k}{M})}), \ k = 1, 2, \cdots, M - 1 \tag{4.2.3}$$

由于 $H_k(z)$ 是由 $H_0(z)$ 频移 $2\pi k/M$ 得到的，故 $H_0(z)$ 称为原型滤波器（prototype filter）。如果 $H_0(z)$ 是理想低通滤波器，通带范围为 $[-\pi/M, \pi/M]$，则 $H_k(z)$ 为带通滤波器，通带范围为 $[(2k-1)\pi/M, (2k+1)\pi/M]$。因此滤波器组将频带均匀地分成 M 个子频带，这正是其名称中"均匀"的由来。当然，实际中理想低通滤波器并不存在，因此相邻的滤波器在通带或过渡带会有重叠，如图 4.6 所示。这意味着子带信号会有混叠。

类似地，综合端同样可以利用一个原型滤波器 $G_0(z)$ 定义：

$$G_k(z) = G_0(zW_M^k), \ k = 1, 2, \cdots, M - 1 \tag{4.2.4}$$

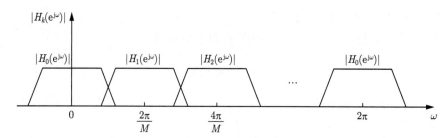

图 4.6　均匀 DFT 滤波器组幅频特性

不难验证，均匀 DFT 滤波器组的重构信号与原始信号的关系式为

$$\hat{X}(z) = \frac{1}{M} \sum_{l=0}^{M-1} X(zW_M^l) \sum_{k=0}^{M-1} H_k(zW_M^l)G_k(z) = \sum_{l=0}^{M-1} X(zW_M^l)A_l(z) \tag{4.2.5}$$

其中 $A_l(z)$，$1 \leqslant l \leqslant M-1$ 为混叠分量的系数。根据 4.1 节分析可知，通过恰当构造综合滤波器组，可以消除重构信号中的混叠成分。

4.2.1　均匀 DFT 滤波器组的实现过程

首先来看均匀 DFT 滤波器组的分析端。图 4.7（a）给出了第 k 通道的结构，易知输入、输出关系式为

$$y_k[n] = v_k[Dn] = \sum_m x[m]h_k[Dn-m] = \sum_m x[m]h_0[Dn-m]e^{j\frac{2\pi}{M}k(Dn-m)} \tag{4.2.6}$$

将上式改写为

$$y_k[n] = \left(\sum_m \left(x[m]e^{-j\frac{2\pi}{M}km} \right) h_0[Dn-m] \right) e^{j\frac{2\pi}{M}kDn} \tag{4.2.7}$$

上式可理解为先对信号 $x[n]$ 进行调制，随后进行低通滤波，再进行 D 倍抽取，最后再经过一次调制。过程如图 4.7（b）所示。因此，原带通滤波过程可以转化为低通滤波过程。特别地，当 $D=M$ 时，由于 $e^{j\frac{2\pi}{M}knD}=1$，故抽取之后的调制可以省略。

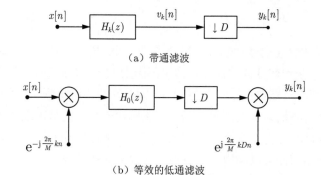

（a）带通滤波

（b）等效的低通滤波

图 4.7　分析滤波器组第 k 通道的实现过程

对于综合端，第 k 通道如图 4.8（a）所示，输入、输出关系式为

$$\hat{x}_k[n] = \sum_l \hat{v}_k[l]g_k[n-l] = \sum_m \hat{y}_k[m]g_0[n-Dm]\mathrm{e}^{\mathrm{j}\frac{2\pi}{M}k(n-Dm)} \tag{4.2.8}$$

将上式改写为

$$\hat{x}_k[n] = \left(\sum_m \left(\hat{y}_k[m]\mathrm{e}^{-\mathrm{j}\frac{2\pi}{M}kDm}\right)g_0[n-Dm]\right)\mathrm{e}^{\mathrm{j}\frac{2\pi}{M}kn} \tag{4.2.9}$$

图 4.8（b）给出了上式实现过程。由此可见，综合端可视为分析端的逆过程，且带通滤波同样可以转化为低通滤波。

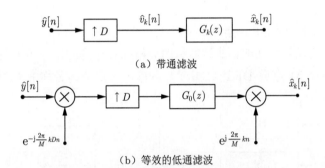

（a）带通滤波

（b）等效的低通滤波

图 **4.8** 综合滤波器组第 *k* 通道的实现过程

4.2.2 均匀 DFT 滤波器组的多相结构

均匀 DFT 滤波器组可采用多相结构来实现，这种结构能够有效降低计算量。下面以最大抽取滤波器组为例进行分析。

对 $H_0(z)$ 作第一型多相分解：

$$H_0(z) = \sum_{l=0}^{M-1} z^{-l}E_l(z^M) \tag{4.2.10}$$

其中

$$E_l(z) = \sum_n h_0[Mn+l]z^{-n},\ 0 \leqslant l \leqslant M-1 \tag{4.2.11}$$

将式(4.2.10)中的 z 替换为 zW_M^k，便得到 $H_k(z)$ 的第一型多相分解：

$$\begin{aligned}
H_k(z) = H_0(zW_M^k) &= \sum_{l=0}^{M-1}(zW_M^k)^{-l}E_l((zW_M^k)^M) \\
&= \sum_{l=0}^{M-1}(zW_M^k)^{-l}E_l(z^M),\ k=0,1,\cdots,M-1
\end{aligned} \tag{4.2.12}$$

或写成矩阵形式：

$$
\begin{bmatrix} H_0(z) \\ H_1(z) \\ \vdots \\ H_{M-1}(z) \end{bmatrix} = \begin{bmatrix} 1 & 1 & \cdots & 1 \\ 1 & W_M^{-1} & \cdots & W_M^{-(M-1)} \\ \vdots & \vdots & \ddots & \vdots \\ 1 & W_M^{-(M-1)} & \cdots & W_M^{-(M-1)(M-1)} \end{bmatrix} \begin{bmatrix} E_0(z^M) \\ z^{-1}E_1(z^M) \\ \vdots \\ z^{-(M-1)}E_{M-1}(z^M) \end{bmatrix}
$$

$$
:= \boldsymbol{W}_M^* \boldsymbol{D}(z) \begin{bmatrix} E_0(z^M) \\ E_1(z^M) \\ \vdots \\ E_{M-1}(z^M) \end{bmatrix} \tag{4.2.13}
$$

式中，$\boldsymbol{W}_M^*$ 为 $M \times M$ 的 DFT 矩阵的复共轭；$\boldsymbol{D}(z) = \mathrm{diag}(1, z^{-1}, \cdots, z^{-(M-1)})$。

根据上述关系可将均匀 DFT 滤波器组的分析端转化为如图 4.9 所示的多相结构，注意到该结构中包含一个 M 点逆 DFT（IDFT）运算，这正是其名称中"DFT"的由来。

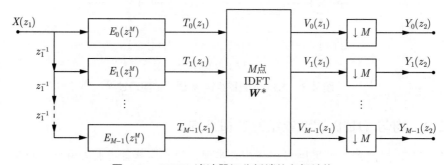

图 4.9　DFT 滤波器组分析端的多相结构

注意到上述计算全部在 F_1（即抽取之前）进行。进一步对图 4.9 进行等效变换，可得到高效结构，如图 4.10 所示。相比直接实现形式，高效结构能够有效减少计算量。例如，假设 $H_0(z)$ 为长度为 N 的 FIR 滤波器，则直接实现 M 通道共需要 $N \times M$ 次乘法计算。而高效结构中每通道滤波器长度为 N/M，M 通道共需要 $N/M \times M = N$ 次乘法，再考虑 M 点 DFT 运算需要 $M \log_2 M$ 次乘法，所以总计需要 $N + M \log_2 M$ 次乘法。

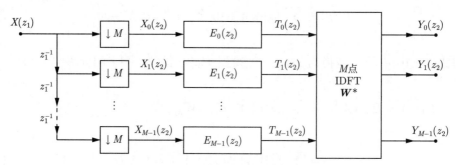

图 4.10　DFT 滤波器组分析端的高效实现

对于综合端，对 $G_k(z)$ 进行第二型多相分解：

$$G_k(z) = G_0(zW_M^k) = \sum_{l=0}^{M-1}(zW_M^k)^{-(M-1-l)}R_l\left((zW_M^k)^M\right)$$

$$= \sum_{l=0}^{M-1}(zW_M^k)^{-(M-1-l)}R_l(z^M), \quad k = 0,1,\cdots,M-1 \tag{4.2.14}$$

其中

$$R_l(z) = \sum_m g_0[Mm + M - 1 - l]z^{-m}, \quad 0 \leqslant l \leqslant M-1 \tag{4.2.15}$$

记综合端第 k 通道输入为 $\hat{Y}_k(z)$，经过 M 倍内插与滤波之后为

$$\hat{X}_k(z_1) = \hat{V}_k(z_1)G_k(z_1) = \hat{Y}_k(z_2)G_k(z_1) \tag{4.2.16}$$

最后重构信号为

$$\hat{X}(z_1) = \sum_{k=0}^{M-1}\hat{X}_k(z_1) = \sum_{k=0}^{M-1}\hat{Y}_k(z_2)G_k(z_1) \tag{4.2.17}$$

将 $G_k(z)$ 的多相分解代入上式，得

$$\hat{X}(z_1) = \sum_{k=0}^{M-1}\hat{Y}_k(z_2)\sum_{l=0}^{M-1}(z_1W_M^k)^{-(M-1-l)}R_l(z_1^M)$$

$$= \sum_{l=0}^{M-1}\left(\sum_{k=0}^{M-1}\hat{Y}_k(z_2)W_M^{k(1+l)}\right)z_1^{-(M-1-l)}R_l(z_1^M) \tag{4.2.18}$$

记

$$S_l(z_2) = \sum_{k=0}^{M-1}\hat{Y}_k(z_2)W_M^{k(1+l)} \tag{4.2.19}$$

则

$$\hat{X}(z_1) = \sum_{l=0}^{M-1}S_l(z_2)z_1^{-(M-1-l)}R_l(z_1^M) = \sum_{l=0}^{M-1}S_l(z_2)R_l(z_2)z_1^{-(M-1-l)} \tag{4.2.20}$$

上式可理解为 $\hat{Y}_k(z_2)$ 先经过 M 点 DFT 运算[①]，再分别经过滤波器 $R_l(z_1^M)$ 和延迟 $z_1^{-(M-1-l)}$。图 4.11 给出了综合端的多相结构及高效实现。

---

① 根据 DFT 的计算式，

$$Q_l(z_2) = \sum_{k=0}^{M-1}\hat{Y}_k(z_2)W_M^{kl} \tag{4.2.21}$$

对比式(4.2.19)，易知 $S_l(z_2) = Q_{l+1}(z_2)$，这说明 DFT 之后还有一个移位运算。但移位不会影响到滤波器组的特性，因此为了简化分析，通常忽略移位过程。

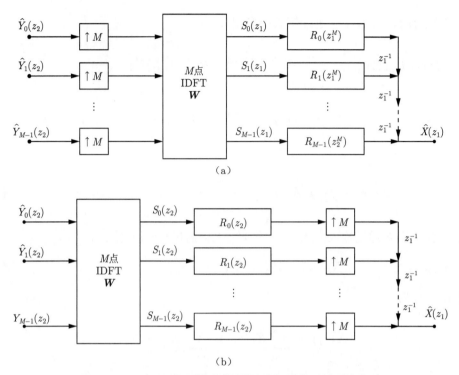

（a）

（b）

图 4.11　DFT 滤波器组综合端的多相结构及其高效实现

　　同其他滤波器组一样，在设计均匀 DFT 滤波器组时也需要考虑完全重构问题。这里不妨将分析端和综合端合并，如图 4.12所示。由于 $\boldsymbol{W}^*\boldsymbol{W} = M\boldsymbol{I}$，因此 DFT 变换可以等效为全通系统。根据图 4.12易知，若各通道的多相分量 $E_k(z)$ 和 $R_k(z)$ 相乘结果相等，则可以实现完全重构。这里存在两种情况，一种为 $E_k(z)$ 和 $R_k(z)$ 乘积结果为常数（不妨设为 1），即

$$R_k(z) = 1/E_k(z) \tag{4.2.22}$$

另一种情况可以令

$$R_k(z) = \prod_{l \neq k} E_l(z) \tag{4.2.23}$$

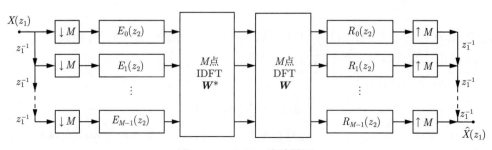

图 4.12　DFT 滤波器组

此时 $E_k(z)R_k(z) = \prod\limits_{l=0}^{M-1} E_l(z)$，滤波器组可以实现完全重构。

然而，根据式(4.2.22)构造的综合滤波器组为 IIR 滤波器，不稳定。若选择式(4.2.23)的构造方法，则综合滤波器 $G_k(z)$ 的阶次远大于分析滤波器 $H_k(z)$ 的阶次。因此上述构造方法都存在一定的局限性。关于完全重构 DFT 滤波器组的设计与改进，可参见文献[14,40-41]。

4.3 余弦调制滤波器组

4.3.1 近似完全重构余弦调制滤波器组的构造方法

4.2节讨论的 DFT 滤波器组是一种复数调制滤波器组，即滤波器组的冲激响应是复数，这样对于实信号来说，经过滤波器组后的输出信号就会变为复信号。本节介绍余弦调制滤波器组（cosine modulated filter bank，CMFB），这类滤波器组的冲激响应为实数，故可以克服 DFT 滤波器组的局限。

实现 CMFB 一个直接的思路是，若给定一个实系数的 FIR 原型低通滤波器 $H(z)$，则 $H(z)$ 具有线性相位。令其截止频率为 $\pm\dfrac{\pi}{2M}$，带宽为 $\dfrac{\pi}{M}$。对它进行复调制并作 $\dfrac{(2k+1)\pi}{2M}$ 的频移，时域上有

$$h_k^+(n) = h(n)W_{2M}^{-(k+0.5)n} \tag{4.3.1a}$$

$$h_k^-(n) = h(n)W_{2M}^{(k+0.5)n} \tag{4.3.1b}$$

将二者结合起来即可得到一个实的滤波器，即

$$h_k(n) = h_k^+(n) + h_k^-(n) = 2h(n)\cos\left[\frac{(2k+1)\pi n}{2M}\right], \quad k = 0,1,\cdots,M-1 \tag{4.3.2}$$

从而产生 M 个实的且是均匀抽取的分析滤波器组，但是这样生成的滤波器组会产生幅度、相位以及混叠失真。

20 世纪 80 年代初，Nussbaumer 首先提出了伪 QMF 的概念[42]。Rothweiler[43]、Chu[44]、Masson 和 Picel[45] 进行了深入研究，提出了近似完全重构余弦调制滤波器组的设计方法。文献[46]给出了近似完全重构的余弦滤波器组的一般形式①：

$$h_k(n) = 2h(n)\cos\left[(k+0.5)\left(n - \frac{N-1}{2}\right)\frac{\pi}{M} + (-1)^k\frac{\pi}{4}\right], \quad k = 0,1,\cdots,M-1 \tag{4.3.3}$$

$$g_k(n) = 2h(n)\cos\left[(k+0.5)\left(n - \frac{N-1}{2}\right)\frac{\pi}{M} - (-1)^k\frac{\pi}{4}\right], \quad k = 0,1,\cdots,M-1 \tag{4.3.4}$$

式中，N 是原型滤波器的长度。

下面给出简要的推导过程。令

---

① 相位项选取方式不唯一，这里的相位项 $(-1)^k\dfrac{\pi}{4}$ 是根据文献[43]选取的一种可能方式。

$$H_k(z) = a_k U_k(z) + a_k^* V_k(z), \quad k = 0, 1, \cdots, M - 1 \tag{4.3.5}$$

$$G_k(z) = b_k U_k(z) + b_k^* V_k(z), \quad k = 0, 1, \cdots, M - 1 \tag{4.3.6}$$

其中

$$U_k(z) = c_k H(z W_{2M}^{(k+0.5)}), \quad k = 0, 1, \cdots, 2M - 1 \tag{4.3.7a}$$

$$V_k(z) = c_k^* H(z W_{2M}^{-(k+0.5)}), \quad k = 0, 1, \cdots, 2M - 1 \tag{4.3.7b}$$

式中，a_k，b_k，c_k 均是模为 1 的常数。通过适当选取这三个参数，可以去除相位失真以及相邻滤波器组之间的混叠。根据文献[43]，为了将相邻两个通道之间的混叠抵消，即伪 QMF，参数 a_k，b_k 需要满足

$$a_k b_k^* + a_{k-1} b_{k-1}^* = 0 \tag{4.3.8}$$

而去除相位失真对参数 a_k，b_k 及 c_k 的制约如下

$$c_k = W_{2M}^{(k+0.5)(N-1)/2} \tag{4.3.9}$$

$$a_k^* = b_k = \mathrm{e}^{\mathrm{j}\theta_k} \tag{4.3.10}$$

式中，$\theta_k = (-1)^k \dfrac{\pi}{4}$。至此，三个参数均可指定。由此可以得到 $h_k(n)$ 和 $g_k(n)$ 的闭合表达式。此时，传递函数 $T(z)$ 可以表示为

$$T(z) = \frac{1}{M} \sum_{k=0}^{M-1} [U_k^2(z) + V_k^2(z)] \tag{4.3.11}$$

由式(4.3.3)和式(4.3.4)可知，M 通道 CMFB 的设计最后可以归结到对于原型低通滤波器 $H(z)$ 的设计。综合式(4.3.7)和式(4.3.11)可以分析出，若 $H(\mathrm{e}^{\mathrm{j}\omega})$ 满足[43]

$$|H(\mathrm{e}^{\mathrm{j}\omega})|^2 + |H[\mathrm{e}^{\mathrm{j}(\omega-\pi/M)}]|^2 = 1, \quad 0 \leqslant \omega \leqslant \pi/M \tag{4.3.12}$$

则 $|T(\mathrm{e}^{\mathrm{j}\omega})| = 1$，从而去除幅度失真。去除混叠失真则要求 $H(\mathrm{e}^{\mathrm{j}\omega})$ 满足

$$|H(\mathrm{e}^{\mathrm{j}\omega})| = 0, \quad \omega > \pi/M \tag{4.3.13}$$

然而在实际设计滤波器的过程中上述两个条件只能近似满足。可以使用数值优化的方法得到近似完全重构的 CMFB[47-48]。

4.3.2 余弦调制滤波器组的完全重构条件

从提出余弦滤波器组开始，很多学者就在讨论如何设计具有完全重构性质的 CMFB。Vetterli 和 Gall 将滤波器长度 N 限制为 $N = 2M$，并给出了设计完全重构 CMFB 时原型滤波器应满足的条件[49]。随后，Malvar 等将完全重构问题看作是重叠正交变换（LOT）[50]的推广，并进一步讨论了 N 为 $2M$ 的整数倍时的完全重构问题[51]。但是该方法在通道数

M 较大时，需要优化的参数较多。为此，Koilpillai 和 Vaidyanathan 进一步提出了基于多相结构的 CMFB 实现完全重构，并讨论了伪 QMF 在限制 N 为 $2M$ 的整数倍时也可以满足完全重构[46,52]。下面进行简要介绍。

假定原型滤波器的长度 N 是 $2M$ 的整数倍，即 $N = 2mM$（m 为正整数）。对分析滤波器组进行第一型多相分解，有

$$
\begin{bmatrix} H_0(z) \\ H_1(z) \\ \vdots \\ H_{M-1}(z) \end{bmatrix} = \boldsymbol{E}(z^M) \left[1, z^{-1}, \cdots, z^{-(M-1)} \right]^{\mathrm{T}} \tag{4.3.14}
$$

其中

$$
\boldsymbol{E}(z) = C_1 \begin{bmatrix} \boldsymbol{h}_0(-z^2) \\ z^{-1}\boldsymbol{h}_1(-z^2) \end{bmatrix}
$$

$$
\boldsymbol{h}_0(z) = \mathrm{diag}(E_0(z), E_1(z), \cdots, E_{M-1}(z))
$$

$$
\boldsymbol{h}_1(z) = \mathrm{diag}(E_M(z), E_{M+1}(z), \cdots, E_{2M-1}(z))
$$

所以，分析滤波器组可以进一步表示为

$$
\begin{bmatrix} H_0(z) \\ H_1(z) \\ \vdots \\ H_{M-1}(z) \end{bmatrix} = C_1 \begin{bmatrix} E_0(-z^{2M}) \\ z^{-1}E_1(-z^{2M}) \\ \vdots \\ z^{-(2M-1)}E_{2M-1}(-z^{2M}) \end{bmatrix} \tag{4.3.15}
$$

其中，$E_l(z) = \sum_j h(2jM+l)z^{-j}, l = 0, 1, \cdots, 2M-1$ 是原型滤波器 $H(z)$ 的 $2M$ 个多相分量，$\boldsymbol{C}_1$ 是 $M \times 2M$ 的余弦调制矩阵，这里采用和伪 QMF 相同的形式，即

$$
[\boldsymbol{C}_1]_{k,n} = 2\cos\left[\left(k + \frac{1}{2} \right) \left(n - \frac{N-1}{2} \right) \frac{\pi}{M} + (-1)^k \frac{\pi}{4} \right] \tag{4.3.16}
$$

下面给出式(4.3.15)的简要分析过程。

根据余弦调制分析滤波器组和原型滤波器组的关系，可以得到

$$
\begin{aligned}
H_k(z) &= \sum_{n=0}^{N-1} h_k(n)z^{-n} = \sum_{n=0}^{2mM-1} [\boldsymbol{C}_1]_{k,n} h(n) z^{-n} \\
&= \sum_{l=0}^{2M-1} \sum_{j=0}^{m-1} [\boldsymbol{C}_1]_{k,2jM+l} h(2jM+l) z^{-2jM+l}
\end{aligned} \tag{4.3.17}
$$

根据余弦变换的周期性，有 $[C_1]_{k,2jM+l} = (-1)^j[C_1]_{k,l}$，则式(4.3.17)化简得

$$H_k(z) = \sum_{l=0}^{2M-1} z^{-l}[C_1]_{k,l} \sum_{j=0}^{m-1} (-1)^j h(2lM+j)z^{-2jM} = \sum_{l=0}^{2M-1} [C_1]_{k,l}z^{-l}E_l(-z^{2M}) \quad (4.3.18)$$

写成矩阵的形式即为式(4.3.15)。余弦调制分析滤波器组的多相结构如图 4.13 所示。

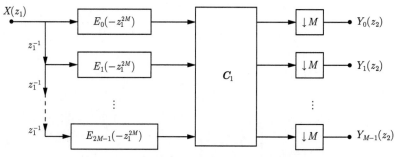

图 4.13　余弦调制分析滤波器组的多相结构

同理，综合滤波器组的多相结构可以表示为

$$\boldsymbol{g}(z) = \boldsymbol{R}^{\mathrm{T}}(z^M)\left[z^{-(M-1)}, z^{-(M-2)}, \cdots, 1\right]^{\mathrm{T}} \quad (4.3.19)$$

其中

$$\boldsymbol{R}(z) = \left[z^{-1}\boldsymbol{g}_1\left(-z^2\right), \quad \boldsymbol{g}_0\left(-z^2\right)\right]\boldsymbol{C}_2^{\mathrm{T}}$$

$$[\boldsymbol{C}_2]_{k,l} = 2\cos\left[\left(k+\frac{1}{2}\right)\left(2M-1-l-\frac{N-1}{2}\right)\frac{\pi}{M} - (-1)^k\frac{\pi}{4}\right]$$

$$\boldsymbol{g}_0(z) = \mathrm{diag}(R_{M-1}(z), R_{M-2}(z), \cdots, R_0(z))$$

$$\boldsymbol{g}_1(z) = \mathrm{diag}(R_{2M-1}(z), R_{2M-2}(z), \cdots, R_M(z))$$

由 4.1.4 节可知，要想得到 M 通道完全重构滤波器组，须满足条件 $\boldsymbol{P}(z) = \boldsymbol{E}(z)\boldsymbol{R}(z) = cz^{-\lambda}\boldsymbol{I}$，于是将分析滤波器组的多相矩阵设计成仿酉矩阵，即满足 $\tilde{\boldsymbol{E}}(z)\boldsymbol{E}(z) = \boldsymbol{I}$，这样得到综合滤波器 $\boldsymbol{R}(z) = cz^{-\lambda}\tilde{\boldsymbol{E}}(z)$。对于 CMFB 该问题就转换成原型滤波器满足什么条件才能保证分析滤波器组的多相矩阵是仿酉矩阵。根据文献[46]，若实系数原型滤波器 $H(z)$ 的多相分量满足功率互补条件，即

$$\tilde{E}_l(z)E_l(z) + \tilde{E}_{l+M}(z)E_{l+M}(z) = \frac{1}{2M}, \quad l = 0, 1, \cdots, M-1 \quad (4.3.20)$$

那么余弦调制分析滤波器组的多相矩阵为仿酉矩阵，即滤波器组具有完全重构性质，又称仿酉或正交余弦调制滤波器组。仿酉余弦调制滤波器组可以通过迭代最小二乘法[53-54]、利用 2 的幂级数之和作为系数实现无乘法运算[54] 等方法实现。

由于滤波器长度越长，系统延迟就越大，要想减少系统延迟，滤波器长度就要减少，这样滤波器就无法保证良好的衰减性。因此对于仿酉余弦滤波器组，系统的延迟和滤波器性能之间存在着矛盾。为了解决上述矛盾，有学者提出了双正交余弦调制滤波器组[41,55-59]，其原型滤波器可以通过二次约束最小二乘（quadratic-constrained least squares，QCLS）方法设计[55]。在双正交余弦调制滤波器组中，分析滤波器组和综合滤波器组的原型可以不是同一个滤波器，二者的长度也可以不同，这样会得到更小的系统延迟，且系统延迟独立于滤波器长度和通道数，同时设计自由度更大，详细设计思路可参考文献[41]。

4.4 滤波器组的平行结构与树形结构

前面章节主要介绍的是平行结构的滤波器组。除此之外，滤波器组还有另外一种结构，即树形结构。树形结构由多个平行滤波器组级联组成，上一级输出作为下一级的输入，从而呈树形分支状。以两通道滤波器组为例，分析端和综合端的二级树形结构分别如图 4.14（a）和图 4.14（b）所示。

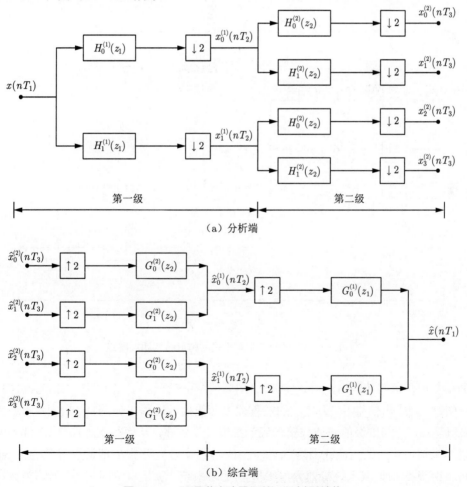

（a）分析端

（b）综合端

图 4.14　两通道滤波器组的二级树形结构

　　树形结构滤波器组的各级分支数并不限定为两个，可以根据实际需要灵活设计。图 4.15 给出了一个更一般的树形结构滤波器组，其中，第一级为两通道，而第二级仅在第一条分支有三个通道，最终形成四个子带。注意这里抽取因子均等于通道数，因此是最大抽取滤波器组。综合端各级结构与分析端是对应的。

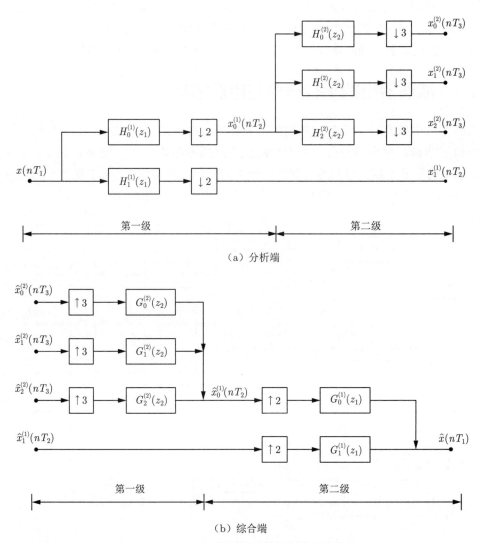

（a）分析端

（b）综合端

图 4.15　各级分支情况不同的树形结构滤波器组

　　利用多抽样率等效网络，可以将树形结构转换为平行结构。仍以图 4.14 为例，从输入信号 $x(nT_1)$ 到输出信号 $x_0^{(2)}(nT_3)$ 的过程即为两级抽取过程，如图 4.16（a）所示。利用 Noble 恒等式，将第二级的滤波与第一级的抽取交换顺序，从而得到如图 4.16（b）所示结构。进一步地，两个低通滤波器等效为一个低通滤波器，两个 2 倍抽取等效为 4 倍抽取，从而可将两级 2 倍抽取系统等效为一级 4 倍抽取系统，如图 4.16（c）所示。类似地，其他支路均可按上述方式转换。因此最后得到一个四通道的平行滤波器组，如图 4.17 所示。

　　而对于一般的树形结构滤波器组（例如图 4.15），也可按照上述方式进行转换。因此，从最后输出结果来看，树形结构与平行结构是等效的。

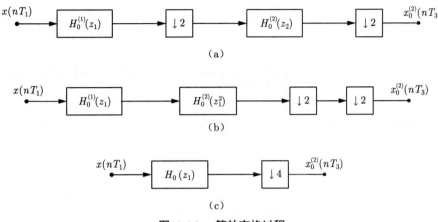

图 4.16　等效变换过程

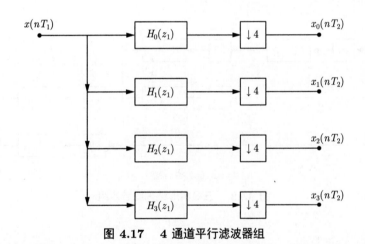

图 4.17　4 通道平行滤波器组

　　那么，树形结构滤波器组有何优势呢？从实现过程来看，树形结构可以对信号逐级进行分解，这样就可以得到信号在不同抽样率下的频率成分。同时，树形结构的各级滤波器及分支数可以依据实际需要灵活选取，这就为各子带信号的处理提供了更大的灵活性。以图 4.18 为例，该滤波器组具有三级树形结构，其中 $H_0^{(k)}(z), H_1^{(k)}(z), (k=1,2,3)$ 分别为低通和高通滤波器，而每一级仅对上一级的低频分量作分解。假设各级都是均匀滤波器组，则每一级是将上一级的低频分量的频谱进行等分，最后各子带信号的频谱如图 4.19 所示。从整体来看，这种频谱划分的方式并非是均匀的，这类滤波器组称为非均匀滤波器组。

　　从频谱来看，图 4.19 中的 $Y_0(\mathrm{e}^{\mathrm{j}\omega_4})$ 是 $X(\mathrm{e}^{\mathrm{j}\omega_1})$ 的低频部分，因而 $y_0(nT_4)$ 可作为 $x(nT_1)$ 在最低抽样率（$F_4 = F_1/8$）下的近似。当然这种近似是粗略的。为了增加近似的精度，可以将带通子带 $Y_1(\mathrm{e}^{\mathrm{j}\omega_4})$ 加入到 $Y_0(\mathrm{e}^{\mathrm{j}\omega_4})$ 中。事实上，这里所谓的"加入"需要利用综合滤波器组来实现，即得到采样率 F_3 下的重构信号。类似地，利用综合滤波器组可以将子带信号逐级进行重构，从而得到原始信号在不同抽样率下的近似。如果分析和综合滤波器组构成完全重构系统，则重构信号 $\hat{x}(nT_1)$ 包含 $x(nT_1)$ 的全部信息。

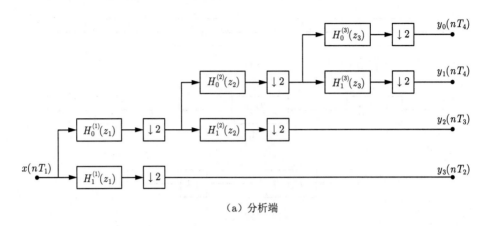

（a）分析端

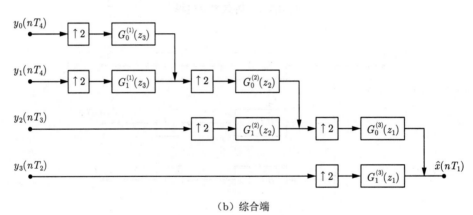

（b）综合端

图 4.18 三级树形结构滤波器组

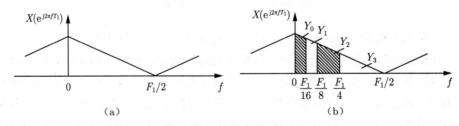

图 4.19 子带划分示意图

在实际应用中，可以依据子带信号包含的信息的重要程度进行独立处理。例如，如果一些子带只包含信号的细微信息，则可在编码中使用较短的字长。这样就实现了数据压缩。又如，对于含噪信号而言，噪声通常包含在高频子带中，因此可对高频子带进行阈值处理，从而有效去除噪声。当然，平行结构也可以进行相应的处理，但不如树形结构灵活。

除此之外，在滤波器组设计中，树形结构只需考虑各级分析端与综合端滤波器构成完全重构系统即可，因此大大简化了滤波器组的设计复杂度。以上诸多优点，使得树形结构的滤波器组在实际应用中更为常用。

4.5　非均匀滤波器组

前面章节所介绍的滤波器组主要是均匀滤波器组，即信号被分解成多个带宽相等的子带，但是在一些应用中，在对信号进行分析时希望在不同的时频段有不同的分辨率，所以相应地要求滤波器组中各滤波器所占带宽不相等，即非均匀滤波器组。非均匀滤波器组的子带中抽样率变换有整数倍和分数倍两种形式。若抽取和内插因子为整数，M 通道非均匀滤波器组的基本结构如图 4.20 所示，对于不同子带来说抽取和内插因子 n_k 不同，各分析滤波器的带宽不同，其幅频响应如图 4.21 所示。

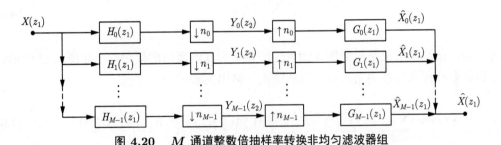

图 4.20　M 通道整数倍抽样率转换非均匀滤波器组

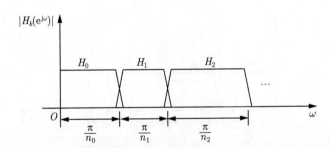

图 4.21　M 通道整数倍抽样率转换非均匀分析滤波器组幅频响应

为了保证分析滤波器组输出端的平均采样率，n_k 应满足约束条件

$$\sum_{k=0}^{M-1} \frac{1}{n_k} = 1 \tag{4.5.1}$$

此时分析端和综合端的输入、输出关系式为

$$Y_k(z_2) = \frac{1}{n_k} \sum_{l=0}^{n_k-1} X(z_1 W_{n_k}^l) H_k(z_1 W_{n_k}^l) \tag{4.5.2}$$

$$\hat{X}_k(z_1) = \sum_{k=0}^{M-1} G_k(z_1) Y_k(z_2) \tag{4.5.3}$$

综合式(4.5.3)和式(4.5.2)，可以得到抽样率转换为整数倍时，M 通道非均匀滤波器组总的输入、输出关系式为

$$\hat{X}(z) = \sum_{k=0}^{M-1} G_k(z) \frac{1}{n_k} \sum_{l=0}^{n_k-1} X(zW_{n_k}^l) H_k(zW_{n_k}^l) \tag{4.5.4}$$

需要注意的是，与均匀滤波器组不同，式(4.5.4)的两个求和项次序不能交换。

若非均匀滤波器组采样因子为分数时，根据第 2 章可知，如果希望对给定的信号进行 $\frac{p_k}{q_k}$ 倍抽样率转换，考虑到抽取会减少采样点，可能产生信息的丢失，一个合理的方式为先对信号进行 p_k 倍的内插，再进行 q_k 倍的抽取。同样要求 $\frac{p_k}{q_k}$ 应满足

$$\sum_{k=0}^{M-1} \frac{p_k}{q_k} = 1 \tag{4.5.5}$$

此时非均匀滤波器组的结构如图 4.23 所示，各分析滤波器组的幅频响应如图 4.22 所示。根据分数倍多抽样率转换关系，可以得到输入、输出关系式为

$$\hat{X}(z) = \sum_{i=0}^{M-1} \frac{1}{p_i q_i} \sum_{k=0}^{p_i-1} \sum_{l=0}^{q_i-1} H_i(z^{1/p_i}W_{q_i}^l W_{p_i}^k) G_i(z^{1/p_i}W_{p_i}^k) X(zW_{q_i}^{p_i l}) \tag{4.5.6}$$

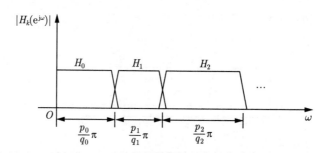

图 4.22 M 通道分数倍抽样率转换非均匀分析滤波器组幅频响应

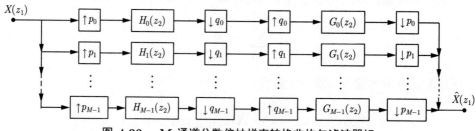

图 4.23 M 通道分数倍抽样率转换非均匀滤波器组

对于非均匀滤波器组，完全重构问题同样很重要。Cox 首先提出合并均匀滤波器组实现非均匀滤波器组的思想，但由于当时没有出现 M 通道完全重构均匀滤波器组的设计方

法，所以设计出来的非均匀滤波器组是近似完全重构的[60]。后来，Hoang 和 Vaidyanathan 提出将非均匀滤波器组转化成均匀滤波器组，从而实现完全重构，并给出了 M 通道非均匀滤波器组消除混叠的必要条件[61]。但是该方法将抽取和内插因子限制为整数，为非整数时不能消除混叠失真，因此具有一定的局限性。此外，Kovacevic 和 Vetterli 提出了构造采样因子为分数形式的完全重构的非均匀滤波器组[62]。为了将整数倍和分数倍采样因子的非均匀滤波器组的完全重构问题统一于一个框架之下，一些学者提出了完全重构非均匀滤波器组的时域或频域设计方法[63-65]。

若非均匀滤波器组可以实现完全重构，根据前面几节的讨论可知传递函数 $T(z)$ 一定是线性相位，而分析和综合滤波器是非线性相位的。但是一些应用要求滤波器组是线性相位，比如图像编码，因此只能在保证滤波器组是线性相位的同时尽可能实现信号的完全重构，即近似完全重构。近似完全重构的线性相位非均匀滤波器组的具体设计方法可以参考文献 [66-67]。

随着余弦调制滤波器组理论的逐渐成熟，很多学者考虑用余弦调制滤波器组设计非均匀滤波器组。一些学者采用多个不同的原型滤波器或者结合均匀余弦调制滤波器组的相邻通道设计非均匀滤波器组[68-69]，但这两种方法设计出的滤波器组均是近似完全重构的。Chan 等基于 Cox 的想法，通过合并均匀余弦调制滤波器组设计出了具有完全重构性质的非均匀滤波器组[70]。

非均匀滤波器组也可以通过树形结构实现完全重构，读者可以参考文献[71-73]，此处不再赘述。此外，非均匀滤波器组与小波变换关系密切，将在第 5 章详细介绍。

本章小结

本章介绍了 M **通道滤波器组**的基本结构及相关性质。M 通道滤波器组是两通道滤波器组的推广，因此分析思路有相似之处，但由于通道数的增加，数学形式变得相对复杂。

本章首先分析了 M 通道滤波器组的**完全重构条件**。理论分析表明，当转移矩阵 $\boldsymbol{P}(z)$ 为**伪循环矩阵**时，滤波器组能够实现无混叠。在此基础上，可以得到 $\boldsymbol{P}(z)$ 的一般形式，即

$$\boldsymbol{P}(z) = Q(z) \begin{bmatrix} 0 & \boldsymbol{I}_{M-r} \\ z^{-1}\boldsymbol{I}_r & 0 \end{bmatrix}$$

特别地，若 $Q(z) = cz^{-\lambda}$，则滤波器组能够实现完全重构。在实际应用中，通常选取 $\boldsymbol{P}(z) = cz^{-\lambda}\boldsymbol{I}$。在此条件下，利用仿酉矩阵可以构造完全重构滤波器组，代表方法包括由 Vaidyanathan 提出的格形结构法和并矢分解法[14,39]。此外，很多学者对 M 通道滤波器组进行了研究，相关工作可参考文献[74-80]。

4.2 节和 4.3 节分别介绍了两类典型的 M 通道滤波器组，即**均匀 DFT 滤波器组**和**余弦调制滤波器组**。4.4节介绍了滤波器组的**平行结构**和**树形结构**。根据多抽样率系统的等效关系，两者可以相互转化。而树形结构的优点在于设计与实现更加灵活，因此在实际应用中更为常用。最后，4.5节介绍了**非均匀滤波器组**的基本结构，非均匀滤波器组的研究经历

了从采样因子为整数到分数、从近似完全重构到完全重构的过程，并与小波变换密切相关，详细内容将在第 5 章介绍。

习题

4.1 分别写出如图 4.2（a）和 4.2（b）所示的 M 通道滤波器组各节点的输入、输出关系式。

4.2 证明具有如下形式的矩阵为仿酉矩阵：

$$\boldsymbol{K}(z) = \boldsymbol{I} - \boldsymbol{vv}^{\mathrm{H}} + z^{-1}\boldsymbol{vv}^{\mathrm{H}}$$

式中，$\boldsymbol{v} \in \mathbb{C}^M$ 且 $\boldsymbol{v}^{\mathrm{H}}\boldsymbol{v} = 1$。

4.3 试写出如图 4.9所示的 DFT 分析滤波器组多相结构中各节点的输入、输出关系式，并验证多相结构的计算过程。

4.4 已知三通道滤波器组的多相结构如图 4.24 所示，其中

$$\boldsymbol{P}(z) = \boldsymbol{R}(z)\boldsymbol{E}(z) = Q(z)\begin{bmatrix} 0 & 1 \\ z^{-1}\boldsymbol{I}_2 & 0 \end{bmatrix}$$

$\boldsymbol{I}_2$ 为单位矩阵。求 $\hat{X}(z)$ 与 $X(z)$ 的关系式，并判断该滤波器组是否满足完全重构。

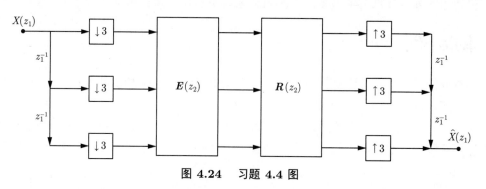

图 4.24　习题 4.4 图

4.5 证明当转移矩阵 $\boldsymbol{P}(z)$ 具有如式(4.1.20)的形式时，滤波器组的输入、输出关系式为

$$\hat{X}(z) = A_0(z)X(z) = z^{-(M-1+r)}Q(z^M)X(z)$$

4.6 如图 4.25（a）所示的四通道分析滤波器组由一组四个传输函数 $H_i(z) = Y_i(z)/X(z)(i=0,1,2,3)$ 描述，其中，$\boldsymbol{W}$ 是一个 4×4 的 DFT 矩阵。

（1）写出 $H_i(z)(i=0,1,2,3)$ 的表达式。

（2）如果分析滤波器 $H_2(z)$ 的幅频响应如图 4.25(b) 所示，试画出其他分析滤波器的幅频响应。

（3）若 $E_k(z)(k=0,1,2,3)$ 是稳定的全通函数，证明分析滤波器组是功率互补的，即

$$\sum_{k=0}^{3}|H_k(\mathrm{e}^{\mathrm{j}\omega})|^2=1$$

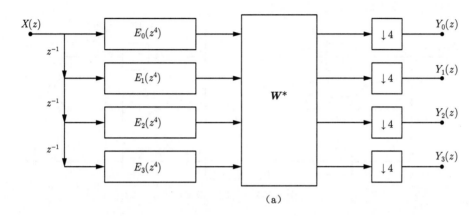

(a)

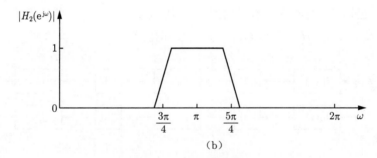

(b)

图 4.25　习题 4.6 图

4.7　已知三通道分析滤波器组的多相矩阵为

$$\boldsymbol{E}(z)=\begin{bmatrix}1 & 1 & 1\\1 & -1 & 1\\1 & 0 & -1\end{bmatrix}$$

（1）求分析端的滤波器组 $H_i(z),(i=0,1,2)$。

（2）若要求滤波器组的输出为 $y[n]=x[n-2]$，求综合滤波器组的多相矩阵 $\boldsymbol{R}(z)$ 及综合滤波器组 $G_i(z),(i=0,1,2)$。

4.8　已知三通道分析滤波器组为

$$\begin{bmatrix}H_0(z)\\H_1(z)\\H_2(z)\end{bmatrix}=\begin{bmatrix}1 & 1 & 2\\2 & 3 & 1\\1 & 2 & 1\end{bmatrix}\begin{bmatrix}1\\z^{-1}\\z^{-2}\end{bmatrix}$$

求满足完全重构的综合滤波器组 $G_i(z)(i=0,1,2)$。

4.9 已知三通道滤波器组如图 4.26所示，其中抽取因子为 2，这种非最大抽取的滤波器组称为冗余滤波器组。

（1）试写出滤波器组的输入、输出关系式。

（2）当 $P(z)$ 满足什么条件时，滤波器组是无混叠的？

（3）判断滤波器组是否满足完全重构。

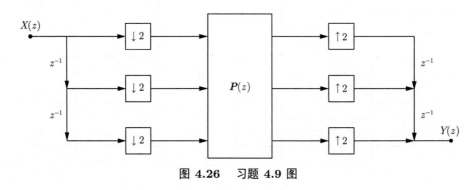

图 4.26　习题 4.9 图

4.10 已知 M 通道滤波器组如图 4.27 所示，其中 $C_k(z)$ 代表第 k 通道的幅度和相位失真。假设 $C_k(z)$，$H_k(z)$ 和 $G_k(z)$ 是有理和稳定的。

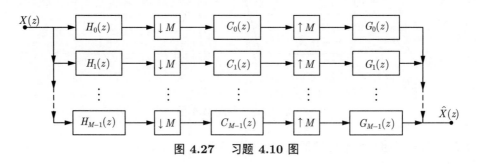

图 4.27　习题 4.10 图

（1）如果不含 $C_k(z)$ 的 $H_k(z)$ 和 $G_k(z)$ 为无混叠系统，现在系统含有 $C_k(z)$，确定一组综合滤波器 $G'_k(z)$ 满足无混叠特性；

（2）如果不含 $C_k(z)$ 的 $H_k(z)$ 和 $G_k(z)$ 为无混叠且无幅度失真系统，现在系统含有 $C_k(z)$，确定一组综合滤波器 $G'_k(z)$ 满足无混叠且无幅度失真特性；

（3）如果不含 $C_k(z)$ 的 $H_k(z)$ 和 $G_k(z)$ 为完全重构系统，现在系统含有 $C_k(z)$，确定一组综合滤波器 $G'_k(z)$ 满足完全重构特性。

4.11 证明 M 通道仿酉滤波器组的分析滤波器和综合滤波器分别满足功率互补条件，即

$$\sum_{k=0}^{M-1} |H_k(e^{j\omega})|^2 = 1$$

4.12 某树形结构滤波器组如图 4.28（a）所示。

（1）画出与之等效的平行滤波器组。

（2）若输入信号 $x(nT_1)$ 的频谱如图 4.28（b）所示，$H_0(e^{j\omega_1})$、$H_1(e^{j\omega_1})$ 与 $G_0(e^{j\omega_2})$ 的幅频响应分别如图 4.28（c）、图 4.28（d）、图 4.28（e）所示，画出各通道输出信号的频谱。

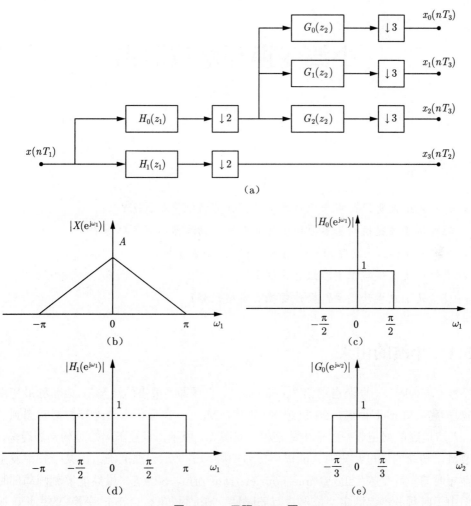

图 4.28　习题 4.12 图

4.13（MATLAB 练习） 利用 MATLAB 中的函数 `firpm` 设计一个最优等波纹 21 阶 FIR 滤波器，用它作为一个 8 通道均匀余弦调制滤波器组的原型低通滤波器，用 MATLAB 画出余弦调制滤波器组的幅频响应。设滤波器的阻带波纹等于 0.05，预设的逼近误差为 10^{-5}。

第5章

小波变换与滤波器组

本章要点

- 什么是小波变换？它与短时傅里叶变换有何联系和区别？
- 短时傅里叶变换的基本原理是什么？它与滤波器组有何联系？
- 什么是 Haar 小波变换？如何实现 Haar 小波变换？
- 离散小波变换与滤波器组有何联系？
- 什么是小波提升变换？提升变换有哪些优势？

5.1 小波的由来

小波（wavelet）一词源自法语"ondelette"，直译即"很小的波形"。该名称最初由法国地球物理学家 Morlet 命名。20 世纪 80 年代，Morlet 在分析人造地震数据时遇到了一个问题。人造地震数据是典型的非平稳信号，如图 5.1 所示，信号在起始时刻剧烈震荡，随后快速衰减。传统的傅里叶变换只能提供信号的频率信息，无法准确给出某个频率发生的时刻；而短时傅里叶变换（short-time Fourier transform，STFT）虽然能够刻画局部时频信息，但由于时频分辨率固定，依然具有局限性。Morlet 借鉴 Gabor 变换①的思想，在窗函数中引入一个尺度因子，从而得到一种具有尺度伸缩且震荡衰减的基函数，如图 5.2所示，即 Morlet 小波。然而该方法缺乏良好的重构性质，遭受了一些学者的质疑。在其好友数学家 Grossman 的帮助下，两人将分析方法完善，诞生了小波分析的雏形。

随后，在 Meyer，Mallat，Daubechies 等学者的工作推动之下，小波分析快速发展起来。特别是多分辨分析（multiresolution analysis，MRA）理论的建立，使得小波变换具有离散化算法，并同工程中广泛使用的滤波器组联系起来，促进了小波变换在工程中的应用。小波分析融合了应用数学、物理学、电子工程、计算机科学、信息科学等学科知识，成为一门新兴的学科分支，在学科发展史上具有里程碑式的意义。

---

① Gabor 变换是指高斯窗的短时傅里叶变换，该变换由 Gabor 于 1946 年提出。

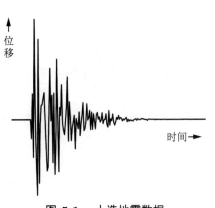

图 5.1 人造地震数据

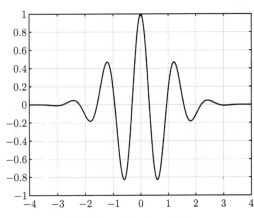

图 5.2 Morlet 小波

概括来讲，小波变换可分为连续小波变换（continous wavelet transform，CWT）和离散小波变换（discrete wavelet transform，DWT），两者的区别在于参数是否连续。连续小波变换定义为

$$Wf(s,u) = \int_{-\infty}^{\infty} f(t)\frac{1}{\sqrt{s}}\psi^*\left(\frac{t-u}{s}\right)\mathrm{d}t \tag{5.1.1}$$

式中，$\psi(t)$ 即为小波函数，$*$ 表示复共轭，$s > 0$ 为尺度因子，u 为平移因子，两者均为实数。

连续小波变换将信号映射为二维时间-尺度平面。当尺度因子较大时，反映的是信号的整体信息；反之，当尺度因子较小时，则能够刻画信号的局部信息。这种尺度伸缩性质是小波变换最具特色之处。恰是因为如此，小波变换被形象地称为"数学显微镜"。

实际应用中通常需要将尺度因子和平移因子离散化，若以二进制对尺度因子进行离散化，即 $s = 1/2^j, j \in \mathbb{Z}$，同时平移因子 k 为整数，则得到离散小波变换：

$$Wf(j,k) = \int_{-\infty}^{\infty} f(t)\sqrt{2^j}\psi^*(2^j t - k)\mathrm{d}t \tag{5.1.2}$$

本书主要讨论离散小波变换。稍后会看到，离散小波变换与滤波器组具有密切联系，它可以通过两通道滤波器组来实现。

5.2 短时傅里叶变换与滤波器组

5.2.1 短时傅里叶变换的概念

在介绍小波变换之前，首先回顾短时傅里叶变换，并通过滤波器组的观点阐释短时傅里叶变换的实现过程。

短时傅里叶变换的基本思想是在傅里叶变换的基础上，引入一个（时间）窗函数，使得变换能够刻画信号的时频局部特征。设信号为 $f(t)$，窗函数为 $g(t)$，短时傅里叶变换定

义为

$$\mathcal{S}f(\omega, u) = \int_{\mathbb{R}} f(t)\mathrm{e}^{-\mathrm{j}\omega t} g^*(t - u)\mathrm{d}t = \langle f(t), \mathrm{e}^{\mathrm{j}\omega t} g(t - u)\rangle \tag{5.2.1}$$

式中，ω 为频率变量[①]；u 为窗函数的中心位置。由此可见，短时傅里叶变换将信号映射为二维时频平面，从而能够提供信号在某段时间或某个时刻的频率信息。

窗函数的选取对短时傅里叶变换至关重要。假设对信号 $f(t)$ 在时刻 $t = \tau$ 附近的频率感兴趣，最简单的方法是取矩形窗函数：

$$g_\tau(t) = \begin{cases} \dfrac{1}{|I_\tau|}, & t \in I_\tau \\ 0, & \text{其他} \end{cases} \tag{5.2.2}$$

式中，I_τ 为以 τ 为中心的有限区间，$|I_\tau|$ 为区间长度。此时，短时傅里叶变换即是对 I_τ 这段时间内的信号作傅里叶变换：

$$\mathcal{S}f(\omega, \tau) = \frac{1}{|I_\tau|} \int_{I_\tau} f(t)\mathrm{e}^{-\mathrm{j}\omega t}\mathrm{d}t$$

显然，$|I_\tau|$ 越小越能反映信号的局部信息。当 $|I_\tau| \to 0$ 时，$g_\tau(t) \to \delta(t - \tau)$。利用 δ-函数的筛选性质可知

$$\mathcal{S}f(\omega, \tau) = \int_{\mathbb{R}} f(t)\delta(t - \tau)\mathrm{e}^{-\mathrm{j}\omega t}\mathrm{d}t = f(\tau)\mathrm{e}^{-\mathrm{j}\omega\tau}$$

由此可见，当窗函数为 δ-函数时，时间分辨率极高，但失去了频率分辨能力。

进一步分析，窗函数可视为对原始信号在某个时段内的加权。为了突出信号的时间局部性，一个自然的想法是窗函数在中心时刻 $t = \tau$ 的权值应当最大，而随着距中心位置的距离增大，权值逐渐衰减乃至趋向于零。显然，由于矩形窗函数的权重是相等的，因此局部刻画能力有限。Gabor 在 1946 年提出了利用具有无穷光滑（可微）的高斯函数作为窗函数：

$$g_\sigma(t) = \frac{1}{\sqrt{2\pi}\sigma} \exp\left(-\frac{t^2}{2\sigma^2}\right) \tag{5.2.3}$$

以高斯函数为窗函数的短时傅里叶变换又称为 Gabor 变换。由于时域的高斯函数在频域依然为高斯函数，即

$$\frac{1}{\sqrt{2\pi}\sigma} \exp\left(-\frac{t^2}{2\sigma^2}\right) \overset{\mathcal{F}}{\longleftrightarrow} \exp\left(-\frac{\sigma^2\omega^2}{2}\right)$$

因此采用高斯窗函数在时域和频域均具有较好的局部刻画能力。

[①] 为了便于书写，本章频率变量均采用 ω 表示，对其物理意义（真实频率或归一化频率）可结合变换定义来理解。

此外，B 样条（B-spline）函数也可用于窗函数。m 阶 B 样条函数定义为

$$N_m(t) = N_{m-1}(t) * N_1(t) \tag{5.2.4}$$

其中，$N_1(t)$ 为 1 阶 B 样条：

$$N_1(t) = \begin{cases} 1, & 0 < t < 1 \\ 0, & \text{其他} \end{cases} \tag{5.2.5}$$

m 阶 B 样条是 $m-1$ 阶分段光滑的（存在 $m-1$ 阶导数），且具有紧支集 $[0, m]$[①]，图 5.3 画出了 3 阶以内的 B 样条函数。

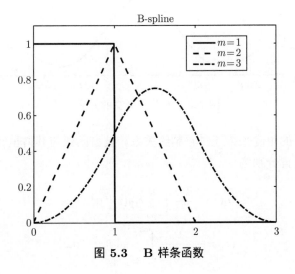

图 5.3　B 样条函数

根据傅里叶变换的卷积定理：

$$f(t)g(t) \overset{\mathcal{F}}{\longleftrightarrow} \frac{1}{2\pi}\hat{f}(\omega) * \hat{g}(\omega) \tag{5.2.6}$$

这里用" ^ "表示信号的傅里叶变换。可见，加窗信号的频谱相当于对原始信号的频谱进行了"加权组合"。我们希望加窗信号的频谱与原始信号的频谱尽可能接近。这意味着 $\hat{g}(\omega)$ 的频宽应尽可能窄，最理想情况为 $\delta(\omega)$，此时两者完全相同。然而根据傅里叶变换的尺度性质：

$$g_s(t) = \frac{1}{\sqrt{s}}g\left(\frac{t}{s}\right) \overset{\mathcal{F}}{\longleftrightarrow} \hat{g}_s(\omega) = \sqrt{s}\hat{g}(s\omega) \tag{5.2.7}$$

频宽变小意味着时宽变大，故失去了时域局部刻画能力。反之，时宽变小则频宽变大，加窗信号的频谱变得更加模糊。以矩形窗函数为例，如图 5.4 所示，设时宽为 $2T$，它对应的

---

① 称集合 $\{t : f(t) \neq 0\}$ 为函数 f 的支撑集（support）。如果该集合是闭的，则称为紧（compact）支集。

频域为 sinc 函数，频宽（主瓣宽度）为 $2\pi/T$，显然两者成反比。这说明，时宽与频宽存在制约关系。

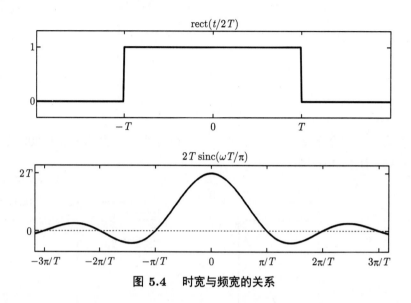

图 5.4　时宽与频宽的关系

也可从时频分析的角度来描述时频制约关系。设窗函数与其傅里叶变换 $g \overset{\mathcal{F}}{\longleftrightarrow} \hat{g}$，定义时域和频域的中心位置分别为

$$t_0 = \frac{1}{\|g\|^2} \int_{-\infty}^{\infty} t|g(t)|^2 \mathrm{d}t \tag{5.2.8}$$

$$\omega_0 = \frac{1}{2\pi\|\hat{g}\|^2} \int_{-\infty}^{\infty} \omega|\hat{g}(\omega)|^2 \mathrm{d}\omega \tag{5.2.9}$$

时宽和频宽分别为

$$\sigma_t = \left(\frac{1}{\|g\|^2} \int_{-\infty}^{\infty} (t-t_0)^2|g(t)|^2 \mathrm{d}t \right)^{1/2} \tag{5.2.10}$$

$$\sigma_\omega = \left(\frac{1}{2\pi\|\hat{g}\|^2} \int_{-\infty}^{\infty} (\omega-\omega_0)^2|\hat{g}(\omega)|^2 \mathrm{d}\omega \right)^{1/2} \tag{5.2.11}$$

根据不确定性原理（uncertainty principle）[81]，时宽与频宽的乘积具有如下关系：

$$\sigma_t\sigma_\omega \geqslant \frac{1}{2} \tag{5.2.12}$$

当且仅当 f 为高斯函数时，上式取等号。这说明两者不可能同时充分地小。

综合上述分析可知，对于短时傅里叶变换，一旦窗函数取定，其时宽与频宽也就固定下来，因此时频分辨率也是固定的。然而实际中更希望时频分辨率是可调节的。具体来说，通常信号的高频信息主要体现在变化比较剧烈的部分，这时希望时宽窄一些，以便刻画这种短时间内的突变信息；而信号的低频信息主要蕴含在变化比较平缓的部分，这时时宽可以宽一些，以反映信号整体的信息。短时傅里叶变换不具备这种特性。而小波变换通过引入一个尺度因子，使得变换具有尺度伸缩的功能，这样就克服了短时傅里叶变换的不足。根据连续小波定义式(5.1.1)及时频尺度性质，小波在低频（大尺度）部分时宽较大、频宽较窄，而在高频（小尺度）部分恰好反之。图 5.5 画出了四类不同表示在时频平面上的划分，其中图 5.5（a），图 5.5（b）分别为时域和频域表示，两者不具备时频局部化能力。短时傅里叶变换的时频单元是固定的，如图 5.5（c）所示。而小波变换的时频单元随尺度伸缩变化，如图 5.5（d）所示，因而更适合分析非平稳信号。有关时频分析的更多内容不在本书的讨论范围之内，感兴趣的读者可参阅相关论著[81-82]。

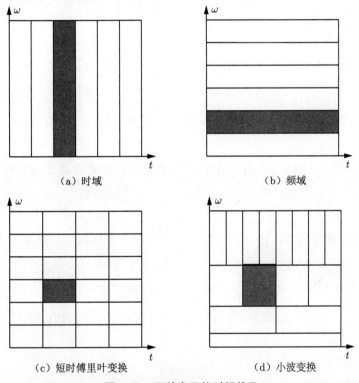

（a）时域　　　　　　　　　　　　　　**（b）频域**

（c）短时傅里叶变换　　　　　　　　　**（d）小波变换**

图 5.5　四种表示的时频单元

5.2.2　短时傅里叶变换与分析滤波器组

本节分析短时傅里叶变换与滤波器组的关系。已知离散时间信号为 $x[n]$，定义离散时间短时傅里叶变换（DT-STFT）为：

$$X(\mathrm{e}^{\mathrm{j}\omega}, mD) = \sum_n x[n]w^*[n-mD]\mathrm{e}^{-\mathrm{j}n\omega} \tag{5.2.13}$$

式中，ω 为归一化角频率；$w[n-mD]$ 是以 $t=mDT$ 为中心的窗函数①。由于窗函数一般为实的，故共轭可以省略。为了保证时域采样信息不丢失，通常假设窗函数的宽度 $L \geqslant D$，

---

① 这里 $t=mDT$ 以连续时间为单位，其中 T 为采样间隔。但对于离散时间信号，也可以忽略采样间隔。

即相邻窗函数允许有重叠部分。图 5.6 给出了当窗函数为三角窗，且 $L = D$ 时的示意图。

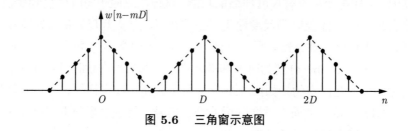

图 5.6　三角窗示意图

离散时间短时傅里叶变换的实现过程可以从滤波器组的角度来阐释，其中包括低通滤波与带通滤波两种实现过程。下面进行详细介绍。

1. 低通滤波实现

为了便于分析，不妨先将 ω 取值固定，记 $\omega = \omega_k$，假设窗函数为实的，将式(5.2.13)重新整理为

$$X(\mathrm{e}^{\mathrm{j}\omega_k}, mD) = \sum_n \left(x[n]\mathrm{e}^{-\mathrm{j}n\omega_k} \right) w[n - mD] \tag{5.2.14}$$

记 $s_k[n] = x[n]\mathrm{e}^{-\mathrm{j}n\omega_k}$，则 $s_k[n]$ 是 $x[n]$ 的复指数调制，两者的频谱关系为

$$S_k(\mathrm{e}^{\mathrm{j}\omega}) = X(\mathrm{e}^{\mathrm{j}(\omega+\omega_k)})$$

若 $X(\mathrm{e}^{\mathrm{j}\omega})$ 的中心频率为零，则 $S_k(\mathrm{e}^{\mathrm{j}\omega})$ 相当于将前者搬移到中心频率位于 $\omega = -\omega_k$ 的位置。

继续将式(5.2.14)改写为

$$X(\mathrm{e}^{\mathrm{j}\omega_k}, mD) = \sum_n s_k[n]\bar{w}[mD - n] = (s_k * \bar{w})[mD] \tag{5.2.15}$$

式中，$\bar{w}[n] = w[-n]$。

式(5.2.15)可以理解为信号 $s_k[n]$ 与 $\bar{w}[n]$ 进行卷积，随后再进行 D 倍抽取，过程如图 5.7 所示。

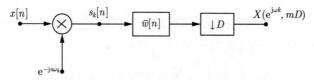

图 5.7　短时傅里叶变换的低通滤波实现过程

下面分析式(5.2.15)的物理意义。根据卷积定理，

$$s_k[n] * \bar{w}[n] \xleftrightarrow{\mathrm{DTFT}} S_k(\mathrm{e}^{\mathrm{j}\omega})\bar{W}(\mathrm{e}^{\mathrm{j}\omega})$$

假设 $\bar{w}[n]$ 关于 $n = 0$ 对称（如图 5.6 所示的三角窗），则 $\bar{W}(\mathrm{e}^{\mathrm{j}\omega})$ 亦关于 $\omega = 0$ 对称，其作用类似于低通滤波器。$S_k(\mathrm{e}^{\mathrm{j}\omega})$ 与 $\bar{W}(\mathrm{e}^{\mathrm{j}\omega})$ 相乘即滤出 $S_k(\mathrm{e}^{\mathrm{j}\omega})$ 在 $\omega = 0$ 附近的频率成分。又由于 $S_k(\mathrm{e}^{\mathrm{j}\omega}) = X(\mathrm{e}^{\mathrm{j}(\omega+\omega_k)})$，实际上滤出的是 $X(\mathrm{e}^{\mathrm{j}\omega})$ 在 $\omega = \omega_k$ 附近的频率成分。图 5.8 给出了上述过程的示意图。

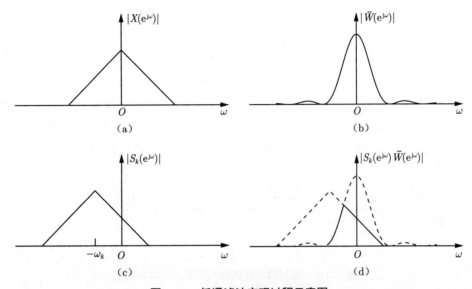

图 5.8　低通滤波实现过程示意图

上述分析过程对任意取值的 ω 都成立。由于离散时间短时傅里叶变换的频谱是以 2π 为周期的，故通常只需考虑一个周期即可。现不妨取 $\omega_k = 2\pi k/D\,(0 \leqslant k \leqslant D-1)$，此时短时傅里叶变换恰好构成一个 D 通道的均匀滤波器组，结构如图 5.9 所示，其中每条支路滤出的是信号 $x[n]$ 在 $t = mDT$，$\omega = \omega_k$ 附近的频率成分。由此可见，短时傅里叶变换具有频谱分析的作用，又称为频谱分析器。

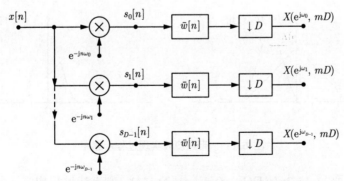

图 5.9　短时傅里叶变换分析滤波器组（低通滤波实现）

2. 带通滤波实现

短时傅里叶变换还可以通过带通滤波的方式来实现。与上面的分析类似，令 $\omega = \omega_k$，将式 (5.2.13) 整理为如下形式：

$$X(\mathrm{e}^{\mathrm{j}\omega_k}, mD) = \sum_n x[n]w[n-mD]\mathrm{e}^{-\mathrm{j}n\omega_k}$$

$$= \mathrm{e}^{-\mathrm{j}mD\omega_k} \sum_n x[n]w[n-mD]\mathrm{e}^{-\mathrm{j}(n-mD)\omega_k}$$

$$= \mathrm{e}^{-\mathrm{j}mD\omega_k} \sum_n x[n]\bar{w}[mD-n]\mathrm{e}^{\mathrm{j}(mD-n)\omega_k}$$

$$= \mathrm{e}^{-\mathrm{j}mD\omega_k}(x*r_k)[mD] \tag{5.2.16}$$

式中，$r_k[n] = \bar{w}[n]\mathrm{e}^{\mathrm{j}n\omega_k} = w[-n]\mathrm{e}^{\mathrm{j}n\omega_k}$。

式(5.2.16)的实现过程如图 5.10 所示，下面分析其物理意义。假设 $\bar{w}[n]$ 依然为低通滤波器，则 $r_k[n]$ 为带通滤波器，中心频率位于 ω_k。信号 $x[n]$ 经过带通滤波再经 $\mathrm{e}^{-\mathrm{j}n\omega_k}$ 调制，即将频谱中心移至原点，该过程如图 5.11 所示。对比低通滤波的结果可知，两种实现过程完全等价。

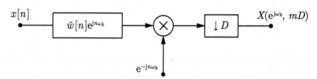

图 5.10　短时傅里叶变换的带通滤波实现过程

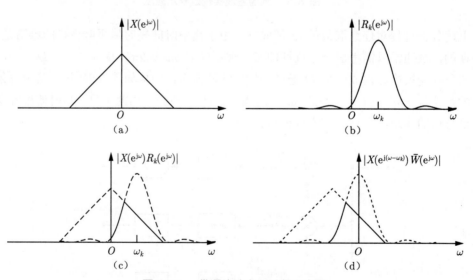

图 5.11　带通滤波实现过程示意图

进一步，若取 $\omega_k = 2\pi k/D\,(k = 0, 1, \cdots, D-1)$，则上述过程构成一个 D 通道均匀滤波器组，结构如图 5.12 所示。

综合上述分析可知，无论是低通滤波实现还是带通滤波实现，其中关键在于将短时傅里叶变换式转化为卷积的形式，即式(5.2.15)或式(5.2.16)。相应地，$\bar{w}[n]$ 可视为低通滤波器，而 $r_k[n]$ 则视为带通滤波器。两种实现方式本质上都是提取信号在 $t = mDT$，$\omega = \omega_k$

附近的频率成分。而随着 m 与 k 的变化，$X(\mathrm{e}^{\mathrm{j}\omega_k}, mD)$ 形成了一幅二维时频谱，如图 5.13 所示。

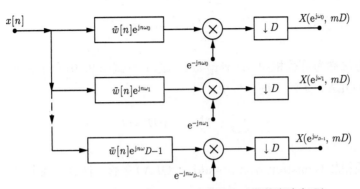

图 5.12　短时傅里叶变换分析滤波器组（带通滤波实现）

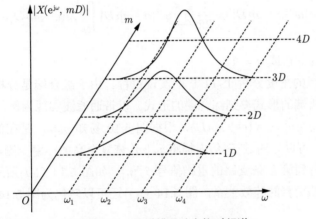

图 5.13　短时傅里叶变换时频谱

5.2.3　逆短时傅里叶变换与综合滤波器组

本节讨论信号重构过程。假设窗函数为实的，记加窗信号 $x_m[n] := x[n]w[n-mD]$，注意到它与时频谱的关系为：$x_m[n] \xleftrightarrow{\mathrm{DTFT}} X(\mathrm{e}^{\mathrm{j}\omega}, mD)$，根据逆离散时间傅里叶变换可知

$$x_m[n] = \frac{1}{2\pi} \int_{2\pi} X(\mathrm{e}^{\mathrm{j}\omega}, mD)\mathrm{e}^{\mathrm{j}n\omega}\mathrm{d}\omega \tag{5.2.17}$$

因此接下来的问题便是如何根据加窗信号 $x_m[n]$ 重构原始信号 $x[n]$。注意到

$$\sum_m x_m[n]w^a[n-mD] = \sum_m x[n]w^{a+1}[n-mD] = x[n]\sum_m w^{a+1}[n-mD] \tag{5.2.18}$$

式中，a 为任意常数。

　若

$$\sum_m w^{a+1}[n-mD] \neq 0 \tag{5.2.19}$$

则 $x[n]$ 可按如下方式重构：

$$x[n] = \frac{\sum\limits_m x_m[n]w^a[n-mD]}{\sum\limits_m w^{a+1}[n-mD]} \qquad (5.2.20)$$

上述重构方法称为重叠相加（overlap-add）法，其中式(5.2.19)为非零重叠相加（nonzero overlap-add，NOLA）条件。进一步地，若

$$\sum\limits_m w^{a+1}[n-mD] = C \qquad (5.2.21)$$

则称为常数重叠相加（constant overlap-add，COLA）条件。注意上述条件均为信号重构的充分条件。

根据重叠相加法，可以定义逆短时傅里叶变换（ISTFT）为

$$\hat{x}[n] = \sum_m x_m[n]w^a[n-mD] = \frac{1}{2\pi}\sum_m w^a[n-mD]\int_{2\pi} X(\mathrm{e}^{\mathrm{j}\omega}, mD)\mathrm{e}^{\mathrm{j}n\omega}\mathrm{d}\omega \qquad (5.2.22)$$

式中，a 通常可取 $a=0$ 或 $a=1$。

下面从滤波器组的角度分析 ISTFT 的实现过程。由于综合端是分析端的逆过程，因此可以直接根据分析端的形式得到综合端的形式。以带通滤波实现为例，记分析端第 k 条支路得到的输出为 $y_k[m] = X(\mathrm{e}^{\mathrm{j}\omega_k}, mD)$，根据图 5.10 易知 $y_k[m]$ 是在低抽样率一侧的信号。因此在综合端，可以先通过 D 倍内插将 $y_k[m]$ 恢复至高抽样率一侧，再经过复指数调制与除镜像滤波，得到第 k 条支路的重构信号 $\hat{x}_k[n]$，如图 5.14（a）所示。为了降低计算量，根据内插与乘法运算的等效关系，图 5.14（a）还可以转化为图 5.14（b）的形式。

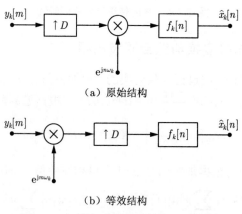

（a）原始结构

（b）等效结构

图 5.14 综合滤波器组的第 k 条支路

最后，将所有支路的重构信号叠加便得到重构信号 $\hat{x}[n]$，结构如图 5.15 所示。

以上介绍了 ISTFT 通过滤波器组的实现过程，对于综合端的滤波器 $f_k[n]$ 的具体形式并没有详细讨论。事实上，$f_k[n]$ 与窗函数 $w[n]$ 密切联系。而为保证 ISTFT 满足完全重构，

窗函数应满足 NOLA 或 COLA 条件。此外，实际中还需考虑数值计算精度的问题。限于篇幅，本书不再作详细分析，有关内容读者可参见文献[83]。

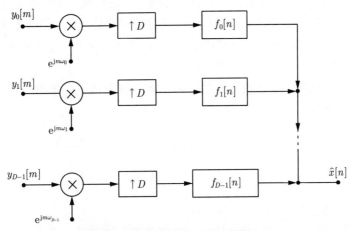

图 5.15 ISTFT 综合滤波器组

5.3 Haar 小波变换与滤波器组

5.3.1 近似与细节

Haar 小波[①]是学术界公认的第一个小波系统，该系统由 Haar 在研究正交函数系统理论中提出[84]。Haar 小波基是一种具有有限支撑且正交的基函数，它的形式非常简单，但蕴含的多分辨分析（multi-resolution analysis，MRA）思想却极其深刻。为了让读者更加直观地理解 Haar 小波变换，本节首先通过一个例子说明该变换的计算过程，随后再对相关理论进行详细介绍。

考虑一个长度为 2 的离散信号 $x = \{x_0, x_1\}$，对它作如下运算：

$$a = (x_0 + x_1)/2 \tag{5.3.1a}$$

$$d = x_0 - x_1 \tag{5.3.1b}$$

a, d 分别称为信号 x 的近似（approximation）与细节（detail）。

注意到

$$x_0 = a + d/2 \tag{5.3.2a}$$

$$x_1 = a - d/2 \tag{5.3.2b}$$

这说明原始信号可从近似与细节中恢复，换言之上述计算过程是可逆的。因此得到原始信号的一种等价的表示：$x = \{a, d\}$。

---

① 事实上 Haar 在研究时还没有"小波"的概念。

这样表示有何优势呢？一方面，实际的信号在平滑区域往往具有很强的局部相关性，即相邻时刻的幅值很接近（如 $x_0 \approx x_1$）。因此可以由 a 近似信号的真实值 x_0, x_1，误差为 $\pm d/2$。由于 d 很小，故可以用较少的字节进行编码，这样就能实现信号压缩。另一方面，较大的 d 意味着信号发生了突变，突变可能是信号的重要信息（如图像中的边缘），也可能是噪声或异常值。因此通过 d 可以准确刻画突变的幅度及位置，这对于分析非平稳信号尤其有利。

上述计算方式可以推广至任意长度的信号。为了便于描述，考虑长度 $L = 2^N$ 的信号 $x = \{x_n, 0 \leqslant n \leqslant 2^N - 1\}$，按如下方式进行计算：

$$a_{1,n} = (x_{2n} + x_{2n+1})/2, \ 0 \leqslant n \leqslant 2^{N-1} - 1 \tag{5.3.3a}$$

$$d_{1,n} = x_{2n} - x_{2n+1}, \ 0 \leqslant n \leqslant 2^{N-1} - 1 \tag{5.3.3b}$$

于是得到原始信号的等价表示：$x = \{a_1, d_1\}$。

由于 a_1 是原始信号的近似，可以对 a_1 继续执行上述计算，即

$$a_{2,n} = (a_{1,2n} + a_{1,2n+1})/2, \ 0 \leqslant n \leqslant 2^{N-2} - 1 \tag{5.3.4a}$$

$$d_{2,n} = a_{1,2n} - a_{1,2n+1}, \ 0 \leqslant n \leqslant 2^{N-2} - 1 \tag{5.3.4b}$$

于是原始信号可以表示为 $x = \{a_2, d_2, d_1\}$。以此类推，计算可以逐级进行。图 5.16 给出了 $L = 4$ 的二级分解示意图，注意到由下至上信号长度（采样率）逐级减半，类似于金字塔的结构，因此也称为金字塔分解（pyramid decomposition）。

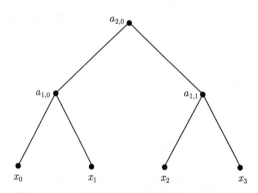

图 5.16   二级金字塔分解示意图（$L = 4$）

上述计算过程即为 Haar 小波变换，该变换蕴含了 MRA 的思想，即将信号逐级分解，从而得到不同分辨率[①]下的近似与细节。其中，近似表示信号的整体平均信息，细节表示信号的局部变化信息。相比于基于傅里叶变换的时频分析方法，小波变换为信号分析提供了一种新的视角。

---

① 分辨率（resolution）是指单位空间（如距离、面积）上的采样点数。对于一维信号，由于通常以"时间"为自变量，因此单位时间的采样点数即为采样率。由于分辨率的含义更宽泛，因此本章使用"分辨率"进行表述。

5.3.2 Haar 尺度函数与小波函数

本节将采用更为严格的数学语言描述 Haar 小波变换的原理，其中涉及两个重要的函数，即 Haar 尺度函数（scaling function）与 Haar 小波函数（wavelet function）。

定义 5.1 令 $\varphi(t)$ 为 $[0,1)$ 区间上的指示函数，即

$$\varphi(t) = \chi_{[0,1)}(t) = \begin{cases} 1, & t \in [0,1) \\ 0, & \text{其他} \end{cases} \tag{5.3.5}$$

定义

$$\psi(t) = \varphi(2t) - \varphi(2t-1) \tag{5.3.6}$$

分别称 $\varphi(t)$、$\psi(t)$ 为 Haar 尺度函数和 Haar 小波函数。

Haar 尺度函数和 Haar 小波函数如图 5.17 所示。

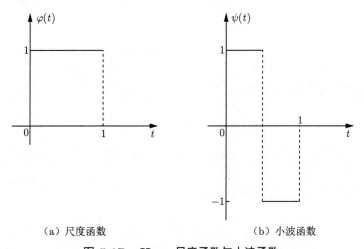

（a）尺度函数　　　　　　　（b）小波函数

图 5.17　Haar 尺度函数与小波函数

现考虑由 $\{\varphi(t-k)\}_{k\in\mathbb{Z}}$ 张成的线性空间的闭包，记为[①]$V_0 = \overline{\text{span}}\{\varphi(t-k)\}_{k\in\mathbb{Z}}$，于是对于任意 $f(t) \in V_0$ 可表示为

$$f(t) = \sum_k a_k \varphi(t-k) \tag{5.3.7}$$

注意到

$$\langle \varphi(t-k_1), \varphi(t-k_2) \rangle = \int_{\mathbb{R}} \varphi(t-k_1)\varphi^*(t-k_2)\mathrm{d}t = \delta(k_1 - k_2) \tag{5.3.8}$$

---

① 已知一组函数集 $\{g_n\}_{n\in\mathcal{I}}$，其中 $\mathcal{I}$ 为索引集，由 $\{g_n\}_{n\in\mathcal{I}}$ 中任意有限个元素的线性组合构成的集合称为 $\{g_n\}_{n\in\mathcal{I}}$ 张成的线性空间，记为 $\text{span}\{g_n\}_{n\in\mathcal{I}}$。即对于任意 $f \in \text{span}\{g_n\}_{n\in\mathcal{I}}$，$f = \sum_{k\in\mathcal{K}} c_k g_k$，其中 $\mathcal{K} \subset \mathcal{I}$ 为有限可数集。对于无限项的线性组合（即级数），通常不能保证级数收敛。为此，一般考虑线性张成空间的闭包（closure），记为 $\overline{\text{span}}\{g_n\}_{n\in\mathcal{I}}$，即如果 $f \in \overline{\text{span}}\{g_n\}_{n\in\mathcal{I}}$，意味着对任意的 $\varepsilon > 0$，存在 $g \in \text{span}\{g_n\}_{n\in\mathcal{I}}$，使得 $||f - g|| < \varepsilon$。

式中，* 表示复共轭。因此 $\{\varphi(t-k)\}_{k\in\mathbb{Z}}$ 构成 V_0 中的一组标准正交基，即对于任意 $f(t)\in V_0$，

$$f(t)=\sum_k a_k\varphi(t-k)=\sum_k\langle f(t),\varphi(t-k)\rangle\varphi(t-k) \tag{5.3.9}$$

结合物理意义来看，$\{\varphi(t-k)\}_{k\in\mathbb{Z}}$ 可用于表示任意在整数点（时刻）上不连续的分段恒值信号（piecewise constant signal），如图 5.18所示。当然，这种表示具有很大的局限性。试想一个信号若在非整数点发生突变，则 $\{\varphi(t-k)\}_{k\in\mathbb{Z}}$ 无法精确刻画突变的位置及幅度。这是因为基函数的支撑集长度均为 1。为此，可以考虑具有更短支撑集的基函数。

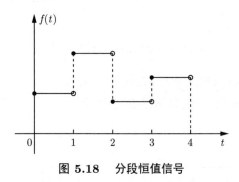

图 5.18　分段恒值信号

定义尺度伸缩算子和平移算子：

$$D_\alpha f(t)=\sqrt{\alpha}f(\alpha t),\ \alpha>0 \tag{5.3.10}$$

$$T_\tau f(t)=f(t-\tau),\ \tau\in\mathbb{R} \tag{5.3.11}$$

现对 $\varphi(t)$ 作整数平移与二进尺度伸缩变换，即

$$\varphi_{j,k}(t)=D_{2^j}T_k\varphi(t)=\sqrt{2^j}\varphi(2^j t-k),\ j,k\in\mathbb{Z} \tag{5.3.12}$$

注意到 $\varphi_{j,k}(t)$ 的支撑集为 $[k/2^j,(k+1)/2^j)$，j 越大，支撑集越小，对信号局部信息的分辨能力就越强。因此 j 也可用于表示分辨率的大小。

记 $V_j=\overline{\operatorname{span}}\{\varphi_{j,k}(t)\}_{k\in\mathbb{Z}}$，即 V_j 包含所有在 $k/2^j(k\in\mathbb{Z})$ 上不连续的分段恒值信号，称 V_j 为近似空间。对于任意固定的 j，易知

$$\langle\varphi_{j,k_1},\varphi_{j,k_2}\rangle=\int_{\mathbb{R}}\varphi_{j,k_1}(t)\varphi_{j,k_2}^*(t)\mathrm{d}t=\delta(k_1-k_2) \tag{5.3.13}$$

因此 $\{\varphi_{j,k}(t)\}_{k\in\mathbb{Z}}$ 构成 V_j 的一组标准正交基。于是对于任意 $f(t)\in V_j$，

$$f(t)=\sum_k a_{j,k}\varphi_{j,k}(t)=\sum_k\langle f,\varphi_{j,k}\rangle\varphi_{j,k}(t) \tag{5.3.14}$$

下面结合上一节给出的两点信号 $x=\{x_0,x_1\}$ 说明尺度函数在信号表示中的作用。

例 5.1 设 $[0, 1)$ 上恒值持续时间为 $1/2$ 的分段恒值信号：

$$f(t) = x_0 \chi_{[0, \frac{1}{2})}(t) + x_1 \chi_{[\frac{1}{2}, 1)}(t)$$

如图 5.19（a）所示。事实上，$f(t)$ 即为离散信号 $x = \{x_0, x_1\}$ 连续化的结果。

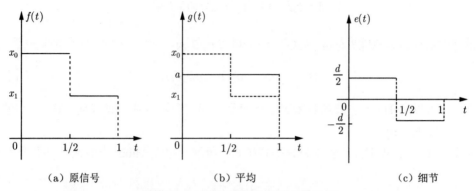

（a）原信号　　　　　　（b）平均　　　　　　（c）细节

图 5.19 分段恒值信号的多尺度表示

注意到 $\chi_{[0, \frac{1}{2})}(t) = \varphi_{1,0}(t)/\sqrt{2}$，$\chi_{[\frac{1}{2}, 1)}(t) = \varphi_{1,1}(t)/\sqrt{2}$，因此 $f(t)$ 可表示为

$$f(t) = (x_0 \varphi_{1,0}(t) + x_1 \varphi_{1,1}(t))/\sqrt{2}$$

类似地，由于 $a = (x_0 + x_1)/2$ 是 x 的近似，故可视为 $[0, 1)$ 上恒值持续时间为 1 的分段恒值信号，如图 5.19（b）所示，易知

$$g(t) = a\chi_{[0, 1)}(t) = a\varphi_{0,0}(t)$$

记 $e(t) = f(t) - g(t)$，如图 5.19（c）所示，易知

$$e(t) = f(t) - g(t) = d(\varphi_{1,0}(t) - \varphi_{1,1}(t))/2\sqrt{2} \tag{5.3.15}$$

$e(t)$ 表示 $g(t)$ 相较于 $f(t)$ 缺失的细节信息。

注意到若 $f(t) \neq g(t)$，则 $e(t) \neq 0$。此时 $e(t) \in V_1$ 但 $e(t) \notin V_0$，这说明 $V_0 \subset V_1$。事实上，由于 V_0 包含恒值持续时间为 1 的信号，而 V_1 包含恒值持续时间为 $1/2$ 的信号，因此后者的分辨率更高。更一般地，对于任意的 $j \in \mathbb{Z}$，$V_j \subset V_{j+1}$。对于 V_{j+1} 中的信号，如果用低一级分辨率去近似，则必然会丢失细节信息。从数学角度来描述，细节信息属于 V_j 的正交补[①]W_j，称 W_j 为细节空间。$V_{j+1} = V_j \oplus W_j$，三者的关系如图 5.20 所示。

[①] 设 V 是内积空间 U 的子空间，V 的正交补空间是所有与 V 正交，且在 U 中的向量集合，即

$$W = \{w \in U : \langle v, w \rangle = 0, v \in V\}$$

如果 U 是有限维空间，则对于任意 $u \in U$，可以唯一地表示为 $u = v + w$，其中 $v \in V, w \in W$，记为

$$U = V \oplus W$$

$\oplus$ 表示空间直和（direct sum）。

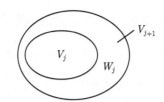

图 5.20　V_j, W_j, V_{j+1} 的关系图

如何表示细节信息呢？注意到式(5.3.15)可以化简为

$$e(t) = f(t) - g(t) = d\psi(t)/2 \tag{5.3.16}$$

故细节恰好可以用 Haar 小波函数来表示。对于一般情况，下述定理表明，Haar 小波函数构成细节空间的一组基。

定理 5.1　已知 Haar 小波函数如式(5.3.6)所示，定义 Haar 小波函数的平移与尺度伸缩：

$$\psi_{j,k}(t) = D_{2^j} T_k \psi(t) = \sqrt{2^j}\psi(2^j t - k),\ j, k \in \mathbb{Z} \tag{5.3.17}$$

并记 $W_j = \overline{\mathrm{span}}\{\psi_{j,k}(t)\}_{k\in\mathbb{Z}}$，则 $\{\psi_{j,k}(t)\}_{k\in\mathbb{Z}}$ 构成 W_j 中的一组标准正交基，且 W_j 为 V_j 的正交补空间。

证明　首先考虑 $j = 0$ 的情况。根据 Haar 小波函数的定义式(5.3.6)，易知 $\psi(t) \in V_1$，且

$$\langle \psi(t-k_1), \psi(t-k_2)\rangle = \int_{\mathbb{R}} \psi(t-k_1)\psi^*(t-k_2)\mathrm{d}t = \delta(k_1 - k_2)$$

$$\langle \psi(t-k_1), \varphi(t-k_2)\rangle = \int_{\mathbb{R}} \psi(t-k_1)\varphi^*(t-k_2)\mathrm{d}t = 0, \forall k_1, k_2 \in \mathbb{Z}$$

令 $W_0 = \overline{\mathrm{span}}\{\psi(t-k)\}_{k\in\mathbb{Z}}$，于是 $\{\psi(t-k)\}_{k\in\mathbb{Z}}$ 构成 W_0 中的一组标准正交基，且 W_0 为 V_0 的正交补空间。

对于 $j \neq 0$ 的情况，证明与上述过程类似，读者可自行推导。

根据定理 5.1，对于任意 $f(t) \in W_j$，

$$f(t) = \sum_k d_{j,k}\psi_{j,k}(t) = \sum_k \langle f, \psi_{j,k}\rangle \psi_{j,k}(t) \tag{5.3.18}$$

综合上述分析可知，$\{\varphi_{j,k}(t)\}_{k\in\mathbb{Z}}$ 为 V_j 中的一组标准正交基，$\{\psi_{j,k}(t)\}_{k\in\mathbb{Z}}$ 为 W_j 中的一组标准正交基。两者分别用于表示信号在分辨率 j 下的近似与细节。j 越大，基函数刻画细节的能力就越强。当 $j \to \infty$ 时，V_j 逼近 $L^2(\mathbb{R})$[①]。下述定理说明，尺度函数与小波函数共同构成 $L^2(\mathbb{R})$ 中的一组基。

---

① $L^2(\mathbb{R})$ 指平方可积空间，即

$$L^2(\mathbb{R}) = \left\{ f(t) \left| \int_{\mathbb{R}} \left| f(t)\right|^2 \mathrm{d}t < \infty \right. \right\}$$

定理 5.2 Haar 尺度函数与 Haar 小波函数 $\{\varphi_{J,k}(t), \psi_{j,k}(t), j \geqslant J\}_{k \in \mathbb{Z}}$ 构成 $L^2(\mathbb{R})$ 中的一组标准正交基，其中 J 为固定整数。对于任意 $f(t) \in L^2(\mathbb{R})$，

$$f(t) = \sum_k a_{J,k}\varphi_{J,k}(t) + \sum_{j \geqslant J}\sum_k d_{j,k}\psi_{j,k}(t) = f_J(t) + \sum_{j \geqslant J} w_j(t) \tag{5.3.19}$$

或用函数空间表示为

$$L^2(\mathbb{R}) = V_J \oplus W_J \oplus W_{J+1} \oplus \cdots \tag{5.3.20}$$

上述定理的详细证明参见文献 [85]。式 (5.3.19) 说明，任意信号可以表示为分辨率 $j = J$ 下的近似以及分辨率 $j \geqslant J$ 的细节。这就是多分辨分析或多尺度表示（multi-scale representation）的思想。

5.3.3 Haar 小波变换的分解与重构算法

Haar 小波变换即是将高分辨率空间中的信号分解为低分辨率空间中的近似与其正交补空间中的细节。假设信号 $f(t)$ 在 V_j 中的近似为

$$f_j(t) = \sum_k a_{j,k}\varphi_{j,k}(t) = \sum_k \langle f_j, \varphi_{j,k}\rangle \varphi_{j,k}(t) \tag{5.3.21}$$

因为 $V_j = V_{j-1} \oplus W_{j-1}$，故 $f_j(t)$ 又可以表示为

$$f_j(t) = \sum_k a_{j-1,k}\varphi_{j-1,k}(t) + \sum_k d_{j-1,k}\psi_{j-1,k}(t) \tag{5.3.22}$$

下面求系数 $a_{j-1,k}$ 与 $d_{j-1,k}$。

首先，由于 $\{\varphi_{j-1,k}(t)\}_{k \in \mathbb{Z}}$ 是 V_{j-1} 中的一组标准正交基，且 V_{j-1} 与 W_{j-1} 正交，故

$$a_{j-1,k} = \langle f_j, \varphi_{j-1,k}\rangle$$

同理可得

$$d_{j-1,k} = \langle f_j, \psi_{j-1,k}\rangle$$

注意到

$$\varphi_{j-1,k}(t) = \frac{1}{\sqrt{2}}(\varphi_{j,2k}(t) + \varphi_{j,2k+1}(t)) \tag{5.3.23}$$

$$\psi_{j-1,k}(t) = \frac{1}{\sqrt{2}}(\varphi_{j,2k}(t) - \varphi_{j,2k+1}(t)) \tag{5.3.24}$$

因此，

$$a_{j-1,k} = \langle f_j, \varphi_{j-1,k}\rangle = \frac{1}{\sqrt{2}}\left(\langle f_j, \varphi_{j,2k}\rangle + \langle f_j, \varphi_{j,2k+1}\rangle\right) = \frac{1}{\sqrt{2}}(a_{j,2k} + a_{j,2k+1}) \tag{5.3.25a}$$

$$d_{j-1,k} = \langle f_j, \psi_{j-1,k}\rangle = \frac{1}{\sqrt{2}}\left(\langle f_j, \varphi_{j,2k}\rangle - \langle f_j, \varphi_{j,2k+1}\rangle\right) = \frac{1}{\sqrt{2}}(a_{j,2k} - a_{j,2k+1}) \tag{5.3.25b}$$

或写成矩阵形式：

$$\begin{bmatrix} a_{j-1,k} \\ d_{j-1,k} \end{bmatrix} = \frac{1}{\sqrt{2}} \begin{bmatrix} 1 & 1 \\ 1 & -1 \end{bmatrix} \begin{bmatrix} a_{j,2k} \\ a_{j,2k+1} \end{bmatrix} \tag{5.3.26}$$

由此可见，信号 $f(t)$ 在 V_{j-1}, W_{j-1} 中的系数均可由 V_j 中的系数计算得出。事实上，这是由基函数的多尺度关系，即式(5.3.23)与式(5.3.24)决定的。式(5.3.25)或式(5.3.26)即为 Haar 小波变换的分解算法。

注意与 5.3.1 节介绍的 Haar 小波变换相比较，两者在变换系数上有所区别。但这并不影响 Haar 小波变换的物理意义及性质。这里不妨用矩阵形式将 5.3.1 节定义的形式再次写出：

$$\begin{bmatrix} a_{j-1,k} \\ d_{j-1,k} \end{bmatrix} = \begin{bmatrix} 1/2 & 1/2 \\ 1 & -1 \end{bmatrix} \begin{bmatrix} a_{j,2k} \\ a_{j,2k+1} \end{bmatrix} \tag{5.3.27}$$

将式(5.3.26)所定义的形式称为标准化 Haar 小波变换；而式(5.3.27)称为非标准化 Haar 小波变换。此外值得一提的是，Haar 小波变换的系数矩阵也不局限于式(5.3.26)或式(5.3.27)的形式。例如将式(5.3.26)中的系数矩阵两列交换，这意味着差变为奇数次项减偶数次项，与之前结果相比相差一个负号，这并不影响变换的性质。

根据式(5.3.26)，很容易得到标准化 Haar 小波变换的重构算法：

$$a_{j,2k} = \frac{1}{\sqrt{2}} (a_{j-1,k} + d_{j-1,k}) \tag{5.3.28a}$$

$$a_{j,2k+1} = \frac{1}{\sqrt{2}} (a_{j-1,k} - d_{j-1,k}) \tag{5.3.28b}$$

或写作：

$$\begin{bmatrix} a_{j,2k} \\ a_{j,2k+1} \end{bmatrix} = \frac{1}{\sqrt{2}} \begin{bmatrix} 1 & 1 \\ 1 & -1 \end{bmatrix} \begin{bmatrix} a_{j-1,k} \\ d_{j-1,k} \end{bmatrix} \tag{5.3.29}$$

这说明 Haar 小波变换是可逆的。读者可以自行写出非标准化 Haar 小波变换的重构表达式。

下面来看一个例子。

例 5.2 已知时长 1s 的信号 $f(t)$ 如图 5.21（a）所示，它在 $t = 0.2$ 与 $t = 0.6$ 时刻存在突变。现以采样率 $F_s = 256\text{Hz}$ 对它进行采样，可得

$$f(t) \approx f_8(t) = \sum_{k=0}^{2^8-1} a_{8,k} \varphi(2^8 t - k)$$

其中[①]$a_{8,k} \approx f(k/2^8)$。信号波形如图 5.21（b）所示。

对该信号进行 Haar 小波变换[②]，为了保证近似信号的动态范围与原始信号一致，这里选择用式(5.3.27)定义的形式。图 5.21（c）展示了 f 在 V_7 中的近似信号。可以看出，近

---

① 严格来讲，$a_{j,k} = \langle f, \varphi_{j,k} \rangle$，除非 $f \in V_j$，否则一般情况下 $a_{j,k} \neq f(k/2^j)$。因此这里用约等号表示。在实际应用中，一般将原始的采样信号视为最高分辨率，因此这种近似是可接受的。

② 本例采用 MATLAB 小波工具箱（wavelet toolbox）所提供的一维离散小波变换函数 `wavedec`，详细代码见附录 A.2。

似信号基本保留了原始信号的波形，但由于分辨率降低（基函数的支撑集宽度由 $1/2^8$ 变为 $1/2^7$），波形出现了明显的阶梯状。图 5.21（d）表示 f 在 W_7 中的细节系数。可以看出，在 $t = 0.2$ 与 $t = 0.6$ 时刻细节幅度变化较大，这恰好对应原始信号发生突变的位置；而在其他时刻，细节幅度主要在 0 附近波动。由此可见，小波变换的细节系数能够同时刻画信号变化的幅度与位置，因而具有时频局部化的表示能力。此外，在信号奇异部分（如边缘、突变等），细节系数绝对值较大；在正则（平滑）部分，细节系数绝对值较小，因此具有稀疏表示的特点。

继续对 a_7 进行分解，图 5.21（e）～ 图 5.21（h）分别展示了 V_6, V_5 中的近似及细节系数。显然，随着分辨率的降低，信号的阶梯状愈加明显，这意味着损失的细节信息增多，但整体依然保留了原始信号的形式。

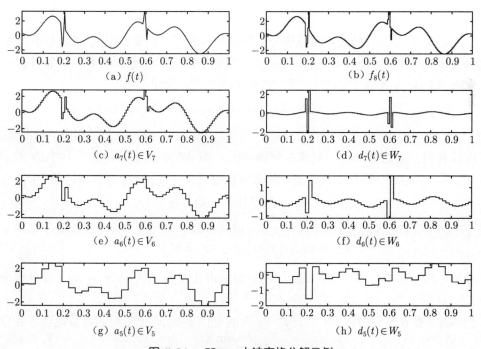

图 5.21　Haar 小波变换分解示例

5.4　离散小波变换与滤波器组

5.3 节详细介绍了 Haar 小波变换的原理及算法。而 Haar 小波仅是小波家族中的成员之一。自 20 世纪 80 年代起，在诸多学者的工作推动之下，小波理论快速发展，产生了众多不同的小波。特别是 Mallat 与 Meyer 建立了多分辨分析理论[81,86]，使得小波变换具有快速离散化算法，同时可与滤波器组联系起来。本节将从一般形式讨论离散小波变换的原理，首先简要介绍多分辨分析理论，随后给出离散小波变换算法及它与滤波器组的关系。

5.4.1 多分辨分析

首先给出多分辨分析（multiresolution analysis，MRA）的定义。

定义 5.2 已知 $\{V_j\}_{j\in\mathbb{Z}}$ 是 $L^2(\mathbb{R})$ 中一系列子空间，称 $\{V_j\}_{j\in\mathbb{Z}}$ 为多分辨分析，如果满足如下条件：

(1) $V_j \subset V_{j+1}, \forall j \in \mathbb{Z}$；

(2) $\overline{\cup_j V_j} = L^2(\mathbb{R})$；

(3) $\cap_j V_j = \{0\}$；

(4) $f(t) \in V_j$ 当且仅当 $f(2^{-j}t) \in V_0$；

(5) 存在 $\varphi(t) \in L^2(\mathbb{R})$，使得 $\{\varphi(t-k)\}_{k\in\mathbb{Z}}$ 为 V_0 的一组标准正交基，且

$$V_0 = \overline{\mathrm{span}}\{\varphi(t-k)\}_{k\in\mathbb{Z}}$$

称 $\varphi(t)$ 为尺度函数。

根据定义 5.2，尺度函数在多分辨分析理论中具有至关重要的作用。5.3 节中，由 Haar 尺度函数及其平移 $\{\varphi(t-k)\}_{k\in\mathbb{Z}}$ 构成 V_0 空间中的一组标准正交基，进而 $\{\varphi_{j,k}(t) = \sqrt{2^j}\varphi(2^jt-k)\}_{k\in\mathbb{Z}}$ 构成 V_j 空间中的一组标准正交基，这里

$$V_j = \overline{\mathrm{span}}\{\varphi_{j,k}(t)\}_{k\in\mathbb{Z}}, j \in \mathbb{Z} \tag{5.4.1}$$

因此 $\{V_j\}_{j\in\mathbb{Z}}$ 是由 Haar 尺度函数生成的。读者可以验证，$\{V_j\}_{j\in\mathbb{Z}}$ 满足多分辨分析的定义。

可以利用上述思路构造一般的多分辨分析。如果存在某函数 $g(t)$，其平移 $T_k g(t) = g(t-k), k \in \mathbb{Z}$ 构成一组标准正交集，那么可以定义由 $\{T_k g(t)\}_{k\in\mathbb{Z}}$ 张成的子空间：

$$V_0 = \overline{\mathrm{span}}\{g(t-k)\}_{k\in\mathbb{Z}}$$

于是 $\{T_k g(t)\}_{k\in\mathbb{Z}}$ 是 V_0 的一组标准正交基。进而可以利用尺度伸缩变换生成子空间 V_j，即

$$V_j = \{f(t) : f(2^{-j}t) \in V_0\}$$

可以验证，$\{2^{j/2}g(2^jt-k)\}_{j,k\in\mathbb{Z}}$ 是 V_j 的一组标准正交基，且 $\{V_j\}_{j\in\mathbb{Z}}$ 满足多分辨分析的定义。

例 5.3（香农多分辨分析） 已知 V_0 为所有在 $[-\pi, \pi]$ 上带限的函数集合，并令

$$\varphi(t) = \frac{\sin \pi t}{\pi t}$$

可以验证，$\{\varphi(t-k)\}_{k\in\mathbb{Z}}$ 构成标准正交基。

根据采样定理，对于任意的 $f(t) \in V_0$，

$$f(t) = \sum_k f(k)\varphi(t-k) = \sum_k f(k)\frac{\sin \pi(t-k)}{\pi(t-k)}$$

于是 $\{\varphi(t-k)\}_{k\in\mathbb{Z}}$ 为 V_0 的一组标准正交基。事实上，$V_0 = \overline{\mathrm{span}}\{g(t-k)\}_{k\in\mathbb{Z}}$。

进一步定义

$$V_j = \{f(t) : f(2^{-j}t) \in V_0\}$$

即 V_j 包含所有在 $[-2^j\pi, 2^j\pi]$ 上带限的函数集合。可以验证，V_j 满足多分辨分析定义中的条件 (1)~(4)，因此 $\{V_j\}_{j\in\mathbb{Z}}$ 构成一个多分辨分析。

5.4.2 尺度函数与小波函数

5.3节介绍了 Haar 小波变换，该变换的基本思想是将信号分解为不同分辨率下的近似与细节，其中 Haar 尺度函数与 Haar 小波函数至关重要，两者分别决定了近似空间 V_j 与细节空间 W_j 的基函数。对于一般的小波变换，依然延续了 Haar 小波变换的思想，即包括一个尺度函数和一个小波函数[①]，只不过形式更加丰富。本节的相关结论可以类比于 Haar 小波得到，下面不加证明地给出。关于这些定理的证明，已超出本书所讨论的范围，感兴趣的读者可参考小波分析相关文献[85]。

定理 5.3 设 $\{V_j\}_{j \in \mathbb{Z}}$ 是由 $\varphi(t)$ 生成的多分辨分析，则对于任意的 $j \in \mathbb{Z}$,

$$\{\varphi_{j,k}(t) = 2^{j/2}\varphi(2^j t - k)\}_{k \in \mathbb{Z}}$$

是 V_j 的一组标准正交基。

注意到 $\varphi(t) \in V_0 \subset V_1$，根据定理 5.3，$\varphi(t)$ 可以用 V_1 中的基函数来表示，即

$$\varphi(t) = \sum_k h_k \varphi_{1,k}(t) = \sum_k h_k \sqrt{2}\varphi(2t - k) \tag{5.4.2}$$

式中，h_k 表示系数，以下假设 h_k 是实的。式(5.4.2)刻画了尺度函数在 V_0 与 V_1 之间的关系，称为两尺度方程（two-scale equation）。相应地，两尺度方程在频域的表示为

$$\hat{\varphi}(\omega) = \frac{1}{\sqrt{2}} H\left(\frac{\omega}{2}\right) \hat{\varphi}\left(\frac{\omega}{2}\right) \tag{5.4.3}$$

式中，$H(\omega) = \sum_k h_k e^{-j\omega k}$ 称为尺度滤波器。根据尺度函数的正交性，尺度滤波器具有如下性质。

命题 5.1 尺度滤波器具有如下性质：

(1) $\sum_k h_k = \sqrt{2}$ $\tag{5.4.4}$

(2) $\sum_k h_{2k} = \sum_k h_{2k+1} = 1/\sqrt{2}$ $\tag{5.4.5}$

(3) $\sum_k h_k h_{k-2n} = \delta(n)$ $\tag{5.4.6}$

(4) $|H(\omega)|^2 + |H(\omega + \pi)|^2 = 2$ $\tag{5.4.7}$

将上述性质的证明留给读者，见习题 5.3。稍后会看到，离散小波变换算法与尺度滤波器密切联系。特别是性质（命题 5.1(4)）保证了小波滤波器组能够实现完全重构。

根据多分辨分析的嵌套性质，即 $V_j \subset V_{j+1}$，若信号 $f(t) \in V_{j+1}$，则在 V_j 中表示必然会丢失一部分细节。类似于 Haar 小波变换的分析，需要构造 V_j 的正交补空间的一组基，用以表示这类细节信息。这就引出了小波函数。

---

① 本节依然使用 $\varphi(t)$ 和 $\psi(t)$ 分别表示尺度函数和小波函数。

定义 5.3 设 $\{V_j\}_{j\in\mathbb{Z}}$ 是由 $\varphi(t)$ 生成的多分辨分析，h_k 为尺度滤波器。定义小波函数为

$$\psi(t) = \sum_k g_k\varphi_{1,k}(t) = \sum_k g_k\sqrt{2}\varphi(2t-k) \tag{5.4.8}$$

其中[①]

$$g_k = (-1)^k h_{1-k} \tag{5.4.9}$$

可以验证，$\psi(t) \in V_1$ 且 $\psi(t) \perp V_0$。下述定理表明，由小波函数伸缩和平移组成的函数集构成正交补空间的一组基。

定理 5.4 已知小波函数如定义(5.3)所示，定义小波函数的伸缩与平移：

$$\psi_{j,k}(t) = \sqrt{2^j}\psi(2^jt-k),\ j,k\in\mathbb{Z} \tag{5.4.10}$$

并令 $W_j = \overline{\text{span}}\{\varphi_{j,k}(t)\}_{k\in\mathbb{Z}}$，则 W_j 为 V_j 的正交补空间，且 $\{\psi_{j,k}(t)\}_{k\in\mathbb{Z}}$ 构成 W_j 中的一组标准正交基。

式(5.4.8)称为小波方程，在频域表示为

$$\hat{\psi}(\omega) = \frac{1}{\sqrt{2}}G\left(\frac{\omega}{2}\right)\hat{\varphi}\left(\frac{\omega}{2}\right) \tag{5.4.11}$$

式中，$G(\omega) = \sum_k g_k\mathrm{e}^{-\mathrm{j}\omega k}$ 称为小波滤波器，具有如下性质。

命题 5.2 小波滤波器具有如下性质：

(1) $\sum_k g_k = 0$ \hfill (5.4.12)

(2) $\sum_k g_k g_{k-2n} = \delta(n)$ \hfill (5.4.13)

(3) $\sum_k g_k h_{k-2n} = 0$ \hfill (5.4.14)

(4) $G(\omega) = \mathrm{e}^{-\mathrm{j}(\omega+\pi)}H^*(\omega+\pi)$ \hfill (5.4.15)

定理 5.5 $\{\varphi_{J,k}(t),\psi_{j,k}(t),j\geqslant J\}_{k\in\mathbb{Z}}$ 构成 $L^2(\mathbb{R})$ 中的一组标准正交基，其中 J 为某一整数。

根据定理 5.5，对任意的 $f(t)\in L^2(\mathbb{R})$，

$$f(t) = \sum_k a_{J,k}\varphi_{J,k}(t) + \sum_{j\geqslant J}\sum_k d_{j,k}\psi_{j,k}(t) = f_J(t) + \sum_{j\geqslant J}w_j(t) \tag{5.4.16}$$

式中，$a_{J,k}=\langle f,\varphi_{J,k}\rangle, d_{j,k}=\langle f,\psi_{j,k}\rangle, j\geqslant J$。$f_J(t)$ 可视为 $f(t)$ 在 V_J 中的近似，而 $w_j(t)(j\geqslant J)$ 则为 V_J 之外的细节。式(5.4.16)给出了原始信号的多尺度表示。具体计算过程可以通过滤波器组来实现。

---

① 式(5.4.9)是根据小波函数与尺度函数的正交性得到的，具体推导过程参见文献[85]。

5.4.3 离散小波变换算法及滤波器组实现

本节介绍离散小波变换的分解与重构算法。以一级变换为例，假设信号 $f(t)$ 在 V_j 中的近似为

$$f_j(t) = \sum_k a_{j,k}\varphi_{j,k}(t) \tag{5.4.17}$$

式中，$a_{j,k} = \langle f_j, \varphi_{j,k}\rangle$。因为 $V_j = V_{j-1} \oplus W_{j-1}$，故 $f_j(t)$ 又可以表示为

$$f_j(t) = \sum_k a_{j-1,k}\varphi_{j-1,k}(t) + \sum_k d_{j-1,k}\psi_{j-1,k}(t) \tag{5.4.18}$$

式中，$a_{j-1,k} = \langle f_j, \varphi_{j-1,k}\rangle, d_{j-1,k} = \langle f_j, \psi_{j-1,k}\rangle$。

小波变换的分解算法即通过式(5.4.17)求式(5.4.18)。或等价地转化为已知系数 $a_{j,k}$ 求系数 $a_{j-1,k}$ 与 $d_{j-1,k}$。而重构算法反之。下面首先来看分解算法。

根据两尺度方程(5.4.2)，易知对任意固定的 $j,k \in \mathbb{Z}$，

$$\varphi_{j,k}(t) = D_{2^j}T_k\varphi(t) = D_{2^j}T_k\left(\sum_n h_n\varphi_{1,n}(t)\right)$$

$$= \sum_n h_n D_{2^j}T_k D_2 T_n\varphi(t)$$

$$= \sum_n h_n D_{2^j}D_2 T_{2k}T_n\varphi(t)$$

$$= \sum_n h_n\varphi_{j+1,2k+n}(t) = \sum_n h_{n-2k}\varphi_{j+1,n}(t) \tag{5.4.19}$$

因此

$$a_{j-1,k} = \langle f, \varphi_{j-1,k}\rangle = \left\langle f, \sum_n h_{n-2k}\varphi_{j,n}\right\rangle = \sum_n h_{n-2k}\langle f, \varphi_{j,n}\rangle = \sum_n h_{n-2k}a_{j,n} \tag{5.4.20}$$

类似地，可得细节系数

$$d_{j-1,k} = \sum_n g_{n-2k}a_{j,n} \tag{5.4.21}$$

式(5.4.20)与式(5.4.21)即为离散小波变换的分解算法。

而对于重构算法，根据式(5.4.18)，可得

$$f_j(t) = \sum_k a_{j-1,k}\varphi_{j-1,k}(t) + \sum_k d_{j-1,k}\psi_{j-1,k}(t)$$

$$= \sum_k a_{j-1,k}\left(\sum_n h_{n-2k}\varphi_{j,n}(t)\right) + \sum_k d_{j-1,k}\left(\sum_n g_{n-2k}\varphi_{j,n}(t)\right)$$

$$= \sum_n \left(\sum_k h_{n-2k} a_{j-1,k} + \sum_k g_{n-2k} d_{j-1,k} \right) \varphi_{j,n}(t) \tag{5.4.22}$$

根据正交基系数的唯一性可知

$$a_{j,n} = \sum_k h_{n-2k} a_{j-1,k} + \sum_k g_{n-2k} d_{j-1,k} \tag{5.4.23}$$

为了与分解算法的序号一致（统一为 k），上式也可改写为

$$a_{j,k} = \sum_n h_{k-2n} a_{j-1,n} + \sum_n g_{k-2n} d_{j-1,n} \tag{5.4.24}$$

式(5.4.24)即为小波变换的重构算法。

从形式上来看，小波变换的计算过程只需要系数 h_k 与 g_k，但该计算本质上依赖于尺度函数与小波函数的多尺度关系。这恰恰是小波变换的精髓所在。因此，小波变换具有"与生俱来"的离散化算法，而多分辨分析则为该算法提供了坚实的理论支撑。

离散小波变换可以通过两通道滤波器组来实现。对于分解算法，将分解式(5.4.20)与式(5.4.21)改写为[1]

$$a_{j-1}(k) = \sum_n h(n-2k) a_j(n) = \sum_n \bar{h}(n) a_j(2k-n) = (a_j * \bar{h})(2k) \tag{5.4.25}$$

$$d_{j-1}(k) = \sum_n g(n-2k) a_j(n) = \sum_n \bar{g}(n) a_j(2k-n) = (a_j * \bar{g})(2k) \tag{5.4.26}$$

式中，$\bar{h}(n) = h(-n), \bar{g}(n) = g(-n)$。

上式可理解为 a_j 分别与 $\bar{h}, \bar{g}$ 作卷积计算，再进行 2 倍抽取，得到对应的系数 a_{j-1} 和 d_{j-1}。因此整个分解过程可以用两通道滤波器组来实现，如图 5.22（a）所示。

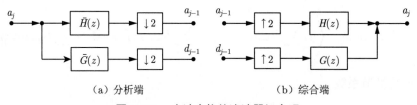

（a）分析端　　　　　　　　　（b）综合端

图 5.22　小波变换的滤波器组实现

结合物理意义来分析，由于 a_{j-1} 和 d_{j-1} 分别为 a_j 的近似与细节，因此 $\bar{h}$ 和 $\bar{g}$ 可分别视为低通滤波器和高通滤波器。以 Haar 小波变换为例，

$$h = [h_0, h_1] = [1, 1]/\sqrt{2} \tag{5.4.27}$$

$$g = [g_0, g_1] = [1, -1]/\sqrt{2} \tag{5.4.28}$$

两者分别等效为平均与作差。

---

① 为了便于分析，这里序号用括号的形式代替下标的形式。

下面来看重构算法。将式(5.4.24)改写为

$$a_j(k) = \sum_n h(k-2n)a_{j-1}(n) + \sum_n g(k-2n)d_{j-1}(n) \tag{5.4.29}$$

记 a_{j-1} 与 d_{j-1} 的 2 倍内插分别为

$$\breve{a}_{j-1}(m) = \begin{cases} a_{j-1}(n), & m=2n \\ 0, & m=2n+1 \end{cases}, \quad \breve{d}_{j-1}(m) = \begin{cases} d_{j-1}(n), & m=2n \\ 0, & m=2n+1 \end{cases} \tag{5.4.30}$$

则式(5.4.29)转化为

$$a_j(k) = \sum_n h(k-2n)\breve{a}_{j-1}(2n) + \sum_n g(k-2n)\breve{d}_{j-1}(2n)$$

$$= (\breve{a}_{j-1} * h)(k) + (\breve{d}_{j-1} * g)(k) \tag{5.4.31}$$

上式说明，重构算法可以通过综合滤波器组来实现，即先对 a_{j-1}, d_{j-1} 作 2 倍内插，再分别经过 h, g 滤波，最后叠加得到 a_j，如图 5.22（b）所示。

注意到分析滤波器组 $(\bar{h}, \bar{g})$ 恰好是综合滤波器组 (h, g) 的时序反转，即

$$\bar{H}(z) = H(z^{-1}), \quad \bar{G}(z) = G(z^{-1}) \tag{5.4.32}$$

同时根据式(5.4.9)可知

$$G(z) = -z^{-1}H(-z^{-1}) \tag{5.4.33}$$

由滤波器组知识，可以得到重构信号与原始信号的关系为

$$\hat{X}(z) = \frac{1}{2}[H(z^{-1})H(z) + G(z^{-1})G(z)]X(z) + \frac{1}{2}[H(-z^{-1})H(z) + G(-z^{-1})G(z)]X(-z)$$

$$= \frac{1}{2}[H(z)H(z^{-1}) + H(-z)H(-z^{-1})]X(z) \tag{5.4.34}$$

根据尺度滤波器的性质（见命题 5.1(4)），可知

$$H(z)H(z^{-1}) + H(-z)H(-z^{-1}) = 2 \tag{5.4.35}$$

因此 $\hat{X}(z) = X(z)$。这说明，离散小波变换等效为两通道完全重构滤波器组。

注意到上述讨论只考虑了一级小波变换。事实上，根据多分辨分析理论，可以逐级对信号进行分解，得到不同分辨率下的近似 a_j 与细节 d_j。而由于多分辨分析的嵌套关系，一般只需保留最后一级近似 a_J，以及所有细节 $d_j(j \geqslant J)$ 即可，即式(5.4.16)所示。因此多级小波变换可以通过两通道滤波器组的树形结构实现。由于每一级变换只对近似进行分解，实际上构成了一种非均匀滤波器组。图 5.23 给出了滤波器组的通带示意图。

离散小波变换的滤波器组实现是由法国数学家 Mallat 提出，因此又称为 Mallat 算法。该算法使得小波变换不再限于抽象的数学分析，而是具备了实际应用的潜力。自 Mallat 算

法提出之后，小波变换逐渐在工程各个领域被采用，展现出在时频局部化方面所具有的独特优势。同时，从滤波器组角度来分析设计小波变换成为一种广泛采用的思路，促进了小波理论的发展。

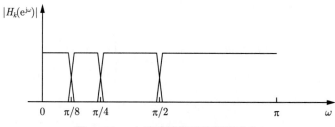

图 5.23　小波滤波器组的幅频响应

需要说明的是，本节所讨论的小波变换及滤波器组是由一组滤波器 (h, g) 决定的，而本质上又是由尺度函数 φ 与小波函数 ψ 的多尺度性质与正交性质决定的。这类小波称为正交小波，相应的滤波器组称为正交滤波器组。理论研究表明，除了 Haar 小波之外，正交小波所对应的滤波器不具有线性相位，该结论在分析滤波器组完全重构问题时也曾提到过。为了克服这一弊端，可以考虑一对对偶的尺度函数 $(\varphi, \widetilde{\varphi})$ 与小波函数 $(\psi, \widetilde{\psi})$ 满足双正交关系，即

$$\langle \varphi(t-k), \widetilde{\varphi}(t-n) \rangle = \delta_{k,n}, \ \langle \psi(t-k), \widetilde{\psi}(t-n) \rangle = \delta_{k,n} \tag{5.4.36}$$

此时不再要求 φ 与 ψ 正交（$\widetilde{\varphi}$ 与 $\widetilde{\psi}$ 亦然）。由此得到双正交小波，相应的滤波器组称为双正交滤波器组。分析端与综合端分别由两组滤波器 $(\tilde{h}, \tilde{g})$ 和 (h, g) 决定①，如图 5.24 所示。注意分析端滤波器组含有一个时序反转，这是由双正交性质决定的。

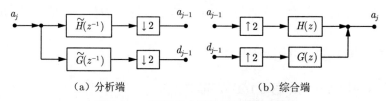

（a）分析端　　　　　　　　　（b）综合端

图 5.24　双正交小波的滤波器组结构

双正交滤波器组为小波的构造提供了更大的灵活性。但限于篇幅，本书不再展开详细介绍，有关内容读者可参阅小波分析相关教材[85,87]。

5.5　小波提升变换

提升结构（lifting scheme）是实现离散小波变换的另一种方式，最初由 Sweldens 等提出[89-92]。相比于 Mallat 结构，提升结构能够有效降低计算量。此外，该结构为小波的构

---

① 在双正交小波滤波器组中，习惯将分析端表示为 $(\tilde{h}, \tilde{g})$，这里的 ~ 表示对偶关系，与第 3 章仿酉矩阵中所使用的含义不同。

造提供了一种新的途径。这种构造方法完全在时域进行，不依赖于傅里叶变换，因而能够构造具有不规则支撑集、自适应性、整数映射等不同性质的小波变换，扩展了小波家族的范围。通过提升结构构造的小波又称为"第二代小波"。

5.5.1　预测与更新

为了让读者直观理解小波提升变换的计算过程，仍以长度为 2 的信号为例，设 $x = \{x_0, x_1\}$，回顾求近似与细节的计算式[①]：

$$a = (x_0 + x_1)/2 \tag{5.5.1a}$$

$$d = x_1 - x_0 \tag{5.5.1b}$$

通常，上面两式可以并行计算，这意味着需要额外的存储空间来保存新的变量 a, d。现在考虑按如下方式计算：

$$d = x_1 - x_0 \tag{5.5.2a}$$

$$a = x_0 + d/2 \tag{5.5.2b}$$

即先通过式(5.5.2a)计算出 d，然后将 d 存储至原 x_1 的位置，得到 $\{x_0, d\}$。虽然此时原始信号 x_1 已被覆盖，但仍可以通过式(5.5.2b)来求得 a。最后，可将 a 存储至 x_0 的位置。这样，整个计算过程不需要额外的存储空间。这种方式称为原位（in-place）计算。对于大规模计算而言，节省的存储量是非常可观的。

同时注意到，上述计算过程是可逆的。事实上，只需要将该计算过程反向执行：

$$x_0 = a - d/2 \tag{5.5.3a}$$

$$x_1 = x_0 + d \tag{5.5.3b}$$

若用程序语言（如 C 语言）来描述，则代码非常简洁：

正变换		逆变换
d− = a;	⟷	a− = d/2;
a+ = d/2;		d+ = a;

注意到正反变换只需改动代码顺序及 ± 号。

上述计算过程即为 Haar 小波变换的提升算法，其中式(5.5.2a)称为预测（prediction），即通过 x_0 来预测 x_1（反之亦可），结果 d 称为预测残差（residual），它与前文提到的"细节"的概念本质上是相同的；式(5.5.2b)称为更新（update），即通过余下的信号 x_0 与预测残差 d 得到原始信号的近似 a。

可以将上述思想推广至一般的情况。设信号 $x = \{x_n, 0 \leqslant n \leqslant L-1\}$，并假设 $L = 2^N$，提升变换包含三个基本步骤：

[①] 注意与 5.3.1节计算相比较，细节 d 相差一个负号，这是为了便于推导提升算法。

（1）分裂（split）：将信号分为奇偶子列，记作

$$(x_e, x_o) = \mathcal{S}(x) \tag{5.5.4}$$

式中，$\mathcal{S}$ 表示分裂算子，$x_e = \{x_{2n}, 0 \leqslant n \leqslant L/2 - 1\}, x_o = \{x_{2n+1}, 0 \leqslant n \leqslant L/2 - 1\}$。实际中可通过 2 倍抽取和延迟来分别得到奇偶子列。

（2）预测：用 x_e 预测 x_o，记录预测残差：

$$d = x_o - \mathcal{P}(x_e) \tag{5.5.5}$$

式中，$\mathcal{P}$ 表示预测算子。

（3）更新：用 x_e 与 d 更新信号，得到近似：

$$a = x_e + \mathcal{U}(d) \tag{5.5.6}$$

式中，$\mathcal{U}$ 表示更新算子。

预测与更新是提升变换的核心。对于线性滤波而言，预测算子与更新算子即为线性波器。结合物理意义来看，两者可分别视为高通滤波与低通滤波过程。图 5.25（a）给出了分析端的提升结构。特别地，若取 $\mathcal{P} = 1, \mathcal{U} = 1/2$，即为 Haar 小波提升分解算法。

提升逆变换即为正变换的反向过程，具体包括：

（1）反更新：

$$x_e = a - \mathcal{U}(d)$$

（2）反预测：

$$x_o = x_e + \mathcal{P}(d) \tag{5.5.7}$$

（3）合并（merge）：将奇偶子列合并为重构信号，记作

$$x = \mathcal{M}(x_e, x_o) \tag{5.5.8}$$

式中，$\mathcal{M}$ 表示合并算子。注意，由于 x_e, x_o 的分辨率比 x 低，实际应先对 x_e, x_o 内插，并对 x_o 延迟，再进行叠加。图 5.25（b）给出了综合端的提升结构。

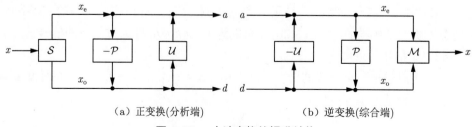

（a）正变换(分析端)　　　　　　（b）逆变换(综合端)

图 5.25　小波变换的提升结构

以上阐述了提升变换的基本步骤，即将信号分解为奇偶子列，然后利用预测和更新分别得到信号的细节与近似。据此也可以看出，提升结构是两通道滤波器组的一种特殊结构。一个自然的问题是，对于一般的小波变换，是否存在相应的提升实现？关于这个问题，需要借助提升分解定理来回答。

5.5.2　提升分解定理

提升分解定理源自两通道滤波器组。在介绍该定理之前，不妨先来回顾一下滤波器组的多相结构。已知两通道双正交滤波器组如图 5.26（a）所示，其中 $(\widetilde{h}, \widetilde{g})$ 为分析滤波器组，(h, g) 为综合滤波器组。注意分析端滤波器组含有一个时序反转，这是由双正交性质决定的。定义综合端的多相矩阵：

$$\boldsymbol{R}(z) = \begin{bmatrix} h_{\mathrm{e}}(z) & g_{\mathrm{e}}(z) \\ h_{\mathrm{o}}(z) & g_{\mathrm{o}}(z) \end{bmatrix} \tag{5.5.9}$$

式中，矩阵每列元素分别为 h、g 的第一型多相成分，分析端的多相矩阵 $\boldsymbol{E}(z)$ 定义类似[①]。相应地，该滤波器组的多相结构如图 5.26（b）所示。注意分析端的多相矩阵变量为 z^{-1}，这与分析滤波器 $\widetilde{H}(z^{-1})$、$\widetilde{G}(z^{-1})$ 相对应，而输入端的延迟变为 z。根据第 3 章的讨论，当多相矩阵满足

$$\boldsymbol{R}(z)\boldsymbol{E}^{\mathrm{T}}(z^{-1}) = \boldsymbol{I} \tag{5.5.10}$$

滤波器组满足完全重构。此时，$\boldsymbol{R}(z)$ 与 $\boldsymbol{E}(z)$ 的行列式均为单项式。不失一般性，以下假设行列式均为 1。

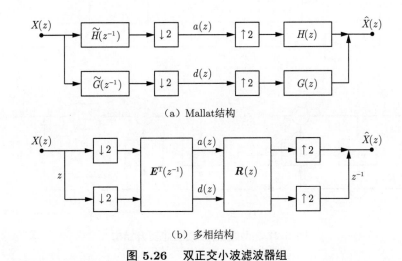

（a）Mallat结构

（b）多相结构

图 5.26　双正交小波滤波器组

---

① 与第 3 章有所不同，这里考虑分析端与综合端同为第一型多相分解。即

$$H(z) = h_{\mathrm{e}}(z^2) + z^{-1} h_{\mathrm{o}}(z^2) = \sum_k h_{2k} z^{-2k} + \sum_k h_{2k+1} z^{-(2k+1)}$$

此外无论分析端还是综合端，多相矩阵的各列为对应的多相成分。

定理 5.6（提升分解定理）[92]　已知滤波器组 (h,g) 及相应的多相矩阵 $\boldsymbol{R}(z)$，且 $\det \boldsymbol{R}(z) = 1$，则 $\boldsymbol{R}(z)$ 可分解为如下形式：

$$\boldsymbol{R}(z) = \begin{bmatrix} h_{\mathrm{e}}(z) & g_{\mathrm{e}}(z) \\ h_{\mathrm{o}}(z) & g_{\mathrm{o}}(z) \end{bmatrix} = \prod_{i=1}^{m} \begin{bmatrix} 1 & s_i(z) \\ 0 & 1 \end{bmatrix} \begin{bmatrix} 1 & 0 \\ t_i(z) & 1 \end{bmatrix} \begin{bmatrix} K & 0 \\ 0 & 1/K \end{bmatrix} \tag{5.5.11}$$

式中，$s_i(z)$ 和 $t_i(z)$ 均为 Laurent 多项式，K 为非零常数。

该定理的证明涉及 Laurent 多项式的欧几里得算法，具体可参见文献 [92]。

对于分析端的多相矩阵 $\boldsymbol{E}(z)$，同样可应用定理 5.6 得到相应的提升分解形式。当然，也可根据完全重构条件推导。根据式(5.5.10)，注意到 $\boldsymbol{R}(z)$ 是可逆的，故

$$\boldsymbol{E}^{\mathrm{T}}(z^{-1}) = \boldsymbol{R}^{-1}(z) = \begin{bmatrix} 1/K & 0 \\ 0 & K \end{bmatrix} \prod_{i=m}^{1} \begin{bmatrix} 1 & 0 \\ -t_i(z) & 1 \end{bmatrix} \begin{bmatrix} 1 & -s_i(z) \\ 0 & 1 \end{bmatrix} \tag{5.5.12}$$

因此，

$$\boldsymbol{E}(z) = \boldsymbol{R}^{-\mathrm{T}}(z^{-1}) = \prod_{i=1}^{m} \begin{bmatrix} 1 & 0 \\ -s_i(z^{-1}) & 1 \end{bmatrix} \begin{bmatrix} 1 & -t_i(z^{-1}) \\ 0 & 1 \end{bmatrix} \begin{bmatrix} 1/K & 0 \\ 0 & K \end{bmatrix} \tag{5.5.13}$$

注意到，若 $\boldsymbol{E}(z) = \boldsymbol{R}(z)$，即正交滤波器组，则式(5.5.11)与式(5.5.13)分别给出了两种不同的提升分解形式。这说明，提升分解形式并不是唯一的。

图 5.27 给出了两通道滤波器组的提升结构。

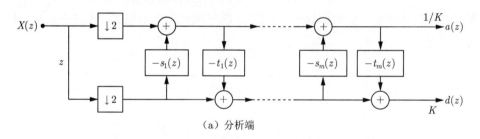

（a）分析端

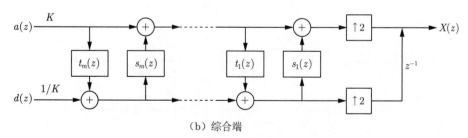

（b）综合端

图 5.27　两通道滤波器组的提升结构

例 5.4　已知（非标准化）Haar 小波变换的分析滤波器组和综合滤波器组分别为

$$分析端 \begin{cases} \widetilde{H}(z) = (1 + z^{-1})/2 \\ \widetilde{G}(z) = -1 + z^{-1} \end{cases}, 综合端 \begin{cases} H(z) = 1 + z^{-1} \\ G(z) = (-1 + z^{-1})/2 \end{cases}$$

根据提升分解定理，$\boldsymbol{R}(z)$ 可分解为如下形式：

$$\boldsymbol{R}(z) = \begin{bmatrix} H_{\mathrm{e}}(z) & G_{\mathrm{e}}(z) \\ H_{\mathrm{o}}(z) & G_{\mathrm{o}}(z) \end{bmatrix} = \begin{bmatrix} 1 & -1/2 \\ 1 & 1/2 \end{bmatrix} = \begin{bmatrix} 1 & 0 \\ 1 & 1 \end{bmatrix} \begin{bmatrix} 1 & -1/2 \\ 0 & 1 \end{bmatrix}$$

相应地，

$$\boldsymbol{E}^{\mathrm{T}}(z) = \begin{bmatrix} \widetilde{H}_{\mathrm{e}}(z) & \widetilde{H}_{\mathrm{o}}(z) \\ \widetilde{G}_{\mathrm{e}}(z) & \widetilde{G}_{\mathrm{o}}(z) \end{bmatrix} = \begin{bmatrix} 1/2 & 1/2 \\ -1 & 1 \end{bmatrix} = \begin{bmatrix} 1 & 1/2 \\ 0 & 1 \end{bmatrix} \begin{bmatrix} 1 & 0 \\ -1 & 1 \end{bmatrix}$$

结合滤波器组的多相结构，易知

$$\begin{bmatrix} a(z) \\ d(z) \end{bmatrix} = \boldsymbol{E}^{\mathrm{T}}(z^{-1}) \begin{bmatrix} x_{\mathrm{e}}(z) \\ x_{\mathrm{o}}(z) \end{bmatrix} = \begin{bmatrix} 1 & 1/2 \\ 0 & 1 \end{bmatrix} \begin{bmatrix} 1 & 0 \\ -1 & 1 \end{bmatrix} \begin{bmatrix} x_{\mathrm{e}}(z) \\ x_{\mathrm{o}}(z) \end{bmatrix}$$

$$= \begin{bmatrix} 1 & 1/2 \\ 0 & 1 \end{bmatrix} \begin{bmatrix} x_{\mathrm{e}}(z) \\ x_{\mathrm{o}}(z) - x_{\mathrm{e}}(z) \end{bmatrix} = \begin{bmatrix} (x_{\mathrm{e}}(z) + x_{\mathrm{o}}(z))/2 \\ x_{\mathrm{o}}(z) - x_{\mathrm{e}}(z) \end{bmatrix}$$

式中，$x_{\mathrm{e}}(z) = \sum_k x_{2k} z^{-k}$，$x_{\mathrm{o}}(z) = \sum_k x_{2k+1} z^{-k}$。

上式恰好反映了 Haar 小波一级提升分解过程，即

$$\text{分裂：} \{x_{\mathrm{e}}[n], x_{\mathrm{o}}[n]\} = \mathcal{S}(x[n])$$

$$\text{预测：} d[n] = x_{\mathrm{o}}[n] - x_{\mathrm{e}}[n]$$

$$\text{更新：} a[n] = x_{\mathrm{e}}[n] + d[n]/2$$

读者可自行写出 Haar 小波提升变换的重构算法。

例 5.5 CDF 5-3 小波是双正交样条小波家族的成员之一，该小波家族以 Cohen, Daubechies, Feauveau 三位学者的姓氏首字母命名[93]。由于分析端与综合端的尺度（低通）滤波器分别有 5 个系数和 3 个系数，因此得名 5-3 小波。

具体来说，分析端的滤波器组为

$$\widetilde{H}(z) = -\frac{1}{8} z^{-2} + \frac{1}{4} z^{-1} + \frac{3}{4} + \frac{1}{4} z - \frac{1}{8} z^2$$

$$\widetilde{G}(z) = -\frac{1}{2} (z^{-2} - 2z^{-1} + 1)$$

相应地，提升分解形式为

$$\boldsymbol{E}^{\mathrm{T}}(z) = \begin{bmatrix} \widetilde{H}_{\mathrm{e}}(z) & \widetilde{H}_{\mathrm{o}}(z) \\ \widetilde{G}_{\mathrm{e}}(z) & \widetilde{G}_{\mathrm{o}}(z) \end{bmatrix} = \begin{bmatrix} 3/4 - (z + z^{-1})/8 & (1+z)/4 \\ -(1 + z^{-1})/2 & 1 \end{bmatrix}$$

$$= \begin{bmatrix} 1 & (1+z)/4 \\ 0 & 1 \end{bmatrix} \begin{bmatrix} 1 & 0 \\ -(1 + z^{-1})/2 & 1 \end{bmatrix}$$

根据

$$\begin{bmatrix} a(z) \\ d(z) \end{bmatrix} = \boldsymbol{E}^{\mathrm{T}}(z^{-1}) \begin{bmatrix} x_{\mathrm{e}}(z) \\ x_{\mathrm{o}}(z) \end{bmatrix} = \begin{bmatrix} 1 & (1+z^{-1})/4 \\ 0 & 1 \end{bmatrix} \begin{bmatrix} 1 & 0 \\ -(1+z)/2 & 1 \end{bmatrix} \begin{bmatrix} x_{\mathrm{e}}(z) \\ x_{\mathrm{o}}(z) \end{bmatrix}$$

可得 5-3 小波的提升分解算法为

分裂：$\{x_{\mathrm{e}}[n], x_{\mathrm{o}}[n]\} = \mathcal{S}(x[n])$

预测：$d[n] = x_{\mathrm{o}}[n] - \dfrac{1}{2}(x_{\mathrm{e}}[n] + x_{\mathrm{e}}[n+1])$

$\qquad = x[2n+1] - \dfrac{1}{2}(x[2n] + x[2n+2])$

更新：$a[n] = x_{\mathrm{e}}[n] + \dfrac{1}{4}(d[n-1] + d[n])$

$\qquad = \dfrac{3}{4}x[2n] + \dfrac{1}{4}(x[2n-1] + x[2n+1]) - \dfrac{1}{8}(x[2n-2] + x[2n+2])$

由于 CDF 5-3 小波的滤波器系数是对称的，即具有线性相位，因此广泛应用于图像处理中。JPEG2000 压缩标准[94] 即选择了 CDF 5-3 小波作为图像变换之一，另一个为 CDF 9-7 小波，两者均采用提升算法来实现。

提升结构相比于 Mallat 结构，具有以下几点优势。首先，提升结构可以实现原位计算，这意味着不需要额外的存储空间，降低了存储成本。同时，提升结构能够减少计算量。理论分析表明，当滤波器长度充分大时，计算量能够降低为 Mallat 结构的一半。此外，提升结构是可逆的，因而保证了完全重构。这对于子带编码等应用而言是一条非常理想的性质。

提升结构不仅可以实现小波变换，同时为小波的构造提供了一种新的途径。由于提升结构是可逆的，这意味着无论预测与更新滤波器如何选取，变换及滤波器组总能保证完全重构。因此，在构造新的小波变换时，只需将重点放在预测与更新滤波器的设计上。例如可以选择整数量化的预测与更新滤波器，实现整数映射的小波变换，这对于无损压缩是非常重要的。又如，如果预测与更新滤波器为非线性滤波器，则小波变换也具有非线性。此外，提升结构也可以推广至高维或非规则空间上。而传统基于傅里叶分析的小波设计方法是非常困难的。

综上所述，提升结构提供了一种灵活而有效的小波构造模式，扩展了小波家族的范围，采用提升结构设计的小波被称为第二代小波。

本章小结

小波变换是在短时傅里叶变换的基础上发展起来的一种新的时频分析工具。本章首先介绍了**短时傅里叶变换**及滤波器组的实现过程。通过分析可知，短时傅里叶变换是一种**均匀滤波器组**，能够刻画信号的时频局部信息。然而，短时傅里叶变换的时频局部性依赖于窗函数。一旦窗函数确定，时频分辨率也就固定。因此在分析非平稳信号方面存在一定的局限性。小波变换通过引入一个尺度因子，从而具有尺度伸缩的能力，突破了短时傅里叶变换的局限。本章从最简单的小波变换——**Haar 小波**出发，介绍了 Haar 小波变换的计算过程，并阐述了它所蕴含的**多分辨分析**思想。随后，将相关结论推广至一般的**离散小波变换**，重点阐述了**尺度函数**与**小波函数**在信号表示中的作用，由此引出小波变换离散算法及滤波器组的实现过程。通过分析可知，一级小波变换可通过两通道滤波器组来实现，而多级变换则构成了**非均匀滤波器组**。这种形式即为多分辨分析或多尺度表示的体现。本章还介绍了小波变换的另一种实现方式，即**小波提升变换**。提升变换具有原位计算、过程可逆、计算复杂度低等优点。同时，提升结构还提供了一种设计小波的新方法。本章主要介绍小波变换的基本原理与实现过程，更多详细内容读者可参考小波领域的经典论著[81,95] 以及国内外教材[87,96-99] 等。

习题

5.1　定义离散短时傅里叶变换：

$$X(k,m) = \sum_n x[n]w^*[n - mN]W_N^{kn}$$

式中，$W_N = \mathrm{e}^{-\mathrm{j}2\pi/N}$，$w[n]$ 为窗函数。试分析它与离散时间短时傅里叶变换的关系。

5.2　证明两尺度方程（式(5.4.2)）与小波方程（式(5.4.8)）在频域的表示为

$$\hat{\varphi}(\omega) = \frac{1}{\sqrt{2}} H\left(\frac{\omega}{2}\right) \hat{\varphi}\left(\frac{\omega}{2}\right)$$

$$\hat{\psi}(\omega) = \frac{1}{\sqrt{2}} G\left(\frac{\omega}{2}\right) \hat{\varphi}\left(\frac{\omega}{2}\right)$$

式中，$H(\omega) = \sum_k h_k \mathrm{e}^{-\mathrm{j}\omega k}$ 为尺度滤波器；$G(\omega) = \sum_k g_k \mathrm{e}^{-\mathrm{j}\omega k}$ 为小波滤波器。

5.3　证明命题 5.1 与命题 5.2。

5.4　如果小波函数 $\psi(t)$ 满足：

$$\int_{-\infty}^{\infty} t^n \psi(t)\mathrm{d}t = 0, \ n = 0, 1, \cdots, N - 1$$

则称 $\psi(t)$ 具有 N 阶消失矩。证明：小波函数具有 N 阶消失矩的等价条件为

（1）$\left.\dfrac{\mathrm{d}^n}{\mathrm{d}\omega^n}\hat{\psi}(\omega)\right|_{\omega=0} = 0, \ n = 0, 1, \cdots, N - 1$

（2）$\left.\dfrac{\mathrm{d}^n}{\mathrm{d}\omega^n}G(\omega)\right|_{\omega=0} = 0, \ n = 0, 1, \cdots, N - 1$

（3）$\sum_k g(k)k^n = 0, \ n = 0, 1, \cdots, N - 1$

提示：利用傅里叶变换的微分性质及小波方程。

5.5 Daubechies 小波是一类具有紧支撑集的正交小波[100]，考虑尺度滤波器的系数如下：

$$h_0 = \frac{1+\sqrt{3}}{4\sqrt{2}}, h_1 = \frac{3+\sqrt{3}}{4\sqrt{2}}, h_2 = \frac{3-\sqrt{3}}{4\sqrt{2}}, h_3 = \frac{1-\sqrt{3}}{4\sqrt{2}}$$

上述滤波器的长度为 4，故称为 D4 小波。

（1）求小波滤波器的系数 g_k；

（2）证明 D4 小波 $\psi(t)$ 具有 2 阶消失矩；

（3）写出 D4 小波的多相矩阵及提升分解格式。

5.6（MATLAB 练习） MATLAB 信号处理工具箱（signal processing toolbox）提供了短时傅里叶变换函数 stft。编程绘制以下信号的时频谱：

（1）$f(t) = 5\sin(250\pi t) + \cos(100\pi t), t \in (0, 1)$，采样率为 1kHz；

（2）$g(t) = \cos(200\pi t^2), t \in (0, 1)$，采样率为 1kHz；

（3）$s(t) = \cos(200\pi t^3) + \sin(100\pi t^2), t \in (0, 1)$，采样率为 1kHz。

提示：可利用 MATLAB 函数 chirp 生成不同调频（chirp）信号。

5.7（MATLAB 练习） MATLAB 小波工具箱（wavelet toolbox）提供了一维离散小波变换函数：wavedec（分解）与 waverec（重构）。设信号 $f(t) = e^{-t^2/4}(\sin(2\pi t^2) + 2\cos(5\pi t)) + 0.2\cos(50\pi t), t \in (0, 1)$，采样点 $N = 256$。

（1）利用 wavedec 对 $f(t)$ 进行 4 级 Haar 小波分解，并绘制每一级的子带图形；

（2）利用 waverec 对变换系数进行重构，并验证最终结果是否满足完全重构；

（3）若只选择每一级的低频系数进行重构（即高频系数置零），计算每一级重构信号与原始信号的均方误差；

（4）选择其他小波基重复（1）～（3）；并与 Haar 小波变换结果进行对比。

第6章

分数域多抽样率信号处理

本章要点

- 分数阶傅里叶变换是如何定义的？它与傅里叶变换有什么关系？有哪些性质？
- 均匀采样信号在分数域的谱是怎样的？它与连续时间信号的谱有何关系？能否通过采样信号的分数域谱重构原始连续时间信号？
- 离散时间分数阶傅里叶变换是如何定义的？它与采样信号的分数域谱有何关系？
- 抽取、内插以及分数倍抽样率转换所对应的分数域谱如何变化？
- 如何通过数值方法计算分数阶傅里叶变换？

6.1 分数阶傅里叶变换

分数阶傅里叶变换（fractional Fourier transform，FrFT）是在傅里叶变换基础上发展起来的一种新的时频变换工具，它保留了傅里叶变换的性质和特点，又添加了一些特有的性质。分数阶傅里叶变换有若干种不同的定义方式。下面介绍一种常用的定义方式[101]。

定义 6.1 定义函数 $f(t)$ 的 p 阶分数阶傅里叶变换为

$$F_p(u) = \mathcal{F}_p[f](u) = \int_{-\infty}^{\infty} K_\alpha(u,t) f(t)\mathrm{d}t \tag{6.1.1}$$

式中，$K_\alpha(u,t)$ 为分数阶傅里叶变换的核函数：

$$K_\alpha(u,t) = \begin{cases} A_\alpha \exp\left(\mathrm{j}\dfrac{t^2+u^2}{2}\cot\alpha - \mathrm{j}tu\csc\alpha\right), & \alpha \neq n\pi \\ \delta(u-t), & \alpha = 2n\pi \\ \delta(u+t), & \alpha = (2n\pm1)\pi \end{cases} \tag{6.1.2}$$

式中，$A_\alpha = \sqrt{(1-\mathrm{j}\cot\alpha)/2\pi}$，$\alpha = p\pi/2$ 表示时频平面的旋转角。

分数阶傅里叶变换的阶次 p 与旋转角 α 有关，注意到

$$K_\alpha(u,t) = K_{\alpha+2n\pi}(u,t), \; \forall\, n \in \mathbb{Z} \tag{6.1.3}$$

因此通常考虑一个主值区间（如 $\alpha \in [0, 2\pi]$ 或 $\alpha \in [-\pi, \pi]$）即可。

当 $\alpha = 0$ 时，$p = 0$，

$$F_0(u) = \mathcal{F}_0[f](u) = \int_{-\infty}^{\infty} \delta(u - t) f(t) \mathrm{d}t = f(u) \tag{6.1.4}$$

即 $\mathcal{F}_0$ 为恒等算子。

当 $\alpha = \pi/2$ 时，$p = 1$，

$$F_1(u) = \mathcal{F}_1[f](u) = \frac{1}{\sqrt{2\pi}} \int_{-\infty}^{\infty} \mathrm{e}^{-\mathrm{j}ut} f(t) \mathrm{d}t \tag{6.1.5}$$

这就是标准化的傅里叶变换。

当 $\alpha = \pi$，时，$p = 2$，

$$F_2(u) = \mathcal{F}_2[f](u) = \int_{-\infty}^{\infty} \delta(u + t) f(t) \mathrm{d}t = f(-u) \tag{6.1.6}$$

相当于连续作了两次傅里叶变换，即 $\mathcal{F}_2 = \mathcal{F}_1 \mathcal{F}_1$。

性质 6.1　分数阶傅里叶变换具有如下性质[102]：

（1）可逆性（酉性）：$\mathcal{F}_p^{-1} = \mathcal{F}_{-p}$ （6.1.7）

（2）周期性：$\mathcal{F}_{p+4n} = \mathcal{F}_p, n \in \mathbb{Z}$ （6.1.8）

（3）线性：$\mathcal{F}_p[f_1 + f_2] = \mathcal{F}_p[f_1] + \mathcal{F}_p[f_2]$ （6.1.9）

（4）交换律：$\mathcal{F}_{p_1} \mathcal{F}_{p_2} = \mathcal{F}_{p_2} \mathcal{F}_{p_1}$ （6.1.10）

（5）结合律：$(\mathcal{F}_{p_1} \mathcal{F}_{p_2}) \mathcal{F}_{p_3} = \mathcal{F}_{p_1} (\mathcal{F}_{p_2} \mathcal{F}_{p_3})$ （6.1.11）

（6）阶次可加性：$\mathcal{F}_{p_1} \mathcal{F}_{p_2} = \mathcal{F}_{p_1 + p_2}$ （6.1.12）

（7）能量守恒（帕塞瓦尔定理）：$\int_{-\infty}^{+\infty} |f(t)|^2 \mathrm{d}t \equiv \int_{-\infty}^{+\infty} |F_p(u)|^2 \mathrm{d}u$ （6.1.13）

考虑阶次 p 从 0 逐渐变到 1，则分数阶傅里叶变换将信号从时域连续变化到频域。反之，当 p 从 1 逐渐变到 0，信号从频域连续过渡到时域。图 6.1 画出了矩形函数 $f(u) = \mathrm{rect}(u)$ 变换到 $F_1(u) = \mathrm{sinc}(u)$ 的过程。可见分数阶傅里叶变换以从阶次 p 为参数将信号映射为介于时域和频域之间的分数域，这就是其名称中"分数"的物理意义。分数阶傅里叶变换可以提供信号的时频联合表示，可视为广义的傅里叶变换。

分数阶傅里叶变换的实现过程可以分为三步，如图 6.2 所示。

（1）时域信号 $f(t)$ 与时域线性调频（chirp）信号 $\mathrm{e}^{\mathrm{j}t^2 \cot \alpha/2}$ 相乘，即时域调制；

（2）对（1）步的乘积结果作傅里叶变换，并将变量替换为 $u \csc \alpha$；

（3）将（2）的结果与频域线性调频（chirp）信号 $A_\alpha \mathrm{e}^{\mathrm{j}u^2 \cot \alpha/2}$ 相乘，即频域调制。

关于分数阶傅里叶变换的更多内容读者可参考文献[102-105]。

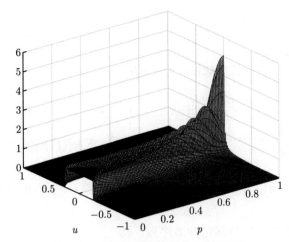

图 6.1　　矩形函数的分数阶傅里叶变换

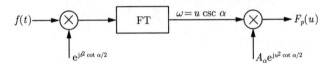

图 6.2　　分数阶傅里叶变换过程

6.2　分数域采样定理

奈奎斯特–香农采样定理是信号处理的重要结论之一,该定理明确了连续时间信号与均匀采样信号的频谱关系,并给出了相应条件下的重构公式。分数阶傅里叶变换作为傅里叶变换的广义形式,一个自然的问题是,采样信号在分数阶傅里叶变换域(简称为分数域)上的谱是怎样的? 能否通过采样信号的分数域谱重构原始信号? 本节即介绍分数域采样定理和重构公式,该结论也是研究分数域多抽样率理论的基础。

6.2.1　均匀采样信号的分数域谱

本节介绍均匀采样信号的分数阶傅里叶变换。假设模拟信号 $x(t)$ 被一冲激序列以采样周期 T_s 均匀采样,可得采样信号为

$$x_s(t) = x(t)c(t) = x(t) \sum_{n=-\infty}^{\infty} \delta(t - nT_s) \tag{6.2.1}$$

为了得到采样信号的分数域谱,下面首先给出分数域乘积定理。

定理 6.1(分数域乘积定理) [106] 已知 $X_p(u), Y_p(u)$ 分别为 $x(t), y(t)$ 的分数阶傅里叶变换,则 $z(t) = x(t)y(t)$ 的分数阶傅里叶变换为

$$Z_p(u) = \frac{|\csc \alpha|}{\sqrt{2\pi}} e^{ju^2 \cot \alpha/2} \cdot \left[X_p(u)e^{-ju^2 \cot \alpha/2} * Y_1(u \csc \alpha) \right]$$

$$= \frac{|\csc\alpha|}{\sqrt{2\pi}} \mathrm{e}^{\mathrm{j}u^2\cot\alpha/2} \cdot \int_{-\infty}^{\infty} X_p(v)\mathrm{e}^{-\mathrm{j}v^2\cot\alpha/2} Y_1((u-v)\csc\alpha)\mathrm{d}v \tag{6.2.2}$$

根据定理 6.1，$x_\mathrm{s}(t)$ 的分数阶傅里叶变换可以表示为

$$X_{sp}(u) = \mathcal{F}_p\left[x_\mathrm{s}\right](u) = \mathcal{F}_p[x \cdot c](u) \tag{6.2.3}$$

$$= \frac{|\csc\alpha|}{\sqrt{2\pi}} \mathrm{e}^{\mathrm{j}u^2\cot\alpha/2} \left[X_p(u)\mathrm{e}^{-\mathrm{j}u^2\cot\alpha/2} * \mathcal{F}_1[c](\mathcal{F}_1[c](u\csc\alpha)) \right] \tag{6.2.4}$$

式中，$X_p(u)$ 为连续时间信号 $x(t)$ 的分数阶傅里叶变换；$\mathcal{F}_1[c](u)$ 为冲激序列的傅里叶变换。

注意到 $c(t)$ 的傅里叶变换依然是冲激序列，即

$$\mathcal{F}_1[c](u) = \frac{\sqrt{2\pi}}{T_\mathrm{s}} \sum_{n=-\infty}^{\infty} \delta\left(u - \frac{2\pi n}{T_\mathrm{s}}\right) \tag{6.2.5}$$

将式(6.2.5)代入式(6.2.3)可得

$$X_{sp}(u) = \frac{|\csc\alpha|}{T_\mathrm{s}} \mathrm{e}^{\mathrm{j}u^2\cot\alpha/2} \left[X_p(u)\mathrm{e}^{-\mathrm{j}u^2\cot\alpha/2} * \sum_{n=-\infty}^{\infty} \delta\left(u\csc\alpha - \frac{2\pi n}{T_\mathrm{s}}\right) \right] \tag{6.2.6}$$

利用如下关系式：

$$X_p(u) * \delta(au - b) = \frac{1}{|a|} X_p(u) * \delta\left(u - \frac{b}{a}\right) \tag{6.2.7}$$

可以将式(6.2.6)化简为

$$X_{sp}(u) = \frac{1}{T_\mathrm{s}} \mathrm{e}^{\mathrm{j}u^2\cot\alpha/2} \left[X_p(u)\mathrm{e}^{-\mathrm{j}u^2\cot\alpha/2} * \sum_{n=-\infty}^{\infty} \delta\left(u - n\frac{2\pi\sin\alpha}{T_\mathrm{s}}\right) \right] \tag{6.2.8}$$

式(6.2.8)即为均匀采样信号在分数域上的谱。

式(6.2.8)可按照如下三步运算来理解：

（1）原始信号的分数阶傅里叶变换被一线性调频信号 $\mathrm{e}^{-\mathrm{j}u^2\cot\alpha/2}$ "调制"；

（2）"调制"后的信号以 $2\pi|\sin\alpha|/T_\mathrm{s}$ 为周期进行周期复制，并在幅度上有 $1/T_\mathrm{s}$ 的压缩；

（3）周期复制后的信号再被另一相位相反的线性调频信号 $\mathrm{e}^{\mathrm{j}u^2\cot\alpha/2}$ "解调"。

假设采样信号的分数域谱没有混叠，根据式(6.2.8)，当 $n=0$ 时，易知

$$X_{sp}(u)|_{n=0} = \frac{1}{T_s} \mathrm{e}^{\mathrm{j}u^2\cot\alpha/2} \left[X_p(u)\mathrm{e}^{-\mathrm{j}u^2\cot\alpha/2} \right] = \frac{1}{T_s} X_p(u) \tag{6.2.9}$$

因此，$n=0$ 所对应的谱即为原始信号的分数域谱，并在幅度上调整为 $1/T_\mathrm{s}$。

当 $n = 1$ 时，

$$X_{sp}(u)|_{n=1} = \frac{1}{T_s} e^{ju^2 \cot \alpha/2} \left[X_p(u) e^{-ju^2 \cot \alpha/2} * \delta \left(u - \frac{2\pi \sin \alpha}{T_s} \right) \right] \quad (6.2.10)$$

$$= \frac{1}{T_s} X_p \left(u - \frac{2\pi \sin \alpha}{T_s} \right) \exp \left(j(2\pi \cos \alpha u/T_s - \pi^2 \sin 2\alpha/T_s^2) \right) \quad (6.2.11)$$

即除了将原始信号的分数域谱搬移到 $2\pi \sin \alpha/T_s$，且幅度变为 $1/T_s$ 之外，相位也有相应的调整。

更一般地，对于任意的 n，

$$X_{sp}(u)|_n = \frac{1}{T_s} X_p \left(u - n\frac{2\pi \sin \alpha}{T_s} \right) \exp \left(j(n2\pi \cos \alpha u/T_s - n^2\pi^2 \sin 2\alpha/T_s^2) \right) \quad (6.2.12)$$

图 6.3 给出了一个低通信号经过采样后的分数域谱。可以看到，采样信号的分数域谱为原始信号的分数域谱以 $2\pi|\sin \alpha|/T_s$ 为周期进行周期复制，且每个周期的相位谱也有相应的变化（这里为了便于说明谱的关系，假设原始信号的相位谱为零）。类似于频域的关系，可以利用分数域低通滤波器

$$H_p(u) = \begin{cases} T_s, & |u| \leqslant \Omega_h \\ 0, & \text{其他} \end{cases} \quad (6.2.13)$$

恢复出原始信号的分数域谱。下一节将给出一般的带限信号的分数域采样定理。

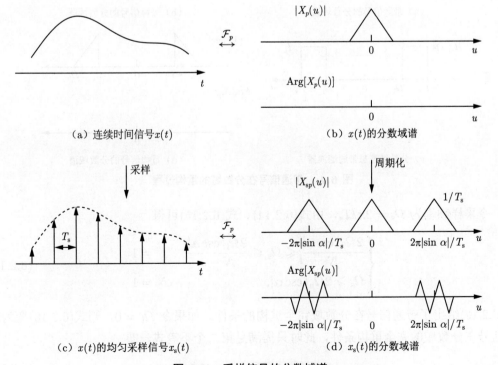

（a）连续时间信号 $x(t)$

（b）$x(t)$ 的分数域谱

（c）$x(t)$ 的均匀采样信号 $x_s(t)$

（d）$x_s(t)$ 的分数域谱

图 6.3　采样信号的分数域谱

6.2.2　分数域采样定理

由式(6.2.8)可以看到，采样信号的分数域谱是以 $2\pi|\sin\alpha|/T_s$ 为周期的周期谱。假设原始信号 $x(t)$ 为 p 阶分数域上的带限信号，即当 $|u| > \Omega_h$ 且 $|u| < \Omega_l$ 时，$X_p(u) = 0$，如图 6.4（a）所示。可以在 $1 \leqslant N \leqslant \lfloor \Omega_h/(\Omega_h - \Omega_l) \rfloor$ 范围内选择合适的 N（$\lfloor \cdot \rfloor$ 表示下取整），使得

$$N\frac{2\pi|\sin\alpha|}{T_s} \geqslant 2\Omega_h \tag{6.2.14}$$

$$(N-1)\frac{2\pi|\sin\alpha|}{T_s} \leqslant 2\Omega_l \tag{6.2.15}$$

同时成立，如图 6.4（b）所示。这样信号在分数域上的谱就没有混叠，也就能够完全重构 $x(t)$。

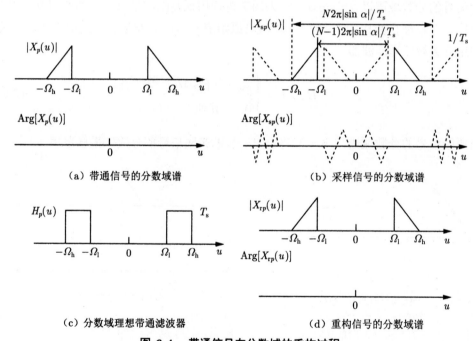

（a）带通信号的分数域谱　　　　　（b）采样信号的分数域谱

（c）分数域理想带通滤波器　　　　（d）重构信号的分数域谱

图 6.4　带通信号在分数域的重构过程

令采样频率为 $\Omega_s = 2\pi/T_s$，由式(6.2.14)、式(6.2.15)可得

$$\begin{cases} \dfrac{2\Omega_h|\csc\alpha|}{N} \leqslant \Omega_s \leqslant \dfrac{2\Omega_l|\csc\alpha|}{N-1}, & N \neq 1 \\ \Omega_s \geqslant 2\Omega_h|\csc\alpha|, & N = 1 \end{cases} \tag{6.2.16}$$

式(6.2.16)给出了带通信号在分数域完全重构的条件。如果令 $\Omega_l = 0$，则式(6.2.16)变为低通信号在分数域的完全重构条件，此时只需满足第二个不等式，即

$$\Omega_s \geqslant 2\Omega_h|\csc\alpha| \tag{6.2.17}$$

特别地，如果令 $\alpha = \pi/2$，即 $\csc\alpha = 1$，则式(6.2.16)与式(6.2.17)分别是经典的带通采样和低通采样的完全重构条件。

下面讨论重构过程。考虑分数域上的理想带通滤波器

$$H_p(u) = \begin{cases} T_\mathrm{s}, & \Omega_\mathrm{l} \leqslant |u| \leqslant \Omega_\mathrm{h} \\ 0, & \text{其他} \end{cases} \tag{6.2.18}$$

令 $X_{\mathrm{rp}}(u) = X_{sp}(u)H_p(u)$，便可以得到原始信号的谱，如图 6.4所示。再利用分数阶傅里叶逆变换，就得到时域上的重构信号。下面给出分数域采样定理[106]。

定理 6.2（分数域采样定理）　已知 $x(t)$ 为 p 阶分数域上的带限信号，

$$X_p(u) = \begin{cases} X_p(u), & \Omega_\mathrm{l} \leqslant |u| \leqslant \Omega_\mathrm{h} \\ 0, & \text{其他} \end{cases} \tag{6.2.19}$$

记 $x_\mathrm{s}(t) = x(nT_\mathrm{s})$ 为 $x(t)$ 的均匀采样信号，其中，T_s 为采样间隔。则当采样率满足式(6.2.16) 时，$x(t)$ 可以通过 $x_\mathrm{s}(t)$ 的 p 阶分数域谱进行重构。重构公式为

$$x_\mathrm{r}(t) = \mathrm{e}^{-\mathrm{j}t^2 \cot\alpha/2} \sum_{n=-\infty}^{\infty} \mathrm{e}^{\mathrm{j}(nT_\mathrm{s})^2 \cot\alpha/2} x(nT_\mathrm{s}) \frac{\sin[\Omega_\mathrm{w}(t - nT_\mathrm{s})\csc\alpha]}{\Omega_\mathrm{w}(t - nT_\mathrm{s})\csc\alpha} \tag{6.2.20}$$

式中，$\Omega_\mathrm{w} = \Omega_\mathrm{h} - \Omega_\mathrm{l}$。特别地，当 $p = 1$ 时，式(6.2.20)即转化为频域上的重构公式。

6.3　分数域抽样率转换

6.3.1　离散时间分数阶傅里叶变换

分数域抽样率转换主要研究时域抽取、内插及任意有理数倍抽样率转换所对应的分数域谱变化。在介绍相关结论之前，首先给出离散时间分数阶傅里叶变换（DT-FrFT）的定义。

定义 6.2　设 $x(n) = x(nT_\mathrm{s})$ 为 $x(t)$ 的采样序列，其中，T_s 为采样间隔，定义 $x(n)$ 的 DT-FrFT 为

$$\widetilde{X}_p(u) = A_\alpha \mathrm{e}^{\mathrm{j}u^2 \cot\alpha/2} \sum_{n=-\infty}^{+\infty} x(n) \exp\left(\mathrm{j}(nT_\mathrm{s})^2 \cot\alpha/2 - \mathrm{j}unT_\mathrm{s}\csc\alpha\right) \tag{6.3.1}$$

式中，$A_\alpha = \sqrt{(1 - \mathrm{j}\cot\alpha)/2\pi}$。这里用 $\sim$ 表示 DT-FrFT 谱，以区别于 FrFT 谱。

类似于 DTFT 中的数字角频率（归一化角频率）的概念，定义分数域数字角频率

$$\omega = uT_\mathrm{s} \tag{6.3.2}$$

则 DT-FrFT 也可用 ω 来表示：

$$\widetilde{X}_p(\omega) = A_\alpha \mathrm{e}^{\mathrm{j}\cot\alpha(\omega/T_\mathrm{s})^2/2} \sum_{n=-\infty}^{+\infty} x(n) \exp\left(\mathrm{j}(nT_\mathrm{s})^2 \cot\alpha/2 - \mathrm{j}n\omega\csc\alpha\right) \tag{6.3.3}$$

注意到 $\widetilde{X}_p(u)$ 是以 $\Delta u_s^\alpha = 2\pi|\sin\alpha|/T_s$ 为周期的谱，则 $\widetilde{X}_p(\omega)$ 是以 $\Delta\omega_s^\alpha = 2\pi|\sin\alpha|$ 为周期的谱。称 Δu_s^α 或 $\Delta\omega_s^\alpha$ 为分数域谱的 chirp 周期。相应地，可以得到 DT-FrFT 的逆变换为

$$x(n) = \sqrt{\frac{1+\mathrm{j}\cot\alpha}{2\pi}} \mathrm{e}^{-\mathrm{j}(nT_s)^2\cot\alpha/2} \int_{-\pi\sin\alpha}^{\pi\sin\alpha} \widetilde{X}_p(\omega) \mathrm{e}^{-\mathrm{j}\cot\alpha(\omega/T_s)^2/2+\mathrm{j}n\omega\csc\alpha} \mathrm{d}\omega \qquad (6.3.4)$$

6.3.2 分数域 L 倍内插

L 倍（零值）内插在时域表示为

$$y(n) = \begin{cases} x(n/L), & n = Lk, k \in \mathbb{Z} \\ 0, & \text{其他} \end{cases} \qquad (6.3.5)$$

设 $x(n), y(n)$ 的采样间隔分别为 $\Delta t_x, \Delta t_y$，易知

$$\Delta t_y = \Delta t_x/L \qquad (6.3.6)$$

将式(6.3.5)代入 DT-FrFT 定义式(6.3.1)，并利用 $\Delta t_y = \Delta t_x/L$，有

$$\begin{aligned} \widetilde{Y}_p(u) &= A_\alpha \mathrm{e}^{\mathrm{j}u^2\cot\alpha/2} \sum_{n=-\infty}^{+\infty} y(n) \exp\left(\mathrm{j}(n\Delta t_y)^2\cot\alpha/2 - \mathrm{j}(n\Delta t_y)u\csc\alpha\right) \\ &= A_\alpha \mathrm{e}^{\mathrm{j}u^2\cot\alpha/2} \sum_{n=Lk} x(k) \exp\left(\mathrm{j}(Lk\Delta t_y)^2\cot\alpha/2 - \mathrm{j}(Lk\Delta t_y)u\csc\alpha\right) \\ &= A_\alpha \mathrm{e}^{\mathrm{j}u^2\cot\alpha/2} \sum_{k=-\infty}^{+\infty} x(k) \exp\left(\mathrm{j}(k\Delta t_x)^2\cot\alpha/2 - \mathrm{j}(k\Delta t_x)u\csc\alpha\right) \\ &= \widetilde{X}_p(u) \end{aligned} \qquad (6.3.7)$$

从式(6.3.7)可以看出，信号 $x(n)$ 经过 L 倍内插之后，其分数域谱（以 u 为变量）并没有发生改变，但是 chirp 周期变为了原来的 L 倍，即

$$\Delta u_y^\alpha = \frac{2\pi|\sin\alpha|}{\Delta t_y} = \frac{2\pi|\sin\alpha|}{\Delta t_x/L} = L\Delta u_x^\alpha \qquad (6.3.8)$$

式(6.3.7)还可以用分数域数字频率表示为

$$\widetilde{Y}_p(\omega_y) = \widetilde{X}_p(L\omega_y) \qquad (6.3.9)$$

式中，$\omega_y = \omega_x/L$。由式(6.3.9)可知，信号在时域内插之后，其分数域谱在数字频率轴上压缩了 L 倍，并且增加了 $L-1$ 个镜像。这一点与频域的结论是一致的。

为了除去内插之后的镜像谱，引入分数域的低通滤波器：

$$\widetilde{H}_p(\omega) = \begin{cases} L, & |\omega| \leqslant \dfrac{\pi|\sin\alpha|}{L} \\ 0, & \text{其他} \end{cases} \qquad (6.3.10)$$

其中，增益 L 是为了保证滤波之后的信号幅值与原始信号的幅值相等，即 $y_I(Ln) = x(n)$，$n \in \mathbb{Z}$。

分数域 L 倍内插的系统框图如图 6.5 所示。

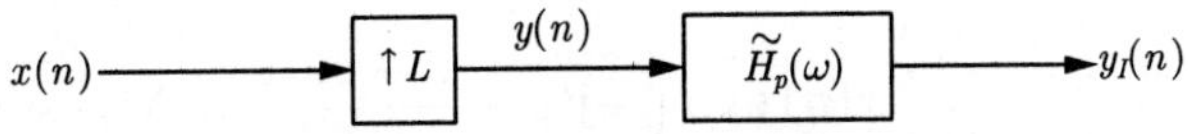

图 6.5　分数域 L 倍内插系统

6.3.3　分数域 M 倍抽取

M 倍抽取在时域的表达式为

$$y(n) = x(Mn) \tag{6.3.11}$$

设 $x(n), y(n)$ 的采样间隔分别为 $\Delta t_x, \Delta t_y$，易知

$$\Delta t_y = M\Delta t_x \tag{6.3.12}$$

相应地，抽取前后的分数域 chirp 周期关系式为

$$\Delta u_y^\alpha = \Delta u_x^\alpha / M \tag{6.3.13}$$

根据式(6.3.1)，$y(n)$ 的 DT-FrFT 为

$$\widetilde{Y}_p(u) = A_\alpha e^{ju^2 \cot \alpha/2} \sum_{n=-\infty}^{+\infty} y(n) \exp\left(-jun\Delta t_y \csc \alpha + \frac{1}{2}jn^2 \Delta t_y^2 \cot \alpha\right) \tag{6.3.14}$$

为了得到抽取前后的分数域谱关系，引入辅助函数

$$r(n) = \sum_{k=-\infty}^{+\infty} \delta(n - kM) \tag{6.3.15}$$

记

$$\hat{x}(n) = x(n)r(n) \tag{6.3.16}$$

注意 $\hat{x}(n)$ 的采样率与 $x(n)$ 相同。事实上，$\hat{x}(n)$ 即为 $y(n)$ 的零值内插结果，因此两者具有相同的分数域谱，即

$$\widetilde{Y}_p(u) = \widetilde{\hat{X}}_p(u) = A_\alpha e^{ju^2 \cot \alpha/2} \sum_{n=-\infty}^{+\infty} x(n)r(n) \exp\left(-jun\Delta t_x \csc \alpha + \frac{1}{2}jn^2 \Delta t_x^2 \cot \alpha\right) \tag{6.3.17}$$

根据泊松和公式（Poisson summation formula）：

$$r(n) = \sum_{k=-\infty}^{+\infty} \delta(n - kM) = \frac{1}{M} \sum_{k=0}^{M-1} e^{j\frac{2\pi}{M}nk} \tag{6.3.18}$$

将式(6.3.18)代入式(6.3.17)中，有

$$
\begin{aligned}
\widetilde{Y}_p(u) &= A_\alpha \mathrm{e}^{\mathrm{j}u^2 \cot \alpha/2} \sum_{n=-\infty}^{+\infty} x(n) \left(\frac{1}{M} \sum_{k=0}^{M-1} \mathrm{e}^{\mathrm{j}\frac{2\pi}{M}nk} \right) \exp\left(-\mathrm{j}un\Delta t_x \csc \alpha + \frac{1}{2}\mathrm{j}n^2\Delta t_x^2 \cot \alpha \right) \\
&= \frac{A_\alpha}{M} \mathrm{e}^{\mathrm{j}u^2 \cot \alpha/2} \sum_{n=-\infty}^{+\infty} \sum_{k=0}^{M-1} x(n) \exp\left(-\mathrm{j}(u - \frac{2\pi k \sin \alpha}{M\Delta t_x})n\Delta t_x \csc \alpha + \frac{1}{2}\mathrm{j}n^2\Delta t_x^2 \cot \alpha \right) \\
&= \frac{A_\alpha}{M} \mathrm{e}^{\mathrm{j}u^2 \cot \alpha/2} \sum_{k=0}^{M-1} \sum_{n=-\infty}^{+\infty} x(n) \exp\left(-\mathrm{j}(u - k\frac{\Delta u_x^\alpha}{M})n\Delta t_x \csc \alpha + \frac{1}{2}\mathrm{j}n^2\Delta t_x^2 \cot \alpha \right) \\
&= \frac{1}{M} \sum_{k=0}^{M-1} \widetilde{X}_p\left(u - k\frac{\Delta u_x^\alpha}{M} \right) \exp\left[\frac{1}{2}\mathrm{j}\cot \alpha \left(-\frac{(\Delta u_x^\alpha)^2}{M^2}k^2 + \frac{2\Delta u_x^\alpha}{M}ku \right) \right]
\end{aligned}
\tag{6.3.19}
$$

式(6.3.19)即为抽取前后信号的分数域谱关系。从式(6.3.19)可以看出，信号 $x(n)$ 经过 M 倍的抽取之后，其分数域谱在 u 轴上分别以 $k\Delta u_x^\alpha/M(k=0,1,\cdots,M-1)$ 为单位进行频移，最后 M 个频移样本叠加，并且幅值变为原来的 $1/M$。若考虑分数域数字频率关系，

$$
\omega_y = u\Delta t_y = uM\Delta t_x = M\omega_x
$$

则式(6.3.19)可表示为

$$
\widetilde{Y}_p(\omega_y) = \frac{1}{M} \sum_{k=0}^{M-1} \widetilde{X}_p\left(\frac{\omega_y - 2\pi k \sin \alpha}{M} \right) \exp\left[\mathrm{j}\cos \alpha \frac{2\pi k}{\Delta t_y^2}(\omega_y - k\pi \sin \alpha) \right]
\tag{6.3.20}
$$

特别地，当 $\alpha = \pi/2$，即 $p=1$ 时，式(6.3.20)可以化为

$$
\widetilde{Y}_1(\omega_y) = \frac{1}{M} \sum_{k=0}^{M-1} \widetilde{X}_1\left(\frac{\omega_y - 2\pi k}{M} \right)
\tag{6.3.21}
$$

上式即为抽取在频域中的形式。

由式(6.3.20)可以发现，原始信号在抽取之后，其分数域谱在数字频率轴上扩展了 M 倍，并且分别以 $2\pi k \sin \alpha(k=0,1,\cdots,M-1)$ 为单位进行频移，最后 M 个周期样本叠加，这一点与频域结果是一致的。

为了避免抽取之后的分数域谱发生混叠，在抽取之前须对信号进行相应的分数域低通滤波，滤波器为

$$
\widetilde{H}_p(\omega) = \begin{cases} 1, & |\omega| \leqslant \dfrac{\pi|\sin \alpha|}{M} \\ 0, & 其他 \end{cases}
\tag{6.3.22}
$$

分数域 M 倍抽取的系统框图如图 6.6所示。

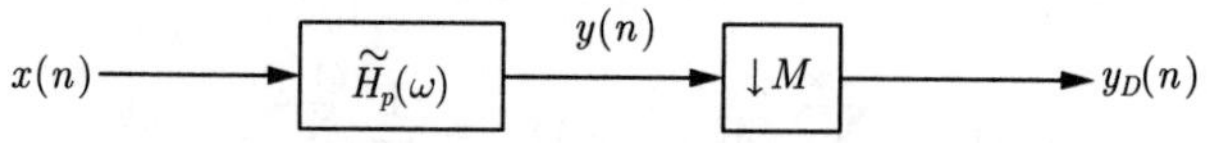

图 6.6　分数域 M 倍抽取系统

6.3.4　分数域分数倍抽样率转换

在实际应用中，常常需要对信号进行分数倍的抽样率转换。例如要实现 L/M 倍的抽样率转换，可以由 L 倍内插和 M 倍抽取级联实现。一般而言，为保证信息尽可能不损失，应当先进行 L 倍内插，再进行 M 倍抽取，系统框图如图 6.7所示。

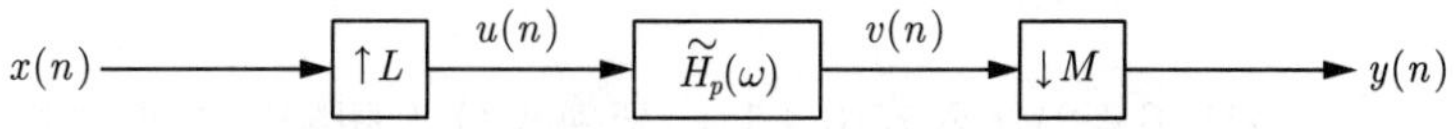

$$x(n) \longrightarrow \boxed{\uparrow L} \xrightarrow{u(n)} \boxed{\widetilde{H}_p(\omega)} \xrightarrow{v(n)} \boxed{\downarrow M} \longrightarrow y(n)$$

图 **6.7**　分数域 L/M 倍抽样率转换系统

结合式(6.3.10)、式(6.3.22)可知，分数倍抽样率转换中的滤波器为

$$\widetilde{H}_p(\omega) = \begin{cases} L, & |\omega| \leqslant \min\left\{\dfrac{\pi|\sin\alpha|}{L}, \dfrac{\pi|\sin\alpha|}{M}\right\} \\ 0, & \text{其他} \end{cases} \tag{6.3.23}$$

通过 6.3.2节和 6.3.3节的分析，可以得出图 6.7 中各节点信号的分数域谱。即 $u(n)$ 的分数域谱（以分数域数字频率为自变量）是由 $x(n)$ 的分数域谱压缩 L 倍而增加 $L-1$ 个镜像而得；$v(n)$ 是 $u(n)$ 通过分数域低通滤波后的输出，因此其分数域谱相对于 $u(n)$ 不仅滤除掉了镜像成分，同时也滤除掉了带宽 $\dfrac{\pi|\sin\alpha|}{M}$ 之外的成分；$y(n)$ 的分数域谱是将 $v(n)$ 的分数域谱扩展 M 倍，并以 $2\pi k|\sin\alpha|(k=0,1,\cdots,M-1)$ 为单位作分数域频移，最后将 M 个频移样本叠加而得，并在幅度上作 L/M 倍的伸缩。

6.4　数值计算与仿真实验

本节对 6.3 节所介绍的分数域抽样率转换理论进行实验验证，这里采用由 Ozaktas 等提出的分数阶傅里叶变换离散算法[108]，该算法利用数值计算模拟连续积分变换，其中采用了快速傅里叶变换（FFT），计算复杂度为 $O(N\log N)$，具有运算速度快、精度高等特点。下面简要介绍该算法的具体流程。

连续分数阶傅里叶变换的定义式可以改写成如下形式：

$$F_p(u) = A_\alpha e^{j\pi a u^2} \int_{-\infty}^{+\infty} e^{-j2\pi b u x} \left[e^{j\pi a x^2} f(x)\right] \mathrm{d}x \tag{6.4.1}$$

式中，$A_\alpha = \sqrt{1 - \mathrm{j}\cot\alpha}$，$a = \cot\alpha$，$b = \csc\alpha$，$\alpha$ 为旋转角。

假设连续时间信号 $f(t)$ 的时宽（双边）为 Δt，频域带宽（双边）为 Δf，实际中可以考虑 $\Delta f = f_s$，其中，f_s 为信号的采样率，因此采样信号的长度为 $N = \Delta t \Delta f$。现对信号进行量纲归一化，即将时域和频域的宽度统一，这可以通过简单的尺度变换实现。令尺度因子 $s = \sqrt{\Delta t / \Delta f}$，且 $x = t/s, u = fs$，则归一化后的时宽与频宽为 $\Delta u = \sqrt{\Delta t \Delta f}$。这样时域和频域可以统一用同一量纲来描述。此时采样信号的长度为 $N = (\Delta u)^2$，故采样间隔为 $\Delta u^{-1} = \sqrt{N}$。以下讨论均假设信号经过量纲归一化。

假设 $f(x)$ 的频宽为 Δu，则 chirp 调制后（即 $e^{j\pi ax^2}f(x)$）的频宽最大可达 $2\Delta u^{[108]}$。以 $T_s = \dfrac{1}{2\Delta u}$ 为采样间隔，并利用香农内插公式可以将其表示为

$$e^{j\pi ax^2}f(x) = \sum_{n=-N}^{N} e^{j\pi a\left(\frac{n}{2\Delta u}\right)^2} f\left(\frac{n}{2\Delta u}\right) \operatorname{sinc}\left(2\Delta u\left(x - \frac{n}{2\Delta u}\right)\right) \tag{6.4.2}$$

式中，$N = (\Delta u)^2$。将式(6.4.2)代入式(6.4.1)，交换积分求和顺序并求解积分运算后得到

$$F_p(u) = \frac{A_\alpha}{2\Delta u} e^{j\pi au^2} \sum_{n=-N}^{N} e^{-j2\pi bu\left(\frac{n}{2\Delta u}\right)} e^{j\pi a\left(\frac{n}{2\Delta u}\right)^2} f\left(\frac{n}{2\Delta u}\right) \tag{6.4.3}$$

接下来对分数域变量进行离散化。同样以 $\dfrac{1}{2\Delta u}$ 为采样间隔，对 $u \in \left[-\dfrac{\Delta u}{2}, \dfrac{\Delta u}{2}\right]$ 进行采样，得到

$$F_p\left(\frac{m}{2\Delta u}\right) = \frac{A_\alpha}{2\Delta u} \sum_{n=-N}^{N} e^{j\pi a\left(\frac{m}{2\Delta u}\right)^2} e^{-j2\pi b\left(\frac{m}{2\Delta u}\right)\left(\frac{n}{2\Delta u}\right)} e^{j\pi a\left(\frac{n}{2\Delta u}\right)^2} f\left(\frac{n}{2\Delta u}\right)$$

$$= \frac{A_\alpha}{2\Delta u} e^{j\pi(a-b)\left(\frac{m}{2\Delta u}\right)^2} \sum_{n=-N}^{N} e^{j\pi b\left(\frac{m-n}{2\Delta u}\right)^2} e^{j\pi(a-b)\left(\frac{n}{2\Delta u}\right)^2} f\left(\frac{n}{2\Delta u}\right) \tag{6.4.4}$$

式(6.4.4)的求和部分即为 $e^{j\pi bt^2}$ 与 $e^{j\pi(a-b)t}f(t)$ 的离散卷积形式，可以通过 FFT 计算得到，因此计算复杂度为 $O(N\log N)$。

上述离散算法中的采样率为 $2\Delta u$，若原始采样信号的长度为 N，采样率为 Δu，则需要在变换之前对信号进行 2 倍内插。相应地，在变换后对离散谱进行 2 倍抽取，从而得到采样点为 N 的离散谱。FrFT 离散算法的 MATLAB 实现代码可以从网页①下载。该算法要求信号长度为偶数，且阶次限定在 $[-2,2]$ 范围内。为克服上述局限性，文献[109]提出一种改进方法。该算法可以从网页②下载。本书采用改进后的 FrFT 离散算法，主程序名为 frft，参见附录 A.3。

注意到离散算法中信号采样率由长度决定，即 $\Delta x = \sqrt{N}$，这将导致抽取/内插前后的采样率呈非线性变化。例如，设原始采样信号长度为 N，采样率为 $\Delta x = \sqrt{N}$，则 M 倍抽取之后的长度为 N/M，而采样率变为 $\Delta x' = \sqrt{N/M} = \Delta x/\sqrt{M}$，直接影响数值计算结果。一种解决的方法是先对原始信号抽取，再对原始信号补零，使得长度变为 MN，此时数值计算的采样率为 $\Delta x'' = \sqrt{NM}$，而抽取信号的长度依然为 N/M，采样率为 $\Delta x' = \sqrt{N/M} = M\Delta x''$。这样就确保了正确的采样率关系，而补零不会影响数值计算结果。内插可作类似处理。此外注意到式(6.4.4)的幅度与 Δx 成反比，因此变换之后应当进行归一化处理。

---

① http://kilyos.ee.bilkent.edu.tr/ haldun/wileybook.html

② https://nalag.cs.kuleuven.be/research/software/FRFT/#calc

实验 6.1　已知时域信号 $f(t) = \mathrm{sinc}^2(3t), t \in (-3, 3)$，设抽取因子 $M = 4$，分数阶次分别取 $p = 0.5, 0.7, 1$。观察抽取之后相应的分数域谱。

图 6.8 给出了抽取前后的分数域谱。可以看出，抽取之后的谱展宽 M 倍，且幅度变为原来的 $1/M$，这与理论分析的结论是一致的。完整代码见附录 A.3。

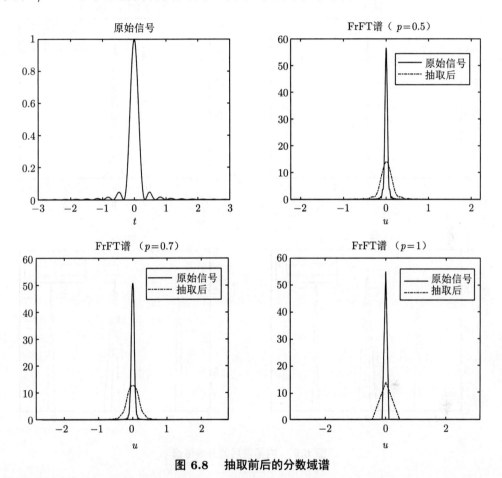

图 6.8　抽取前后的分数域谱

实验 6.2　已知时域信号 $f(t) = \mathrm{sinc}^2(10t), t \in (-3, 3)$，设内插因子 $L = 3$，分数阶次分别取 $p = 0.3, 0.6, 1$。观察内插之后相应的分数域谱。

图 6.9 给出了内插前后的分数域谱。可以看出，内插之后的谱压缩 L 倍，但幅度不变，因此在一个周期内产生了 $L - 1$ 个镜像，这与理论分析的结论是一致的。完整代码见附录 A.3。

本章小结

作为傅里叶变换的广义形式，**分数阶傅里叶变换**能够提供介于时域和频域之间的分数域表征，已经在光学、雷达、通信、图像等领域取得了重要应用成果。本章是抽样率转换内容的扩展，主要介绍了采样信号及抽样率转换信号在**分数域**上的谱特性。根据 6.2 节分析可知，采样信号的分数域谱是原始信号的分数域谱的周期延拓，并在相位上有相应的调制。在一定条件下，利用分数域低通或带通滤波器，可以从采样信号的分数域谱重构原始信号，即**分数域采样定理**。关于采样定理的研究分析，读者可参阅文献[110-113]。

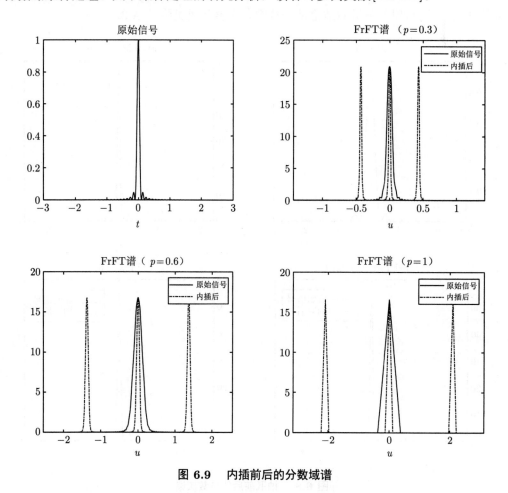

图 6.9 内插前后的分数域谱

对于**抽样率转换**信号，它在分数域上所表现出来的谱特性与频域相似。具体来讲，**内插**信号在分数域上的谱发生了压缩，并生成了多个镜像，而**抽取**信号在分数域上的谱发生了展宽，并且由相应的相位调制。6.3节给出了详细的分析。6.4节结合 MATLAB 给出了相关的实验验证，同时读者可结合文献[107,114]了解更多详细内容。

分数阶傅里叶变换的**离散算法**是分数域信号处理领域的热门研究问题，本章所采用的离散算法源自 Ozaktas 等的工作[108]，除此之外，其他学者也提出了不同的离散算法，感兴趣的读者可参考相关文献[115-118]。

习题

6.1 试证明分数域乘积定理，见定理 6.1。提示：参考文献[106]。

6.2（分数域卷积定理） 已知信号 $f(t), g(t)$，令 $\widetilde{f}(t) = \mathrm{e}^{\mathrm{j}a(\alpha)t^2} f(t), \widetilde{g}(t) = \mathrm{e}^{\mathrm{j}a(\alpha)t^2} g(t)$，其中，$a(\alpha) = \cot \alpha / 2$，定义 p 阶分数域卷积运算[119]：

$$h(t) = (f \circledast_p g)(t) = A_\alpha \mathrm{e}^{-\mathrm{j}a(\alpha)t^2}(\widetilde{f} * \widetilde{g})(t)$$

证明：

$$H_p(u) = \mathrm{e}^{-\mathrm{j}a(\alpha)u^2} F_p(u) G_p(u)$$

其中，F_p, G_p, H_p 分别为 f, g, h 的 p 阶分数阶傅里叶变换。

提示：利用频域卷积定理，参考文献 [119]。

6.3 通过调研文献 [114]，判断分数域 Noble 恒等式是否成立？

6.4（MATLAB 练习） 自拟信号，仿真验证分数倍抽样率转换前后的分数域谱关系。

6.5（MATLAB 练习） 通过调研文献 [118]，对比分析不同分数阶傅里叶变换的离散算法。

第7章

多维多抽样率信号处理

本章要点

- 如何表示多维信号？如何定义多维信号的傅里叶变换？
- 多维信号的采样、抽取及内插是怎样定义的？相应的频谱如何变化？与一维信号的联系和区别是什么？
- 多维信号的分数倍抽样率转换是怎样实现的？
- 如何实现多维多抽样率系统的高效结构？
- 多维最大抽取滤波器组的结构是怎样的？完全重构条件是什么？
- 什么是 Cayley 变换？如何设计多维正交滤波器组？

前面几章主要介绍了与一维信号相关的多抽样率基本理论与方法。而随着现代信息技术的发展，在许多应用场景中，信号呈现多维的特点。例如，光学图像传感器采集的信号一般是二维或三维的，前两个维度表示空间中的水平和竖直维度，第三个维度表示光谱维度（一般称为通道或波段）。日常生活中接触的数字彩色图像，即由红、绿、蓝三个通道组成。遥感领域的多光谱图像一般有 4~8 个波段，而高光谱图像的波段数可达上百个。又如视频是由一组图像序列组成，每个图像称为一帧（frame）。此外在合成孔径雷达（SAR）成像中，数据包含距离向与方位向两个维度的信息，只有将两个维度组合才能正确解译场景所包含的信息。

多维信号处理被认为是未来高度发达的信息通信系统的基本技术，而多维信号的多抽样率技术是值得关注的研究方向。目前，多维多抽样率信号处理技术已成功应用于图像视频编码、高清晰度电视系统、多媒体通信等场景。本章将多抽样率基本理论与方法扩展到多维信号，主要介绍多维信号的多抽样率转换、多抽样率系统的高效结构与实现、多维最大抽取滤波器组、多维正交滤波器组等内容。

7.1 多维信号处理基础

7.1.1 多维信号的表示

多维连续信号可视为多个独立连续变量的函数，记为 $x_a(\boldsymbol{t})$，其中[①] $\boldsymbol{t} = (t_0, t_1, \cdots, t_{D-1})^{\mathrm{T}} \in \mathbb{R}^D$。当 $D = 1$ 时，即为一维连续信号。类似地，多维离散信号是多个独立离散变量的函数，记为 $x(\boldsymbol{n})$，其中 $\boldsymbol{n} = (n_0, n_1, \cdots, n_{D-1})^{\mathrm{T}} \in \mathbb{Z}^D$。

与一维信号类似，可以定义多维信号的傅里叶变换及逆变换为

$$X(\boldsymbol{\Omega}) = \int_{\mathbb{R}^D} x_a(\boldsymbol{t}) \mathrm{e}^{-\mathrm{j}\boldsymbol{\Omega}^{\mathrm{T}}\boldsymbol{t}} \mathrm{d}\boldsymbol{t} \tag{7.1.1}$$

$$x_a(\boldsymbol{t}) = \frac{1}{(2\pi)^D} \int_{\mathbb{R}^D} X(\boldsymbol{\Omega}) \mathrm{e}^{\mathrm{j}\boldsymbol{\Omega}^{\mathrm{T}}\boldsymbol{t}} \mathrm{d}\boldsymbol{\Omega} \tag{7.1.2}$$

式中，$\boldsymbol{\Omega} = (\Omega_0, \Omega_1, \cdots, \Omega_{D-1})^{\mathrm{T}} \in \mathbb{R}^D$，称 $\boldsymbol{\Omega}$ 为 D 维模拟角频率。

事实上，注意到 $\mathrm{e}^{-\mathrm{j}\boldsymbol{\Omega}^{\mathrm{T}}\boldsymbol{t}} = \mathrm{e}^{-\mathrm{j}\Omega_0 t_0} \mathrm{e}^{-\mathrm{j}\Omega_1 t_1} \cdots \mathrm{e}^{-\mathrm{j}\Omega_{D-1} t_{D-1}}$，因此

$$X(\boldsymbol{\Omega}) = \int_{\mathbb{R}} x_a(\boldsymbol{t}) \mathrm{e}^{-\mathrm{j}\Omega_0 t_0} \mathrm{d}t_0 \int_{\mathbb{R}} x_a(\boldsymbol{t}) \mathrm{e}^{-\mathrm{j}\Omega_1 t_1} \mathrm{d}t_1 \cdots \int_{\mathbb{R}} x_a(\boldsymbol{t}) \mathrm{e}^{-\mathrm{j}\Omega_{D-1} t_{D-1}} \mathrm{d}t_{D-1} \tag{7.1.3}$$

上式说明 D 维傅里叶变换可转化为 D 个一维傅里叶变换的乘积形式。不限于傅里叶变换，在多维信号分析与处理中，如果能够将多维形式分解为多个一维的乘积形式，则称具有这种性质的变换是可分离的（separable）。

对于多维离散信号，定义离散时间傅里叶变换（DTFT）及逆变换为

$$X(\mathrm{e}^{\mathrm{j}\boldsymbol{\omega}}) = \sum_{\boldsymbol{n}} x(\boldsymbol{n}) \mathrm{e}^{-\mathrm{j}\boldsymbol{\omega}^{\mathrm{T}}\boldsymbol{n}} \tag{7.1.4}$$

$$x(\boldsymbol{n}) = \frac{1}{(2\pi)^D} \int_{[-\pi,\pi]^D} X(\mathrm{e}^{\mathrm{j}\boldsymbol{\omega}}) \mathrm{e}^{\mathrm{j}\boldsymbol{\omega}^{\mathrm{T}}\boldsymbol{n}} \mathrm{d}\boldsymbol{\omega} \tag{7.1.5}$$

式中，$\boldsymbol{\omega} = (\omega_0, \omega_1, \cdots, \omega_{D-1})^{\mathrm{T}} \in \mathbb{R}^D$，称 $\boldsymbol{\omega}$ 为 D 维归一化角频率或数字角频率。显然，多维 DTFT 也是可分离的。据此可以判断，$X(\mathrm{e}^{\mathrm{j}\boldsymbol{\omega}})$ 依然是一个周期化的频谱，在每个维度上都是以 2π 为周期，或记作以 $2\pi\boldsymbol{I}$ 为周期，其中，$\boldsymbol{I}$ 为 $D \times D$ 的单位矩阵。7.1.2节将给出具体的离散信号与连续信号的频谱关系。

此外，还可定义 $x(\boldsymbol{n})$ 的 z 变换：

$$X(\boldsymbol{z}) = \sum_{\boldsymbol{n}} x(\boldsymbol{n}) \boldsymbol{z}^{-\boldsymbol{n}} = \sum_{\boldsymbol{n}} x(\boldsymbol{n}) z_0^{-n_0} z_1^{-n_1} \cdots z_{D-1}^{-n_{D-1}}, \ \boldsymbol{z} \in \mathbb{C}^D \tag{7.1.6}$$

注意 $\boldsymbol{z}^{-\boldsymbol{n}}$ 表示 $z_i^{-n_i}, i = 0, 1, \cdots, D-1$ 的乘积。

[①] 本书主要采用列向量的形式表示高维信号的自变量，但有些时候也使用行向量。例如二维信号可以表示为 $x(\boldsymbol{t})$，其中 $\boldsymbol{t} = (t_0, t_1)^{\mathrm{T}}$，也可以直接记作 $x(t_0, t_1)$，后者是常见的二元函数表示方法。

7.1.2 二维信号的采样

与一维信号类似，多维离散信号也可以视为多维连续信号采样的结果。然而与一维情况不同的是，由于维度的增加，多维信号的采样通常具有特定的几何形状，这使得采样结果变得相对复杂。本节先以二维矩形采样为例说明，这种采样方式是可分离的，也是实际应用中最普遍的一种。随后讨论二维任意网格的采样，最后推广至一般的多维信号采样。

1. 矩形网格采样

所谓矩形网格采样（简称为矩形采样），即按照可分离的方式分别对水平、竖直两个维度进行采样，如图 7.1 所示。记二维连续信号 $x_a(t_0, t_1)$ 及采样信号 $x(n_0, n_1)$，则两者的关系为

$$x(n_0, n_1) = x_a(n_0 T_0, n_1 T_1) \tag{7.1.7}$$

式中，T_0, T_1 分别是水平和竖直采样间隔。一般情况下，T_0, T_1 不必相等。

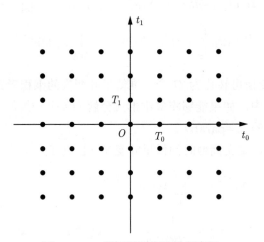

图 7.1　二维矩形网格采样示意图

依据傅里叶变换的可分离性质，不难得出采样信号与连续信号的频谱关系为

$$X(e^{j\omega_0}, e^{j\omega_1}) = \frac{1}{T_0 T_1} \sum_{k_0=-\infty}^{\infty} \sum_{k_1=-\infty}^{\infty} X_a\left(\frac{\omega_0 - 2\pi k_0}{T_0}, \frac{\omega_1 - 2\pi k_1}{T_1}\right) \tag{7.1.8}$$

或用模拟角频率表示为

$$X(e^{j\Omega_0 T_0}, e^{j\Omega_1 T_1}) = \frac{1}{T_0 T_1} \sum_{k_0=-\infty}^{\infty} \sum_{k_1=-\infty}^{\infty} X_a\left(\Omega_0 - \frac{2\pi}{T_0}, \Omega_1 - \frac{2\pi}{T_1}\right) \tag{7.1.9}$$

即采样信号的频谱是原始连续信号的频谱沿水平和竖直方向周期延拓而得到的，水平、竖直方向延拓周期（即采样率）分别为 $\Omega_{s0} = 2\pi/T_0$ 与 $\Omega_{s1} = 2\pi/T_1$。图 7.2 给出了上述关系的示意图。注意到此结论即为一维情况的推广。

结合图 7.2 来看，当二维连续信号 $x_a(t_0, t_1)$ 为带限信号时，如果水平方向、竖直方向的采样率满足

$$\Omega_{s0} = \frac{2\pi}{T_0} > 2\Omega_{m0}, \ \Omega_{s1} = \frac{2\pi}{T_1} > 2\Omega_{m1} \tag{7.1.10}$$

式中，Ω_{m0}, Ω_{m1} 分别为信号在水平、竖直方向的最高频率。则采样信号相邻周期的频谱没有混叠。在此条件下，利用一个理想低通滤波器对采样信号进行滤波，就可以从采样信号的频谱恢复出原始连续信号的频谱。由此可以得到二维矩形采样下的采样定理。

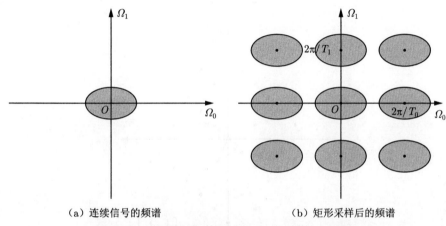

（a）连续信号的频谱　　　　　　　　（b）矩形采样后的频谱

图 7.2　二维矩形采样信号频谱（支撑集）示意图

定理 7.1 已知二维带限信号 $x_a(t_0, t_1)$，水平、竖直方向的最高频率分别为 Ω_{m0}, Ω_{m1}。当采样率满足式(7.1.10)时，可以从采样信号 $x(n_0, n_1)$ 精确重构原始信号。特别地，若取低通滤波器：

$$H(e^{j\Omega_0 T_0}, e^{j\Omega_1 T_1}) = \begin{cases} T_0 T_1, & |\Omega_0| \leqslant \pi/T_0, |\Omega_1| \leqslant \pi/T_1 \\ 0, & \text{其他} \end{cases} \tag{7.1.11}$$

则重构公式为

$$x_a(t_0, t_1) = \sum_{n_0 = -\infty}^{\infty} \sum_{n_1 = -\infty}^{\infty} x(n_0, n_1) \text{sinc}\left(\frac{t_0 - n_0 T_0}{T_0}\right) \text{sinc}\left(\frac{t_1 - n_1 T_1}{T_1}\right) \tag{7.1.12}$$

2. 任意网格采样

矩形采样是最简单、最常用的采样方式，因它是可分离的，故所有分析都可以仿照一维方式来进行。然而，二维采样不限于矩形采样，下面考虑更一般的情形。

已知二维连续信号 $x_a(\boldsymbol{t}), \boldsymbol{t} \in \mathbb{R}^2$，定义如下采样信号：

$$x(\boldsymbol{n}) = x_a(\boldsymbol{Vn}) = x_a(n_0 \boldsymbol{v}_0 + n_1 \boldsymbol{v}_1) \tag{7.1.13}$$

式中，$\boldsymbol{V}$ 是由列向量 $\boldsymbol{v}_0, \boldsymbol{v}_1$ 构成的非奇异实数矩阵，称 $\boldsymbol{V}$ 为采样矩阵。

显然，当 $\boldsymbol{V} = \mathrm{diag}(T_0, T_1)$ 时，式(7.1.13)即为矩形采样。对于一般的情况，记所有的采样点的集合为 LAT($\boldsymbol{V}$)，称它为采样矩阵 $\boldsymbol{V}$ 产生的网格（lattice，或简称为格），即

$$\mathrm{LAT}(\boldsymbol{V}) = \left\{\boldsymbol{V}\boldsymbol{n} | \boldsymbol{n} \in \mathbb{Z}^2\right\} = \left\{n_0\boldsymbol{v}_0 + n_1\boldsymbol{v}_1 | n_0, n_1 \in \mathbb{Z}\right\} \tag{7.1.14}$$

由此可见，二维采样点可以表示为两个基向量 $\boldsymbol{v}_0, \boldsymbol{v}_1$ 的整系数线性组合。该结论可推广至多维情况。图 7.3给出了采样矩阵 $\boldsymbol{V} = \begin{bmatrix} 1 & 1 \\ 1 & -2 \end{bmatrix}$ 所生成的采样网格。

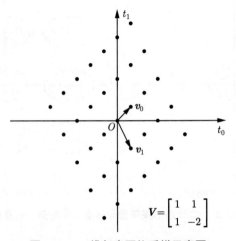

图 7.3　二维任意网格采样示意图

7.1.3　多维信号的采样

本节将二维采样推广到多维情况。已知 D 维连续信号 $x_\mathrm{a}(\boldsymbol{t})$，定义采样信号：

$$x(\boldsymbol{n}) = x_\mathrm{a}(\boldsymbol{V}\boldsymbol{n}) \tag{7.1.15}$$

式中，$\boldsymbol{V} = [\boldsymbol{v}_0, \boldsymbol{v}_1, \cdots, \boldsymbol{v}_{D-1}]$ 为 $D \times D$ 非奇异实数矩阵。如果 $\boldsymbol{V}$ 是对角矩阵，即为二维矩形采样的推广，也即对各维度分别进行采样，因而是可分离的。

定义网格：

$$\mathrm{LAT}(\boldsymbol{V}) = \left\{\boldsymbol{V}\boldsymbol{n} | \boldsymbol{n} \in \mathbb{Z}^D\right\} = \left\{\sum_{k=0}^{D-1} n_k\boldsymbol{v}_k | \boldsymbol{n} \in \mathbb{Z}^D\right\} \tag{7.1.16}$$

由此可见，采样网格完全由采样矩阵 $\boldsymbol{V}$ 决定。

由于网格包含无穷多个采样点，且分布呈现周期性，为了便于描述和分析，通常考虑一个基本单元。定义基本平行六面体（fundamental parallelepiped）：

$$\mathrm{FPD}(\boldsymbol{V}) = \left\{\boldsymbol{V}\boldsymbol{x} | \boldsymbol{x} \in [0,1)^D\right\} \tag{7.1.17}$$

由几何知识可知，平行六面体 FPD($\boldsymbol{V}$) 的容积为 $|\det \boldsymbol{V}|$，因此单位容积内 FPD($\boldsymbol{V}$) 的个数为

$$\rho = \frac{1}{|\det \boldsymbol{V}|} \tag{7.1.18}$$

称 ρ 为采样密度。事实上，ρ 也等于单位容积内的采样点数，即采样率。例如在一维情况下，$\boldsymbol{V}$ 即为采样间隔 T，故 $\rho = 1/T$。

下面讨论多维情况下采样信号与原始连续信号的频谱关系。设连续信号 $x_\mathrm{a}(\boldsymbol{t})$ 的傅里叶变换为 $X_\mathrm{a}(\boldsymbol{\Omega})$，采样信号 $x(\boldsymbol{n}) = x_\mathrm{a}(\boldsymbol{V}\boldsymbol{n})$ 的傅里叶变换（DTFT）为 $X(\boldsymbol{\omega})$，可以证明，两者具有如下关系：

$$X(\boldsymbol{\omega}) = \frac{1}{|\det \boldsymbol{V}|} \sum_{\boldsymbol{k}} X_\mathrm{a}(\boldsymbol{V}^{-\mathrm{T}}(\boldsymbol{\omega} - 2\pi\boldsymbol{k})) \tag{7.1.19}$$

若令 $\boldsymbol{\Omega} = \boldsymbol{V}^{-\mathrm{T}}\boldsymbol{\omega}$，则式(7.1.19)也可写作

$$X(\boldsymbol{V}^{\mathrm{T}}\boldsymbol{\Omega}) = \frac{1}{|\det \boldsymbol{V}|} \sum_{\boldsymbol{k}} X_\mathrm{a}(\boldsymbol{\Omega} - \boldsymbol{U}\boldsymbol{k}) \tag{7.1.20}$$

式中，$\boldsymbol{U} = 2\pi\boldsymbol{V}^{-\mathrm{T}}$。

式(7.1.20)说明，采样信号的频谱是由连续信号的频谱以 $\boldsymbol{U}$ 为单位进行周期延拓生成的，也即在 LAT($\boldsymbol{U}$) 上生成了无穷多个频谱副本。注意到当 $\boldsymbol{V} = T$ 时，即为所熟知的一维采样的周期延拓关系。当 $\boldsymbol{V} = \mathrm{diag}(T_0, T_1)$ 时，即为 7.1.2 节所介绍的二维可分离情况下的周期延拓关系。值得注意的是，上述关系是以模拟角频率（即 $\boldsymbol{\Omega}$）来描述的。而若以归一化角频率（$\boldsymbol{\omega}$）来看，$X(\boldsymbol{\omega})$ 依然是以 $2\pi\boldsymbol{I}$ 为周期的。事实上，根据 $\boldsymbol{\omega} = \boldsymbol{V}^{\mathrm{T}}\boldsymbol{\Omega}$，不难得出 $\boldsymbol{\omega}$ 域上的周期为 $\boldsymbol{V}^{\mathrm{T}}\boldsymbol{U} = 2\pi\boldsymbol{I}$。

注意到

$$|\det \boldsymbol{U}| = \frac{(2\pi)^D}{|\det \boldsymbol{V}|} = (2\pi)^D \rho \tag{7.1.21}$$

因此相邻周期的频谱之间的距离与 ρ 成正比。这意味着如果采样密度（采样率）足够大，可以避免混叠效应。此时可以从采样信号精确恢复出原始连续信号。反之，如果采样密度不足，相邻周期的频谱发生混叠，就无法从采样信号精确重构原始连续信号。这与一维采样的结论是一致的。有所不同的是，由于多维采样的几何性，不同的采样矩阵所对应的采样密度往往不同。以图 7.4 为例，图 7.1（b），图 7.1（c）分别给出了两种不同采样矩阵之后的频谱，其中第一种为矩形采样，第二种为梅花形（quincunx）采样，即

$$\boldsymbol{V}_1 = \begin{bmatrix} 1 & 0 \\ 0 & 1 \end{bmatrix}, \quad \boldsymbol{V}_2 = \begin{bmatrix} 1 & 1 \\ 1 & -1 \end{bmatrix} \tag{7.1.22}$$

易知 $\rho_2 = \rho_1/2 = 1/2$，后者的采样密度更小。但显然，两种采样方式都不会产生混叠。因此，合理地选择采样矩阵能够减少恢复原始信号所需的采样密度。在实际中，我们希望以

最经济的方式来实现重构，即选择无混叠条件下的最小采样密度。理论分析表明，最小采样密度由信号频谱的分布形状与采样矩阵共同决定。

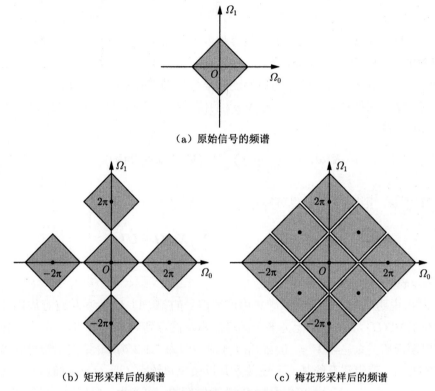

（a）原始信号的频谱

（b）矩形采样后的频谱 　　　　　　（c）梅花形采样后的频谱

图 7.4　不同采样矩阵对应的信号频谱

7.2　多维信号的抽样率转换

与一维信号类似，多维信号同样可以定义抽取和内插，两者组合则可实现更一般的抽样率转换。

7.2.1　多维抽取

设 D 维离散信号 $x(\boldsymbol{n}), \boldsymbol{n} \in \mathbb{Z}^2$，定义 $\boldsymbol{M}$ 倍抽取（下采样）[①]：

$$y(\boldsymbol{n}) = x(\boldsymbol{Mn}) \tag{7.2.1}$$

式中，$\boldsymbol{M}$ 为 $D \times D$ 非奇异整数阵，称为抽取矩阵；$|\det \boldsymbol{M}|$ 为抽取因子。$\boldsymbol{M}$ 倍抽取器如图 7.5 所示。

---

① 严格来讲，$\boldsymbol{M}$ 是矩阵，称"$\boldsymbol{M}$ 倍"（英文：$\boldsymbol{M}$-fold）并不恰当。事实上，抽取倍数应由抽取因子 $\det \boldsymbol{M}$ 决定。但"$\boldsymbol{M}$ 倍"已是一种约定俗成的叫法，因此本书亦采用这种叫法。多维内插同理。

$$x(\boldsymbol{n}) \longrightarrow \boxed{\downarrow \boldsymbol{M}} \longrightarrow y(\boldsymbol{n})$$

图 7.5　M 倍抽取器

从数学形式来看，多维抽取与一维抽取是一致的。然而由于维度的增加，多维抽取通常具有特定的几何形状。以二维抽取为例，分别考虑如下抽取矩阵：

$$\boldsymbol{M}_{\mathrm{t}} = \begin{bmatrix} 2 & 0 \\ 0 & 3 \end{bmatrix},\ \boldsymbol{M}_{\mathrm{q}} = \begin{bmatrix} 1 & 1 \\ 1 & -1 \end{bmatrix},\ \boldsymbol{M}_{\mathrm{h}} = \begin{bmatrix} 1 & 1 \\ 2 & -2 \end{bmatrix}$$

三个矩阵分别对应于矩形采样、梅花形采样和六边形①（hexagonal）采样。图 7.6 给出了相应的抽取结果，其中白色点"○"为抽取之前的采样点，黑色点"●"为抽取之后的采样点。

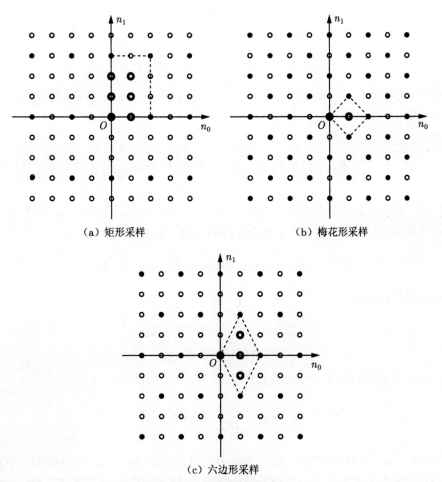

（a）矩形采样　　　　　　　　　　（b）梅花形采样

（c）六边形采样

图 7.6　不同的抽取矩阵

根据 7.1节内容可知，所有形如 $\boldsymbol{Mn}$ 的集合即为 $\boldsymbol{M}$ 产生的格 LAT$(\boldsymbol{M})$，因此抽取过程实际就是取 $x(\boldsymbol{n})$ 位于 LAT$(\boldsymbol{M})$ 上的采样点。与一般的采样矩阵不同的是，抽取矩阵要

---

① "六边形"来自于英文"hexagonal"直译。实际上，FPD$(\boldsymbol{M})$（二维）依然是平行四边形。

求所有元素是整数，因此 LAT($\boldsymbol{M}$) 中的点均由整数向量定义。显然，LAT($\boldsymbol{M}$) $\in \mathbb{Z}^D$，因此 LAT($\boldsymbol{M}$) 也称作 $\mathbb{Z}^D$ 的子格（sublattice），记作 $\boldsymbol{M}\mathbb{Z}^D$。特别地，若 $\boldsymbol{M}$ 为酉模矩阵，即 $|\det\boldsymbol{M}|=1$，则 $\boldsymbol{M}$ 倍抽取实际上是对 $\boldsymbol{Z}^D$ 中的点进行重排。从集合角度来看，$\boldsymbol{M}\mathbb{Z}^D = \mathbb{Z}^D$。更一般地，对于任意采样矩阵 $\boldsymbol{M}$ 及酉模矩阵 $\boldsymbol{U}$，可以证明，LAT($\boldsymbol{M}$) = LAT($\boldsymbol{MU}$)。这说明，对于相同的采样（或格），存在多个采样矩阵与之对应。例如，对于梅花形采样，除上述定义的 $\boldsymbol{M}_{\mathrm{q}}$，下列矩阵也可作为采样矩阵：

$$\boldsymbol{M}_{\mathrm{q1}} = \begin{bmatrix} 1 & 1 \\ -1 & 1 \end{bmatrix}, \ \boldsymbol{M}_{\mathrm{q2}} = \begin{bmatrix} 1 & -1 \\ 1 & 1 \end{bmatrix}$$

实际中为了便于分析，通常选择其中一个即可。

此外注意到，基本平行六面体 FPD($\boldsymbol{M}$) 内包含的点（整数向量）为有限个，如图 7.6 所示加圈的点。记这些点的集合为

$$\mathcal{N}(\boldsymbol{M}) = \{\boldsymbol{Mt} \in \mathbb{Z}^D | \boldsymbol{t} \in [0,1)^D\} \tag{7.2.2}$$

观察易知，$\mathcal{N}(\boldsymbol{M})$ 中点的个数恰好为 $M = |\det\boldsymbol{M}|$。以六边形采样为例，易知 $\mathcal{N}(\boldsymbol{M})$ 包含的点（整数向量）为

$$\boldsymbol{k}_0 = \begin{bmatrix} 0 \\ 0 \end{bmatrix}, \boldsymbol{k}_1 = \begin{bmatrix} 1 \\ 0 \end{bmatrix}, \boldsymbol{k}_2 = \begin{bmatrix} 1 \\ 1 \end{bmatrix}, \boldsymbol{k}_3 = \begin{bmatrix} 1 \\ -1 \end{bmatrix}$$

稍后会看到，在多维多相分解中，向量 $\boldsymbol{k}_i \in \mathcal{N}(\boldsymbol{M})$ 即表示由矩阵 $\boldsymbol{M}$ 生成的不同相位。这意味着对于抽取矩阵 $\boldsymbol{M}$，可以产生多个不同的子格。记

$$\boldsymbol{M}\mathbb{Z}^D + \boldsymbol{k}_i = \{\boldsymbol{Mn} + \boldsymbol{k}_i | \boldsymbol{n} \in \mathbb{Z}^D, \boldsymbol{k}_i \in \mathcal{N}(\boldsymbol{M})\} \tag{7.2.3}$$

则各子格与 $\mathbb{Z}^D$ 的关系为

$$\mathbb{Z}^D = \bigcup_{\boldsymbol{k}_i \in \mathcal{N}(\boldsymbol{M})} \boldsymbol{M}\mathbb{Z}^D + \boldsymbol{k}_i$$

多维抽取在频域的输入、输出关系式如下：

$$Y(\boldsymbol{\omega}) = \frac{1}{|\det\boldsymbol{M}|} \sum_{\boldsymbol{k} \in \mathcal{N}(\boldsymbol{M}^{\mathrm{T}})} X(\boldsymbol{M}^{-\mathrm{T}}(\boldsymbol{\omega} - 2\pi\boldsymbol{k})) \tag{7.2.4}$$

式中，$X(\boldsymbol{M}^{-\mathrm{T}}\boldsymbol{\omega})$ 是对原始信号频谱 $X(\boldsymbol{\omega})$ 的拉伸；$X(\boldsymbol{M}^{-\mathrm{T}}(\boldsymbol{\omega} - 2\pi\boldsymbol{k}))(\boldsymbol{k} \neq \boldsymbol{0})$ 是对 $X(\boldsymbol{M}^{-\mathrm{T}}\boldsymbol{\omega})$ 的频移，其中 $\boldsymbol{k}$ 为 $\mathcal{N}(\boldsymbol{M}^{\mathrm{T}})$ 中的整数向量，也即由 $\boldsymbol{M}^{\mathrm{T}}$ 生成的相位。因此，多维抽取之后的频谱可理解为对原始信号频谱先后进行"拉伸""频移""叠加""幅度伸缩"等运算。这与一维情况是一致的。然而在多维情况下，由于采样矩阵的几何性，频谱变化会更加复杂。图 7.7 中给出了矩形采样和梅花形采样下的信号频谱。注意到，矩形采样之后频谱发生了混叠。

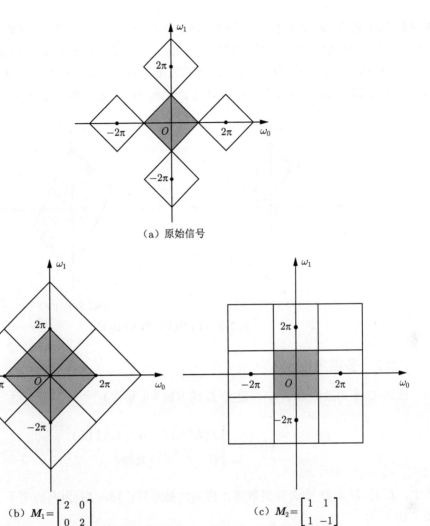

(a) 原始信号

(b) $\boldsymbol{M}_1 = \begin{bmatrix} 2 & 0 \\ 0 & 2 \end{bmatrix}$

(c) $\boldsymbol{M}_2 = \begin{bmatrix} 1 & 1 \\ 1 & -1 \end{bmatrix}$

图 7.7 不同抽取矩阵对应的频谱变化（灰色为基带频谱的支撑集）

与一维情况类似，为避免多维抽取之后出现频谱混叠，可以引入一个抗混叠滤波器，从而对 $X(\boldsymbol{\omega})$ 的频谱范围作相应的限制，结构如图 7.8 所示。下面讨论滤波器的通带范围。为了便于描述，定义对称平行六面体（symmetric parallelepiped）：

$$\mathrm{SPD}(\boldsymbol{V}) = \{\boldsymbol{V}\boldsymbol{t} | \boldsymbol{t} \in [-1, 1)^D\} \tag{7.2.5}$$

与基本平行六面体 $\mathrm{FPD}(\boldsymbol{V})$ 相比较，$\mathrm{SPD}(\boldsymbol{V})$ 包含了坐标轴的负半轴部分，因此呈对称分布。两者的差异如图 7.9 所示。

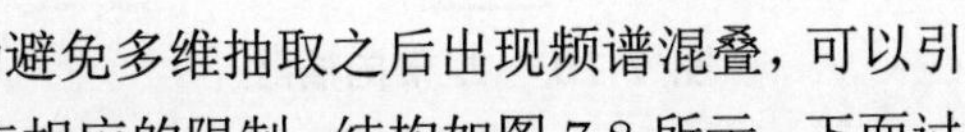

$$x(\boldsymbol{n}) \longrightarrow \boxed{h_{\mathrm{D}}(\boldsymbol{n})} \longrightarrow \boxed{\downarrow \boldsymbol{M}} \longrightarrow y(\boldsymbol{n})$$

图 7.8 $\boldsymbol{M}$ 倍抽取系统

注意到抽取前后的频谱都是周期性的，因此一般情况下只需讨论基带部分即可。由于

$X(M^{-T}\omega)$ 是 $X(\omega)$ 的拉伸，故如果 $X(\omega)$ 的支撑集① 为 $\mathcal{S}$，则 $X(M^{-T}\omega)$ 的支撑集为 $M^T\mathcal{S}$。为保证抽取之后不混叠，$M^T\mathcal{S} \in [-\pi, \pi)^D$，等价于 $\mathcal{S} \in M^{-T}[-\pi, \pi)^D$。因此可令 $\mathcal{S} = \mathrm{SPD}(\pi M^{-T})$。这样就确定了滤波器的通带范围。联系一维情况，$M = M$，则滤波器 通带范围为 $\mathrm{SPD}(\pi M^{-1}) = \{\omega | -\pi/M \leqslant \omega < \pi/M\}$。这与第 1 章分析的结果是一致的。

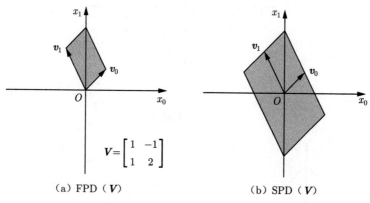

图 7.9　**FPD(V) 与 SPD(V)**

7.2.2　多维内插

已知 D 维离散信号 $x(n)$，定义 L 倍内插（上采样）：

$$y(n) = \begin{cases} x(L^{-1}n), & n \in \mathrm{LAT}(L) \\ 0, & 其他 \end{cases} \tag{7.2.6}$$

式中，L 是 $D \times D$ 非奇异整数阵，称为内插矩阵；$|\det L|$ 为内插因子。L 倍内插器如 图 7.10 所示。

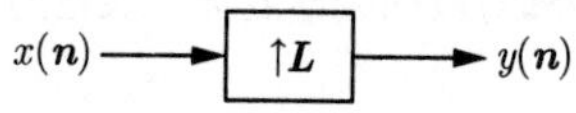

$$x(n) \longrightarrow \boxed{\uparrow L} \longrightarrow y(n)$$

图 7.10　L 倍内插器

根据定义式(7.2.6)，当 $n \in \mathrm{LAT}(L)$ 时，即存在 $m \in \mathbb{Z}^D$ 使得 $n = Lm$，$y(n) = y(Lm) = x(L^{-1}Lm) = x(m)$；除此之外插值为零。因此内插也可以等价表示为

$$y(n) = \begin{cases} x(m), & n = Lm \\ 0, & 其他 \end{cases} \tag{7.2.7}$$

对式(7.2.7)作傅里叶变换，可得 L 倍内插在频域上的输入、输出关系式为

$$Y(\omega) = \sum_n y(n)\mathrm{e}^{-\mathrm{j}\omega^T n} = \sum_{n=Lm} x(m)\mathrm{e}^{-\mathrm{j}\omega^T Lm} = X(L^T\omega) \tag{7.2.8}$$

---

① 函数 f 的支撑集（support）定义为 $\mathrm{supp}f = \{x|f(x) \neq 0\}$，即函数值非零所对应的自变量的范围集合。

上式说明，$Y(\boldsymbol{\omega})$ 即为 $X(\boldsymbol{\omega})$ 经坐标变换 $\boldsymbol{\omega} \to \boldsymbol{L}^{\mathrm{T}}\boldsymbol{\omega}$ 而得到的。因为 $X(\boldsymbol{\omega})$ 是以 $2\pi\boldsymbol{I}$ 为周期的，因此 $Y(\boldsymbol{\omega})$ 是以 $2\pi\boldsymbol{L}^{-\mathrm{T}}$ 为周期的，而不再是以 $2\pi\boldsymbol{I}$ 为周期的。在 $[-\pi,\pi)^D$ 内，$Y(\boldsymbol{\omega})$ 产生了 $|\det\boldsymbol{L}| - 1$ 个镜像成分。这些镜像是冗余的，可通过低通滤波器滤除，结构如图 7.11 所示。这也说明，内插不会增加信息。该结论与一维情况是完全一致的。

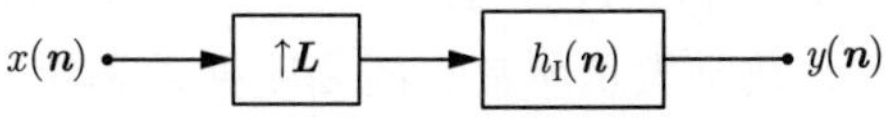

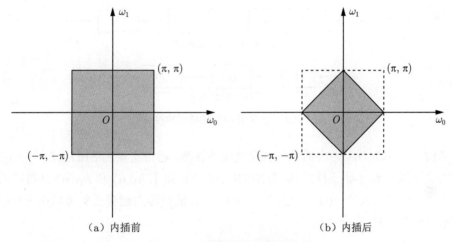

图 **7.11** L 倍内插系统

图 7.12 给出了内插前后频谱的支撑集变化。为了保留基带频谱而滤除镜像，低通滤波器的通带范围应为 $\mathrm{SPD}(\pi\boldsymbol{L}^{-\mathrm{T}})$。若要从 $Y(\boldsymbol{\omega})$ 恢复 $X(\boldsymbol{\omega})$，则只需在除镜像滤波之后再进行一个坐标变换 $\boldsymbol{\omega} \to \boldsymbol{L}^{-\mathrm{T}}\boldsymbol{\omega}$ 即可。从时域上来看，即对 $y(\boldsymbol{n})$ 滤波之后再进行 $\boldsymbol{L}$ 倍抽取。

图 **7.12** 内插前后的频谱变化

$\boldsymbol{L}$ 倍内插在 z 变换域的输入、输出关系式可表示为

$$Y(\boldsymbol{z}) = X(\boldsymbol{z}^{\boldsymbol{L}}) \tag{7.2.9}$$

式中，$\boldsymbol{z}^{\boldsymbol{L}} \in \mathbb{C}^D$、$\boldsymbol{z}^{\boldsymbol{L}}$ 的第 k 个元素为

$$(\boldsymbol{z}^{\boldsymbol{L}})_k = \boldsymbol{z}^{\boldsymbol{l}_k} = z_0^{l_{0,k}} z_1^{l_{1,k}} \cdots z_{D-1}^{l_{D-1,k}} \tag{7.2.10}$$

式中，$\boldsymbol{l}_k$ 为内插矩阵 $\boldsymbol{L}$ 的第 k 个列向量。

举例来讲，对于矩形内插，设矩阵 $\boldsymbol{L} = \begin{bmatrix} 2 & 0 \\ 0 & 3 \end{bmatrix}$，则 $Y(z_0, z_1) = X(z_0^2, z_1^3)$，即对水平维度和竖直维度分别作 2 倍和 3 倍内插。注意这里将自变量 z 写成了行向量的形式。对

于非矩形内插，以六边形内插为例，$\boldsymbol{L} = \begin{bmatrix} 1 & 1 \\ 2 & -2 \end{bmatrix}$，则 $\boldsymbol{z}^{\boldsymbol{L}} = (\boldsymbol{z}^{\boldsymbol{l}_0}, \boldsymbol{z}^{\boldsymbol{l}_1})^{\mathrm{T}} = (z_0 z_1^2, z_0 z_1^{-2})^{\mathrm{T}}$，因此六边形内插的输出可写成：$Y(z_0, z_1) = X(z_0 z_1^2, z_0 z_1^{-2})$。

7.2.3 抽取和插值相结合的抽样率转换

通过 7.2.1 节与 7.2.2 节的分析，读者可能注意到，多维抽取与多维内插在数学形式上与一维情况是一致的。这也是数学表示所具有的高度抽象和统一的特点。因此，对于多维抽样率转换分析，多数情况可以类比于一维情况。本节讨论多维情况下的更一般的抽样率转换。

对于多维信号，若希望实现分数倍抽样率转换，可以仿照一维的方法，通过抽取和内插的级联来实现。例如，对多维信号 $x(\boldsymbol{n})$ 先作 $\boldsymbol{L}$ 倍内插，再作 $\boldsymbol{M}$ 倍抽取，就能实现 $\boldsymbol{M}^{-1}\boldsymbol{L}$ 倍的抽样率转换（注意一般情况下 $\boldsymbol{M}^{-1}\boldsymbol{L} \neq \boldsymbol{L}\boldsymbol{M}^{-1}$）。同时考虑内插与抽取过程中的滤波过程，结构如图 7.13（a）所示。

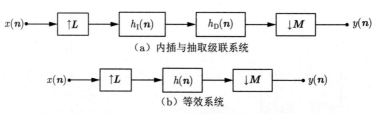

（a）内插与抽取级联系统

（b）等效系统

图 7.13　多维分数倍抽样率转换系统

图 7.13（a）中 $h_{\mathrm{I}}(\boldsymbol{n})$ 为内插系统的除镜像滤波器，通带支集为 $\mathrm{SPD}(\pi \boldsymbol{L}^{-\mathrm{T}})$；$h_{\mathrm{D}}(\boldsymbol{n})$ 为抽取系统的抗混叠滤波器，通带支集为 $\mathrm{SPD}(\pi \boldsymbol{M}^{-\mathrm{T}})$。由于 $h_{\mathrm{I}}(\boldsymbol{n})$ 和 $h_{\mathrm{D}}(\boldsymbol{n})$ 是级联的，所以可等效为一个低通滤波器 $h(\boldsymbol{n})$，如图 7.13（b）所示，滤波器的通带支集可以由 $\mathrm{SPD}(\pi \boldsymbol{L}^{-\mathrm{T}})$ 和 $\mathrm{SPD}(\pi \boldsymbol{M}^{-\mathrm{T}})$ 的交集来确定。

7.3　多维多抽样率系统的等效网络与高效实现

第 2 章介绍了一维情况下多抽样率系统的等效网络与高效实现。对于多维情况，由于信号本身具有维度高、数据量大的特点，因此高效实现就变得尤为重要。本节首先介绍多维的等效变换，然后讨论多维信号的多相表示，最后介绍多维多抽样率系统的高效结构。

7.3.1 多维等效网络

在多数情况下，多维的等效变换与一维形式上是一致的，但是有些情况需要额外注意。下面不加证明地给出相关结论。

1. 多维抽取/内插与乘法运算的等效变换

多维抽取/内插与乘法运算的等效关系如图 7.14 所示。注意到当 $\phi(\boldsymbol{n})$ 为常数时，即为信号与常数相乘的等效关系。类似地，若将乘法替换为加法，等效关系亦成立，不再赘述。

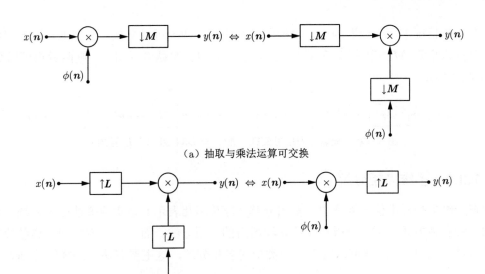

（a）抽取与乘法运算可交换

（b）内插与乘法运算可交换

图 7.14　抽取/内插与乘法运算的等效变换

2. 多维抽取/内插与滤波的等效变换

多维抽取/内插与滤波的等效变换（即 Noble 恒等式）如图 7.15 所示。

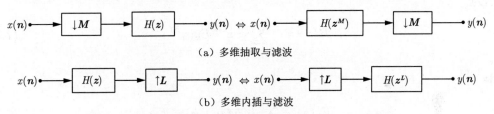

（a）多维抽取与滤波

（b）多维内插与滤波

图 7.15　多维抽取/内插与滤波的等效变换（Noble 恒等式）

3. 多维抽取与内插的等效变换

在一维情况下，多级抽取可以交换顺序，例如先作 D_1 倍抽取再作 D_2 倍抽取，等效于先作 D_2 倍抽取再作 D_1 倍抽取。多级内插同理。而在多维情况下，由于矩阵不具备乘法交换律，多级抽取或多级内插一般与顺序有关，不能随意交换。但多级实现可以等效于单级实现。例如，图 7.16给出了两级抽取/内插与单级抽取/内插的等效关系。

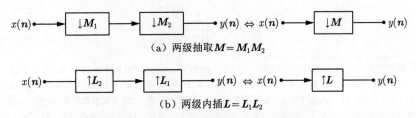

（a）两级抽取 $M=M_1 M_2$

（b）两级内插 $L=L_1 L_2$

图 7.16　两级与单级抽取/内插的等效关系

在一维情况下，当抽取因子与内插因子互质时，两者可以交换。类似地，对于多维情况，若抽取矩阵 M 与内插矩阵 L 满足 $ML = LM$，且两者互质[①]，则两者也可以交换，如图 7.17 所示。

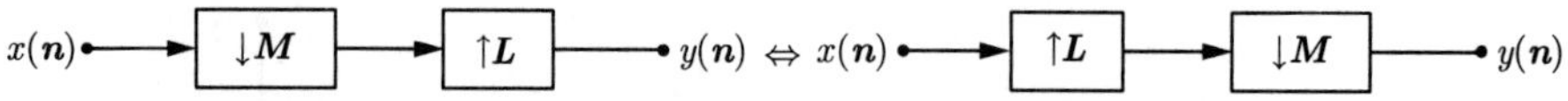

$$x(n) \longrightarrow \boxed{\downarrow M} \longrightarrow \boxed{\uparrow L} \longrightarrow y(n) \Leftrightarrow x(n) \longrightarrow \boxed{\uparrow L} \longrightarrow \boxed{\downarrow M} \longrightarrow y(n)$$

图 7.17　抽取与内插可交换（$ML = LM$ 且 M, L 互质）

7.3.2　多维多相分解

在一维多抽样率信号处理中，多相分解（亦称多相表示）是实现多抽样率系统高效结构的一种有效方式，也是分析和设计滤波器组的常用方法。而对于多维序列（离散信号或数字滤波器均可），同样可以定义不同类型的多相分解，这主要取决于采样矩阵 M 生成的格。

1. 第一型多相分解

定义 7.1（多维第一型多相分解）　已知多维序列 $h(n)$ 及整数矩阵 M，定义子序列：

$$h_k(n) = h(Mn + k), \; k \in \mathcal{N}(M) \tag{7.3.1}$$

式中，$\mathcal{N}(M)$ 为 FPD(M) 中整数向量（点）构成的集合，如式(7.2.2)所示。则 $H(z)$ 可表示为

$$H(z) = \sum_{k \in \mathcal{N}(M)} z^{-k} E_k(z^M) \tag{7.3.2}$$

其中

$$E_k(z) = \sum_n h(Mn + k) z^{-n} \tag{7.3.3}$$

称式(7.3.2)为 $H(z)$ 的第一型多相分解，$E_k(z)$ 为第 k 个多相成分。

由式(7.3.1)可知，$h_k(n)$ 即为 $h(n)$ 在子格 $M\mathbb{Z}^D + k$ 上的采样。根据 7.2.1节的分析，对于给定的矩阵 M，$\mathcal{N}(M)$ 中的向量个数为 $|\det M|$，这也就意味着共有 $M = |\det M|$ 个多相成分。第一型多相分解的结构如图 7.18 所示。

下面举两个例子。

例 7.1　设 M 为矩形抽取矩阵：

$$M = \begin{bmatrix} 2 & 0 \\ 0 & 2 \end{bmatrix}$$

---

① 称矩阵 R 为矩阵 M 与 L 的右公倍矩阵（common right multiple），如果满足 $R = MP = LQ$，其中 P 与 Q 为某整数矩阵，记作 $R = \mathrm{crm}(M, L)$。称 R_0 为矩阵 M 与 L 的最小右公倍矩阵（least common right multiple），如果 $R_0 = \mathrm{crm}(M, L)$，且任意 $R = \mathrm{crm}(M, L)$ 都可以表示为 $R = R_0 S$，其中 S 为某整数矩阵，记作 $R_0 = \mathrm{lcrm}(M, L)$。类似地，可以定义左公倍矩阵和最小左公倍矩阵。如果 $LM = ML$，则左右最小公倍矩阵相同。特别地，如果 ML 即为 M 和 L 的最小公倍矩阵，则 M 和 L 互质。

则 $|\det \boldsymbol{M}| = 4$，相位（即 $\mathcal{N}(\boldsymbol{M})$ 中包含的整数向量）分别是（编号不分先后顺序）

$$\boldsymbol{k}_0 = \begin{bmatrix} 0 \\ 0 \end{bmatrix}, \boldsymbol{k}_1 = \begin{bmatrix} 1 \\ 0 \end{bmatrix}, \boldsymbol{k}_2 = \begin{bmatrix} 0 \\ 1 \end{bmatrix}, \boldsymbol{k}_3 = \begin{bmatrix} 1 \\ 1 \end{bmatrix}$$

相应地，$\boldsymbol{z}^{-\boldsymbol{k}}$ 分别为

$$\boldsymbol{z}^{-\boldsymbol{k}_0} = 1, \boldsymbol{z}^{-\boldsymbol{k}_1} = z_0^{-1}, \boldsymbol{z}^{-\boldsymbol{k}_2} = z_1^{-1}, \boldsymbol{z}^{-\boldsymbol{k}_3} = z_0^{-1}z_1^{-1}$$

结合 $\boldsymbol{z}^{\boldsymbol{M}} = (z_0^2, z_1^2)^{\mathrm{T}}$，则第一型多相分解为

$$H(\boldsymbol{z}) = E_{\boldsymbol{k}_0}(z_0^2, z_1^2) + z_0^{-1}E_{\boldsymbol{k}_1}(z_0^2, z_1^2) + z_1^{-1}E_{\boldsymbol{k}_2}(z_0^2, z_1^2) + z_0^{-1}z_1^{-1}E_{\boldsymbol{k}_3}(z_0^2, z_1^2)$$

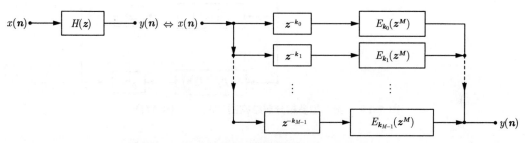

图 7.18　第一型多相分解结构图（$M = |\det \boldsymbol{M}|$）

例 7.2　设 $\boldsymbol{M}$ 为梅花形抽取矩阵：

$$\boldsymbol{M} = \begin{bmatrix} 1 & 1 \\ 1 & -1 \end{bmatrix}$$

则 $|\det \boldsymbol{M}| = 2$，相位分别是（编号不分先后顺序）

$$\boldsymbol{k}_0 = \begin{bmatrix} 0 \\ 0 \end{bmatrix}, \boldsymbol{k}_1 = \begin{bmatrix} 1 \\ 0 \end{bmatrix}$$

相应地，$\boldsymbol{z}^{-\boldsymbol{k}}$ 分别为

$$\boldsymbol{z}^{-\boldsymbol{k}_0} = 1, \boldsymbol{z}^{-\boldsymbol{k}_1} = z_0^{-1}$$

结合 $\boldsymbol{z}^{\boldsymbol{M}} = (z_0 z_1, z_0 z_1^{-1})^{\mathrm{T}}$，则第一型多相分解为

$$H(\boldsymbol{z}) = E_{\boldsymbol{k}_0}(z_0 z_1, z_0 z_1^{-1}) + z_0^{-1}E_{\boldsymbol{k}_1}(z_0 z_1, z_0 z_1^{-1})$$

2. 第二型多相分解

定义 7.2（多维第二型多相分解）　已知多维序列 $h(\boldsymbol{n})$ 及整数矩阵 $\boldsymbol{M}$，定义子序列：

$$h_{\boldsymbol{k}}(\boldsymbol{n}) = h(\boldsymbol{M}\boldsymbol{n} - \boldsymbol{k}), \quad \boldsymbol{k} \in \mathcal{N}(\boldsymbol{M}) \tag{7.3.4}$$

则 $H(\boldsymbol{z})$ 可表示为

$$H(z) = \sum_{k \in \mathcal{N}(M)} z^k R_k(z^M) \tag{7.3.5}$$

其中

$$R_k(z) = \sum_n h(Mn - k)z^{-n} \tag{7.3.6}$$

称式(7.3.5)为 $H(z)$ 的第二型多相分解，$R_k(z)$ 为第 k 个多相成分。

注意到，多维第二型多相分解事实上与一维的第三型多相分解形式一致。第二型多相分解的结构如图 7.19 所示。

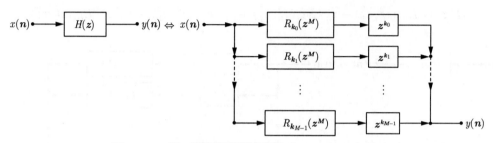

图 7.19　第二型多相分解结构图（$M = |\det M|$）

7.3.3　多维多抽样率系统的高效实现

与一维情况类似，利用多相分解和 Noble 恒等式，可以得到多维抽取系统和内插系统的高效结构。

1. 多维抽取系统的高效实现

抽取系统的一般结构如图 7.20（a）所示，注意到卷积运算是在高抽样率一侧进行的。若将 $H(z)$ 进行多相分解，则该系统变成图 7.20（b）所示，此时卷积运算仍然在高抽样率的一侧。再利用抽取与滤波的等效变换将每个支路中的 $E_k(z^M)$ 与 M 倍抽取交换位置，则得到如图 7.20（c）所示的形式。这时卷积运算在低抽样率的一侧进行，从而降低了计算量，因此是一种高效实现方式。

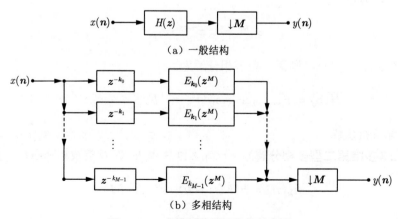

（a）一般结构

（b）多相结构

图 7.20　多维抽取系统的高效实现

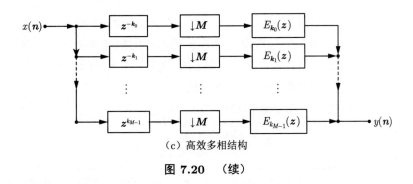

（c）高效多相结构

图 7.20 （续）

2. 多维内插系统的高效实现

与多维抽取系统的分析类似，可以得到多维内插系统的高效结构，如图 7.21所示。

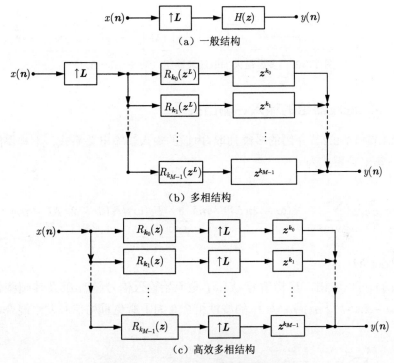

（a）一般结构

（b）多相结构

（c）高效多相结构

图 7.21 多维内插系统的高效实现

7.4 多维最大抽取滤波器组

对于实际的物理信号，能量（谱）一般呈现非均匀分布。例如在自然图像中，中低频分量占主要部分，高频分量相对较少，一般是由边缘、纹理等细节信息或噪声组成。因此可以利用多维滤波器组将图像分解成多个子带信号，按其能量大小或信息的重要程度赋予不同的字长，从而实现编码、压缩的目的。

多维滤波器组的结构如图 7.22 所示，这里仅考虑最大抽取滤波器组，即通道数 $M =$

$|\det \boldsymbol{M}|$。在分析端，分析滤波器 $H_0(\boldsymbol{z}), H_1(\boldsymbol{z}), \cdots, H_{M-1}(\boldsymbol{z})$ 将输入信号分成 M 个子带信号，每个通道含有一个 M 倍抽取器，故各子带信号的抽样率减小为原来的 $1/M$。在综合端，各子带信号先经过 M 倍内插器恢复至初始的采样率，随后分别经过综合滤波器 $G_0(\boldsymbol{z}), G_1(\boldsymbol{z}), \cdots, G_{M-1}(\boldsymbol{z})$ 提取相应频带的信息，最后将所有子带信号叠加得到重构信号。由此可见，多维滤波器组与一维滤波器组的工作原理是一致的，只不过由于维度增加，其数学形式相对更加复杂。

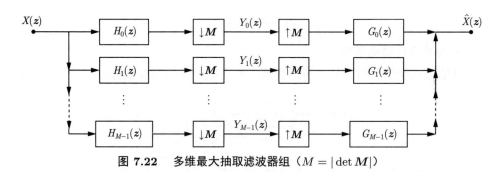

图 7.22   多维最大抽取滤波器组（$M = |\det \boldsymbol{M}|$）

7.4.1   多维滤波器组的输入、输出关系

根据 7.2.1节和 7.2.2节介绍的多维抽取/内插的输入、输出关系式，不难得出多维滤波器组的输入、输出关系式为

$$\hat{X}(\boldsymbol{\omega}) = \frac{1}{M} \sum_{\boldsymbol{m} \in \mathcal{N}(\boldsymbol{M}^{\mathrm{T}})} X(\boldsymbol{\omega} - 2\pi \boldsymbol{M}^{-\mathrm{T}}\boldsymbol{m}) \sum_{k=0}^{M-1} F_k(\boldsymbol{\omega}) H_k(\boldsymbol{\omega} - 2\pi \boldsymbol{M}^{-\mathrm{T}}\boldsymbol{m}) \tag{7.4.1}$$

式中，$M = |\det \boldsymbol{M}|$。

从式(7.4.1) 可以看出，重构信号 $\hat{X}(\boldsymbol{\omega})$ 是原始输入信号 $X(\boldsymbol{\omega})$ 及其频移分量（即混叠分量）$X(\boldsymbol{\omega} - 2\pi \boldsymbol{M}^{-\mathrm{T}}\boldsymbol{m})(\boldsymbol{m} \neq \boldsymbol{0})$ 的线性组合。为了避免重构信号发生混叠，滤波器组应满足

$$\sum_{k=0}^{M-1} F_k(\boldsymbol{\omega}) H_k(\boldsymbol{\omega} - 2\pi \boldsymbol{M}^{-\mathrm{T}}\boldsymbol{m}) = 0, \ \boldsymbol{m} \in \mathcal{N}(\boldsymbol{M}^{\mathrm{T}}), \boldsymbol{m} \neq \boldsymbol{0} \tag{7.4.2}$$

此时，输入、输出关系式变为

$$\hat{X}(\boldsymbol{\omega}) = \frac{1}{M} \sum_{k=0}^{M-1} F_k(\boldsymbol{\omega}) H_k(\boldsymbol{\omega}) X(\boldsymbol{\omega}) \tag{7.4.3}$$

记

$$T(\boldsymbol{\omega}) = \frac{1}{M} \sum_{k=0}^{M-1} F_k(\boldsymbol{\omega}) H_k(\boldsymbol{\omega}) \tag{7.4.4}$$

称 $T(\boldsymbol{\omega})$ 为滤波器组的整体传递函数或误差函数。若 $T(\boldsymbol{\omega})$ 是全通函数，即 $|T(\boldsymbol{\omega})| = c \neq 0, \forall \boldsymbol{\omega}$，则滤波器组无幅度失真。进一步地，若 $T(\boldsymbol{\omega}) = c\exp(-j\boldsymbol{\omega}^{\mathrm{T}}\boldsymbol{n}_0)$，则滤波器组满足完全重构。此时，$\hat{x}(\boldsymbol{n}) = cx(\boldsymbol{n} - \boldsymbol{n}_0)$。

7.4.2 多维滤波器组的多相结构

为了设计满足完全重构的多维滤波器组，可以通过多相结构来进行分析。对分析滤波器组进行第一型多相分解：

$$H_k(\boldsymbol{z}) = \sum_{\boldsymbol{k}_l \in \mathcal{N}(\boldsymbol{M})} \boldsymbol{z}^{-\boldsymbol{k}_l} E_{k,l}(\boldsymbol{z}^{\boldsymbol{M}}) \tag{7.4.5}$$

式中，$\boldsymbol{k}_l$ 是由 $\boldsymbol{M}$ 生成的相位，这里始终假设 $\boldsymbol{k}_0 = \boldsymbol{0}$。根据上文可知，共有 $M = |\det \boldsymbol{M}|$ 个相位。

式(7.4.5)也可写成矩阵的形式：

$$\begin{bmatrix} H_0(\boldsymbol{z}) \\ H_1(\boldsymbol{z}) \\ \vdots \\ H_{M-1}(\boldsymbol{z}) \end{bmatrix} = \boldsymbol{E}(\boldsymbol{z}^{\boldsymbol{M}}) \begin{bmatrix} \boldsymbol{z}^{-\boldsymbol{k}_0} \\ \boldsymbol{z}^{-\boldsymbol{k}_1} \\ \vdots \\ \boldsymbol{z}^{-\boldsymbol{k}_{M-1}} \end{bmatrix} = \boldsymbol{E}(\boldsymbol{z}^{\boldsymbol{M}})\boldsymbol{z}^{-\boldsymbol{M}_p} \tag{7.4.6}$$

式中，$\boldsymbol{E}(\boldsymbol{z})$ 为分析滤波器组的多相矩阵，其中，第 k 行表示 $H_k(\boldsymbol{z})$ 的多相成分，即 $[\boldsymbol{E}(\boldsymbol{z})]_{k,l} = E_{k,l}(\boldsymbol{z})$；$\boldsymbol{M}_p$ 是由 M 个相位构成的矩阵，$\boldsymbol{M}_p = (\boldsymbol{k}_0, \boldsymbol{k}_1, \cdots, \boldsymbol{k}_{M-1})$，注意 $\boldsymbol{M}_p \neq \boldsymbol{M}$。

类似地，对综合滤波器组进行第二型多相分解，可得

$$G_k(\boldsymbol{z}) = \sum_{\boldsymbol{k}_l \in \mathcal{N}(\boldsymbol{M})} \boldsymbol{z}^{\boldsymbol{k}_l} R_{k,l}(\boldsymbol{z}^{\boldsymbol{M}}) \tag{7.4.7}$$

或写成矩阵的形式：

$$\begin{bmatrix} G_0(\boldsymbol{z}) \\ G_1(\boldsymbol{z}) \\ \vdots \\ G_{M-1}(\boldsymbol{z}) \end{bmatrix} = \boldsymbol{R}^{\mathrm{T}}(\boldsymbol{z}^{\boldsymbol{M}}) \begin{bmatrix} \boldsymbol{z}^{\boldsymbol{k}_0} \\ \boldsymbol{z}^{\boldsymbol{k}_1} \\ \vdots \\ \boldsymbol{z}^{\boldsymbol{k}_{M-1}} \end{bmatrix} = \boldsymbol{R}^{\mathrm{T}}(\boldsymbol{z}^{\boldsymbol{M}})\boldsymbol{z}^{\boldsymbol{M}_p} \tag{7.4.8}$$

式中，$\boldsymbol{R}(\boldsymbol{z})$ 为综合滤波器组的多相矩阵，注意这里含有一个转置，这意味着 $\boldsymbol{R}(\boldsymbol{z})$ 的第 k 列为 $G_k(\boldsymbol{z})$ 的多相成分，即 $[\boldsymbol{R}^{\mathrm{T}}(\boldsymbol{z})]_{k,l} = R_{k,l}(\boldsymbol{z})$。

多维滤波器组的多相结构如图 7.23（a）所示。利用等效关系，可以转化为如图 7.23（b）所示的高效实现结构。

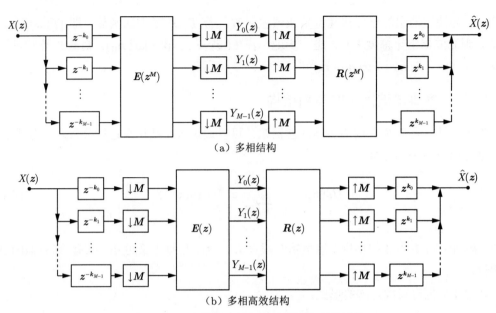

（a）多相结构

（b）多相高效结构

图 7.23   多维最大抽取滤波器组的多相结构

7.4.3   多维滤波器组的完全重构条件

根据滤波器组的多相结构易知，当

$$P(z) = R(z)E(z) = I \tag{7.4.9}$$

滤波器组能够实现完全重构。因此，滤波器组设计问题即转化为寻找满足式(7.4.9)的多相矩阵。例如，可以利用多维仿酉矩阵来构造，即若存在矩阵满足 $\widetilde{E}(z)E(z) = I$，其中 $\sim$ 表示对矩阵元素取共轭并转置，则可令 $R(z) = \widetilde{E}(z)$。特别地，若滤波器系数均为实的，则 $R(z) = E^{\mathrm{T}}(z^{-1})$，这样就得到了完全重构的滤波器组。上述思路与一维情况是类似的。

当然，式(7.4.9)是完全重构的充分条件。从理论分析角度出发，还可以将该关系式推广，得到更一般的充要条件。

定理 7.2   多维滤波器组无混叠的充要条件是多相矩阵满足

$$P^{\mathrm{T}}(z^M)z^{M_p} = T(z)z^{M_p} \tag{7.4.10}$$

式中，$M_p = [k_l]_{0 \leqslant l \leqslant M-1}, k_l \in \mathcal{N}(M)$；$T(z)$ 为滤波器组的总体误差函数，若 $T(z) = cz^{-n_0}$，则滤波器组能够实现完全重构。

定理 7.2 可视为一维情况的推广，其证明思路也与一维情况非常类似（见第 3 章）。具体过程不再详细展开，感兴趣的读者可参考文献[120]。

联系一维情况，当 $P(z)$ 为伪循环矩阵时，滤波器组实现无混叠。一个自然的问题是，对于多维情况，满足式(7.4.10)的 $P(z)$ 的一般形式是怎样的？下面简要进行分析。

首先，式(7.4.10)说明，z^{M_p} 是 $P^{\mathrm{T}}(z^M)$ 的右特征向量，相应的特征值为 $T(z)$。事实上，注意到 $z^{M_p} = (1, z^{k_1}, \cdots, z^{k_{M-1}})^{\mathrm{T}}$，其中第一个元素恒为 1 是因为 $k_0 = 0$，故由

式(7.4.10)易知

$$T(z) = \sum_{i=0}^{M-1} z^{k_i} P_{i,0}(z^M) \tag{7.4.11}$$

式中，$P_{i,j}(z)$ 为矩阵 $P(z)$ 的第 (i,j) 个元素，$0 \leqslant i, j \leqslant M-1$（这里考虑序号从 0 开始）。

根据式(7.4.10)可知等式两端第 j 行满足

$$\sum_{l=0}^{M-1} z^{k_l} P_{l,j}(z^M) = T(z) z^{k_j} = z^{k_j} \sum_{i=0}^{M-1} z^{k_i} P_{i,0}(z^M) = \sum_{i=0}^{M-1} z^{k_i+k_j} P_{i,0}(z^M) \tag{7.4.12}$$

注意到 $k_i + k_j$ 不一定属于 $\mathcal{N}(M)$，但是根据除法原理，存在唯一的 $k_{f(i,j)} \in \mathcal{N}(M)$ 使得

$$k_i + k_j = M g(i,j) + k_{f(i,j)} \tag{7.4.13}$$

式中，$g(i,j) \in \mathbb{Z}^D$。因此式(7.4.12)转化为

$$\sum_{l=0}^{M-1} z^{k_l} P_{l,j}(z^M) = \sum_{i=0}^{M-1} z^{k_{f(i,j)}} z^{M g(i,j)} P_{i,0}(z^M) \tag{7.4.14}$$

令 $l = f(i,j)$，观察可得

$$P_{f(i,j),j}(z) = z^{g(i,j)} P_{i,0}(z) \tag{7.4.15}$$

上式说明，$P(z)$ 中的第 $(f(i,j),j)$ 个元素由第 $(i,0)$ 个元素与 $z^{g(i,j)}$ 的乘积决定，而 $f(i,j), g(i,j)$ 又由式(7.4.13)决定。因此在 $P(z)$ 第 0 列已知的条件下，其他各列均可由式(7.4.15)完全确定，这样就得到 $P(z)$ 的一般形式。将满足式(7.4.15)的矩阵称为广义伪循环矩阵（generalized pseudo-circulant matrix）。

定理 7.3 [121] 多维滤波器组实现完全重构的充要条件是 $P(z)$ 为广义伪循环矩阵，此时，滤波器组的传递函数为

$$T(z) = \sum_{i=0}^{M-1} z^{k_i} P_{i,0}(z^M) \tag{7.4.16}$$

例如，设 $M = \begin{bmatrix} 1 & 1 \\ -1 & 2 \end{bmatrix}$，各相位分别为

$$k_0 = \begin{bmatrix} 0 \\ 0 \end{bmatrix}, \quad k_1 = \begin{bmatrix} 1 \\ 0 \end{bmatrix}, \quad k_2 = \begin{bmatrix} 1 \\ 1 \end{bmatrix}$$

相应地，可以得到广义伪循环矩阵为

$$P(z) = \begin{bmatrix} P_0(z) & z_0 z_1 P_2(z) & z_0 z_1 P_1(z) \\ P_1(z) & P_0(z) & z_1 P_2(z) \\ P_2(z) & z_0 P_1(z) & P_0(z) \end{bmatrix}$$

进一步地，根据式(7.4.11)，当 $\boldsymbol{P}(z)$ 的第 0 列其中一项为纯延迟，而其他元素为零时，滤波器组可实现完全重构。于是得到如下推论。

推论 7.1 [121]　多维滤波器组实现完全重构的充要条件是

$$P_{i,0}(z) = \begin{cases} cz^{n_0}, & i = i_0 \\ 0, & \text{其他} \end{cases} \tag{7.4.17}$$

这时 $T(z) = cz^{Mn_0 + k_{i_0}}$。

7.5　多维正交滤波器组

在过去的 20 年里，滤波器组的理论与应用研究快速发展，其中正交滤波器组因所具有的性质受到了学术界特别的关注。一方面，正交性意味着能量保持，因此在传输和量化过程中产生的噪声能量不易被放大；另一方面，在一定条件下，正交滤波器组可以构造正交小波基。

一维两通道滤波器组的设计主要有两种典型的方法，其中一种是谱分解方法[21-22]，该方法可用于实现 FIR 或 IIR 滤波器组。另外一种是基于格形结构的设计方法[23]，其基本思路是将滤波器组设计问题转化为仿酉矩阵的构造问题，通过一些特殊的仿酉单元级联，从而在保证完全重构的条件下提供了参数优化的可能。

然而上述两类方法都存在一定的局限性。一方面，当滤波器阶数比较大时，谱分解方法在计算上非常困难；而且由于缺少多维谱分解理论，此方法很难扩展到多维。而基于格形结构的设计方法虽然能够设计特定的二维和三维滤波器组[122]，但是并不能完全解决任意维滤波器组的设计问题，因为格形结构并非完整刻画了滤波器组的特性。

针对上述问题，Zhou 等[123] 提出了一种多维正交滤波器组的设计方法，巧妙地将仿酉矩阵和 Cayley 变换结合起来，从而将非线性方程组的求解转化为线性方程组的求解，降低了设计复杂度。

7.5.1　Cayley 变换

Cayley 变换在信号处理中应用广泛，是将非线性问题转换成线性问题的有力工具。Cayley 变换定义如下。

定义 7.3　矩阵 $U(z)$ 的 Cayley 变换定义为

$$H(z) = (I + U(z))^{-1}(I - U(z)) \tag{7.5.1}$$

Cayley 反变换定义为

$$U(z) = (I + H(z))^{-1}(I - H(z)) \tag{7.5.2}$$

假设 $U(z)$ 为实系数仿酉矩阵，即

$$U(z)U^{\mathrm{T}}(z^{-1}) = I \tag{7.5.3}$$

将式(7.5.2)代入上式，化简可得

$$H(z^{-1}) = -H^{\mathrm{T}}(z) \tag{7.5.4}$$

其中，$H(z)$ 的系数也为实系数。满足式(7.5.4)的矩阵称为仿斜厄米特（para-skew-Hermitian，PSH）矩阵。上述说明，仿酉矩阵经 Cayley 变换后映射为 PSH 矩阵；反之，PSH 矩阵经 Cayley 反变换后映射为仿酉矩阵。因此，Cayley 变换使得仿酉矩阵和 PSH 矩阵具有一一对应的关系。

为了保证 Cayley 变换有效，要求 $I + U(z)$ 和 $I + H(z)$ 是可逆的，有以下命题。

命题 7.1 [123] 假设 $U(z)$ 是一个 $N \times N$ 阶仿酉矩阵，Λ 是元素为 1 或 -1 的对角阵，则至少存在一个 Λ 使得 $I + \Lambda U(z)$ 是可逆（非退化）矩阵。

如果 $I + U(z)$ 不是可逆的，根据命题 7.1，总可以找到一个 Λ 使得 $I + \Lambda U(z)$ 是可逆的，而 Λ 不会破坏仿酉性。因此，可以假设任意仿酉矩阵 $U(z)$ 的 Cayley 变换存在。

命题 7.2 [123] 设 $H(z)$ 是 $U(z)$ 的 Cayley 变换，则

$$H(z) = 2(I + U(z))^{-1} - I \tag{7.5.5}$$

$$U(z) = 2(I + H(z))^{-1} - I \tag{7.5.6}$$

命题 7.2 说明，$I + H(z)$ 可逆的条件等同于 $I + U(z)$ 可逆的条件，所以 $I + H(z)$ 也是可逆的。

7.5.2 多维正交 IIR 滤波器组

根据 7.4.3 节的分析可知，当多相矩阵是仿酉矩阵时，滤波器组为正交滤波器组。因此设计一个正交滤波器组等价于设计一个仿酉矩阵。以二通道滤波器组为例，设 $U(z)$ 是分析端的仿酉矩阵，

$$U(z) = \begin{bmatrix} U_{00}(z) & U_{01}(z) \\ U_{10}(z) & U_{11}(z) \end{bmatrix} \tag{7.5.7}$$

将仿酉条件 $U(z)U^{\mathrm{T}}(z^{-1}) = I$ 改写为

$$\begin{cases} U_{00}(z)U_{00}(z^{-1}) + U_{01}(z)U_{01}(z^{-1}) = 1 \\ U_{00}(z)U_{10}(z^{-1}) + U_{01}(z)U_{11}(z^{-1}) = 0 \\ U_{10}(z)U_{10}(z^{-1}) + U_{11}(z)U_{11}(z^{-1}) = 1 \end{cases} \tag{7.5.8}$$

显然，上式是非线性方程组，不易求解。

设 $H(z)$ 为 $U(z)$ 的 Cayley 变换，

$$H(z) = \begin{bmatrix} H_{00}(z) & H_{01}(z) \\ H_{10}(z) & H_{11}(z) \end{bmatrix} \tag{7.5.9}$$

则 $H(z)$ 为 PSH 矩阵，此时仿酉条件可转化为 PSH 条件：

$$\begin{cases} H_{00}(z^{-1}) = -H_{00}(z) \\ H_{11}(z^{-1}) = -H_{11}(z) \\ H_{01}(z^{-1}) = -H_{10}(z) \end{cases} \tag{7.5.10}$$

可以看到，上式是线性方程组，这样就比求解非线性方程组要容易一些。

根据式(7.5.10)，设计 IIR 滤波器只需要设计两个反对称滤波器 $H_{00}(z)$ 和 $H_{11}(z)$，独立地选择一个任意滤波器 $H_{10}(z)$，由式(7.5.10)最后一个等式得 $H_{01}(z)$。这样多维 IIR 滤波器的设计就归结到设计反对称矩阵。反对称矩阵的设计比较容易，有如下命题。

命题 7.3 [123] 设 $W(z) = A(z)/B(z)$ 是 IIR 滤波器，其中，$A(z)$ 和 $B(z)$ 是互质的多项式，则 $W(z^{-1}) = -W(z)$ 当且仅当

$$A(z^{-1}) = cz^m A(z), \quad B(z^{-1}) = -cz^m B(z) \tag{7.5.11}$$

式中，$c = \pm 1$，m 为任意整数向量。

7.5.3 多维正交 FIR 滤波器组

为设计正交 FIR 滤波器组，须要求仿酉矩阵为 FIR 的。假设 $U(z)$ 是 $N \times N$ 阶仿酉 FIR 矩阵。由仿酉条件 $U(z)U^T(z^{-1}) = I$ 有 $\det U(z) \cdot \det U^T(z^{-1}) = 1$，这意味着 $\det U(z)$ 是全通滤波器，即

$$\det U(z) = cz^{-k} \tag{7.5.12}$$

式中，$c = \pm 1$，k 为整数向量，它定义了每一维的最小延迟。

尽管 $U(z)$ 是一个 FIR 矩阵，但是由于有 $(I + U(z))^{-1}$ 项，故 $H(z)$ 不是 FIR 矩阵。因此需要设计一个 PSH 矩阵使得它的 Cayley 变换是 FIR 的。重写式(7.5.1)：

$$H(z) = (I + U(z))^{-1}(I - U(z)) = \frac{\text{adj}\,((I + U(z))(I - U(z)))}{\det(I + U(z))} \tag{7.5.13}$$

令

$$H'(z) = 2^{-N+1}\text{adj}\,(I + U(z))(I - U(z)) \tag{7.5.14}$$

$$D(z) = 2^{-N+1}\det(I + U(z)) \tag{7.5.15}$$

则 $H(z)$ 可表示成

$$H(z) = \frac{H'(z)}{D(z)} \tag{7.5.16}$$

由命题 7.2有

$$\det(I + U(z)) = 2^N \det(I + H(z))^{-1} \tag{7.5.17}$$

代入式(7.5.15)，有

$$D(z) = 2 \det (I + H(z))^{-1} \tag{7.5.18}$$

下述命题给出了设计 FIR 滤波器组的基本条件。

命题 7.4 矩阵 $H(z)$ 的 Cayley 变换是仿酉 FIR 矩阵，当且仅当它可以写成

$$H(z) = D(z^{-1})H'(z) \tag{7.5.19}$$

式中，$D(z)$ 是 FIR 滤波器，$H'(z)$ 是 FIR 矩阵，且满足以下四个条件：

（1） $D(z^{-1}) = cz^k D(z)$

（2） $H'^{\mathrm{T}}(z^{-1}) = -cz^k H'(z)$

（3） $2D(z)^{N-1} = \det(D(z)I + H'(z))$

（4） $D(z)^{N-2}$是所有$D(z)I + H'(z)$项的公共因子

此外，$H(z)$ 的 Cayley 变换可以写作

$$U(z) = \frac{\mathrm{adj}\,(D(z)I + H'(z))}{D(z)^{N-2}} - I \tag{7.5.20}$$

由此可知，根据命题，设计一个仿酉 FIR 矩阵 $U(z)$ 转变成设计一个 PSH 矩阵 $H(z) = D(z^{-1})H'(z)$，且 $D(z)$ 和 $H'(z)$ 满足命题 7.4 的条件。具体设计实例可参见文献[123]。

本章小结

本章介绍了多维多抽样率信号处理的基础理论与方法，可视为一维情况的扩展。在学习过程中，读者可联系一维相关知识来帮助理解，但同时应建立清晰的多维概念，理解多维和一维的联系和区别。

本章先从**多维信号**的基本概念出发，介绍了多维信号的**时域与频域表示**，以及多维信号的**采样**。随后，介绍了多维信号**抽样率转换**的基本原理，包括**多维抽取**、**多维内插**以及两者相结合的任意倍抽样率转换。值得注意的是，从数学形式上来看，多维信号的表示与一维信号具有**统一性**，包括其傅里叶变换也是一维傅里叶变换的直接推广。但是在多维情况下，采样及抽样率转换均由矩阵定义，使得其形式和分析相对一维情况更加复杂。本章主要以二维情况进行说明，但相关结论可以推广至多维。关于多维采样及抽样率转换的理论研究，读者可以参考文献[121,124-125]。

多维多抽样率系统的**等效网络**与**高效结构**是系统设计与实现的基础。这部分内容可以类比于一维情况进行分析，绝大多数情况具有与一维情况相一致的结论。但是少数情况又有所不同。例如多维抽取和多维内插的级联应注意相应的顺序，一般不可交换。多维的**多相表示**以 FPD(M) 中的整数向量来定义相位，因而没有严格的顺序界定。

本章还介绍了**多维最大抽取滤波器组**的基本结构，并详细讨论了滤波器组完全重构的条件。相关结论可视为一维滤波器组的推广。最后，给出了**多维正交滤波器组**的一种设计方法。该方法的基本思路是利用 **Cayley 变换**建立仿酉矩阵和 PSH 矩阵间的一一对应关系，从而将非线性方程组的求解转化成线性方程组的求解。多维滤波器组的设计是学术界的热点问题之一，早期的研究主要是从一维到多维的推广[120,126]，有些学者也将多维滤波器组同小波变换联系起来[127]。由于多维信号通常蕴含方向性信息，因此多维方向滤波器逐渐引起关注，由此产生了多尺度方向变换。这部分内容将在第 8 章详细介绍。

习题

7.1 判断如图 7.24所示的多维抽取和多维内插级联系统是否等效。

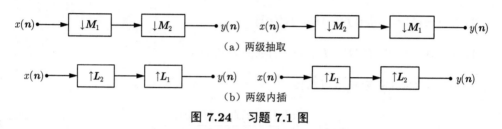

图 7.24 习题 7.1 图

7.2 设 M 为六边形采样矩阵：

$$M = \begin{bmatrix} 1 & 1 \\ 2 & -2 \end{bmatrix}$$

写出相应的滤波器 $H(z)$ 的第一型和第二型多相分解。

7.3（MALTAB 练习） 编程实现二维梅花形和六边形采样。

7.4（MALTAB 练习） MATLAB 提供二维快速傅里叶变换函数 fft2 和 ifft2，自行选取灰度图像和 RGB 图像进行二维傅里叶变换，绘制频谱并分析与一维频谱的关系。

7.5（MALTAB 练习） 自行选取灰度图像进行二维矩形抽取和梅花形抽取，并观察抽取前后的频谱变化。

第8章

多尺度方向变换与方向滤波器组

本章要点

- 二维可分离小波变换如何实现？二维可分离小波有哪些不足？
- 二维抽取、内插与频谱的变化关系是什么？
- 如何实现楔形方向滤波器组？如何实现支撑区间为平行四边形的滤波器？
- 什么是金字塔分解？拉普拉斯金字塔如何应用于滤波器组？
- 轮廓波变换如何实现多尺度多方向分解？轮廓波变换有哪些不足？
- 非下采样轮廓波变换如何对轮廓波变换进行改进？
- 如何实现具有解析性的复小波？怎么实现一维双树复小波？如何设计复小波变换中的滤波器？
- 二维双树复小波变换如何实现多方向划分？双树复小波变换有什么优势？

8.1 二维小波变换

小波变换广泛应用于信号处理领域，它可以高效表示信号中的奇异点。一维（1-D）小波变换利用尺度函数 $\varphi(x)$ 与小波函数 $\psi(x)$ 将信号分解为近似子带（低频信息）与细节子带（高频信息）。二维（2-D）小波可以通过取一维小波的张量积来构造，即尺度函数和小波函数都是两个一维函数的乘积，具体表示如下：

$$\varphi(x,y) = \varphi(x)\varphi(y) \tag{8.1.1a}$$

$$\psi^{\mathrm{H}}(x,y) = \varphi(x)\psi(y) \tag{8.1.1b}$$

$$\psi^{\mathrm{V}}(x,y) = \psi(x)\varphi(y) \tag{8.1.1c}$$

$$\psi^{\mathrm{D}}(x,y) = \psi(x)\psi(y) \tag{8.1.1d}$$

于是得到一个二维尺度函数 $\varphi(x,y)$ 和三个二维小波函数 $\psi^{\mathrm{H}}(x,y), \psi^{\mathrm{V}}(x,y)$ 和 $\psi^{\mathrm{D}}(x,y)$。通过这种方式得到的小波称为可分离小波。

式(8.1.1)中 $\varphi(x,y)$ 由水平方向和竖直方向的尺度函数组成，即在水平方向和竖直方向都进行低通滤波。类似地，$\psi^{\mathrm{H}}(x,y)$ 由水平方向的尺度函数与竖直方向的小波函数组成，即在水平方向进行低通滤波，在竖直方向进行高通滤波，滤波结果反映了不同行之间的变化，如水平方向的边缘，因此用 H 标记。相反，$\psi^{\mathrm{V}}(x,y)$ 度量不同列之间的变化，如竖直方向的边缘，因此用 V 标记。而 $\psi^{\mathrm{D}}(x,y)$ 表示对角线方向的变化。

图像为二维信号的重要表现形式，这里使用 $f(x,y)$ 表示图像中 (x,y) 位置像素点的灰度值。二维小波变换的定义为

$$W_{\varphi}(j,m,n) = 2^j \int_{-\infty}^{+\infty}\int_{-\infty}^{+\infty} f(x,y)\varphi_{j,m,n}(x,y)\mathrm{d}x\mathrm{d}y \tag{8.1.2}$$

$$W_{\psi}^{i}(j,m,n) = 2^j \int_{-\infty}^{+\infty}\int_{-\infty}^{+\infty} f(x,y)\psi_{j,m,n}^{i}(x,y)\mathrm{d}x\mathrm{d}y, \quad i = \mathrm{H,V,D} \tag{8.1.3}$$

其中

$$\varphi_{j,m,n}(x,y) = 2^{\frac{j}{2}}\varphi(2^j x - m, 2^j y - n) \tag{8.1.4}$$

$$\psi_{j,m,n}^{i}(x,y) = 2^{\frac{j}{2}}\psi(2^j x - m, 2^j y - n), \quad i = \mathrm{H,V,D} \tag{8.1.5}$$

与一维情况类似，$W_{\varphi}(j,m,n)$ 表示 $f(x,y)$ 尺度 j 下的近似系数，$W_{\psi}^{i}(j,m,n), i = \mathrm{H,V,D}$ 分别表示尺度 j 下的水平、竖直和对角方向的细节系数。

$f(x,y)$ 可以通过离散小波反变换得到

$$f(x,y) = \sum_{m}\sum_{n} W_{\varphi}(j_0,m,n)\varphi_{j_0,m,n}(x,y) + \sum_{i=\mathrm{H,V,D}}\sum_{j=j_0}^{\infty}\sum_{m}\sum_{n} W_{\psi}^{i}(j,m,n)\psi_{j,m,n}^{i}(x,y) \tag{8.1.6}$$

其中，j_0 是一个任意的起始尺度。

类似于一维离散小波变换（discrete wavelet transform，DWT），二维 DWT 可以通过滤波器组实现。利用可分离的二维尺度函数和小波函数，可以先对 $f(x,y)$ 沿水平方向作一维 DWT，然后对结果沿竖直方向作一维 DWT，具体过程如图 8.1所示。

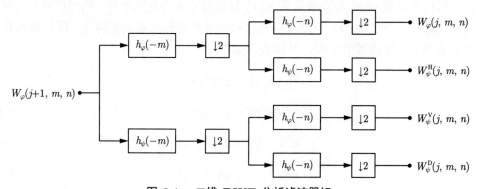

图 8.1   二维 DWT 分析滤波器组

图 8.1 中的滤波器 h_{φ}, h_{ψ} 与 φ, ψ 的对应关系如下：

$$\varphi(x) = \sqrt{2} \sum_n h_\varphi(n) \varphi(2x - n) \tag{8.1.7}$$

$$\psi(x) = \sqrt{2} \sum_n h_\psi(n) \varphi(2x - n) \tag{8.1.8}$$

式(8.1.7)和式(8.1.8)分别称为两尺度方程和小波方程，其中

$$h_\varphi(n) = \langle \varphi(x), \sqrt{2}\varphi(2x - n) \rangle \tag{8.1.9}$$

$$h_\psi(n) = \langle \psi(x), \sqrt{2}\varphi(2x - n) \rangle \tag{8.1.10}$$

经过一级二维小波变换，图像被分解为一个低频子带和三个高频子带。从频域来看，频谱被划分为如图 8.2 所示的区域。其中 LL 对应于尺度函数 $\varphi(x,y)$，即表示水平和竖直方向均为低通滤波；HL 对应于二维小波函数 $\psi^{\mathrm{H}}(x,y)$，即表示水平方向低通滤波，竖直方向高通滤波；LH, HH 的含义可类似得到。

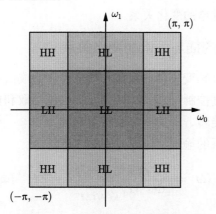

图 8.2 二维可分离小波频谱划分

可以看出，二维（可分离）小波变换只可以进行三个方向划分（水平、竖直及对角三个高频子带），若要表示图像中丰富的纹理信息，这种子带分解不能满足实际需求。虽然逐级分解可以提取较多的高频信息，但是这将引入大量的参数进而给具体实现带来负担。因此，需要一种可以更高效表示图像纹理信息的方法。基于这个问题，后续提出的方向滤波器组（directional filter bank，DFB）可以将图像的频谱进行多方向分解，进而更加高效地表示图像的纹理信息。

8.2　方向滤波器组

二维可分离小波变换的矩形子带分解是导致方向性不足的主要原因，DFB 的目标为设计更能体现方向性的子带分解。由 Bamberger 和 Smith 提出的 DFB 可以实现如图 8.3所示的频域子带分解[128]，即经典的楔形方向滤波器组。其中，数字 1~8 表示不同方向的子带，同方向子带中心对称。在图像处理中，这样的分解弥补了小波变换对线状奇异性（如图像中的边缘、纹理等）检测的不足。

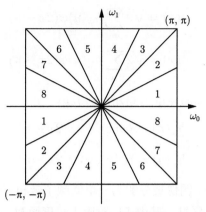

图 8.3　DFB 子带分解

为了实现 DFB 中的方向子带划分，选取合适的滤波器和采样方式至关重要。下面首先阐述二维抽取、内插与频谱的变化关系。

8.2.1　二维抽取、内插与频谱的变化关系

一维信号的频谱沿频率轴变化，抽取和内插分别会造成信号频谱的拉伸与压缩。二维信号的频谱变化由两个维度控制（二维频率平面），二维抽取和内插除了带来信号频谱的伸缩变化外，通常还会引入旋转、剪切（shearing）等变化。

二维抽取和内插在频域的输入、输出关系式如下：

$$\text{抽取：} Y(\boldsymbol{\omega}) = \frac{1}{|\det \boldsymbol{M}|} \sum_{\boldsymbol{k} \in \mathcal{N}(\boldsymbol{M}^{\mathrm{T}})} X(\boldsymbol{M}^{-\mathrm{T}}(\boldsymbol{\omega} - 2\pi\boldsymbol{k})) \tag{8.2.1}$$

$$\text{内插：} Y(\boldsymbol{\omega}) = X(\boldsymbol{L}^{\mathrm{T}}\boldsymbol{\omega}) \tag{8.2.2}$$

其中，$\boldsymbol{M}, \boldsymbol{L}$ 分别代表抽取矩阵和内插矩阵。

在 DFB 的设计与实现中，主要使用矩形采样和梅花形采样。矩形采样在两个维度分别进行采样，即可分离的形式，相应的采样矩阵为对角矩阵。这种情况下的频谱变化关系可以类比于一维情况进行分析。下面主要对梅花形采样进行分析。考虑如下梅花形采样矩阵：

$$\boldsymbol{Q} = \begin{bmatrix} 1 & -1 \\ 1 & 1 \end{bmatrix}$$

注意到

$$\boldsymbol{Q} = \begin{bmatrix} 1 & -1 \\ 1 & 1 \end{bmatrix} = \sqrt{2} \begin{bmatrix} \cos\theta & -\sin\theta \\ \sin\theta & \cos\theta \end{bmatrix}, \text{ 其中，} \theta = 45°$$

因此 $\boldsymbol{Q}$ 可以看作一个尺度因子与旋转矩阵相乘。

如果只考虑二维信号的频率分布范围而忽略频谱幅度，可以用频谱的支撑集表示。离散二维信号的频谱以 $[-\pi, \pi] \times [-\pi, \pi]$ 为周期，鉴于每一个周期变化相同，这里选取一个 $[-\pi, \pi]^2$ 周期中的频谱支撑集进行展示。下面分别说明梅花形抽取、内插与信号频谱支撑集的变化关系。

1. 梅花形抽取

根据式(8.2.1)的对应关系，假设 $X(\omega)$ 的支撑集为 Φ，即 $\omega \in \Phi$。经过抽取后，$Q^{-T}\omega \in \Phi$，因此 $Y(\omega)$ 的支撑集为 $\omega \in Q^{T}\Phi$。根据新的支撑集表达式可以发现，图像的频谱顺时针旋转 $45°$ 且有 $\sqrt{2}$ 的拉伸。上述支撑集的变化如图 8.4 所示。

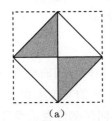 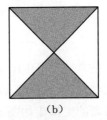

（a）　　　　　　　　　　　　　　　（b）

图 8.4　梅花形抽取与频谱支撑集的变化关系

注意，图 8.4 中输入图像频谱的支撑集为菱形实线区域，为了便于说明旋转的方向，这里用黑白相间的形式来表示。虚线框表示一个 $[-\pi, \pi]^2$ 周期，如果没有特殊说明，本章所有支撑集的图均为一个 $[-\pi, \pi]^2$ 周期。根据式(8.2.1)，抽取后，图像的频谱幅度会有 $\dfrac{1}{|\det M|}$ 的变化。

2. 梅花形内插

类似地，根据式(8.2.2)的对应关系，假设 $X(\omega)$ 中自变量 ω 的支撑集为 Φ，即 $\omega \in \Phi$。经过内插后，$Q^{T}\omega \in \Phi$，因此 $Y(\omega)$ 的支撑集为 $\omega \in Q^{-T}\Phi$。此时，图像的频谱逆时针旋转 $45°$ 且有 $1/\sqrt{2}$ 的压缩。上述支撑集的变化如图 8.5 所示。

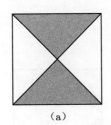 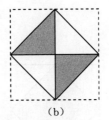

（a）　　　　　　　　　　　　　　　（b）

图 8.5　梅花形内插与频谱支撑集的变化关系

注意，图 8.5 显示频谱的支撑集从正方形变为菱形，菱形区域外表示的是经过 0 值内插形成的混叠分量，此处主要说明旋转方向，并未画出。与抽取不同，内插不会造成信号频谱幅度变化。

至此，可以通过选择合适的采样矩阵与滤波器实现图像频谱的划分。

8.2.2 楔形 DFB

下面将以图 8.3 所示的方向分解为例介绍楔形 DFB 的结构，该 DFB 可以由两通道滤波器组的三级树形结构来实现。两通道滤波器组的结构如图 8.6 所示。

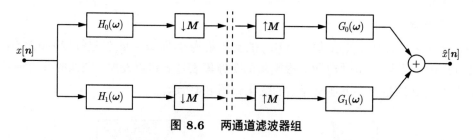

图 8.6　两通道滤波器组

1. DFB 第一级

根据图 8.3 所示的八方向 DFB 子带分解，由于相同方向的子带中心对称，因此使用同样对称的扇形滤波器（fan filter）将含有 1、2、7、8 的支撑集和含有 3、4、5、6 的支撑集分割。扇形滤波器的支撑集如图 8.7 所示，其中阴影部分表示通带范围。

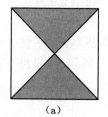
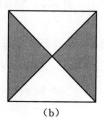

(a)　　　　　　　　　　　　(b)

图 8.7　扇形滤波器的支撑集

在实现过程中，扇形滤波器可以等效为经过 $e^{j\omega\pi}$ 调制的菱形滤波器（diamond filter），菱形滤波器的支撑集如图 8.8 所示。此时，楔形 DFB 第一级等效为图 8.9 所示结构，其中，抽取矩阵 M 为梅花形矩阵：

$$M = \begin{bmatrix} 1 & -1 \\ 1 & 1 \end{bmatrix}$$

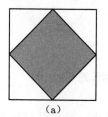
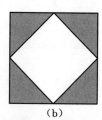

(a)　　　　　　　　　　　　(b)

图 8.8　菱形滤波器的支撑集

抽取后，图像的支撑集将顺时针旋转 45° 并且有 $\sqrt{2}$ 的拉伸。以第一通道为例，得到的结果如图 8.10 所示。

经过第一级,图像分解为两个子带,每个子带包含 4 个不同方向的分量。

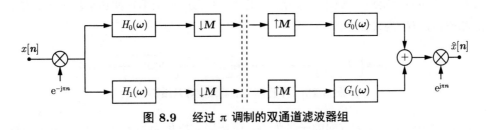

图 8.9 经过 π 调制的双通道滤波器组

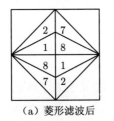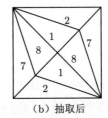

（a）菱形滤波后   （b）抽取后

图 8.10 第一级输出图像的频谱划分

2. DFB 第二级

第二级的滤波器组与第一级完全相同。经过调制、滤波、抽取后,第二级的输出端将会得到如图 8.11 所示的 4 子带分解。

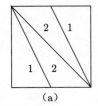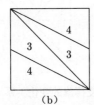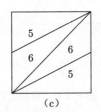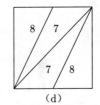

（a）   （b）   （c）   （d）

图 8.11 第二级输出图像的频谱划分

经过前两级运算,原始图像分割为 4 个子带,每个子带包含 2 个不同方向的分量。

3. DFB 第三级

第三级滤波器组结构如图 8.6 所示,其中采样矩阵与前两级相同,为了分割图 8.11 中的两方向子带,以实现最终的 8 方向分解,需要支撑集如图 8.12 所示的滤波器。

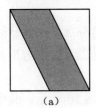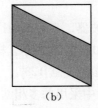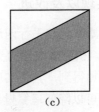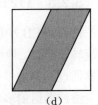

（a）   （b）   （c）   （d）

图 8.12 平行四边形滤波器的支撑集

图 8.11中的 4 个子带与图 8.12中的滤波器一一对应。平行四边形支撑集可以通过采样与菱形滤波器的组合实现，如图 8.13所示。其中，$R_i(\omega)$ 表示平行四边形滤波器，$H(\omega)$ 表示菱形滤波器，$\boldsymbol{R}_i$ 为采样矩阵。

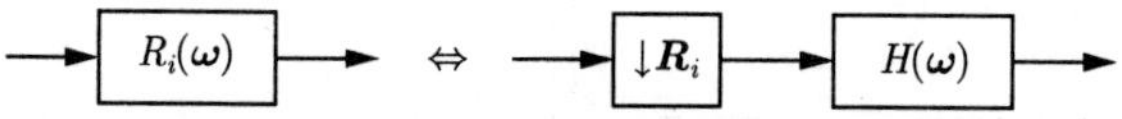

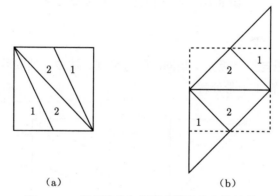

图 8.13　平行四边形滤波器等效结构

以图 8.11 中含有 1、2 方向的子带为例，应选用支撑集为如图 8.12（a）所示的滤波器进行滤波。根据图 8.13 中的等效关系，选取采样矩阵 $\boldsymbol{R}$ 为

$$\boldsymbol{R} = \begin{bmatrix} 1 & 1 \\ 0 & 1 \end{bmatrix}$$

与梅花形采样引入旋转、伸缩变化不同，上三角矩阵 $\boldsymbol{R}$ 又引入了剪切（shearing）操作，剪切变换前后支撑集的关系如图 8.14所示。

（a）　　　　　　　　　　（b）

图 8.14　剪切变换与频谱支撑集的变化关系

为了实现图 8.12 所示的滤波器，三角矩阵 $\boldsymbol{R}_i$ 一共有四种情况，具体如下：

$$\boldsymbol{R}_1 = \begin{bmatrix} 1 & 1 \\ 0 & 1 \end{bmatrix}, \quad \boldsymbol{R}_2 = \begin{bmatrix} 1 & -1 \\ 0 & 1 \end{bmatrix}, \quad \boldsymbol{R}_3 = \begin{bmatrix} 1 & 0 \\ 1 & 1 \end{bmatrix}, \quad \boldsymbol{R}_4 = \begin{bmatrix} 1 & 0 \\ -1 & 1 \end{bmatrix}$$

最后，单方向子带的支撑集将顺时针旋转 45° 并且有 $\sqrt{2}$ 的拉伸。

8.2.3　DFB 的实现以及改进

楔形 DFB 中的菱形滤波器和平行四边形滤波器，都可以通过二维可分离的棋盘滤波器旋转、剪切、伸缩得到。棋盘滤波器的支撑集如图 8.15 所示，棋盘滤波器可以由方形滤波器通过简单的平移、叠加得到，具体实现方式参见文献[128]。

滤波器组的多相表示可以降低运算量。DFB 中采用的多相结构如图 8.16 所示。其中 $P_0(\omega)$ 和 $P_1(\omega)$ 表示多相分析滤波器，$Q_0(\omega)$ 和 $Q_1(\omega)$ 表示多相综合滤波器，图 8.16 与

图 8.6 的对应关系为

$$H_0(\boldsymbol{\omega}) = P_0(\boldsymbol{M}^{\mathrm{T}}\boldsymbol{\omega}) + \exp\left(-\mathrm{j}\boldsymbol{\omega}^{\mathrm{T}}\boldsymbol{k}_1\right)P_1(\boldsymbol{M}^{\mathrm{T}}\boldsymbol{\omega})$$

$$H_1(\boldsymbol{\omega}) = P_0(\boldsymbol{M}^{\mathrm{T}}\boldsymbol{\omega}) - \exp\left(-\mathrm{j}\boldsymbol{\omega}^{\mathrm{T}}\boldsymbol{k}_1\right)P_1(\boldsymbol{M}^{\mathrm{T}}\boldsymbol{\omega})$$

$$G_0(\boldsymbol{\omega}) = Q_0(\boldsymbol{M}^{\mathrm{T}}\boldsymbol{\omega}) + \exp\left(-\mathrm{j}\boldsymbol{\omega}^{\mathrm{T}}\boldsymbol{k}_1\right)Q_1(\boldsymbol{M}^{\mathrm{T}}\boldsymbol{\omega})$$

$$G_1(\boldsymbol{\omega}) = Q_0(\boldsymbol{M}^{\mathrm{T}}\boldsymbol{\omega}) - \exp\left(-\mathrm{j}\boldsymbol{\omega}^{\mathrm{T}}\boldsymbol{k}_1\right)Q_1(\boldsymbol{M}^{\mathrm{T}}\boldsymbol{\omega})$$

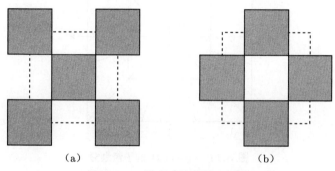

（a）   （b）

图 8.15   棋盘滤波器的支撑集

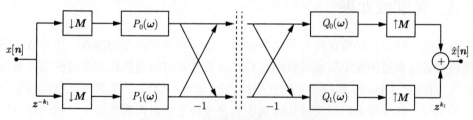

图 8.16   双通道滤波器组的多相表示

进一步分析表明，上述公式还满足如下对称关系：

$$H_0(\boldsymbol{\omega}) = H_1(\boldsymbol{\omega} - 2\pi\boldsymbol{M}^{-1}\boldsymbol{k}_1)$$

$$G_0(\boldsymbol{\omega}) = G_1(\boldsymbol{\omega} - 2\pi\boldsymbol{M}^{-1}\boldsymbol{k}_1)$$

楔形 DFB 虽然可以将频谱分解成 8 方向子带，但是从图 8.3 可以看出，所有方向子带的支撑集都会在 0 频率点处相交，这就要求滤波器阻带十分陡峭，而这在现实中很难实现（至少 FIR 滤波器如此）。楔形 DFB 会因为低频信息的轻微变动就带来较大的误差。针对这个问题，Nguyen 等重新设计了频率子带划分，提出了均匀方向滤波器组（uniform-DFB，u-DFB），u-DFB 在保证最大抽取的情况下，实现了完全重构，具体子带分解如图 8.17 所示。

u-DFB 的设计思路与楔形 DFB 类似，首先将 0、1、2、3 与 4、5、6、7 分割，之后采用了不同的采样矩阵以及滤波器实现最后的方向分解。除此之外，在实现过程中，可将树形结构等效为多通道滤波器组，进一步简化了设计流程，具体实现方法参见文献 [129]。

u-DFB 将低频部分分解成两个子带，如果只是对图像进行高频信息的方向分解，可以将整个低频部分作为整体进行滤波。上述分析均在同一分辨率（即单尺度）下进行，在此基础上，将 DFB 与拉普拉斯金字塔（Laplacian pyramid，LP）相结合可以实现多尺度方向分解，这就是下一节将要介绍的轮廓波变换（contourlet）。

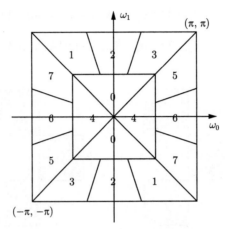

图 8.17　u-DFB 的子带划分

8.3　轮廓波变换

二维小波变换的基函数在所有尺度和位置下均具有各向同性的特点，这导致小波变换并不能很高效地描述图像中各向异性的成分。众多具有方向选择性的多尺度变换可以很好地解决这个问题。Candès 等提出了曲波变换（curvelet）[130]，该变换的二维频域划分基于极坐标系完成。极坐标系可以支持连续域中的曲波构造，但在离散域中，曲波变换的实现非常具有挑战性。Do 和 Vetterli 提出了另一种思路[131]，通过 DFB 与 LP 相结合，实现了多尺度方向分解，该方法即为轮廓波变换（contourlet）。轮廓波变换在保留方向性的同时，可以通过滤波器组实现，具有更加灵活的方向分解形式。

8.3.1　LP 分解

LP 是一种经典的多尺度方法[132]，它以分层方式表示信号，其中每个层级对应于不同分辨率下的近似和残差。LP 的基本思想是，通过低通滤波和下采样获得原始信号 $x(n)$ 的低分辨率近似 $a(n)$。基于此近似值，通过上采样和滤波得到与原始信号尺寸一致的预测值，然后计算原始信号与预测值的残差 $b(n)$。在重构过程中，只需将残差加回预测数据就可以得到重构信号。LP 的分析端和综合端分别如图 8.18（a）和 8.18（b）所示，其中 H、G 均表示低通滤波器。

从图 8.18（a）和 8.18（b）可以看出，LP 的分析端和综合端并不具备对称特性，若将 LP 分解应用于完全重构滤波器组中，需要对 LP 的综合端进行修改。Do 和 Vetterli 提出了一种改进的综合端结构[133]，如图 8.18（c）所示。此时，LP 的综合端与分析端有对称关系。除此之外，得到近似子带后可以重复进行 LP 分解，从而得到尺寸与分辨率逐级减小的近似子带。每一级近似子带都会对应一个残差，多级 LP 结构最后输出一个低频近似子带和多个包含细节信息的残差子带。

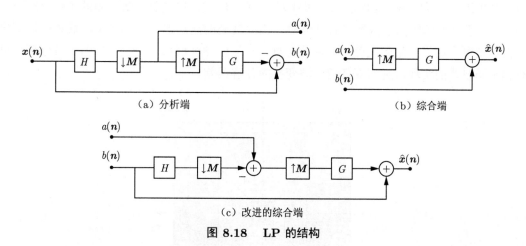

（a）分析端 （b）综合端

（c）改进的综合端

图 8.18 LP 的结构

8.3.2 轮廓波变换的结构

轮廓波变换可以将图像分解为多个不同分辨率下的方向子带，具体结构如图 8.19所示。图像首先经过 LP 分解为低通（近似）与高通子带（细节），然后高通子带经过 DFB 得到多方向子带，低通子带可以进行下一级 LP 分解或者直接输出。

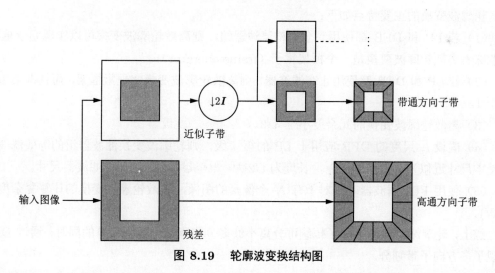

图 8.19 轮廓波变换结构图

设输入图像为 $a_0[\boldsymbol{n}]$，经过 LP 分解得到的 J 个带通子带用 $b_j[\boldsymbol{n}]$ 表示，其中 $j = 1, 2, \cdots, J$（按照从细到粗的顺序），最后一级的低通子带记为 $a_J[\boldsymbol{n}]$。具体地，第 j 级 LP 将图像 $a_{j-1}[\boldsymbol{n}]$ 分解为近似子带 $a_j[\boldsymbol{n}]$ 和细节子带 $b_j[\boldsymbol{n}]$。每一个带通子带 $b_j[\boldsymbol{n}]$ 被 l_j 尺度的 DFB 进一步分解为 2^{l_j} 个带通方向子带 $c_{j,k}^{(l_j)}[\boldsymbol{n}]$，其中 $k = 0, 1, \cdots, 2^{l_j} - 1$。

在轮廓波变换中，LP 结构提供了可以选择的分解级数（即生成的残差子带个数）。经过 LP 逐级分解，残差的支撑集越来越靠近低频区域，此时应采用方向数目更少的子带分解。这样可以在尽可能保证方向性的同时，更有利于滤波器设计。如图 8.20所示，高频区域子带采用 8 方向分解（LP 的第一级残差），第二级残差以及第三级残差的子带分解数都为 4。在靠近低频的频谱区域进行滤波时，需要陡峭的滤波器，否则轻微的低频分量变化就会导致整个结果产生较大差异。由此可见，靠近低频区域采用更少方向的子带分解，更有利于滤波器的实现，进而降低轮廓波变换的分解误差。

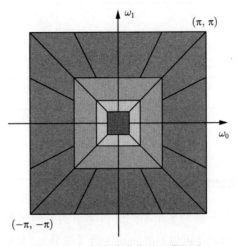

图 8.20 轮廓波变换的子带划分

轮廓波变换的主要特点如下：

（1）若 LP 和 DFB 都使用完全重构滤波器组，则离散轮廓波变换可以实现完全重构，这意味着离散轮廓波变换是一个框架算子（frame operator）。

（2）若 LP 和 DFB 都使用正交滤波器，则离散轮廓波变换实现紧框架，而且框架边界等于 1。

（3）离散轮廓波变换的冗余度小于 4/3。

（4）假设 l_j 尺度的 DFB 应用于 LP 的第 j 级，则轮廓波变换滤波器组的等效滤波器的基本尺寸近似为：宽度为 $C2^j$，长度为 $C2^{j+l_j-2}$。其中，C 为原始滤波器尺寸。

（5）使用 FIR 滤波器时，对于有 N 个像素的图像，离散轮廓波变换的计算复杂度为 $O(N)$。

综上，轮廓波变换在保留了传统可分离小波多分辨率与低冗余特点的同时，通过 DFB 实现了多方向子带划分。

8.3.3 非下采样轮廓波变换

轮廓波变换兼顾了 DFB 的多方向特性与 LP 结构的多尺度分解。同时通过分离整个低频子带，解决了楔形 DFB 在低频部分子带分解引起误差的问题。但是轮廓波变换也存在一些问题。首先，下采样操作会导致平移不变性的丢失。而平移不变性在图像处理领域有着重要意义，比如通过阈值进行图像去噪，缺少平移不变性会导致奇异点周围出现伪吉布斯现象[134]。其次，轮廓波变换的 LP 滤波器组结构几乎没有冗余，这为滤波器设计增加了困难。基于上述事实，有学者提出了非下采样轮廓波变换（nonsubsampled contourlet transform，NSCT）方案[135]，该方案在保留轮廓波变换多尺度、多方向优势的同时，解决了上述问题。

NSCT 由非下采样金字塔（nonsubsampled pyramid，NSP）和非下采样方向滤波器组（nonsubsampled directional filter bank，NSDFB）构成。为了使变换具有平移不变性，在实现金字塔分解与 DFB 时，将原先对信号进行的采样改为对滤波器进行内插。以两级金字塔结构为例，为了得到如图 8.19 所示的高通、带通、低通子带，NSP 中的滤波器支撑集如图 8.21 所示。第二级分解使用的滤波器由第一级经过内插得到，应当注意，对滤波器进行内插后会有混叠分量产生（图 8.21 中使用浅灰色表示）。

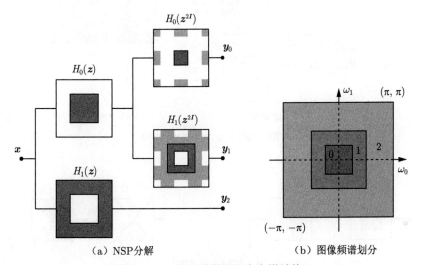

（a）NSP分解　　　　　　　　　　（b）图像频谱划分

图 8.21　非下采样两级金字塔结构

NSDFB 的实现依旧采用树形结构，只不过此时每一级中的双通道滤波器组只有滤波操作。以 4 方向分解为例，树形结构滤波器组的支撑集如图 8.22 所示。

树形结构中，第二级的滤波器由第一级滤波器经过梅花形内插得到。若要在此基础上实现 8 方向子带分解，需要选取合适的采样矩阵对滤波器进一步内插，进而得到楔形支撑区间的滤波器。在使用滤波器进行滤波时，滤波器的过渡带越短（即阻带衰减越快），认为滤波效果越好。除此之外，在使用 DFB 进行方向滤波时，要使用滤波器的通带进行滤波。在处理带通子带时要格外注意，比如 NSP 的第二级产生一个带通子带，如图 8.19 中的带通区域，此时的带通子带与 0 频率点距离较近。如果选用支撑集为图 8.3 的 DFB 进行滤波，将不可避免地有部分带通区域由滤波器的过渡带滤波，这将对方向分解造成较大误差影响。为了避免上述问题出现，与 NSP 中的滤波器相同，NSDFB 中的滤波器也应进行上采样从而更好地匹配带通子带，进而实现更好的子带划分效果。

NSCT 取消了下采样操作，既保留了平移不变性，又增加了变换的冗余度，从而更有利于滤波器设计。NSCT 的滤波器设计问题包括如图 8.23 所示的两个基本 NSDFB。其目标是设计完全重构的滤波器组，并增强其他特性，如陡峭的频率响应、简单的实现、框架元素的规则性以及相应框架的紧密性，除此之外，还希望滤波器为线性相位。

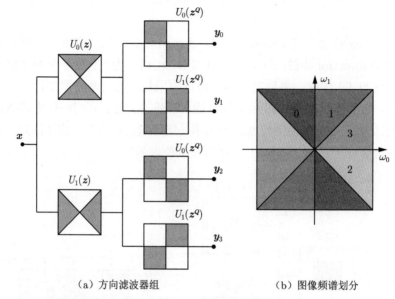

（a）方向滤波器组 　　　　　　　　（b）图像频谱划分

图 8.22　　4 方向分解结构

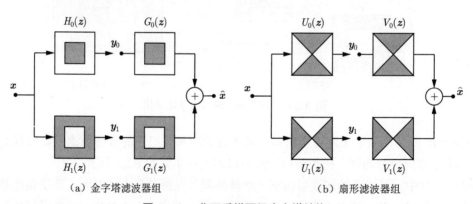

（a）金字塔滤波器组 　　　　　　　　（b）扇形滤波器组

图 8.23　　非下采样两级金字塔结构

由于谱分解的方法在二维中很难实现，因此可以放松紧支撑约束，使得设计的滤波器满足线性相位条件。设计二维滤波器的一种有效且简单的方法是映射方法，该方法首先由 McClellan[136] 在数字滤波器的背景下提出，然后由几位作者[127,137-139] 将该方法应用于滤波器组设计。在该方法中，二维滤波器可由一维滤波器获得。具体设计步骤如下：

（1）构建满足一维完全重构的多项式 $H_i^{(1D)}(x), G_i^{(1D)}(x), i = 0, 1$。

（2）给定一个二维 FIR 滤波器 $f(z)$，$H_i^{(1D)}(f(z)), G_i^{(1D)}(f(z)), i = 0, 1$ 则是满足完全重构条件的二维滤波器。

因此，必须设计一组一维滤波器和映射函数 $f(z)$，以便用少量滤波器系数很好地逼近理想响应。在映射方法中，可以通过映射函数控制频率和相位响应。此外，如果映射函数具有零相位特性，即 $f(z) = f(z^{-1})$，此时映射滤波器也为零相位。在这种情况下，在单位球面上，映射函数是 $(\cos\omega_1, \cos\omega_2)$ 中的二维多项式。因此，采用 $F(x_1, x_2)$ 表示，其中 $f(e^{j\omega}) = F(\cos\omega_1, \cos\omega_2)$。使用映射方法具体实现 NSCT 参见文献[135]。

8.4 双树复小波变换

针对传统可分离小波变换方向性不足的问题，DFB 和轮廓波设计了新的子带划分方式，有效地分离了不同方向的高频信息。除此之外，复小波变换同样可以有效地提取方向信息。本节将介绍复小波变换中的典型代表——双树复小波变换（dual-tree complex wavelet transform，DTCWT）。

8.4.1 复小波与解析性

传统的二维离散实小波变换具有多分辨率分析、时频局部化、快速算法等优点，但在图像信号处理方面却有一些局限性[140]。首先，传统实小波变换是带通函数，因此小波系数在奇异点附近往往会出现正负振荡。其次，实小波变换不具有平移不变性，即信号的微小偏移会极大地扰动奇异点周围的小波系数分布。在小波变换的多级滤波器组实现中，由于非理想低通和高通滤波器与抽取操作的存在，离散时间下的小波系数会产生大量混叠。虽然逆变换可以消除这种混叠，但是任何对小波系数的处理（阈值化、滤波和量化）都会打破正变换和逆变换之间的微妙平衡，导致重构信号中出现伪影。最后，传统可分离二维小波具有棋盘形支撑集，具有这样特点的小波并不能高效地表示图像中的纹理信息（只可以区分 3 个方向的高频信息）。

基函数为复数的小波变换可以有效解决上述问题。以傅里叶变换为参考，其基函数为

$$e^{j\omega t} = \cos(\omega t) + j\sin(\omega t) \tag{8.4.1}$$

其中，$j = \sqrt{-1}$。注意到基函数的实部和虚部互为希尔伯特变换对，因此基函数为解析信号，即基函数的频谱只在正频率范围有分布。

可以类比式(8.4.1)得到复小波（complex wavelets）形式：

$$\psi_c(t) = \psi_h(t) + j\psi_g(t) \tag{8.4.2}$$

若 $\psi_h(t)$ 与 $\psi_g(t)$ 构成希尔伯特变换对，即

$$\hat{\psi}_g(\omega) = \begin{cases} -j\hat{\psi}_h(\omega), & \omega > 0 \\ j\hat{\psi}_h(\omega), & \omega < 0 \end{cases}$$

此时复小波将会是解析信号，只在频率轴的单边有频率分量。

$$\hat{\psi}_c(\omega) = \hat{\psi}_h(\omega) + j(-j\mathrm{sgn}(\omega)\hat{\psi}_h(\omega)) = \begin{cases} 2\hat{\psi}_h(\omega), & \omega > 0 \\ 0, & \omega < 0 \end{cases}$$

复小波变换的系数由实部和虚部组成：

$$W_c^i(n) = W_h^i(n) + jW_g^i(n) \tag{8.4.3}$$

式中，i 表示分解级数；n 表示平移分量；$W_h^i(n)$，$W_g^i(n)$ 可分别通过实小波变换得到。且

$$|W_c^i(n)| = \sqrt{[W_h^i(n)]^2 + [W_g^i(n)]^2}$$

$$\angle W_c^i(n) = \arctan\left(\frac{W_g^i(n)}{W_h^i(n)}\right)$$

可以通过整体设计正交或者双正交的小波基实现复小波变换[141-142]，但是这样的复小波变换不具有解析性，因为滤波器组单一通道的频率响应在负半轴有明显凸起。另一种方式就是双树（dual-tree）方法，采用实部虚部分别设计正交或者双正交基来实现复小波变换。这样的方法可以很好地克服传统实小波的缺点，唯一的代价就是增加了变换的冗余（D 维情况下会有 2^D 的冗余）。复小波变换的解析性（实部虚部互为希尔伯特变换对）在克服上述缺点中起着至关重要的作用，下面将具体说明。

在很多情况下，需要小波函数 $\psi(t)$ 具有有限支撑的特点，因为有限支撑小波函数可以采用 FIR 滤波器实现。但是，有限支撑函数不可能具有严格解析的特点（参考傅里叶变换，基函数在时域无限延伸，不会衰减为零）。因此，在满足有限支撑的条件下，希望小波函数近似解析，这样就会得到近似的幅度相位平移不变性而且具有无混叠特性。

除了有限支撑的特点，完全重构的特点同样与解析性的特点产生冲突，完全重构表达式如下：

$$H_0(e^{j\omega})\tilde{H}_0(e^{j\omega}) + H_1(e^{j\omega})\tilde{H}_1(e^{j\omega}) = 2$$

假设 $h_1(n)$ 具有解析性，那么在 $-\pi < \omega < 0$ 区间上 $H_1(\omega) \approx 0$，这就意味着 $H_0(e^{j\omega})\tilde{H}_0(e^{j\omega}) = 2$，此时 $h_0(n)$ 不再是因果低通滤波器。

由此可见，实现严格的解析性具有很大困难，但近似解析的复小波变换可以很好地克服传统小波的缺点。双树结构具有清晰的设计思路，而且只具有 2 倍冗余，下面将详细介绍 DTCWT。

8.4.2 一维 DTCWT

一维 DTCWT 可以由两个实 DWT 构成，两个实 DWT 分别构成复小波变换的实部和虚部。分析滤波器组和综合滤波器组分别如图 8.24（a）和图 8.24（b）所示。其中 $h_0(n)$、

$h_1(n)$ 表示滤波器组上路的低/高通滤波器，$g_0(n)$、$g_1(n)$ 表示滤波器组下路的低/高通滤波器，上路下路滤波器分别对应于 $\psi_\mathrm{h}(t)$ 和 $\psi_\mathrm{g}(t)$。图 8.24 表示 DTCWT 的两级分解，分析/综合滤波器组的两个分支分别对应于 DTCWT 的实部与虚部。两级分解后的近似系数为 $a(n) = a^\mathrm{R}(n) + \mathrm{j}a^\mathrm{I}(n)$，第一级和第二级分解得到的细节系数为 $d_k(n) = d_k^\mathrm{R}(n) + \mathrm{j}d_k^\mathrm{I}(n)$，其中，$k = 1, 2$ 表示分解级数。将复小波变换的表达式重写如下：

$$\psi(t) = \psi_\mathrm{h}(t) + \mathrm{j}\psi_\mathrm{g}(t)$$

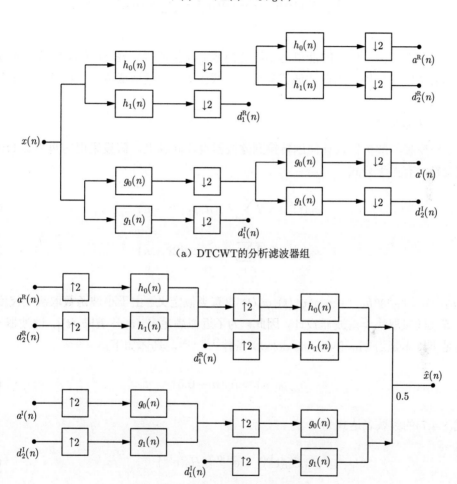

（a）DTCWT的分析滤波器组

（b）DTCWT的综合滤波器组

图 8.24　DTCWT 滤波器组的结构

为了满足完全重构条件与近似解析条件，$\psi_\mathrm{h}(t)$ 和 $\psi_\mathrm{g}(t)$ 应该满足希尔伯特变换对关系，具体如下：

$$\psi_\mathrm{g}(t) \approx \mathcal{H}[\psi_\mathrm{h}(t)] = \psi_\mathrm{h}(t) * \frac{1}{\pi t} \tag{8.4.4}$$

注意到在 DTCWT 的滤波器组中，使用的滤波器均为实数滤波器，因此没有涉及复数运算。虽然综合端取两路信号的平均值作为最终的输出信号，实际上，可以由任何一路信号来恢复原始信号，因此，DTCWT 具有 2 倍冗余（不符合临界采样）。当 DTCWT 应用于实信号时，图 8.24（a）中的上下两支路分别对应于 DTCWT 系数的实部和虚部，应注意，如果 DTCWT 用于处理复信号，上述对应关系不再成立。

当两个离散实小波变换为正交变换，且使用 $1/\sqrt{2}$ 进行归一化时，关于信号的帕塞瓦尔能量等式为

$$\sum_{i,n}(|W_{\mathrm{h}}^i(n)|^2 + |W_{\mathrm{g}}^i(n)|^2) = \sum_n |x(n)|^2$$

从上式可以看出，信号的能量与小波变换域的能量相同。在 DTCWT 的实现过程中，解析性起着关键性作用，因此滤波器需要保证式(8.4.4)的近似成立，下面将介绍滤波器设计的具体条件。

1. 半样本延迟条件

将小波变换的解析性设计问题转换到滤波器设计问题上。假设采用的两个实 DWT 均为正交变换，有如下公式：

$$\psi_{\mathrm{h}}(t) = \sqrt{2}\sum_n h_1(n)\varphi_{\mathrm{h}}(2t - n) \tag{8.4.5}$$

$$\varphi_{\mathrm{h}}(t) = \sqrt{2}\sum_n h_0(n)\varphi_{\mathrm{h}}(2t - n) \tag{8.4.6}$$

其中，$h_1(n) = (-1)^n h_0(1-n)$，$\psi_{\mathrm{g}}(t), \varphi_{\mathrm{g}}(t)$ 也有类似定义。由于小波函数取决于尺度函数，尺度函数又间接取决于滤波器设计，因此，为了近似满足 $\psi_{\mathrm{g}}(t) \approx \mathcal{H}[\psi_{\mathrm{h}}(t)]$，滤波器设计应近似满足半样本延迟（half-sample delay）条件[143-145]，具体如下：

$$g_0(n) \approx h_0(n - 0.5) \tag{8.4.7}$$

式(8.4.7)的频域表达式为

$$G_0(\mathrm{e}^{\mathrm{j}\omega}) = \mathrm{e}^{-\mathrm{j}0.5\omega} H_0(\mathrm{e}^{\mathrm{j}\omega}) \tag{8.4.8}$$

将式(8.4.8)使用幅值和相位分开表示，可以得到等价条件如下：

$$|G_0(\mathrm{e}^{\mathrm{j}\omega})| = |H_0(\mathrm{e}^{\mathrm{j}\omega})| \tag{8.4.9}$$

$$\angle G_0(\mathrm{e}^{\mathrm{j}\omega}) = \angle H_0(\mathrm{e}^{\mathrm{j}\omega}) - 0.5\omega \tag{8.4.10}$$

为了实现式(8.4.7)所示的半样本延迟，需要 $h_0(n)$ 经过分数延迟系统。但是这样的系统实际不存在，因为如果 $h_0(n)$ 是 FIR 滤波器，那么 $g_0(n)$ 将会是无限长滤波器。因此，在实际实现过程中，半延迟条件式(8.4.9)与式(8.4.10)只需近似满足。

2. 滤波器设计

DTCWT 由两个实小波变换构成，实小波变换的滤波器设计应满足如下条件：

（1）近似满足半延迟条件；

（2）完全重构（即满足正交或者双正交）；

（3）有限支撑（FIR 滤波器）；

（4）消失矩（良好的阻带衰减）；

（5）线性相位滤波器（只有复滤波器响应需要满足线性相位条件，可以通过 $g_0(n) = h_0(N-1-n)$ 来实现）。

滤波器的设计可以先通过现有小波函数确定 $h_0(n)$，之后根据 $h_0(n)$ 确定同时满足完全重构条件与半延迟条件的 $g_0(n)$。可是，这样会导致设计出来的 $g_0(n)$ 的长度远远大于 $h_0(n)$。由此采用联合设计 $h_0(n)$ 和 $g_0(n)$ 的方法，具体的实现方法有线性相位双正交方法[146-147]、q 移位方法[148]、公因子方法[149]。下面介绍公因子方法：

公因子方法可以满足 DTCWT 中的正交/双正交条件。令

$$h_0(n) = f(n) * d(n) \tag{8.4.11}$$

$$g_0(n) = f(n) * d(L-n) \tag{8.4.12}$$

式中，$f(n)$、$d(n)$ 为 FIR 滤波器；L 为 $d(n)$ 的长度。频域表达式为

$$H_0(z) = F(z)D(z) \tag{8.4.13}$$

$$G_0(z) = F(z)z^{-L}D(z^{-1}) \tag{8.4.14}$$

在上述表达式中，幅度条件满足式(8.4.9)，但相位条件不满足式(8.4.10)，根据式(8.4.13)、式(8.4.14)，令

$$G_0(z) = H_0(z)A(z) \tag{8.4.15}$$

式中，$A(z) = \dfrac{z^{-L}D(z^{-1})}{D(z)}$ 为全通函数，即 $|A(\mathrm{e}^{\mathrm{j}\omega})| = 1$。因此根据式(8.4.15)，有

$$|G_0(\mathrm{e}^{\mathrm{j}\omega})| = |H_0(\mathrm{e}^{\mathrm{j}\omega})|$$

$$\angle G_0(\mathrm{e}^{\mathrm{j}\omega}) = \angle H_0(\mathrm{e}^{\mathrm{j}\omega}) + \angle A(\mathrm{e}^{\mathrm{j}\omega})$$

如果 $h_0(n)$ 和 $g_0(n)$ 能够近似满足相位条件式(8.4.10)，那么 $D(z)$ 的选择需要保证式(8.4.16)的成立。

$$\angle A(\mathrm{e}^{\mathrm{j}\omega}) \approx -0.5\omega \tag{8.4.16}$$

根据式(8.4.16)，可以确认 $A(z)$ 为分数倍延迟全通系统。至此，滤波器设计问题分为两步：首先，找到 FIR 滤波器 $D(z)$ 使 $A(z)$ 满足式(8.4.16)；其次，选取 FIR 滤波器 $F(z)$ 使 $h_0(n)$ 和 $g_0(n)$ 满足完全重构条件。具体 $D(z)$，$F(z)$ 的选择方法可参考文献[140]。

除了滤波器设计外，还应注意如果每一级分解使用相同的完全重构滤波器，那么前几阶段将不满足近似解析条件。为了保证每个阶段的 DTCWT 都具有近似解析条件，滤波器选取应满足如下条件：

$$\begin{cases} g_0(n) = h_0(n-1), & l = 1 \\ g_0(n) = h_0(n-0.5), & l > 1 \end{cases}$$

其中，l 表示分解级数。

8.4.3　二维 DTCWT

二维 DTCWT 不仅保留了一维 DTCWT 的近似解析性等特点，还具有比传统可分离 DWT 更细致的方向性。

1. 二维 DTCWT 的方向分解

为了说明二维 DTCWT 的方向性，首先回顾二维可分离小波变换的高频支撑区间，为了更好地说明，将高频子带（LH、HL、HH）重新整理，如图 8.25所示。

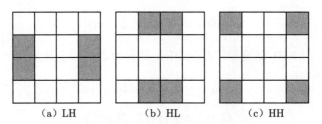

（a）LH　　　　（b）HL　　　　（c）HH

图 8.25　可分离小波变换高频支撑区间

在图 8.25中，一个完整周期 $[-\pi, \pi]^2$ 被划分为 16 个小块，中间 4 个小块代表低频部分，其余小块代表高频部分，阴影部分为二维小波函数对应的支撑区间。二维可分离小波变换由一维小波变换分别沿水平方向与竖直方向分解得到，以对角线方向为例，两次一维小波分解均使用一维小波函数计算（即高通滤波器），具体运算过程如图 8.26所示。

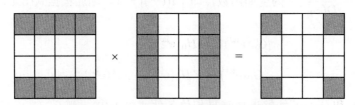

图 8.26　对角线方向 DWT 分解过程

图 8.26中，作为乘法因数的两个支撑区间，分别对应两次不同方向的一维 DWT。由于一维 DWT 小波函数为实函数，因此在一维坐标轴上关于原点对称，拓展到二维时即关于水平/竖直坐标轴对称。不难发现，实小波函数的对称性直接导致了二维可分离小波的棋盘形支撑区间，这极大地影响了方向信息的识别。DTCWT 将小波基函数改为复数，有效地改善了可分离小波变换方向性模糊的缺点。

类似于二维可分离小波的构造，可以从一维复小波出发构造二维双树复小波。考虑二维小波函数 $\psi(x,y) = \psi(x)\psi(y)$，其中 $\psi(x) = \psi_{\mathrm{h}}(x) + \mathrm{j}\psi_{\mathrm{g}}(x)$。二维复小波 $\psi(x,y)$ 为

$$\psi(x,y) = [\psi_{\mathrm{h}}(x) + \mathrm{j}\psi_g(x)][\psi_{\mathrm{h}}(y) + \mathrm{j}\psi_g(y)]$$

$$= \psi_{\mathrm{h}}(x)\psi_{\mathrm{h}}(y) - \psi_g(x)\psi_g(y) + \mathrm{j}[\psi_g(x)\psi_{\mathrm{h}}(y) + \psi_{\mathrm{h}}(x)\psi_g(y)] \tag{8.4.17}$$

$\psi(x,y)$ 的频谱支撑区间如图 8.27 所示。

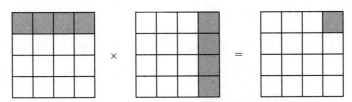

图 8.27　二维双树复小波理想频谱支撑区间

由于 $\psi(t)$ 的频谱具有单边带特性，因此二维双树复小波 $\psi(x,y)$ 的频谱支撑区间只出现在频域的一个象限，由此可见，二维双树复小波具有方向性。将 $\psi(x,y)$ 的实部提取出来，可以得到如下形式：

$$\mathrm{Re}\{\psi(x,y)\} = \psi_{\mathrm{h}}(x)\psi_{\mathrm{h}}(y) - \psi_{\mathrm{g}}(x)\psi_{\mathrm{g}}(y) \tag{8.4.18}$$

实部由两个二维可分离（实）小波之差构成，式(8.4.18)中的第一项，$\psi_{\mathrm{h}}(x)\psi_{\mathrm{h}}(y)$ 表示二维可分离小波变换中通过 $h_0(n), h_1(n)$ 获得的 HH 分量，第二项 $\psi_{\mathrm{g}}(x)\psi_{\mathrm{g}}(y)$ 表示二维可分离小波变换中通过 $g_0(n), g_1(n)$ 获得的 HH 分量。从另一个角度分析，解析信号具有单边频谱，解析信号实部的频谱关于原点对称。由此，$\mathrm{Re}\{\psi_{\mathrm{c}}(x,y)\}$ 的频谱支撑区间如图 8.28 所示。

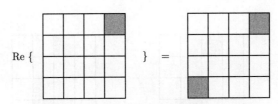

图 8.28　二维双树复小波实部频谱支撑区间

与可分离实小波不同，DTCWT 不具有棋盘形的支撑区间，具有分辨 45° 和 −45° 的能力。使 DTCWT 具有方向性特点的主要原因是小波的解析性，即复小波的实部虚部互为希尔伯特变换对。

与上述小波函数 $\psi(x,y) = \psi(x)\psi(y)$ 类似，还有其他 5 个小波函数 $\varphi(x)\psi(y)$、$\psi(x)\varphi(y)$、$\varphi(x)\psi^*(y)$、$\psi(x)\varphi^*(y)$、$\psi(x)\psi^*(y)$，其中 $\varphi^*(y)$ 表示 $\varphi(y)$ 的复共轭，它们都具有式(8.4.17)的类似形式。这 6 个小波函数构成了双树复小波的全部小波函数，如果取实部，就构成小波函数为实数的双树实小波变换。利用解析函数的性质，可以得出复小波函数的实部与虚部

有着相同的支撑区间，而且全部关于原点对称。可以发现，6 个双树复小波函数只能表示频谱支撑区间中高频部分的 6 个方格，为了得到关于原点对称的另外 6 个方格的支撑区间，只需要对上述小波函数进行复共轭运算。

为了更好地说明 DTCWT 的方向对应关系，将以复小波函数 $\psi(x,y) = \psi(x)\varphi^*(y)$ 为例，具体如下：

$$\psi(x,y) = [\psi_\mathrm{h}(x) + \mathrm{j}\psi_\mathrm{g}(x)][\varphi_\mathrm{h}(y) + \mathrm{j}\varphi_\mathrm{g}(y)]^*$$

$$= [\psi_\mathrm{h}(x) + \mathrm{j}\psi_\mathrm{g}(x)][\varphi_\mathrm{h}(y) - \mathrm{j}\varphi_\mathrm{g}(y)]$$

$$= \psi_\mathrm{h}(x)\varphi_\mathrm{h}(y) + \psi_\mathrm{g}(x)\varphi_\mathrm{g}(y) + \mathrm{j}[\varphi_\mathrm{h}(y)\psi_\mathrm{g}(x) - \psi_\mathrm{h}(x)\varphi_\mathrm{g}(y)]$$

此处应注意，构成复小波函数的尺度函数 $\varphi_\mathrm{h}, \varphi_\mathrm{g}$ 与小波函数 $\psi_\mathrm{h}, \psi_\mathrm{g}$ 均为实函数。$\psi(x,y)$ 的理想频谱支撑区间如图 8.29 所示。

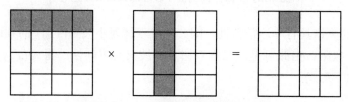

图 8.29 小波函数频谱支撑区间

可以看出，图 8.29 表示了 105° 方向的复小波变换支撑区间，如果取该复小波的实部，将实部函数重写如下：

$$\mathrm{Re}\{\psi(x,y)\} = \psi_\mathrm{h}(x)\varphi_\mathrm{h}(y) + \psi_\mathrm{g}(x)\varphi_\mathrm{g}(y) \tag{8.4.19}$$

与 45° 方向的分析类似（或者根据解析信号的性质），将会获得关于原点对称的支撑区间，如图 8.30 所示。

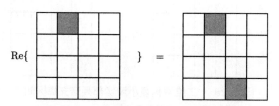

图 8.30 小波函数实部频谱支撑区间

采用同样的分析方法，可以组合尺度函数与小波函数形成不同的方向性支撑区间。

2. 双树实小波变换

根据式(8.4.18)、式(8.4.19)与对应的复小波，得到其余 4 个二维复小波：$\varphi(x)\psi(y)$、$\psi(x)\varphi(y)$、$\varphi(x)\psi^*(y)$、$\psi(x)\psi^*(y)$，其中 $\varphi(x) = \varphi_\mathrm{h}(x) + \mathrm{j}\varphi_\mathrm{g}(x)$，$\psi(x) = \psi_\mathrm{h}(x) + \mathrm{j}\psi_\mathrm{g}(x)$。取这些小波函数的实部并使用 $1/\sqrt{2}$ 进行归一化处理，得到双树实小波变换的 6 个小波函数如下：

$$\psi_k^{\mathrm{R}}(x,y) = \frac{1}{\sqrt{2}}(\psi_{1,i}(x,y) + \psi_{2,i}(x,y)) \tag{8.4.20}$$

$$\psi_{k+3}^{\mathrm{R}}(x,y) = \frac{1}{\sqrt{2}}(\psi_{1,i}(x,y) + \psi_{2,i}(x,y)) \tag{8.4.21}$$

其中，$i = 1, 2, 3$。二维可分离小波的定义如下：

$$\psi_{1,1}(x,y) = \varphi_{\mathrm{h}}(x)\psi_{\mathrm{h}}(y), \quad \psi_{2,1}(x,y) = \varphi_{\mathrm{g}}(x)\psi_{\mathrm{g}}(y)$$

$$\psi_{1,2}(x,y) = \psi_{\mathrm{h}}(x)\varphi_{\mathrm{h}}(y), \quad \psi_{2,2}(x,y) = \psi_{\mathrm{g}}(x)\varphi_{\mathrm{g}}(y)$$

$$\psi_{1,3}(x,y) = \psi_{\mathrm{h}}(x)\psi_{\mathrm{h}}(y), \quad \psi_{2,3}(x,y) = \psi_{\mathrm{g}}(x)\psi_{\mathrm{g}}(y)$$

将双树实小波变换所有小波函数的对应支撑区间列出，可以发现双树实小波变换可以将高频子带划分为 6 个方向，具体如图 8.31 与图 8.32 所示。

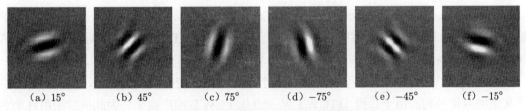

（a）15° （b）45° （c）75° （d）−75° （e）−45° （f）−15°

图 8.31 二维双树实小波时域系数

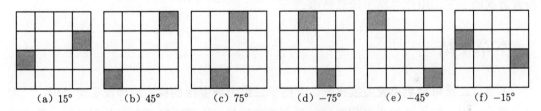

（a）15° （b）45° （c）75° （d）−75° （e）−45° （f）−15°

图 8.32 二维双树实小波频谱支撑区间

使用 $1/\sqrt{2}$ 归一化只是为了使和/差运算构成正交运算。与二维可分离小波变换对比，由于在两路可分离小波变换的基础上进行了加减运算，因此双树实小波变换不可分离。虽然双树实小波变换具有方向性，且只有 2 倍冗余，但是全部由实函数组成也造成了近似平移不变性的缺失。

3. DTCWT

二维 DTCWT 在实变换的基础上增加了虚部，冗余变为 4 倍，在同时满足方向性与近似解析性的同时还满足近似平移不变性（基函数为复数）。DTCWT 易于实现，实部和虚部可以分两路同时进行。为了便于解释说明，将式(8.4.17)中的虚部整理如下：

$$\mathrm{Im}\{\psi(x,y)\} = \psi_{\mathrm{g}}(x)\psi_{\mathrm{h}}(y) + \psi_{\mathrm{h}}(x)\psi_{\mathrm{g}}(y) \tag{8.4.22}$$

注意到，式(8.4.22)中，$\psi_{\mathrm{g}}(x)\psi_{\mathrm{h}}(y)$ 对应二维可分离小波的中的 HH 分量，其中使用滤波器 $g_0(n), g_1(n)$ 沿水平方向滤波，使用滤波器 $h_0(n), h_1(n)$ 沿竖直方向滤波。虚部的第二项同样表示二维可分离小波的 HH 分量，只是水平方向和竖直方向的滤波器进行互换。

类似地，得到其他 5 个小波函数中对应的虚部，整理如下：

$$\psi_k^{\mathrm{I}}(x,y) = \frac{1}{\sqrt{2}}(\psi_{3,i}(x,y) + \psi_{4,i}(x,y)) \tag{8.4.23}$$

$$\psi_{k+3}^{\mathrm{I}}(x,y) = \frac{1}{\sqrt{2}}(\psi_{3,i}(x,y) + \psi_{4,i}(x,y)) \tag{8.4.24}$$

式中，$i = 1,2,3$。二维可分离小波的定义如下：

$$\psi_{3,1}(x,y) = \varphi_{\mathrm{g}}(x)\psi_{\mathrm{h}}(y), \quad \psi_{4,1}(x,y) = \varphi_{\mathrm{h}}(x)\psi_{\mathrm{g}}(y)$$

$$\psi_{3,2}(x,y) = \psi_{\mathrm{g}}(x)\varphi_{\mathrm{h}}(y), \quad \psi_{4,2}(x,y) = \psi_{\mathrm{h}}(x)\varphi_{\mathrm{g}}(y)$$

$$\psi_{3,3}(x,y) = \psi_{\mathrm{g}}(x)\psi_{\mathrm{h}}(y), \quad \psi_{4,3}(x,y) = \psi_{\mathrm{h}}(x)\psi_{\mathrm{g}}(y)$$

式(8.4.23)、式(8.4.24)表示的方向，与式(8.4.20)、式(8.4.21)表示的方向完全相同（解析信号下的实部虚部频谱支撑区间一致）。在实现 DTCWT 的过程中，将式(8.4.20)、式(8.4.21) 表示的小波函数作为实部，将式(8.4.23)、式(8.4.24)表示的函数作为虚部。

二维 DTCWT 在实现过程中使用了 4 个可分离小波变换的线性组合，因此不是严格意义上的双树结构。由于二维 DTCWT 从一维 DTCWT 推广而来，因此依然采用这个名称。二维 DTCWT 具有方向性、近似解析性，但不具有可分性，除此之外，树形结构之间没有数据的交互，由此提高了运算效率。

本章小结

本章从**二维可分离小波变换**出发，介绍了**二维小波变换**的构造原理及实现过程。二维可分离小波由一维小波的张量积得到，其实现过程是沿水平、竖直方向分别进行一维小波变换，因而可以得到水平、竖直和对角三个方向的高频子带。然而，二维小波的棋盘形支撑区间不足以表示图像中的方向信息。为了更有效地表示图像中的方向信息，由此引出了**方向滤波器组**，其基本思想是将频带进行方向划分。8.2节详细介绍了方向滤波器组的原理、结构及具体实现方式。8.3节介绍了**轮廓波变换**，该变换将金字塔分解与方向滤波器组相结合，实现了图像的多尺度多方向分解，改善了传统可分离小波变换方向性不足的缺点。8.4节介绍了**双树复小波变换**的相关内容。当复小波函数满足解析性条件时，变换将具有良好的**平移不变性**。在现有小波函数的基础上，复小波变换可以通过滤波器组的双树结构实现。良好的方向性使得双树复小波变换在图像处理领域有着重要应用价值。

除本章所介绍的几类变换之外，还有一些多尺度方向变换，包括方向可控金字塔（steerable pyramid）变换[150]、脊波（ridgelet）变换[151]、曲波（curvelet）变换[130]、剪切波（shearlet）变换[152-153]、方向提升变换（directional lifting transform）变换[154-156] 等，这些研究极大地促进了小波理论的发展，由此形成了所谓的"第三代"小波或**多尺度几何分析**（multiscale geometric analysis）理论。限于篇幅，本书不再展开介绍，感兴趣的读者可参阅相关文献。

习题

8.1 信号的频谱支撑集如图 8.4（a）所示，梅花形采样矩阵 $\boldsymbol{Q} = \begin{bmatrix} 1 & -1 \\ 1 & 1 \end{bmatrix}$，分别画出经过梅花形矩阵抽取与内插后的频谱支撑集，并说明信号频谱幅度变化情况。

8.2 信号的频谱支撑集如图 8.4（a）所示，剪切矩阵 $\boldsymbol{R} = \begin{bmatrix} 1 & -1 \\ 0 & 1 \end{bmatrix}$，分别画出经过剪切矩阵 $\boldsymbol{R}$ 抽取与内插后的频谱支撑集，并说明信号频谱幅度变化情况。

8.3 如何实现支撑集图 8.12（b）所示的滤波器？

8.4（MATLAB 练习） 画出双树复小波基函数的时域波形，并与离散小波进行对比。提示：使用 MTALAB 函数 helperPlotWaveletDTCWT。

8.5（MATLAB 练习） 使用 NSCT 对图像进行多级分解，观察子带系数的特点。提示：NSCT 工具箱可以从 https://www.mathworks.com/matlabcentral/fileexchange/10049-nonsubsampled-contourlet-toolbox 下载。

第9章

多抽样率技术在 ADC 中的应用

本章要点

- ADC 的基本结构是什么?
- 高速 ADC 的基本原理是什么? 实现过程需要注意什么问题?
- 什么是周期非均匀采样? 相应的采样信号的频谱具有怎样的特点?
- 时间交织的 ADC 的结构是什么? 误差分析有哪几种情况?
- 基于 QMFB 的 ADC 的基本原理是什么? 具体的分析和综合滤波器组是怎样设计的?
- 什么是过采样 ADC? 过采样技术的优势有哪些?
- 什么是 Σ-Δ ADC? 其特点是什么?

9.1 时间交织的高速 ADC

9.1.1 ADC 的基本结构

模/数转换器（analog to digital converter，ADC）是将模拟信号转换为数字信号的电子器件，广泛应用于实际工程领域。自然界的模拟信号，如声音、电压、温度、光强等，经过 A/D 转换变为数字信号，从而可以应用数字处理设备对信号进行分析与处理。模拟信号数字化的好处是，数字信号处理的精度更高，且更容易控制。同时，数字信号易于存储和传输。特别是远程传输后，信号能够保证高保真度，而模拟信号通常会有一定程度的失真。此外，数字系统的设计与实现更加灵活，通常仅需要改变编程算法，且器件成本更低，有利于批量生产和维护。

A/D 转换过程主要包括采样（sampling）和量化（quantization）两部分，结构如图 9.1（a）所示。采样是以一定的时间间隔 T 对模拟信号 $x_a(t)$ 进行采集，从而得到离散序列 $x(n)$，两者的关系为 $x(n) = x_a(nT)$。采样时间间隔的倒数即为采样率 $f_s = 1/T$，单位为赫兹（Hz）或每秒样本数（samples/s）。实现采样的器件称为采样器（sampler）。在实际中，采样是通过采样-保持电路（S/H circuit）来实现的，即在一个采样间隔内，信号幅值保持不变，直到下一个采样时刻到来。由于采样时钟的物理特性，实际的采样时刻与理想时刻存在一定的偏差，这种现象称为时钟抖动（clock jitter）。时钟抖动会造成采样点非均匀，从而引起误差。

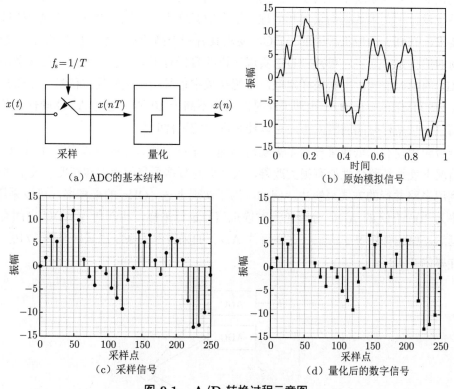

图 9.1   A/D 转换过程示意图

  量化是对采样信号的幅值进行离散化，通过有限个数值（称为量化级）来近似采样信号的幅值，最终得到时间与幅值均离散的数字信号。实现量化的器件称为量化器（quantizer）。量化通常伴随着编码，即以二进制数 2^N 来进行量化，其中 N 为量化位数，或称为分辨率[①]。显然，采样率和分辨率越大，数字信号越接近模拟信号。然而在实际中，采样率和分辨率总是有限的。如何以更经济的方式采集和恢复模拟信号是 ADC 的基本问题。

  香农–奈奎斯特采样定理指出：对于一个频带限制在 $(0, f_h)$ 内的模拟信号，如果以不低于 $2f_h$ 的采样率对它进行均匀采样，则可由采样信号精确重构原模拟信号，$2f_h$ 称为奈奎斯特采样率[②]（Nyquist sampling rate）。如果 ADC 的采样率等于奈奎斯特采样率，则称为奈奎斯特 ADC；而如果采样率高于奈奎斯特采样率，则称为过采样（oversampled）ADC。

---

 ① 量化的分辨率还可以通过量化步长来定义，即相邻量化级的距离。假设量化是线性的，动态范围是 R，量化位数为 N，则步长 $\Delta = R/2^N$。

 ② 与之非常相似的另一个概念是奈奎斯特频率（Nyquist frequency），定义为采样率的一半，即 $f_s/2$。两者含义不同，读者应注意区分。

过采样技术能够有效提升 ADC 的信噪比和分辨率，9.3 节将给出具体分析。

9.1.2　时间交织 ADC

随着现代信号处理技术的发展，数字化处理技术以其高速、灵活、可靠等突出优点，逐渐在现代信号处理系统中得到了广泛的应用，同时对 ADC 的要求也越来越高。例如，在雷达系统设计中要求数据的采集和处理逐渐向射频端靠近，这就对前端的 ADC 提出了很高的要求，有别于一般工程中的 ADC，要求具有相当高的采样率、位数和动态变化范围。就目前的器件水平而言，单片 ADC 实现这样的目标有很大困难。例如，假设最高频率为 500MHz 的模拟信号，根据采样定理，要想从数字信号精确重构模拟信号，则采样率不能低于 $2 \times 500\text{MHz} = 1\text{GHz}$，也即采样时间间隔不高于 10^{-9}s。这对 ADC 硬件设备的要求非常高，而且采样时间间隔太小，难以控制准确的采样时刻。

能否应用现有的低速采样设备来实现高速的采样系统？这样可以在单片 ADC 性能不高的情况下使系统整体性能有很大改善，大大提高数据采集的速度和精度。关于这个问题，可以利用多路并行的方式来解决。例如，为了实现上述 1GHz 的采样率，可以采用 10 片采样率为 100MHz 的 ADC 分时轮流对模拟信号进行采样，相邻两片 ADC 之间有一个时间的延迟，结构如图 9.2 所示。这样每片 ADC 的采样率为系统总采样率的 1/10，最后总的采样率为 1GHz。

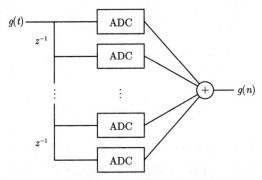

图 9.2　10 片 ADC 实现高速 A/D 转换的结构图

下面通过一个例子来说明多路并行采集系统的基本原理。

例　9.1　已知某模拟信号 $g(t)$，以采样间隔 T 对它进行采样，得到的采样信号为 $s(n) = g(nT)$，两者的关系如图 9.3 所示。

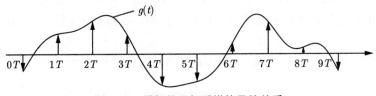

图 9.3　模拟信号与采样信号的关系

把 $s(n)$ 按如下方式分为三个子列：

$$s_i(n) = \{g(3nT + iT), n = 0, 1, 2, \cdots\}, \ i = 0, 1, 2$$

图 9.4 分别给出了 $s_i(n), i = 0, 1, 2$ 的示意图。

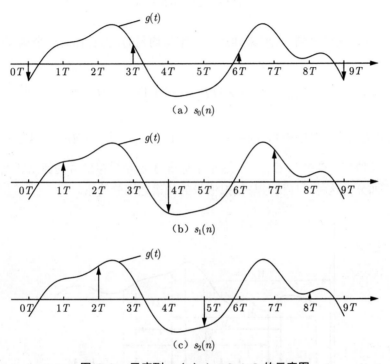

（a）$s_0(n)$

（b）$s_1(n)$

（c）$s_2(n)$

图 9.4　子序列 $s_i(n), i = 0, 1, 2$ 的示意图

对 $s_i(n), i = 0, 1, 2$ 作 3 倍零值内插，得到

$$\check{s}_0(n) = \{g(0), 0, 0, g(3T), 0, 0, g(6T), 0, 0, g(9T), \cdots\}$$

$$\check{s}_1(n) = \{g(T), 0, 0, g(4T), 0, 0, g(7T), 0, 0, g(10T), \cdots\}$$

$$\check{s}_2(n) = \{g(2T), 0, 0, g(5T), 0, 0, g(8T), 0, 0, g(11T), \cdots\}$$

则原先的序列 $s(n)$ 可以通过对序列 $\check{s}_0(n), \check{s}_1(n), \check{s}_2(n)$ 进行移位、相加而得到，即

$$s(n) = \check{s}_0(n) + \check{s}_1(n-1) + \check{s}_2(n-2)$$

事实上，$s_i(n), i = 0, 1, 2$ 是分别对信号 $g(t + iT)$ 以 $T' = 3T$ 均匀采样而得到的。这种通过对低速均匀采样序列的交叉、移位、合并而得到高速均匀周期采样序列的方法就是多路并行 ADC 处理的基本方法。

在上述的分析过程中，认为在一个周期 $T' = 3T$ 内数据的采样点是均匀分布的。而在实际中，由于采样时间间隔很小，不可能准确地实现均匀周期采样；同时在应用电路对模拟信号进行采集的过程中，对时间的同步要求也不容易满足。把几片低速 ADC 组合在一起得到高速 ADC，在时间交织的过程中势必会引入时钟误差。针对这个问题，下面考虑一种更一般的采样模型。记采样信号为

$$s(n) = \{g(t_0), g(t_1), g(t_2), \cdots\}$$

式中，t_m 为第 m 次采样时刻。此时采样点不一定是均匀的，但总体有一个循环的周期 MT，即

$$t_{nM+m} = t_m + nMT, \ m = 0, 1, \cdots, M-1$$

称上述采样方式为周期非均匀采样，如图 9.5 所示。假设 $g(t)$ 是一个频率范围为 $\left(-\dfrac{1}{2T}, \dfrac{1}{2T}\right)$ 的模拟信号，其傅里叶变换为 $G_a(\omega)$，这里下标 a 表示是模拟信号的傅里叶变换，ω 为模拟角频率。下面分析这种采样信号与模拟信号的频谱之间的关系。

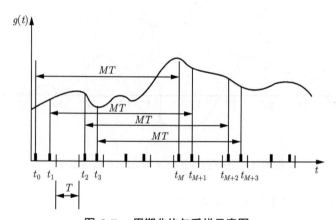

图 9.5　周期非均匀采样示意图

应用例 9.1 所介绍的方法，把周期非均匀采样信号分解为 M 个子列：

$$s(n) = \{s_0(n), s_1(n), \cdots, s_{M-1}(n)\}$$

式中，$s_m(n) = g(t_m + nMT), m = 0, 1, \cdots, M-1$。

可以看出，$s_m(n)$ 是对信号 $g(t+t_m)$ 以 $T' = MT$ 均匀采样而得到的。为了用 $s_m(n), m = 0, 1, 2, \cdots, M-1$ 重新描述原来的采样信号 $s(n)$，可以先对每个子列进行 M 倍的零值内插，即

$$\check{s}_m(n) = \{g(t_m), \underbrace{0, \cdots, 0}_{M-1}, g(t_m + MT), 0, \cdots\}$$

然后再把第 m 个子列延迟 m 个单位，记为 $\check{s}_m(n-m)$。

最后，将所有延迟的子列叠加在一起就可以得到原来的周期非均匀采样序列：

$$s(n) = \sum_{m=0}^{M-1} \check{s}_m(n-m) \tag{9.1.1}$$

对式(9.1.1)作傅里叶变换，可得 $s(n)$ 的频谱（见习题 9.1）为

$$G(\omega) = \sum_{m=0}^{M-1} \check{S}_m(\omega)\mathrm{e}^{-\mathrm{j}\omega mT} = \frac{1}{MT}\sum_{m=0}^{M-1}\left[\sum_{k=-\infty}^{\infty} G_\mathrm{a}\left(\omega - \frac{2\pi k}{MT}\right)\mathrm{e}^{\mathrm{j}(\omega - 2\pi k/MT)t_m}\right]\mathrm{e}^{-\mathrm{j}\omega mT} \tag{9.1.2}$$

式中，$\check{S}_m(\omega)$ 为 $\check{s}_m(n)$ 的频谱。注意上式的 ω 均为模拟角频率。

考虑第 m 个非均匀采样点 t_m 与均匀采样点 mT 的相对误差，记 $r_m = \dfrac{mT - t_m}{T}$，则 $t_m = mT - r_m T$，式(9.1.2)可表示为

$$G(\omega) = \frac{1}{T}\sum_{k=-\infty}^{\infty}\left(\frac{1}{M}\sum_{m=0}^{M-1}\mathrm{e}^{-\mathrm{j}[\omega - 2\pi k/(MT)]r_m T}\mathrm{e}^{-\mathrm{j}2\pi km/M}\right)G_\mathrm{a}\left(\omega - \frac{2\pi k}{MT}\right) \tag{9.1.3}$$

称式(9.1.2)和式(9.1.3)为周期非均匀采样信号的频谱[157]。

由于正弦信号在信号处理中起着非常重要的作用，下面考察正弦信号在这种采样策略下的频谱。设复指数信号为 $\mathrm{e}^{\mathrm{j}\omega_0 t}$，其中 $\omega_0 = 2\pi f_0$，其傅里叶变换为

$$G_\mathrm{a}(\omega) = 2\pi\delta(\omega - \omega_0) \tag{9.1.4}$$

将式(9.1.4)代入到式(9.1.3)中可以得到

$$G(\omega) = \frac{2\pi}{T}\sum_{k=-\infty}^{\infty}\left(\frac{1}{M}\sum_{m=0}^{M-1}\mathrm{e}^{-\mathrm{j}\omega_0 r_m T}\mathrm{e}^{-\mathrm{j}2\pi km/M}\right)\delta\left(\omega - \omega_0 - \frac{2\pi k}{MT}\right) \tag{9.1.5}$$

定义序列

$$A(k) = \frac{1}{M}\sum_{m=0}^{M-1}\mathrm{e}^{-\mathrm{j}\omega_0 r_m T}\mathrm{e}^{-\mathrm{j}2\pi km/M} \tag{9.1.6}$$

则式(9.1.5)变为

$$G(\omega) = \frac{2\pi}{T}\sum_{k=-\infty}^{\infty} A(k)\delta\left(\omega - \omega_0 - \frac{2\pi k}{MT}\right) \tag{9.1.7}$$

式(9.1.7)就是复指数信号经周期非均匀采样之后所得到的采样信号的频谱表示。据此不难得出下列结论：

（1）从 $A(k)$ 的表达式(9.1.6)可以看出，$A(k)$ 是以 M 为周期的周期序列。事实上，$A(k)$ 可视为序列 $a(m) = \dfrac{1}{M}\mathrm{e}^{-\mathrm{j}\omega_0 r_m T}(m = 0, 1, \cdots, M-1)$ 的离散傅里叶变换（DFT）。

（2）结合 $A(k)$ 的周期性与式(9.1.7)可以看出，$G(\omega)$ 依然是以 $2\pi/T = 2\pi f_s$ 为周期的周期频谱。在一个周期内包含有 M 个均匀分布的谱线。以实际频率为单位来描述，相邻谱线的间隔为 $2\pi/MT = f_s/M$，第 m 个谱线落在 $f_0 + \dfrac{m}{M}f_s$，其幅度为 $|A(m)|$。谱线分布如图 9.6 所示。由于正弦信号为单频信号，因此信号频谱的主要成分集中在 f_0，幅度为 $|A(0)|$，其余谱线是由非均匀采样引入的噪声。当 $r_m T = mT - t_m$ 很小时，$|A(k)| \approx |A(-k)|$。特别地，若 $r_m T = 0$，则 $A(k) = \delta(k - nM)$，此时 $G(\omega)$ 转化为均匀采样的频谱。

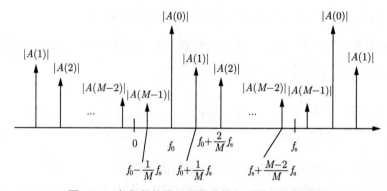

图 9.6　复指数信号经周期非均匀采样后的频谱图

（3）对 $A(k)$ 应用帕塞瓦尔定理可以得到

$$\sum_{k=0}^{M-1} |A(k)|^2 = 1 \tag{9.1.8}$$

因此可以把信号的信噪比定义为

$$\mathrm{SNR} = 10\lg\left(\frac{|A(0)|^2}{1 - |A(0)|^2}\right) \quad (\mathrm{dB}) \tag{9.1.9}$$

下一节将采用式(9.1.9)来分析多路并行 ADC 的信噪比。

基于时间交织（time-interleaving）的多路并行 ADC 如图 9.7 所示，M 个 ADC 子系统按照并行的方式工作，每一个子系统以 MT 为周期采集并数字化输入信号，即每个子系统的采样率为 $\dfrac{1}{MT}$。尽管所有的子系统用一个系统时钟来驱动，但是采样时刻是交错排列的，如子系统 $m+1$ 的采样时刻落后于子系统 m 的采样时刻 T 秒，如图 9.8 所示。并行采集之后得到的复用序列以 $\dfrac{1}{T}$ 的速率输出。因此应用 M 个并行的子系统就可以有效地把采样率从 $\dfrac{1}{MT}$ 提高到 $\dfrac{1}{T}$，从而实现了由低速 ADC 来采集高速数据点。

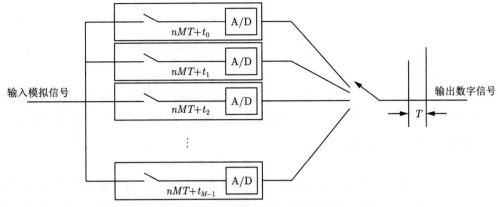

图 9.7 时间交织 ADC 的基本结构

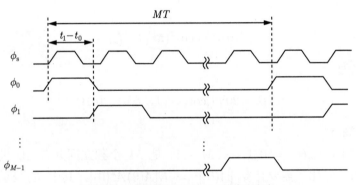

图 9.8 时间交织 ADC 的时钟响应

9.1.3 时间交织 ADC 的信噪比分析

由 9.1.2 节的分析知道,应用时间交织 ADC 可以实现高速数据的采集与处理。但这种多路并行采集方法在对时间同步的准确性与稳定性方面要求非常高,在实际中是不容易达到的。实际中,时钟的误差使得所采集的数据是不均匀的,这将造成谐波失真,并影响系统的信噪比及应用范围。本节即对时间交织 ADC 的信噪比进行分析。有效字长法和谐波失真法是两种常用的分析方法。本节应用谐波失真法来分析,而对于有效字长法可以应用"6dB 的信噪比等价于 1 位"的关系[①]来得到。

考虑复指数函数 $e^{j\omega_0 t}$,根据 9.1.2 节的分析,采用周期非均匀采样得到的频谱可以表示为

$$G(f) = \frac{2\pi}{T} \sum_{k=-\infty}^{\infty} A(k)\delta\left(f - f_0 - \frac{k}{MT}\right) \tag{9.1.10}$$

---

① 奈奎斯特 ADC 的有效量化位数与信噪比的关系为

$$\text{SNR} = 6.02N + 1.76$$

因此,每增加 1 位量化位数,信噪比提升约 6dB。

其中

$$A(k) = \frac{1}{M} \sum_{m=0}^{M-1} \mathrm{e}^{-\mathrm{j}2\pi r_m f_0/f_s} \mathrm{e}^{-\mathrm{j}2\pi km/M} \tag{9.1.11}$$

由此可以看到，$G(f)$ 在一个周期内包括 M 个均匀分布的谱线，而谱线的幅度 $|A(k)|$ 由序列 $\mathrm{e}^{-\mathrm{j}2\pi r_m f_0/f_s}$ 决定；或者说，主要由采样误差 r_m 和归一化频率 f_0/f_s 的乘积所决定。

下面讨论几种不同的误差模型。

1. 偏移采样

假设用时钟边缘对一个正弦信号采样。由于时钟脉冲通常不具有精确的 50% 占空比，因此采样点不是均匀的，但是在每两个采样周期重复一次，称这种采样方法为"偏移采样"（offset sampling）。很明显这种情况是周期非均匀采样的特殊情况，其中 $M = 2$。在此情况下，$r_0 = 0$，因此

$$|A(0)|^2 = \cos^2(\pi r_1 f_0/f_s) \tag{9.1.12}$$

可以得到信噪比为

$$\mathrm{SNR} = 20\lg(|\cot(\pi r_1 f_0/f_s)|) \quad (\mathrm{dB}) \tag{9.1.13}$$

2. 独立随机采样

在这种情况下，$r_m (m = 0, 1, \cdots, M-1)$ 是 M 个独立同分布的随机变量。为了得到这种情况下的信噪比，需要计算 $|A(0)|^2 = E[A(0)A^*(0)]$，其中 E 表示期望运算。设 $\alpha_m = r_m f_0/f_s (m = 0, 1, \cdots, M-1)$ 是独立同分布的随机变量，其密度函数为 $p(\alpha)$，特征函数为 $P(\omega) = E[\mathrm{e}^{\mathrm{j}\omega\alpha}]$，则 $E[A(0)A^*(0)]$ 的计算如下：

$$\begin{aligned} E[A(0)A^*(0)] &= \left(\frac{1}{M}\right)^2 \sum_{m=0}^{M-1} \sum_{n=0}^{M-1} E[\mathrm{e}^{-\mathrm{j}2\pi(\alpha_m - \alpha_n)}] \\ &= \frac{1}{M} + \frac{1}{M^2}(M^2 - M)|P(2\pi)|^2 = |P(2\pi)|^2 + \frac{1}{M}(1 - |P(2\pi)|^2) \end{aligned} \tag{9.1.14}$$

信号的信噪比为

$$\mathrm{SNR} = 10\lg\left(\frac{E[A(0)A^*(0)]}{1 - E[A(0)A^*(0)]}\right) = 10\lg\left(\frac{(M-1)|P(2\pi)|^2 + 1}{(M-1)[1 - |P(2\pi)|^2]}\right) \quad (\mathrm{dB}) \tag{9.1.15}$$

3. 均匀随机采样

假设 $\alpha_m = r_m f_0/f_s (m = 0, 1, \cdots, M-1)$ 是独立同分布的随机变量，且服从 $\left(-\frac{a}{2}, \frac{a}{2}\right)$ 上的均匀分布，称这种情况为"均匀随机采样"。可知 $p(\alpha) = \frac{1}{a}, \alpha \in \left(-\frac{a}{2}, \frac{a}{2}\right)$，通过计算得到

$$P(2\pi) = \mathrm{sinc}(\pi a)$$

根据独立随机采样中所得到的式(9.1.14)和式(9.1.15)，信号的能量以及信噪比为

$$E[A(0)A^*(0)] = \text{sinc}^2(\pi a) + \frac{1}{M}[1 - \text{sinc}^2(\pi a)] \qquad (9.1.16)$$

$$\text{SNR} = 10\lg\left(\frac{(M-1)\text{sinc}^2(\pi a) + 1}{(M-1)[1 - \text{sinc}^2(\pi a)]}\right) \quad (\text{dB}) \qquad (9.1.17)$$

从上式可以看到对于固定的 a，信号的能量随着 M 的增大而减小，进而信噪比也随着 M 的增大而减小。关于信号的信噪比与 a 和 M 之间的函数关系如图 9.9 所示。

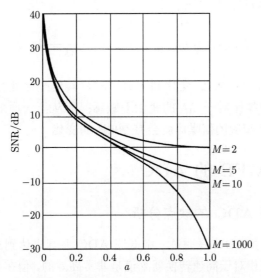

图 9.9 信噪比与 a 和 M 的关系图[157]

从图 9.9 中可以看出，信噪比对于采样数据的偏移量在 $a = 0$ 处非常敏感，为了更加精确地描述这种关系，把式(9.1.17)重新写作

$$\text{SNR} = -10\lg\left(\frac{1 - \text{sinc}^2(\pi a)}{1/(M-1) + \text{sinc}^2(\pi a)}\right) \quad (\text{dB}) \qquad (9.1.18)$$

把上式展成 $a = 0$ 处的泰勒级数并只保留第一、二项，得到

$$\text{SNR} = 20\lg(1/a) - 10\lg\left(\frac{(M-1)\pi^2}{3M}\right) \quad (\text{dB}) \qquad (9.1.19)$$

由式(9.1.19)可以看到，在 a 很小的情况下，信噪比对于 M 不敏感。实际上，在 M 从 2 变化到无穷大的时候，信噪比的变化少于 3.01dB。

4. 高斯随机采样

根据中心极限定理，大量相互独立的随机变量的和服从高斯分布，因此高斯分布是一种常见的噪声模型。现考虑 $\alpha_m = r_m f_0/f_s (m = 0, 1, \cdots, M-1)$ 服从高斯分布，它的密度

函数的尾部相对于均匀分布来说下降得很快。为了计算这种情况下的信噪比，令 $|P(2\pi)| = e^{2\pi^2\sigma^2}$，其中 σ 为高斯分布的标准差，代入式(9.1.15)并作泰勒展开，可以得到信噪比为

$$\text{SNR} = 20\lg[1/(\sqrt{12}\sigma)] - 10\lg\left(\frac{(M-1)\pi^2}{3M}\right) \quad (\text{dB}) \qquad (9.1.20)$$

若 $a = \sqrt{12}\sigma$，则式(9.1.20)与式(9.1.19)完全相同。式(9.1.20)可以用于研究一般的采样误差和相位噪声，而不用知道它们的准确概率分布。

若 $r_m(m = 0, 1, \cdots, M-1)$ 是独立同分布的、均值为零、方差为 σ_r 的随机变量，则信号的信噪比可以近似为

$$\text{SNR} = 20\lg[1/(\sigma_r f_0/f_s)] - 10\lg\left(\frac{(M-1)}{M}4\pi^2\right) \quad (\text{dB}) \qquad (9.1.21)$$

式(9.1.21)的第二项在当 M 从 2 变化到无穷大时，其信噪比变化范围是 $-12.95\text{dB}\sim-15.96\text{dB}$，由此知道信噪比对于 M 的变化不敏感；而从第一项来看，对于 σ_r 或者 f_0 每发生 10 倍的变化，其相应的信噪比就会有 20dB 的变化。

9.2　基于 QMFB 的 ADC

9.2.1　时间交织 ADC 的缺点分析

在 9.1 节介绍的高速 ADC 是通过一组低速 ADC 并行来达到高速抽取的目的，即时间交织 ADC。这种系统相对于高速转换器来说是非常高效的，但在并行时间交织系统中存在着一个问题，即每一路采样–保持（S/H）电路中采样部分和保持部分之间转换的时间是不稳定的，因此在系统的输入端需要一个时间非常精确的模拟多路信号分离器将一路高速的信号采样点分成 M 路低速的模拟信号采样点；另外一个问题是在多路输出的时间交织结构中可能产生各路输出时间之间的不匹配。若各个子 ADC 系统的时间不匹配，则在输出端会产生失真现象。尽管这些问题可以通过激光平衡技术来进行消除，但是应用这些方法将花费巨大，并且要消耗大量的时间。

本节介绍一种改进的高速 ADC 系统，该系统基于正交镜像滤波器组（QMFB）。其基本想法是把信号的频带分解成多个子带，每个子带设置一个 ADC，因此各子带中的量化误差就可以单独控制，并且重构误差可以通过一个频率函数来控制。这种策略就是著名的"子带编码"方法，该方法也经常应用在语音和图像处理中。稍后可以看到，对于上述两个提到的问题，采用该方法只需很少的代价就可以使 ADC 系统得到很大程度的改善。

9.2.2　结合 QMFB 的高速 ADC

在文献[158]中，作者提出了一种基于 M 通道 QMFB 结构的高速 ADC，如图 9.10 所示。在该系统中，分析端是由开关电容（switched capacitor，SC）电路和抽取器组成；而综合端是由内插器和数字滤波器组成。每个子带包含一个 ADC。

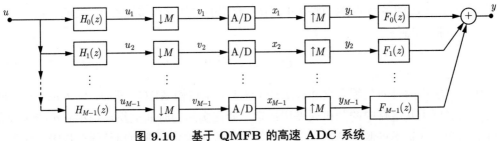

图 9.10 基于 QMFB 的高速 ADC 系统

在分析端，模拟输入信号（这里考虑经过 S/H 电路后的连续时间信号）$u(nT)$ 通过分析滤波器 $H_0(z), H_1(z), \cdots, H_{M-1}(z)$ 被分成 M 个子带，然后各子带信号 $u_k(nT)$ 作 M 倍抽取并通过对应的 ADC，得到数字信号 $x_k(mT')$，其中 $T' = MT$。各子带 ADC 的采样率为输入端采样率的 $1/M$ 倍。在综合端，将各子带信号作 M 倍内插，然后通过综合滤波器组 $F_0(z), F_1(z), \cdots, F_{M-1}(z)$，最后将各子带输出组合形成 $y(nT)$，即得到 $u(nT)$ 的数字形式。

下面分析输入、输出关系，忽略由量化带来的误差，有

$$x_k(nT') = v_k(nT') \tag{9.2.1}$$

应用抽取和内插的关系式，可以得出 $y(nT)$ 与 $u(nT)$ 在 z 变换域的关系式为

$$Y(z) = \frac{1}{M} \sum_{r=0}^{M-1} U(zW^r) \sum_{k=0}^{M-1} H_k(zW^r) F_k(z) \tag{9.2.2}$$

式中，$W = \mathrm{e}^{-\mathrm{j}\frac{2\pi}{M}}$。滤波器组 $H_k(z), F_k(z), k = 0, 1, \cdots, M-1$ 被设计成如下形式：

$$\frac{1}{M} \sum_{k=0}^{M-1} H_k(zW^r) F_k(z) = \begin{cases} G(z), & r = 0 \\ 0, & \text{其他} \end{cases} \tag{9.2.3}$$

因此，在分析滤波器组中产生的混叠项可以应用重构过程中的综合滤波器组来完全消除掉。最终得到

$$Y(z) = G(z)U(z) \tag{9.2.4}$$

$G(z)$ 决定了输出信号 $y(nT)$ 的相位失真和幅度失真。假如 $G(z)$ 是一个全通滤波器，则输出无幅度失真，此时称该系统为幅度保持 ADC。假如 $G(z)$ 是一个延迟滤波器，则原始信号的幅度和相位都将被保持，这种情况下的 ADC 称为完全重构 ADC。

设

$$H_k(z) = z^{-k}, F_k(z) = z^{-(M-1-k)}, \ k = 0, 1, \cdots, M-1 \tag{9.2.5}$$

此时基于 QMFB 的多路 ADC 就是 9.1 节所介绍的时间交织多路并行 ADC。把上式代入式 (9.2.3) 可以得到

$$G(z) = z^{-(M-1)} \tag{9.2.6}$$

这表明前面所讲的时间交织多路并行 ADC 属于完全重构 ADC。然而，因为每一个子转换系统的精确度由其电路中的随机误差所决定，即在实际的时间交织过程中不可能达到完全准确的匹配，这将不可避免地产生一些误差，即输入信号频谱的混叠部分将影响输出信号的频谱，从而使输出信号产生混叠失真现象。在基于 QMFB 的高速 A/D 转换中，应用急速滚降（sharp roll-off）滤波器来截断每一通道的混叠成分可以充分减少这种失真，而且采样点随机性抖动问题可以在抽取的过程中被自动地消除。

若 QMFB 采用 FIR 滤波器，则 $G(z)$ 是一个线性相位 FIR 传递函数。在这种情况下，系统可以看作是一个无相位失真系统，而幅度失真可以通过应用计算机优化算法来达到最小。

若对每个子转换器的非线性量化误差特性用直线来估计，可以得到

$$\hat{x}_k(nT) = (1 + a_k)x_k(nT) \tag{9.2.7}$$

式中，a_k 表示增益误差。假设此过程中的增益误差是独立同分布、服从零均值、方差为 σ_a^2 的高斯分布的随机变量。本节主要讨论用 QMFB 来减少时间交织方式 ADC 中产生的混叠噪声，暂不考虑在量化过程中产生的量化误差。关于量化噪声的讨论可以参见文献[159]。

相应地，重构信号为

$$Y(z) = \frac{1}{M} \sum_{r=0}^{M-1} U(zW^r) \sum_{k=0}^{M-1} (1 + a_k)H_k(zW^r)F_k(z) \tag{9.2.8}$$

令

$$\Lambda_r(z) = \frac{1}{M} \sum_{k=0}^{M-1} a_k H_k(zW^r)F_k(z), \; r = 0, 1, \cdots, M-1 \tag{9.2.9}$$

则式(9.2.8)可以改写为

$$Y(z) = [G(z) + \Lambda_0(z)]U(z) + L(z) \tag{9.2.10}$$

其中

$$L(z) = \sum_{r=1}^{M-1} U(zW^r)\Lambda_r(z) \tag{9.2.11}$$

假如滤波器提供足够大的阻带衰减，则 $\Lambda_0(z)$ 项在单位圆上的第 k 个频率段上近似为分段固定的幅度 $|a_k|$。换句话说

$$|\Lambda_0(e^{j\omega})| \approx |a_k|, \; \forall \omega \in (\omega_k, \omega_{k+1}) \tag{9.2.12}$$

其中，$\omega_0 = 0, \omega_M = \pi, \omega_{k+1} - \omega_k = \pi/M, k = 0, 1, \cdots, M-1$。

若增益误差设为 $\sigma_a = 0.005$，则典型的 $\Lambda_0(z)$ 如图 9.11 所示。

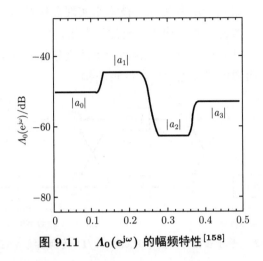

图 9.11　$\Lambda_0(\mathrm{e}^{\mathrm{j}\omega})$ 的幅频特性[158]

对于所有的在第 k 个子带内的频率来说，式(9.2.12)表明 $|\Lambda_0(\mathrm{e}^{\mathrm{j}\omega})|$ 与 $|a_k|$ 具有相同的分布。一般地，

$$|\Lambda_0(\mathrm{e}^{\mathrm{j}\omega})| \ll |G(\mathrm{e}^{\mathrm{j}\omega})|, \ \forall \omega \in (0, 2\pi) \tag{9.2.13}$$

$L(z)$ 项是由各个增益误差之间不匹配而产生的，主要由不想要的输入信号的混叠部分组成，并且是造成输出信号失真的主要来源。假如所有的增益误差都能正确地搭配（如，$a_k = a, k = 0, 1, \cdots, M-1$），则有 $L(z) = 0$。但在实际的具体操作中这种情况是不能实现的，而且混叠现象也是不可避免的。每个混叠成分可以由度量因子 $\Lambda_r(z)(r \neq 0)$ 来度量，它在单位圆上的幅度值可以应用式 (9.2.9) 来估计：

$$E\{|\Lambda_r(\mathrm{e}^{\mathrm{j}\omega})|\} \leqslant \frac{\sigma_a \sqrt{2\pi}}{M} \sum_{k=0}^{M-1} |H_k(\mathrm{e}^{\mathrm{j}(\omega + 2\pi r/M)}) F_k(\mathrm{e}^{\mathrm{j}\omega})| \tag{9.2.14}$$

其中，$E\{\cdot\}$ 表示求期望。式 (9.2.14) 表明，度量因子在幅频响应相邻的交叠部分之外有较小的幅度。

当滤波器按照式(9.2.5)选择，此时的 ADC 系统就变成一个时间交织 ADC。由于这些"滤波器"没有频率分辨能力，其中度量混叠频谱成分 $U(zW^r)$ 的因子具有固定值，并且独立于频率；另外，通过用充分大的截断阻带衰减和小的过渡带宽的滤波器，度量因子 $\Lambda_r(z)(r \neq 0)$ 的幅度可以在几乎所有的频率范围内做得很小。

因为综合滤波器属于数字滤波器，因此能以较高的精度实现；对于由 SC 电路来实现的分析滤波器组来说，若设计不当，将在最后数字输出部分产生不能容忍的失真现象。由运算的内插器和转换器产生的噪声，限制了增益带宽的乘积，限制了电容准确比率，这是误差产生的主要来源。从理论上来说，整个系统的分辨率依赖于每个子带系统 ADC 系统所拥有的分辨率。然而由于 SC 电路所产生的噪声限制了整个系统的分辨率为 $11 \sim 12$ 位，这完全超过了通常对视频的规格要求。

　　一种更有效的结构方案是利用多相分解技术来实现分析/综合滤波器。在这种结构中，将抽取器放在多相子滤波器的左侧，构成分析滤波器组，而将内插器放在多相子滤波器右侧，构成综合滤波器组，如图 9.12 所示，这是一个两级分解的例子。本例中的两级分解可以用树形结构代替，从而实现多级 QMF 的树形结构。

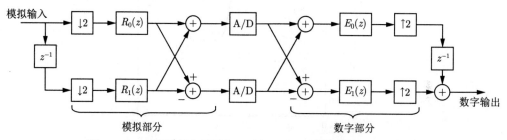

图 9.12　基于多相分解技术的高效 A/D 转换系统（$M = 2$）

　　基于滤波器组的 A/D 转换与信号重构受到了学术界的广泛关注。在文献 [160] 中，作者利用多抽样率信号处理的思想，给出了各种采样策略的滤波器组解释。利用插值恒等关系，模拟滤波器组可以转化为等效的数字滤波器组，从而实现高效的信号重构。在文献 [161] 中，作者提出了基于多抽样率滤波器组的循环周期非均匀采样模型和重构方法。利用多相滤波器组实现非均匀采样信号重构的方法可参见文献 [162-163]。关于多带信号亚奈奎斯特采样和重构方法可参见文献 [164-165]。

9.3　过采样 Σ-Δ ADC

9.3.1　过采样 ADC

　　在 A/D 转换过程中，为了保证采样信号不发生混叠，采样率应至少为模拟信号最高频率的 2 倍，即奈奎斯特采样率。为了降低计算和存储的开销，我们希望采样率尽可能接近奈奎斯特采样率。但是这种情况下，要求模拟抗混叠滤波器具有极窄的过渡带，这意味着需要大量高精度高稳定性的模拟器件，在实际中不仅代价昂贵而且很难实现。如果采用过采样（oversampling）技术，即采样率远大于奈奎斯特采样率，则能够降低模拟抗混叠滤波器的设计要求，从而更容易实现。关于这个结论，在第 1 章以音频系统为例做过详细的分析。

　　除上述优点之外，过采样技术还能降低量化噪声（误差）的影响，提高信噪比和分辨率。为了说明这一点，考虑 ADC 工作在奈奎斯特采样率下（$f_s = 2f_h$），量化位数为 N，动态范围为 R，则步长（分辨率）为

$$\Delta = \frac{R}{2^N} \tag{9.3.1}$$

假设量化噪声服从在 $[-\Delta/2, \Delta/2]$ 上的均匀分布，则量化噪声的平均功率为

$$P_N = \sigma_N^2 = \frac{1}{\Delta}\int_{-\Delta/2}^{\Delta/2}\gamma^2\mathrm{d}\gamma = \frac{\Delta^2}{12} \tag{9.3.2}$$

因此信噪比为

$$\mathrm{SNR_{NYQ}} = 10\lg\frac{P_S}{P_N} = 10\lg\frac{\sigma_S^2}{\Delta^2/12} = 10\lg\frac{\sigma_S^2}{R^2} + 10.79 + 6.02N \quad (\mathrm{dB}) \tag{9.3.3}$$

式中，σ_S^2 是信号的平均功率。由此可以看出，量化位数每增加 1bit，信噪比增加约 6dB。

而对于过采样 ADC，假设采样率为 $f_s = M2f_h$，其中 $M = f_s/2f_h$ 为过采样率，经过分析可得信噪比为[166]

$$\mathrm{SNR_{OS}} = \mathrm{SNR_{NYQ}} + \lg M \quad (\mathrm{dB}) \tag{9.3.4}$$

注意到 $10\lg 4 \approx 6.02$，因此采样率每提高 4 倍，信噪比提高约 6dB，等效于量化位数（分辨率）提高 1bit。因此在实际中，可以采用过采样技术提高 ADC 的信噪比，或是在信噪比固定的情况下降低量化位数的要求。在过采样之后，可以通过数字抗混叠滤波器和抽取器降低采样率，而该操作是在数字域进行的，实现较为容易。图 9.13 给出了过采样 ADC 的结构图。

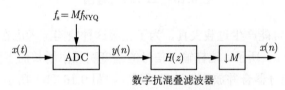

图 9.13 过采样 ADC 结构图

上述过采样的优势也可以通过频域来说明。由于量化噪声是白噪声，其功率平均分布于 $[-f_s/2, f_s/2]$ 范围内，如图 9.14（a）阴影区域所示。若将采样率提高 M 倍，则噪声功率不变，但范围扩展为 $[-Mf_s/2, Mf_s/2]$，如图 9.14（b）所示，此时在信号功率谱范围内的噪声功率变小，因此可以通过数字滤波器提取信号成分，从而提高信噪比。

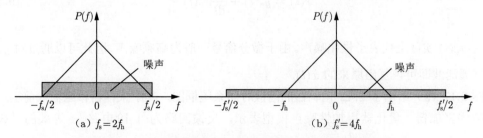

图 9.14 奈奎斯特采样与过采样下的信号/噪声功率谱对比

9.3.2 Σ-Δ 调制器

在上述介绍的过采样 ADC 中，若直接对信号幅值进行量化，为保证足够的分辨率，量化位数会很高。考虑到在高采样率下，相邻采样点的幅度变化不会太大，因此可以对差分信号进行量化编码。这种方式称为差分脉冲编码调制（differential pulse code modulation，DPCM）。如果量化位数为 1，即为"增量调制"或 Δ 调制（delta 调制）。

图 9.15（a）给出了 Δ 调制的工作原理。模拟信号 $x(t)$ 以采样率 f_s 进行 A/D 转换，随后经过积分器（DAC）得到模拟信号的估计 $\bar{x}(t)$。记估计误差 $x_e(t) = x(t) - \bar{x}(t)$，由于 $|x_e(t)| \leqslant \Delta$，因此可以用 1bit 量化，输出为 ± 1 的量化电平。解调过程如图 9.15（b）所示，先对 $y(n)$ 积分（DAC）得到估计信号 $\bar{x}(t)$，再进行低通滤波滤除高频成分，即得到模拟信号 $x(t)$。

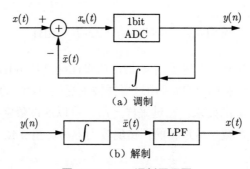

（a）调制

（b）解制

图 9.15　Δ 调制原理图

上述的 Δ 调制器可能产生过载失真，为了克服这种缺陷，考虑在 Δ 调制器前端加一个积分器，如图 9.16（a）所示，这样输入信号的幅度随频率增长而下降。根据积分器的线性性质，可以将两个积分器合并放到加法器后端，如图 9.16（b）所示。这种改进的增量调制器即称为 Σ-Δ 调制器。而解调过程也很简单，结合框图注意到

$$x_e(t) = \int x(t)\mathrm{d}t - \bar{x}(t) = \int x(t)\mathrm{d}t - \int y_a(t)\mathrm{d}t \tag{9.3.5}$$

式中，$y_a(t)$ 是 $y(n)$ 经过 DAC 得到的模拟信号，$y_a(nT) = y(n)$。因此

$$x(t) = y_a(t) + \frac{\mathrm{d}}{\mathrm{d}t}x_e(t) \tag{9.3.6}$$

式中 $\frac{\mathrm{d}}{\mathrm{d}t}x_e(t)$ 实际上代表了量化噪声。由于微分信号一般为高频噪声，因此可以通过对 $y_a(t)$ 进行低通滤波即可恢复出原来的 $x(t)$。

图 9.17（a）给出了 Σ-Δ 调制器的离散时间系统框图，其中采样器移至输入前端，积分器变为累加器，量化器用加性噪声模型表示，反馈回路为 1 阶电路[①]。等效的系统如

---
① 反馈回路也可以用 2 阶或更高阶电路。

图 9.17（b）所示。结合系统框图，易知

$$H(z)[X(z) - Y(z)] + E(z) = Y(z) \tag{9.3.7}$$

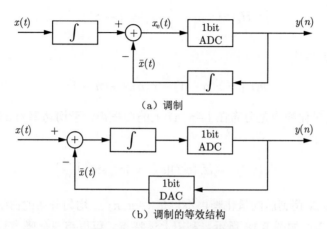

（a）调制

（b）调制的等效结构

图 9.16 Σ-Δ 调制原理图

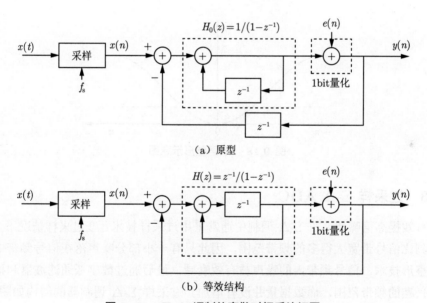

（a）原型

（b）等效结构

图 9.17 Σ-Δ 调制的离散时间系统框图

其中

$$H(z) = \frac{z^{-1}}{1 - z^{-1}} \tag{9.3.8}$$

于是

$$Y(z) = \frac{H(z)}{1 + H(z)}X(z) + \frac{1}{1 + H(z)}E(z) = H_x(z)X(z) + H_e(z)E(z) \tag{9.3.9}$$

由此可见，信号和量化噪声的传递函数是不一样的，即

$$H_x(z) = \frac{H(z)}{1 + H(z)} = z^{-1} \tag{9.3.10}$$

$$H_e(z) = \frac{1}{1 + H(z)} = 1 - z^{-1} \tag{9.3.11}$$

式 (9.3.9) 在时域上写作

$$y(n) = x(n-1) + e(n) - e(n-1) \tag{9.3.12}$$

假设输入端的量化噪声是分布在 $(-\pi, \pi)$ 上的白噪声，平均功率为 σ_N^2，则输出端的量化噪声的功率谱密度为

$$S_N(e^{j\omega}) = |H_e(e^{j\omega})|\sigma_N^2 = 4\sigma_N^2 \sin^2\left(\frac{\omega}{2}\right) \tag{9.3.13}$$

上式说明，经过 Σ-Δ 调制后的量化噪声不再是 $(-\pi, \pi)$ 上均匀分布的白噪声，而是具有形如 $\sin^2(\omega/2)$ 的分布，如图 9.18 所示。利用上述特点，可以将量化噪声转移到信号的频带范围之外，从而提高信噪比。这种方法也称为噪声整形（noise shaping）技术。

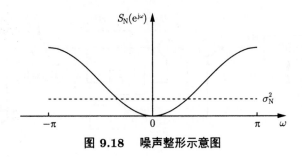

图 9.18　噪声整形示意图

9.3.3　过采样 Σ-Δ ADC

为了有效提高信噪比，在 Σ-Δ 调制中通常采用过采样技术。在过采样情况下，量化噪声被扩展到比信号带宽大得多的频带范围，因此只有一小部分噪声落在信号频带中。同时利用噪声整形技术，信号频带内的噪声被有效衰减。最后通过数字低通滤波器和抽取器即可提取感兴趣的频带范围，而数据量并没有增加。过采样 Σ-Δ 调制器的结构如图 9.19 所示。图 9.20 给出了过采样和抽取之后信号及噪声功率谱的示意图。

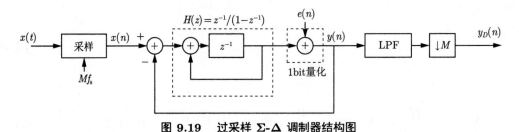

图 9.19　过采样 Σ-Δ 调制器结构图

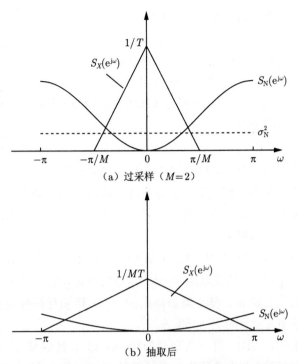

图 9.20　过采样 Σ-Δ 调制的信号与量化噪声功率谱示意图

以上介绍的 Σ-Δ ADC 采用的是 1 阶电路作为反馈回路，因此称为 1 阶 Σ-Δ ADC。但由于它存在明显的音调效应，因此很少用于语音或音频系统。为了克服 1 阶系统的弊端，可以采用 2 阶或更高阶的电路作为反馈回路，此时系统输入、输出关系式为

$$Y(z) = z^{-1}X(z) + (1 - z^{-1})^p E(z) \tag{9.3.14}$$

式中，p 为电路的阶数。易知噪声部分的传递函数为

$$H_e(\mathrm{e}^{\mathrm{j}\omega}) = 2^p \sin^{2p}\left(\frac{\omega}{2}\right) \tag{9.3.15}$$

由上式可知，p 越大，噪声在低频部分（通常为信号频带）被抑制得更多，而相应的能量转移到高频部分，因此信噪比得到了提高。以 2 阶 Σ-Δ ADC 为例，理论分析表明[166]，采样率每增加 1 倍，信噪比能够提高 15dB，等效于分辨率提高 2.5bit；相对于 1 阶 Σ-Δ ADC 而言，性能得到明显的提升。

此外，Σ-Δ ADC 还可以做其他一些改进，例如采用 N bit 量化器替换 1bit 量化，或是采用级联结构或并行结构，从而在采样率（系统带宽）、分辨率、系统复杂度、稳定性之间做出更好的权衡。有关这一部分的详细分析，可参见文献[166]。

本章小结

本章介绍了多抽样率技术在 ADC 中的应用。**ADC** 即**模/数转换器**（analog to digital converter），它是把模拟信号转换为离散数字信号的电子器件。通过采样和量化把模拟信号

数字化，再应用数字器件处理数字化后的信号。

当采样频率很大时，用单片 ADC 实现采样比较困难。可以通过多片 ADC 并联组成多路并行 ADC 采样系统，每一路采样系统是低速的，通过并行和时间延迟形成**时间交织的高速 ADC**。在实际中，特别是当采样时间间隔小，且时间同步要求高的时候，均匀的周期采样不容易准确达到，因此可以考虑**循环周期非均匀采样**模型。这时采样点是非均匀的，但是有一个总的循环周期。相应地，可以得到非均匀采样的频谱，9.1.2 节进行了详细的分析。

基于时间交织的多路并行 ADC 的子系统用一个系统时钟来驱动，但是采样点在时间上是交错排列的，所以称为时间交织。但是这样会给时间的精确匹配和采样时钟的准确度带来问题，产生系统误差。9.1.3 节给出了几类误差分析模型，包括偏移采样、独立随机采样、均匀随机采样和高斯随机采样等。

基于时间交织的多路并行 ADC 系统存在转换时间不稳定性和输出时间之间不匹配的问题，因此可以使用正交镜像滤波器组（QMFB）进行改进，把信号在频域分成相连的子带，分别控制每个子带的量化误差。基于滤波器组的 A/D 转换与信号重构受到了学术界的广泛关注，读者可以参阅文献[160,162-163]等。

根据采样率的不同，ADC 可分为奈奎斯特 **ADC** 和**过采样 Σ-Δ ADC**。奈奎斯特 ADC 在单独一个采样间隔内完成量化，而过采样 Σ-Δ ADC 先以远大于奈奎斯特采样率进行采样，完成量化后再经过数字域的抽取后达到一个低的采样率。采用过采样的方法可以降低抗混叠滤波器的设计要求，使得滤波器有平滑响应。同时，结合 Σ-Δ 调制技术可将噪声能量转移至信号频带范围之外，因而有效提高了信噪比，这种技术也称为噪声整形技术。

习题

9.1   自行推导周期非均匀采样信号的频谱表达式(9.1.2)。

9.2   9.1.3 节中介绍的是单一频率的正弦信号的数字频谱，对于一般的周期信号应该怎样来处理？给出相应的分析。提示：参考文献[167]。

9.3   试分析 Σ-Δ ADC 中，信噪比与量化位数、采样率和阶数的关系。提示：参考文献[166]。

9.4（MATLAB 练习）   利用 MATLAB 仿真验证周期非均匀采样信号的频谱。

9.5（MATLAB 练习）   结合 9.1.3 节给出的四类误差模型及理论分析，利用 MATLAB 进行仿真实验验证。提示：参考文献[157]。

第10章

滤波器组在数字通信中的应用

本章要点

- 什么是多路通信？时分复用（TDM）和频分复用（FDM）的基本原理是什么？
- 多载波调制有哪些方式？它们各有什么特点？
- 什么是离散多频调制（DMT）？DMT 和频分复用技术有什么联系和区别？DMT 系统的双正交特性是指什么？
- OFDM/OQAM 系统的基本原理是什么？如何实现该系统？准确重构的条件是什么？
- 基于余弦调制滤波器组（CMFB）的多载波 CDMA 调制是如何设计的？和其他多载波调制方式相比有什么优势？
- MIMO 系统中滤波器双正交组要满足什么条件？MIMO 系统中信道均衡是怎样优化的？

在实际的信息传输过程中，无论是使用有线信道还是无线信道，都会引入一些失真（如随机噪声、确定性干扰等）。通过这种非理想信道实现高效的信息传输，是现代信息技术的一个重要成果。之所以能在这种非理想条件下高速可靠地传输信息，主要归功于数学、信息论、信号处理等理论与技术的支持，其中，数字信号处理在过去 30 年中对移动通信的发展起到了关键作用，而多抽样率信号处理作为其中的一个重要分支，在实际应用中显示出越发重要的作用。

本章将讨论多抽样率技术，尤其是滤波器组在多路通信、多载波通信以及多输入多输出（MIMO）系统中的应用。

10.1 滤波器组在多路通信中的应用

多路通信（multiplex communication），又称为多路复用（multiplexing），是指在一条公共信道上传输多个独立信号。多路通信是多载波通信的基础。常见的复用方式包括时分复用（time division multiplexing, TDM）、频分复用（frequency division multiplexing, FDM）以及码分复用（code division multiplexing, CDM）。

TDM 是几个独立信号轮流使用同一信道,在发送端利用多路开关按时间顺序轮流地发送信号,在接收端则利用与发送端同步的一组选通电路使之输出相应的各独立信号。FDM 是把公共信道可供传输用的整个频带分割为若干较窄的频段,每个频段作为一条独立信道来传输信号。首先把要传送的几个信号安排到不同的频段,即对各信号进行不同的频移,然后将它们综合为一个宽带信号进行传送,到接收端再按频段利用滤波器将各信号分开。而 CDM 是将各路信号变成不同的码型结构序列,利用码型结构的正交性而实现多路复用。下面主要介绍 TDM 和 FDM 的基本原理,两者都可以通过滤波器组来实现。

10.1.1　滤波器组与时分复用

如果希望多个独立信号使用一条共用的信道,就需要对这几个信号在时间上进行适当安排。假设有 M 个抽样率为 F_1 的独立信号 $x_k(nT_1)(k=0,1,\cdots,M-1)$,为了将这 M 个信号在时间上依次排列,可先对信号进行零值内插,使各信号的抽样率变为原来的 M 倍,即 $F_2 = MF_1$,记为 $y_k(nT_2)(k=0,1,\cdots,M-1)$。随后对 $y_k(nT_2)$ 作 kT_2 单位的时延,这样 M 个信号在时间上按先后顺序分开。最后将所有信号叠加,由此在发送部分输出端组成的复用信号 $y(nT_2)$ 为

$$\cdots,y_0(nT_2),y_1(nT_2),\cdots,y_{M-1}(nT_2),y_0[(n+1)T_2],y_1[(n+1)T_2],\cdots,y_{M-1}[(n+1)T_2],\cdots$$

当信号到达接收端时,则要经过一个与发送端相反的过程,即将 $y(nT_2)$ 通过延时和抽取分解成原来各独立信号的重构形式 $\hat{x}_k(nT_1)$。TDM 发送端与接收端的工作原理如图 10.1 所示。

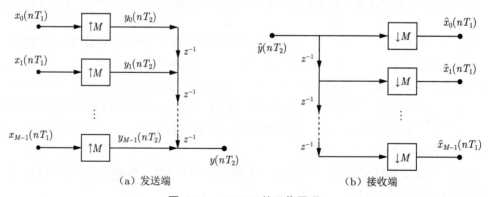

（a）发送端　　　　　　　　　　　　　　　　（b）接收端

图 10.1　TDM 的工作原理

10.1.2　滤波器组与频分复用

FDM 是将多个信号的频谱安排在不同频段上,通过一条共用信道把它们传送出去。图 10.2 给出了 FDM 的工作原理。在发送端,各路信号 $x_k(nT_1)$ 进行 M 倍的内插后得到 $u_k(nT_2)$,它们在各自原来的频谱上多出了 $M-1$ 个映像。将 $u_k(nT_2)$ 频谱分别用不同的带通滤波器滤波后再叠加组成一个复用信号 $y(nT_2)$。

在接收端则要使用相应的带通滤波器把各频段上的信号提取出来，即将接收到的信号 $y(nT_2)$ 分解成 M 个信号 $\hat{v}_k(nT_2)$，分别与发送端信号 $v_k(nT_2)$ 相对应。$\hat{v}_k(nT_2)$ 经过 M 倍的抽取运算后得到 $\hat{x}_k(nT_1)$，即可恢复出原始信号。

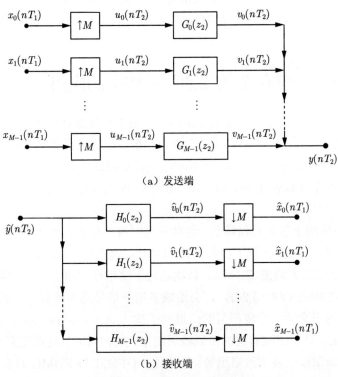

（a）发送端

（b）接收端

图 10.2 FDM 的工作原理

综上可以看出，多路传输的发送和接收系统实质上可等效为一组综合/分析滤波器组。特别地，当 $G_k(z), H_k(z)$ 为纯延迟时，FDM 则转化为 TDM。在实际中，信道并非是理想的，且存在噪声，因此数字传输多路复用器（digital transmultiplexer）可用图 10.3 所示模型来表示。

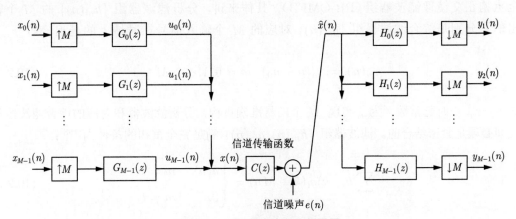

图 10.3 数字传输多路复用器

在通信领域中，多路传输技术应用十分广泛。根据滤波器的时频特性或用户码特征，在技术上又可细分为时分多址（TDMA）、频分多址（FDMA）和码分多址（CDMA）三种。通过对预先分配的签字序列调制来扩展信息承载的信号，CDMA 可以比 TDMA 和 FDMA 接入更多的用户，提供更大的信道容量。CDMA 还具有处理多媒体数据业务的异步特性，并且可以抵抗信道的频率选择性衰落，因此广泛应用于无线通信的多媒体业务。

10.2　滤波器组在多载波通信系统中的应用

多载波通信（multicarrier communication）的基本思想是将信道分成若干子信道（子载波），使各子信道传输接近无失真，从而有效地抵御信道失真并提高频谱利用率。正交频分复用（orthogonal frequency division multiplexing，OFDM）是多载波通信中广泛采用的技术[168-170]。与传统的 FDM 不同，在 OFDM 中，各信道是正交的但允许重叠，因此大大提高了频带的利用率。

OFDM 广泛应用于各类通信场景，包括移动广播、高速率数字用户线路（HDSL）、非对称数字用户线路（ADSL）、数字音频广播（DAB）、高清电视（HDTV）等。另外，OFDM 和 CDMA 组合而成的多载波 CDMA，特别适宜于宽带移动通信[171]。然而，由于 OFDM 中各子载波的旁瓣很高（约 13.2dB），会造成多用户信号功率的损失；此外，多径效应容易破坏各载波间的正交性，造成严重的信道间干扰（inter-channel interference，ICI）。针对 OFDM 的不足，基于滤波器组的多载波调制方式（FBMC）逐渐受到关注[172]，包括采用余弦调制滤波器组或小波滤波器组等。事实上，OFDM 与 FBMC 具有统一的理论框架，两者都可使用 M 通道传输复用器来实现。本节将进行详细的介绍。

10.2.1　广义正交传输模型

多用户或多载波通信系统可以用图 10.4 所示的广义正交传输模型来描述[173]。该系统最多可分为 M 个子带（M 个用户），综合滤波器组及相应的分析滤波器组构成完全重构正交镜像滤波器组（PR-QMFB）。具体来讲，分析滤波器组 $\{h_m(n)\}$ 的 M 个输出信号分别是综合滤波器组 $\{g_m(n)\}$ 对应的 M 个输入信号在时域上的延迟，即

$$y_m(n) = x_m(n - n_0), \ m = 0, 1, \cdots, M - 1 \tag{10.2.1}$$

式中，n_0 是时延常数。为了实现 M 个信号准确重构，分析滤波器和对应的综合滤波器相互间必须是紧密结合的。滤波器组 $\{h_m(n), g_m(n)\}$ 满足完全重构的条件为[168]：

$$\sum_k \bar{h}_m(k) g_l(k + Mn) = \begin{cases} \delta(n), & m = l \\ 0, & m \neq l \end{cases} \tag{10.2.2}$$

式中，$\bar{h}_m(k) = h_m(-k)$。

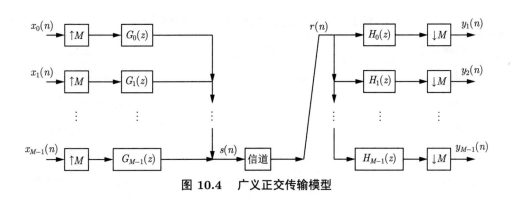

图 10.4　广义正交传输模型

TDMA 是将每个用户需传输的数据序列 $x_m(n)$ 安排在不同的时隙上实现时分复用。时隙分配相当于简单的时延，可以选择时域正交基 $\{\delta(n-m)\}$ 作为综合滤波器组 $\{g_m(n)\}$。每个用户在规定的时隙内可以使用整个频带。而 FDMA 是将每个用户需传输的数据序列 $x_m(n)$ 安排在不同的子带上实现频分复用。频带分配相当于载波调制，可以选择频域正交基 $\{e^{j2\pi f_m n}\}$ 作为综合滤波器组 $\{g_m(n)\}$。CDMA 则是将每个用户需传输的数据序列通过用户码扩展，实现码分复用。综合滤波器组的正交性由用户码（如 Gold 码、Walsh 码）来保证[173]。

多载波技术是将高速率的信息数据流经串/并转换，分割为若干路低速数据流，然后每路低速数据采用一个独立的载波调制并叠加在一起构成发送信号。实际上，FDMA 也可看作多载波，它是把整个信道频带划分成一组互不重叠的子带。而在 OFDM 中，相邻子载波信号频谱有 1/2 重叠（子载波间隔不能任意变化），但保持相互正交。OFDM 和其余多载波调制一样，都可以选择频域正交基 $\{e^{j2\pi mn/M}\}$ 作为综合滤波器组 $\{g_m(n)\}$。

多载波 CDMA 则具有双重正交性，即子载波间的正交性和用户扩频码间的正交性。一般包括频域扩展和时域扩展两类，分别称为 MC-CDMA 和 MC DS-CDMA。两者的区别表现为对输入信号的预处理。MC-CDMA 是同一个信息符号的不同扩展码片 $x_{i,m}(n) = a_i(n)c_i(m)$ 采用不同的子载波，因此一个信息符号有多个不同的子载波，是频域扩展信号加 OFDM 调制。而 MC DS-CDMA 则是同一个信息符号的所有扩展码片 $x_{i,m} = a_i(nM + m)c_i(n)$ 采用同一个子载波，因此一个信息符号只有一个子载波，是时域扩展信号加 OFDM 调制。

表 10.1 列出了上述各种技术所对应的综合滤波器组时域传递函数，以及对输入信号相应的预处理。其中，输入信号 $x_m(n)$ 表示用户发送信号，$a_m(n)$ 为经预处理后的信号，$c_i(n)$ 为用户码。下标 i 表示第 i 个用户，m 表示第 m 个子带。不论采用何种技术，滤波器组 $\{g_m(n)\}, \{h_m(n)\}$ 必须满足完全重构条件式(10.2.2)，这样才能保证各子信道信号的准确重构。

表 10.1   广义正交传输模型中的参数选取[173]

传输方式	输入信号 $x_m(n)$	滤波器 $g_m(n)$
TDMA	$x_m(n) = a_m(n)$	$g_m(n) = \delta(n - m)$
FDMA	$x_m(n) = a_m(n)$	$g_m(n) = \mathrm{e}^{\mathrm{j}2\pi f_m n}$
CDMA	$x_m(n) = a_m(n)$	$g_m(n) = c_m(n)$
OFDM	$x_m(n) = a_m(nM + m)$	$g_m(n) = \mathrm{e}^{\mathrm{j}2\pi mn/M}$
MC CDMA	$x_{i,m}(n) = a_i(n)c_i(m)$	$g_m(n) = \mathrm{e}^{\mathrm{j}2\pi mn/M}$
MC DS-CDMA	$x_{i,m} = a_i(nM + m)c_i(n)$	$g_m(n) = \mathrm{e}^{\mathrm{j}2\pi mn/M}$

10.2.2   离散多频调制

1. 离散多频调制的基本原理

离散多频调制（discrete multitone modulation，DMT）[174-176] 是一种在有色噪声的非平稳信道中进行信号传输的有效方法。DMT 与 FDM 技术相似，不同的是，DMT 为了提高频带利用率，使各载波上的信号频谱互相重叠，但载波间隔的选择使这些载波在整个符号周期上是正交的，即加于符号周期上的任何两个载波的乘积等于零。这样即使调制在各载波上的信号频谱间存在重叠，也能做到无失真恢复。正因如此，在通信领域，DMT 与 OFDM 通常具有相同的含义[168-169]。

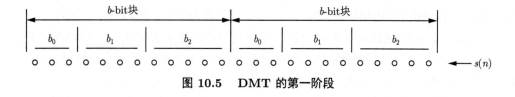

图 10.5   DMT 的第一阶段

图 10.5 给出了 DMT 的分解阶段[177]。在这一阶段，信道上传输的二进制数据流 $s(n)$ 被分为几个没有交叠部分的数据块，每一块为 b bit。每一块中的 b bit 被分割成 M 个组（如在图 10.5 中，$M = 3$），第 k 组中有 b_k bit。于是每块的比特总数为 $b = \sum\limits_{k=0}^{M-1} b_k$。在第 n 块，第 k 子带的调制符号表示为 $x_k(n)$，符号集合 $\{x_0(n), x_1(n), \cdots, x_{M-1}(n)\}$ 即为 DMT 符号。一般地，$x_k(n)$ 可以是 PAM 或 QAM 符号（如图 10.6 所示）。这样，传输滤波器 $f_k(n)$ 的输出信号 $u_k(n)$ 为对原始信号进行 M 倍抽取而得，$u_k(n)$ 叠加产生信号 $x(n)$。用这种方法，原来的二进制符号 $s(n)$ 在信道中被分成不同频带。注意，在信号星座图中，可以通过缩放码元之间的距离减小或放大功率（如调整 s，使其满足图 10.6（a）PAM 星座图）。因此，可以分配不同的功率给不同的子带信道。这种方式类似于子带编码（subband coding）的思想[177]。假设没有信道编码，对于相同的传输功率和误码率来说，多频比单频（$M = 1$ 时）有更高的比特速率。

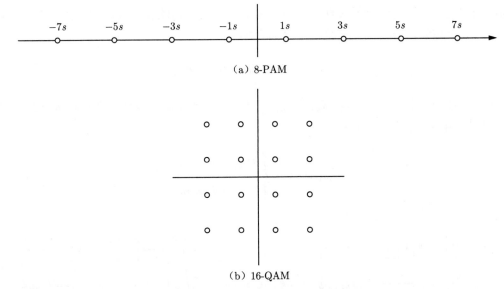

（a）8-PAM

（b）16-QAM

图 10.6　PAM 和 QAM 星座图

2. 双正交性和完全重构 DMT 系统

考虑如图 10.7（a）所示的传输系统，该系统可等价于如图 10.7（b）所示系统，其中 $g(n) = h(Mn)$，或在频域写为

$$G(\mathrm{e}^{\mathrm{j}\omega}) = [H(\mathrm{e}^{\mathrm{j}\omega})]_{\downarrow M} = \frac{1}{M} \sum_{m=0}^{M-1} H(\mathrm{e}^{\mathrm{j}(\omega - 2\pi m/M)}) \tag{10.2.3}$$

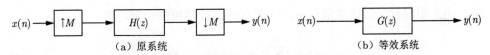

（a）原系统　　　　　　　　　　　　　（b）等效系统

图 10.7　含有内插和抽取的多抽样率系统

基于上述关系，分析 DMT 的传输特性变得更加简便。如在图 10.3 中，从 $x_m(\cdot)$ 到 $y_k(\cdot)$ 的传输函数 $D_{km}(z)$ 就是乘性滤波器 $H_k(z)C(z)G_m(z)$ 抽取后的形式。当 $m \neq k$ 时，若 $D_{km}(z)$ 不为零，则 $y_k(n)$ 将受 $x_m(i)$ 影响，产生带间干扰（interband interference）。类似地，如果 $D_{kk}(z)$ 不是常数，由于 $D_{kk}(z)$ 的滤波器效应，$y_k(n)$ 将受 $x_m(i)$ 影响（$i \neq n$），产生带内干扰（intraband interference）。如果可以消除带间干扰和带内干扰，则 DMT 系统就是无符号间干扰（intersymbol interference，ISI）的。假设滤波器是理想的无混叠带通滤波器，就没有带间干扰。进一步，如图 10.8 所示，假设均衡器为 $1/C(z)$，即系统实现完全均衡，那么对于所有 k，有 $y_k(n) = x_k(n)$（没有噪声的情况下），这样就得到完全重构特性。

理想无混叠滤波器组是不能实现的，即使是近似的情况代价也非常大。因此信号的完全重构只能通过具有混叠的非理想滤波器来实现，这样又回到传输多路复用器及双正交滤波器组的问题上。假设信道无失真（$C(z) = 1$），当且仅当传输和接收滤波器满足双正交特性时可以完全恢复信号。双正交特性定义为[178]

$$[H_k(z)G_m(z)]_{\downarrow M} = \delta(k - m) \tag{10.2.4}$$

这就是说乘性滤波器 $F_{km}(z) \stackrel{\text{def}}{=} H_k(z)G_m(z)$ 为 M 带滤波器（也称为 Nyquist (M) 滤波器），即冲激响应 $f_{km}(n)$ 满足：

$$f_{km}(Mn) = \begin{cases} \delta(n), & k = m \\ 0, & k \neq m \end{cases} \tag{10.2.5}$$

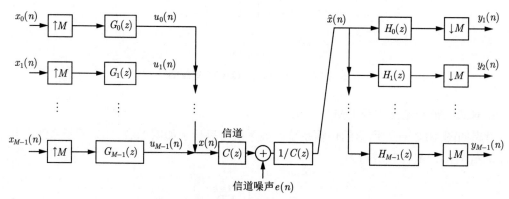

图 10.8　DMT 系统

3. 正交 DMT 系统

从图 10.8 中看到子带信道信号 $u_k(n)$ 是传输滤波器组的输出，有

$$u_k(n) = \sum_{i=-\infty}^{\infty} x_k(i)g_k(n - iM) \tag{10.2.6}$$

若把 $\left\{g_k(n - iM)\right\}_{i=-\infty}^{\infty}$ 视为一组基函数，每一个元素是前一个基经过 M 单位平移得到的。这组基覆盖了第 k 个频带。进入信道的合成信号 $x(n)$ 可以看作是基函数的线性组合。如果这些基函数是正交的，且已经标准化，那么滤波器组 $\{G_k(z)\}$ 是标准正交的。在任意正交滤波器组中，如果要完全重构信号，传输滤波器和接收滤波器必须满足

$$h_k(n) = g_k^*(-n) \tag{10.2.7}$$

即反转共轭关系，也就是说传输滤波器和接收滤波器有一样的幅频响应。当滤波器是 FIR 滤波器时，可以设计出标准正交滤波器组。例如，滤波器 $g_0(n)$ 选择长度为 M 的冲激序列，如图 10.9（a）所示，并令

$$g_k(n) = g_0(n)\mathrm{e}^{\mathrm{j}\omega_k n} \tag{10.2.8}$$

其中，$\omega_k = 2\pi k/M$ 表示第 k 个中心频率。则 $G_k(\mathrm{e}^{\mathrm{j}\omega}), k = 1, 2, \cdots, M-1$ 皆是 $G_0(\mathrm{e}^{\mathrm{j}\omega})$ 的频移，如图 10.9（b）所示，这就是 DFT 滤波器组。由第 4 章的内容知道，它可以用 DFT 矩阵和 IDFT 矩阵实现，如图 10.10 所示。在每一个时刻 n，DMT 信号 $\{x_0(n), x_1(n), \cdots, x_{M-1}(n)\}$ 通过 IDFT 变换得到 $v_k(n)$，再经过内插后得到信道输入信号 $x(n)$。在接收端，信号经抽取和 DFT 变换后得到 $y_k(n)$，它是传输信号 $x_k(n)$ 包含噪声的样本。基函数的正交性如式(10.2.4) 所示，因此 DFT 矩阵是酉矩阵。DFT 滤波器组在 DMT 系统中应用广泛，如在 ADSL 设备中就采用了这种结构。在实际应用中，当 M 为 2 的整数次幂（如 $M = 512$）时，DFT 可以用 FFT 算法快速有效地完成。

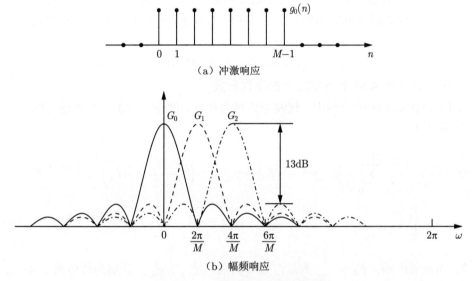

（a）冲激响应

（b）幅频响应

图 10.9 均匀 DFT 滤波器组

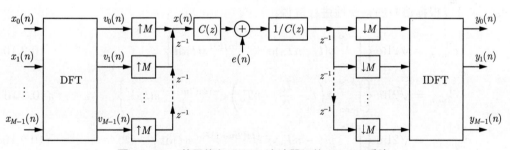

图 10.10 基于均匀 DFT 滤波器组的 DMT 系统

10.2.3 滤波器组实现 OFDM/OQAM 系统

1. OFDM/OQAM 基本原理

多载波调制（multicarrier modulation，MCM）的原理是将一个高抽样率的宽带信号分解成几个低抽样率的信号，每个低抽样率信号均为一个窄带信号并占据一定的窄频带范围。这种频分复用技术的效率性已经在处理无线移动通信通道的多路传输问题中得到了证明。一个能够说明该技术效率性的显著例子是数字音频广播（digital audio broadcasting, DAB）系统，该系统基于正交频分复用（OFDM）调制技术进行编码，是第一个正式使用 OFDM 的标准。经典 OFDM 使用矩形脉冲，为了防止回波干扰，矩形脉冲被"保护间隔带"所扩展，从而降低了信道的信息容量，同时导致了频域上的空间浪费。

针对上述 OFDM 的局限性，一种解决方案是使用比一个码元间隔大的脉冲串。这就是基于偏移正交调幅（offset QAM，OQAM）的 OFDM 系统，该系统在连续时域上满足正交条件。长期以来，人们认为 OFDM/OQAM 系统可以用数字方式构建，例如离散傅里叶变换（DFT）。但是，现今大多数提出的系统都是以对无限长脉冲串进行截断和离散化作为出发点。因此，这些离散化的结果并不是在离散时间上严格正交的。对于这类问题，文献[179]的作者通过滤波器组的角度分析了 OFDM/OQAM 的工作原理，并得到离散正交条件。

下面先介绍 OFDM/OQAM 的连续域表示形式，然后由此引出它在离散域的表示形式。

1）OFDM/OQAM 在连续域中的表现形式

在 OFDM/OQAM 的调制中，载波的数目为偶数，即 $K = 2M$，则在连续域中的基带传输信号 $s(t)$ 为

$$
s(t) = \sqrt{2} \sum_{n=-\infty}^{+\infty} \sum_{m=0}^{M-1} \left[c_{2m,n}^{\mathrm{R}} p(t - nT_0) + \mathrm{j} c_{2m,n}^{\mathrm{I}} p\left(t - \frac{T_0}{2} - nT_0 \right) \right] \mathrm{e}^{\mathrm{j}2\pi(2m)F_0 t}
$$

$$
+ \left[\mathrm{j} c_{2m+1,n}^{\mathrm{I}} p(t - nT_0) + c_{2m+1,n}^{\mathrm{R}} p\left(t - \frac{T_0}{2} - nT_0 \right) \right] \mathrm{e}^{\mathrm{j}2\pi(2m+1)F_0 t} \tag{10.2.9}
$$

式中，T_0 为符号间隔；$F_0 = \dfrac{1}{T_0}$ 为载波频率间隔；$c_{m,n}^{\mathrm{R}}$、$c_{m,n}^{\mathrm{I}}$ 分别为待传输信号 $c_{m,n}$ 的实部与虚部；$p(t)$ 为对称实值波形形成函数，该信号形式的引出可以参见文献[179]。这样，在接收端可以根据信号的正交性进行解调：

$$
\hat{c}_{2m,n}^{\mathrm{R}} = \sqrt{2}\mathrm{Re}\left\{ \int_{-\infty}^{+\infty} p(t - nT_0)\mathrm{e}^{-\mathrm{j}2\pi(2m)F_0 t} s(t)\mathrm{d}t \right\} \tag{10.2.10a}
$$

$$
\hat{c}_{2m,n}^{\mathrm{I}} = \sqrt{2}\mathrm{Im}\left\{ \int_{-\infty}^{+\infty} p\left(t - \frac{T_0}{2} - nT_0 \right) \mathrm{e}^{-\mathrm{j}2\pi(2m)F_0 t} s(t)\mathrm{d}t \right\} \tag{10.2.10b}
$$

$$
\hat{c}_{2m+1,n}^{\mathrm{I}} = \sqrt{2}\mathrm{Im}\left\{ \int_{-\infty}^{+\infty} p(t - nT_0)\mathrm{e}^{-\mathrm{j}2\pi(2m+1)F_0 t} s(t)\mathrm{d}t \right\} \tag{10.2.10c}
$$

$$
\hat{c}_{2m+1,n}^{\mathrm{R}} = \sqrt{2}\mathrm{Re}\left\{ \int_{-\infty}^{+\infty} p\left(t - \frac{T_0}{2} - nT_0 \right) \mathrm{e}^{-\mathrm{j}2\pi(2m+1)F_0 t} s(t)\mathrm{d}t \right\} \tag{10.2.10d}
$$

为了简化上式，取

$$
a_{2m,2n} = c_{2m,n}^{\mathrm{R}}, a_{2m,2n+1} = c_{2m,n}^{\mathrm{I}}, a_{2m+1,2n} = c_{2m+1,n}^{\mathrm{I}}, a_{2m+1,2n+1} = c_{2m+1,n}^{\mathrm{R}} \tag{10.2.11}
$$

$$
\varphi_{2m,2n} = 0, \varphi_{2m,2n+1} = \frac{\pi}{2}, \varphi_{2m+1,2n} = \frac{\pi}{2}, \varphi_{2m+1,2n+1} = 0 \tag{10.2.12}
$$

设 $\tau_0 = \dfrac{T_0}{2}$，则式(10.2.9)和式(10.2.10)可以化简为

$$s(t) = \sqrt{2} \sum_{m=0}^{2M-1} \sum_{n=-\infty}^{+\infty} a_{m,n} p(t - n\tau_0) \mathrm{e}^{\mathrm{j}2\pi m F_0 t} \mathrm{e}^{\mathrm{j}\varphi_{m,n}} \tag{10.2.13}$$

$$\hat{a}_{m,n} = \sqrt{2}\mathrm{Re}\left\{ \int_{-\infty}^{+\infty} p(t - n\tau_0) \mathrm{e}^{-\mathrm{j}2\pi m F_0 t} \mathrm{e}^{-\mathrm{j}\varphi_{m,n}} s(t)\mathrm{d}t \right\} \tag{10.2.14}$$

一般地，可以将待传输信号 $s(t)$ 表示为在基 $\gamma_{m,n}(t)$ 下，系数为 $a_{m,n}$ 的扩展形式：

$$s(t) = \sum_{n=-\infty}^{+\infty} \sum_{n=-\infty}^{2M-1} a_{m,n} \gamma_{m,n}(t) \tag{10.2.15}$$

其中

$$\gamma_{m,n}(t) = \sqrt{2} p(t - n\tau_0) \mathrm{e}^{\mathrm{j}2\pi m F_0 t} \mathrm{e}^{\mathrm{j}\varphi_{m,n}} \tag{10.2.16}$$

于是，式(10.2.14)可以写成一个内积的实部：

$$\hat{a}_{m,n} = \langle \gamma_{m,n}, s \rangle = \mathrm{Re}\left\{ \int_{-\infty}^{\infty} \gamma_{m,n}^*(t) s(t)\mathrm{d}t \right\} \tag{10.2.17}$$

假设信道无失真，若要传输信号得到准确的重构，即 $\hat{a}_{m,n} = a_{m,n}$，则 $\{\gamma_{m,n}\}$ 是一组正交基，即

$$\langle \gamma_{m,n}, \gamma_{m',n'} \rangle = \delta_{m,m'} \delta_{n,n'} \tag{10.2.18}$$

2）OFDM/OQAM 在离散域中的表现形式

下面讨论 OFDM/OQAM 的离散形式。由于在持续时间 T_0 内包含 $2M$ 个复符号，因此离散化的临界抽样率为

$$T_{\mathrm{s}} = \frac{T_0}{2M} = \frac{\tau_0}{M} \tag{10.2.19}$$

为了得到长度为 N 的因果离散原型函数 $p[k]$，将 $p(t)$ 限定取值在 $\left[-\dfrac{N}{2}T_{\mathrm{s}}, \dfrac{N}{2}T_{\mathrm{s}}\right]$ 内，并延时 $\dfrac{N-1}{2}T_{\mathrm{s}}$。通过进行因果化和幅度标准化，可以得到

$$p[k] = \sqrt{T_{\mathrm{s}}} p\left(\left(k - \frac{N-1}{2} \right) T_{\mathrm{s}} \right) \tag{10.2.20}$$

又由于 $\tau_0 = MT_{\mathrm{s}}$，故可以由式(10.2.13)得到离散的 OFDM/OQAM 基带传输信号：

$$s[k] = \sqrt{T_s}\, s\left(\left(k - \frac{N-1}{2}\right)T_s\right)$$

$$= \sqrt{2} \sum_n \sum_{m=0}^{2M-1} a_{m,n} p[k-nM] \mathrm{e}^{\mathrm{j}\varphi_{m,n}} \mathrm{e}^{\mathrm{j}\frac{2\pi}{2M}m\left(k-\frac{N-1}{2}\right)}$$

$$= \sum_n \sum_{m=0}^{2M-1} a_{m,n} \gamma_{m,n}[k] \tag{10.2.21}$$

其中

$$\gamma_{m,n}[k] = \sqrt{2}\, p[k-nM] \mathrm{e}^{\mathrm{j}\frac{2\pi}{2M}m\left(k-\frac{N-1}{2}\right)} \mathrm{e}^{\mathrm{j}\varphi_{m,n}} \tag{10.2.22}$$

在接收端解调时，与式(10.2.17)类似，可根据 $s[k]$ 与 $\gamma_{m,n}[k]$ 的内积的实部估计传输信号的实部：

$$\hat{a}_{m,n} = \langle \gamma_{m,n}, s \rangle = \sqrt{2}\mathrm{Re}\left\{ \sum_{k=-\infty}^{+\infty} p[k-nM] \mathrm{e}^{-\mathrm{j}\frac{2\pi}{2M}m\left(k-\frac{N-1}{2}\right)} \mathrm{e}^{-\mathrm{j}\varphi_{m,n}} s[k] \right\} \tag{10.2.23}$$

与连续情况下类似，当且仅当 $\{\gamma_{m,n}\}$ 是一组正交基时才能保证在无失真信道中有 $\hat{a}_{m,n} = a_{m,n}$，即

$$\langle \gamma_{m,n}, \gamma_{m',n'} \rangle = \delta_{m,m'}\delta_{n,n'} \tag{10.2.24}$$

3）OFDM/OQAM 的传输系统

由式(10.2.21)可以看出，输出信号的表达式与一个具有 $2M$ 个子带的综合滤波器组类似，并且每个子带中包含了一个内插因子为 M 的内插器。事实上，可以设 $x_m^0[n]$ 和 $f_m[k]$ 分别表示输入信号和综合滤波器组第 m 个子带的滤波器，于是输出信号 $u[k]$ 可以表示为

$$u[k] = \sum_{m=0}^{2M-1} \sum_{n=-\infty}^{+\infty} x_m^0[n] f_m[k-nM] \tag{10.2.25}$$

与式(10.2.21)对应有 $s[k] = u[k]$，$x_m^0[n] = a_{m,n}\mathrm{e}^{\mathrm{j}\frac{\pi}{2}n}$ 且

$$f_m[k] = \sqrt{2}\, p[k] \mathrm{e}^{\mathrm{j}\frac{2\pi}{2M}m\left(k-\frac{N-1-M}{2}\right)} \tag{10.2.26}$$

其中，由于 $\varphi_{m,n} = (m+n)\dfrac{\pi}{2}$ 是以 π 为模的，因此有

$$\varphi_{m,n} = \frac{\pi}{2}(n+m) - \pi mn \tag{10.2.27}$$

类似地，式(10.2.23)的输出与一个包含 $2M$ 个子带的分析滤波器组相似，并且滤波器组中每一个子带中有一个抽取因子为 M 的抽取器。因此，设 $v[k]$ 表示滤波器组的输入，$h_m[k]$ 和 $y_m[n]$ 分别表示第 m 个子带的滤波器和输出，于是有

$$y_m[n] = \sum_{k=-\infty}^{+\infty} h_m[nM-k]v[k] \tag{10.2.28}$$

由于 $p[k] = p[N-1-k]$，可以把式(10.2.23)重写为如下形式

$$\hat{a}_{m,n} = \sqrt{2}\mathrm{Re}\left\{ \mathrm{e}^{-\mathrm{j}\frac{\pi}{2}n} \sum_{k=-\infty}^{+\infty} p[k-nM]\mathrm{e}^{-\mathrm{j}\frac{2\pi}{2M}m(k-nM-\frac{N-1-M}{2})}s[k] \right\}$$

$$= \sqrt{2}\mathrm{Re}\left\{ \mathrm{e}^{-\mathrm{j}\frac{\pi}{2}n} \sum_{k=-\infty}^{+\infty} p[nM-k+N-1]\mathrm{e}^{-\mathrm{j}\frac{2\pi}{2M}m(k-nM-\frac{N-1-M}{2})}s[k] \right\} \quad (10.2.29)$$

把 $N-1$ 分解为两个整数 α 和 β $(\alpha > 0, 0 \leqslant \beta \leqslant M-1)$ 的组合：

$$N-1 = \alpha M - \beta \quad (10.2.30)$$

为了得到因果系统，需要对式(10.2.29)延迟，设重构信号的延迟为 α，于是

$$\hat{a}_{m,n-\alpha} = \sqrt{2}\mathrm{Re}\left\{ \mathrm{e}^{-\mathrm{j}\frac{\pi}{2}(n-\alpha)} \sum_{k=-\infty}^{+\infty} p[nM-k-\beta]\mathrm{e}^{\mathrm{j}\frac{2\pi}{2M}m(nM-k+\frac{N-1-M}{2}-\alpha M)}s[k] \right\}$$

$$= \mathrm{Re}\left\{ \mathrm{e}^{-\mathrm{j}\frac{\pi}{2}(n-\alpha)} \sum_{k=-\infty}^{+\infty} \sqrt{2}p[nM-k]\mathrm{e}^{\mathrm{j}\frac{2\pi}{2M}m(nM-k-\frac{N-1+M}{2})}s[k-\beta] \right\} \quad (10.2.31)$$

与式(10.2.28)对应，有 $v[k] = s[k-\beta]$，且

$$h_m[k] = \sqrt{2}p[k]\mathrm{e}^{\mathrm{j}\frac{2\pi}{2M}m(k-\frac{N-1+M}{2})} = f_m^*[N-1-k] \quad (10.2.32)$$

$$\hat{a}_{m,n-\alpha} = \mathrm{Re}\left\{ y_m[n]\mathrm{e}^{-\mathrm{j}\frac{\pi}{2}(n-\alpha)} \right\} \quad (10.2.33)$$

定义 $F_m(z)$ 和 $H_m(z)$ 分别为 $f_m[k]$ 和 $h_m[k]$ 的 z 变换，可以得到如图 10.11 所示的滤波器组实现的 OFDM/OQAM 系统框图。

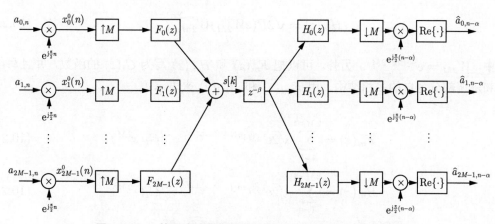

图 10.11　基于滤波器组的 OFDM/OQAM 的系统框图

图 10.11 所示的系统具有如下特性：
① 输入、输出信号都为实信号；

② 信道数目 $(K = 2M)$ 是抽取和内插因子 (M) 的两倍，从而保证了能够准确重构出原始信号，而且该传输系统也等同于 M 个复值输入信号进行临界抽样的传输系统；

③ 在内插前要进行预调制，相应地在抽取后有与之对应的解调；

④ 时延 $z^{-\beta}$ 的延时长度由原型滤波器的长度决定，该延时器既可在传输系统的输出端，也可在接收系统的输入端。

与前面所述的正交多载波模型相比，这里有两个整数 α 和 β 可以用来控制原型滤波器，即长度为 $N = \alpha M - \beta + 1$ 的因果滤波器。

2. 多相结构实现以及输入、输出关系

由上面的讨论可以发现系统正交性由分析和综合滤波器 $F_m(z)$、$H_m(z)$ 的具体形式决定。为了得到简化的系统形式，可以对 $F_m(z)$ 和 $H_m(z)$ 作多相分解，并由此引出基于 IFFT 的快速算法，输入、输出关系以及正交条件的数学表示。

1）分析滤波器组和综合滤波器组的多相表示

图 10.11 中的分析和综合滤波器组都可以用 $p[n]$ 表示，设 $P(z)$ 为 $p[n]$ 的 z 变换。把 $P(z)$ 进行 $2M$ 阶多相分解得

$$P(z) = \sum_{l=0}^{2M-1} z^{-l} G_l(z^{2M}) \tag{10.2.34}$$

式中，$G_l(z) = \sum_n p[l + 2nM] z^{-n}$。

由于 $p[n]$ 是实对称的序列，结合式(10.2.26)和式(10.2.32)，$F_m(z)$ 和 $H_m(z)$ 可以写作

$$F_m(z) = \sqrt{2} P(z W_{2M}^m) W_{2M}^{m \frac{N-1-M}{2}} \tag{10.2.35}$$

$$H_m(z) = \sqrt{2} P(z W_{2M}^m) W_{2M}^{m \frac{N-1+M}{2}} \tag{10.2.36}$$

式中，$W_{2M} = \mathrm{e}^{-\mathrm{j}(2\pi/2M)}$。另外，可以把 $F_m(z)$ 和 $H_m(z)$ 写为 $G_l(z)$ 的函数，并且写出调制和解调部分各自的多相结构，用 $E_{k,l}(z)$ 和 $R_{k,l}(z)$ 来表示：

$$F_m(z) = \sum_{l=0}^{2M-1} \sqrt{2} \mathrm{e}^{\mathrm{j} \frac{2\pi}{2M} m(l - \frac{N-1-M}{2})} z^{-l} G_l(z^{2M}) \tag{10.2.37}$$

$$H_m(z) = \sum_{l=0}^{2M-1} \sqrt{2} \mathrm{e}^{\mathrm{j} \frac{2\pi}{2M} m(l - \frac{N-1+M}{2})} z^{-l} G_l(z^{2M}) \tag{10.2.38}$$

于是可以得到与图 10.11 等效的多相结构实现形式，如图 10.12 所示。

令输入信号为 $x_m[n] = a_{m,n}$，其 z 变换为 $X_m(z)$。于是 $X_m(-\mathrm{j}z)$ 表示 $x_m^0[n]$ 的 z 变换。另外，在接收端，$\hat{X}'_m(-\mathrm{j}z)$ 表示 $\hat{x}'_m[n]$ 的 z 变换，并且 $\hat{a}_{m,n} = \mathrm{Re}\{\hat{x}'_m[n]\}$。

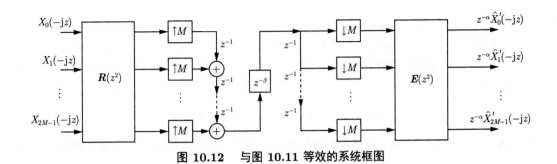

图 10.12　与图 10.11 等效的系统框图

2）基于 IFFT 的快速算法

由于图 10.11、图 10.12 的系统实现起来运算量很大，可以考虑基于 IFFT 的高效实现结构。为了得到函数 $G_l(z)$ 表示的矩阵 $\boldsymbol{E}(z)$ 和 $\boldsymbol{R}(z)$，定义

$$\boldsymbol{G}_{\mathrm{diag}}(z) = \mathrm{diag}(G_0(z),\cdots,G_{2M-1}(z)) \tag{10.2.39}$$

$$\boldsymbol{W}_{\mathrm{diag}} = \mathrm{diag}(1, W_{2M},\cdots, W_{2M}^{2M-1}) \tag{10.2.40}$$

结合式(10.2.37)和式(10.2.38)得

$$\boldsymbol{E}(z) = \sqrt{2}\boldsymbol{W}_{\mathrm{diag}}^{\frac{N-1+M}{2}} \boldsymbol{W}^* \boldsymbol{G}_{\mathrm{diag}}(z) \tag{10.2.41}$$

$$\boldsymbol{R}(z) = \sqrt{2}\boldsymbol{J}\boldsymbol{G}_{\mathrm{diag}}(z)\boldsymbol{W}^* \boldsymbol{W}_{\mathrm{diag}}^{\frac{N-1+M}{2}} \tag{10.2.42}$$

式中，$\boldsymbol{W} = [W_{2M}^{kl}]_{0\leqslant k,l\leqslant 2M-1}$；$\boldsymbol{J}$ 是 $2M \times 2M$ 的反对角矩阵。于是，可得到基于 IFFT 的调制器、解调器的形式，如图 10.13 所示。

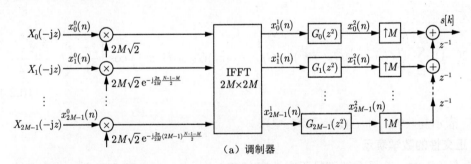

（a）调制器

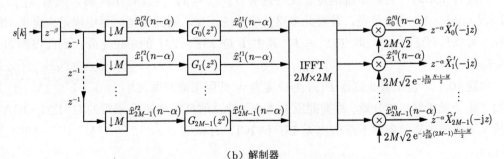

（b）解制器

图 10.13　基于 IFFT 的调制器与解调器

3）输入、输出关系

令 $\boldsymbol{X}(z) = [X_m(z)]_{0 \leqslant m \leqslant 2M-1}$，$\hat{\boldsymbol{X}}(z) = [\hat{X}_m(z)]_{0 \leqslant m \leqslant 2M-1}$，$\hat{\boldsymbol{X}}'(z) = [\hat{X}'_m(z)]_{0 \leqslant m \leqslant 2M-1}$ 是分别有 $2M$ 个元素的列向量。$\hat{X}_m(z)$ 是 $\hat{x}_m[n] = \hat{a}_{m,n}$ 的 z 变换，由图 10.13 所示的系统可以得到如下关系式：

$$z^{-\alpha}\hat{\boldsymbol{X}}'(-\mathrm{j}z) = \boldsymbol{E}(z^2)\boldsymbol{\Delta}_\beta(z)\boldsymbol{R}(z^2)\boldsymbol{X}(-\mathrm{j}z) \tag{10.2.43}$$

式中，$\boldsymbol{\Delta}_\beta(z)$ 表示包含内插、延迟链和抽取的传递函数。这样可以得到一个最终的输入、输出关系式：

$$\hat{\boldsymbol{X}}(z) = \boldsymbol{T}(z)\boldsymbol{X}(z) \tag{10.2.44}$$

其中

$$\boldsymbol{T}(z) = \mathrm{Re}\left\{(\mathrm{j}z)^\alpha \boldsymbol{E}(-z^2)\boldsymbol{\Delta}_\beta(\mathrm{j}z)\boldsymbol{R}(-z^2)\right\} \tag{10.2.45}$$

结合式(10.2.42)，经过计算，最终传输矩阵 $\boldsymbol{T}(z)$ 可表示为如下一般形式[179]：

$$\boldsymbol{T}(z) = \begin{bmatrix} T_0(z) & 0 & T_1(z) & \cdots & T_{M-1}(z) & 0 \\ 0 & T_0(z) & 0 & T_1(z) & \cdots & T_{M-1}(z) \\ T_1(z) & 0 & T_0(z) & \ddots & \ddots & \vdots \\ \vdots & T_1(z) & \ddots & \ddots & 0 & T_1(z) \\ T_{M-1}(z) & & \ddots & 0 & T_0(z) & 0 \\ 0 & T_{M-1}(z) & \cdots & T_1(z) & 0 & T_0(z) \end{bmatrix} \tag{10.2.46}$$

其中

$$T_l(z) = 2(-1)^l \sum_{k=0}^{M-1} \left(G_k(-z^2)\tilde{G}_k(-z^2) + G_{k+M}(-z^2)\tilde{G}_{k+M}(-z^2)\right) \cos\left[\frac{2\pi}{M}l\left(k - \frac{N-1}{2}\right)\right] \tag{10.2.47}$$

式中，$\tilde{\ }$ 表示复共轭，即 $\tilde{G}(z) = G^*(z^{-1})$。

4）正交性的数学表示

当没有 ISI 时，若要系统满足正交性应有 $T_0(z) = 1$；当没有 ICI 时，应有 $T_l(z) = 1, 1 \leqslant l \leqslant M-1$。也就是说，若要此多路传输系统正交，则需要滤波器组满足完全重构的条件（可以具有延迟 α），即 $\boldsymbol{T}(z) = \boldsymbol{I}$，其中 $\boldsymbol{I}$ 是 $2M \times 2M$ 的单位矩阵。因此得到如下的命题。

命题 10.1 设原型滤波器 $P(z)$ 为长度为 N 的因果滤波器，$G_k(z)(0 \leqslant k \leqslant 2M-1)$ 是它的 $2M$ 个第 I 型多相分量。根据此原型滤波器建立的具有 $2M$ 个子带的 OFDM/OQAM 系统在无信道失真的条件下重构出无 ISI 和 ICI、时延为 $\alpha = \lceil L-1/M \rceil$ 的信号的充要条件为

$$G_k(z)\tilde{G}_k(z) + G_{k+M}(z)\tilde{G}_{k+M}(z) = \frac{1}{2M}, \quad 0 \leqslant k \leqslant M-1 \tag{10.2.48}$$

可以看到，式(10.2.48)给出的完全重构条件与余弦调制滤波器组（CMFB）的完全重构条件相同，并且与 MDFT（modified DFT）滤波器组的完全重构条件只相差一个归一化常数。换句话说，基于滤波器组的各不同原型函数都可以在正交多载波调制中得到应用。

10.2.4　滤波器组实现多载波 CDMA

10.2.1 节主要介绍了 OFDM 的原理，它除了可以作为一种调制方法外，还可以很容易地与多址技术结合，为多个用户同时提供接入服务。一般常用的多址接入方法包括多载波 CDMA 方案和跳频 OFDMA 方案。多载波 CDMA 方案主要有两类：频域扩频和时域扩频[180-181]。频域扩频通常称为 MC-CDMA，有时也称为 OFDM-CDMA；时域扩频主要有两种不同的方法：MC DS-CDMA 和 MT-CDMA。本节主要介绍滤波器组在 MC-CDMA 中的应用。

1. MC-CDMA 的基本概念

在介绍 MC-CDMA 之前先简单介绍一下 CDMA 系统。在 CDMA 系统中，每个用户被分配有一个唯一的码序列，用于对其承载信息的信号进行编码。在接收端要知道该用户的码序列，对接收信号进行解码，然后再恢复原始信号。由于编码信号的带宽要远远地宽于信息信号的带宽，在编码过程中信号的频谱宽度被扩展了，所以也被认为是扩频调制，所得到的信号被称作扩频信号。

MC-CDMA 是最早提出的多载波 CDMA 方案。在该方案中，每个信息符号先经过与扩频序列各位相乘，相乘后的每路信号调制到每个子载波上，同时进行发送，接收时则对时间码片进行分集接收。多载波 CDMA 技术可以在无线信道中使高速传输数据具有良好的抗多径干扰性能，已成为第四代移动通信的重要技术。

传统的多载波 CDMA 调制多采用 OFDM 技术，从 10.2.2 节的介绍中可以发现 OFDM 的调制解调可以通过 IFFT/FFT 算法快速实现，但是它的旁瓣很高（约 13.2dB）。此外由于多径效应破坏了各载波间的正交性，因此会造成严重的信道间干扰（ICI）。本节介绍一种基于余弦调制滤波器组（CMFB）的多载波 CDMA[182]。

2. 基于 CMFB 的 MC-CDMA

首先来看实际应用的多载波调制方式具备的条件。第一，在理想信道时，解调端信号完全重构调制端信号。第二，应有快速算法。下面通过多相分解来构造 M 带完全重构传输复用器，如图 10.14 所示。

回顾正交镜像滤波器组（QMFB）的完全重构条件，重写如下：

$$\boldsymbol{P}(z) = \boldsymbol{R}(z)\boldsymbol{E}(z) = z^{-k}\begin{bmatrix} 0 & \boldsymbol{I}_{M-n} \\ z^{-1}\boldsymbol{I}_n & 0 \end{bmatrix} \tag{10.2.49}$$

对于 M 带传输复用器，当没有相邻信道干扰时，有

$$\boldsymbol{E}(z)\begin{bmatrix} 0 & 1 \\ z^{-1}\boldsymbol{I}_{M-1} & 0 \end{bmatrix}\boldsymbol{R}(z) = C\boldsymbol{T}(z) \tag{10.2.50}$$

式中，$\boldsymbol{T}(z)$ 是对角矩阵，即

$$\boldsymbol{T}(z) = \mathrm{diag}(T_0(z), T_1(z), \cdots, T_{M-1}(z)) \tag{10.2.51}$$

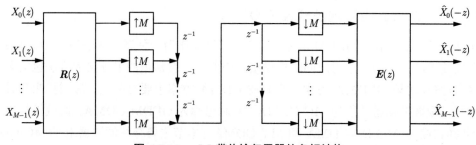

图 10.14　M 带传输复用器的多相结构

特别地，当所有的 $T_i(z)$ 都相等时，

$$\boldsymbol{E}(z)\begin{bmatrix} 0 & 1 \\ z^{-1}\boldsymbol{I}_{M-1} & 0 \end{bmatrix}\boldsymbol{R}(z) = S(z)\boldsymbol{I}_M \tag{10.2.52}$$

则有

$$\boldsymbol{R}(z) = S(z)\begin{bmatrix} 0 & z\boldsymbol{I}_{M-1} \\ 1 & 0 \end{bmatrix}\boldsymbol{E}^{-1}(z) \tag{10.2.53}$$

两边同乘 $\boldsymbol{E}(z)$，得

$$\boldsymbol{P}(z) = \boldsymbol{R}(z)\boldsymbol{E}(z) = S(z)\begin{bmatrix} 0 & z\boldsymbol{I}_{M-1} \\ 1 & 0 \end{bmatrix} = zS(z)\begin{bmatrix} 0 & \boldsymbol{I}_{M-1} \\ z^{-1} & 0 \end{bmatrix} \tag{10.2.54}$$

当 $S(z)$ 为纯时延时，此时的 M 带传输复用器满足完全重构条件：

$$\boldsymbol{P}(z) = \boldsymbol{R}(z)\boldsymbol{E}(z) = z^{-(k-1)}\begin{bmatrix} 0 & \boldsymbol{I}_{M-1} \\ z^{-1} & 0 \end{bmatrix} \tag{10.2.55}$$

根据 10.2.2 节可知，CMFB 是特殊的 QMFB。它通过对一个线性相位的原型滤波器进行调制完成了滤波器组的构造，这种思想很大程度上简化了滤波器组的设计。CMFB 定义如下。

分析滤波器组：

$$h_k(n) = 2\sqrt{M}p(n)\cos\left[\frac{\pi}{M}(k+0.5)\left(n - \frac{N-1}{2}\right) + (-1)^k\frac{\pi}{4}\right] \tag{10.2.56}$$

综合滤波器组：

$$g_k(n) = 2\sqrt{M}p(n)\cos\left[\frac{\pi}{M}(k+0.5)\left(n - \frac{N-1}{2}\right) - (-1)^k\frac{\pi}{4}\right] \tag{10.2.57}$$

式中，$p(n)$ 为线性相位原型滤波器，$n = 0, 1, \cdots, N-1$；$k = 0, 1, \cdots, M-1$。

分析和综合滤波器组不具有线性相位。为使 CMFB 实现完全重构，应要求

$$|P(\omega)| = 0, \ \omega > \frac{\pi}{M} \tag{10.2.58}$$

$$A(\omega) = |P(\omega)|^2 + \left| P\left(\omega - \frac{\pi}{M}\right) \right|^2 = 1, \ 0 \leqslant \omega \leqslant \frac{\pi}{M} \tag{10.2.59}$$

为了实际应用的需要，多载波调制需要有快速算法，对于 CMFB，当 $N = 2mM$ 时（m 为正整数），CMFB 可以通过第四类离散余弦变换（DCT-IV）来快速计算，如图 10.15 所示。其中，$\boldsymbol{I}$ 为单位矩阵；$\boldsymbol{J}$ 为反单位矩阵；$G_i(z^{2M})(0 \leqslant i \leqslant 2M-1)$ 为原型滤波器 $p(n)$ 的第 I 型多相成分。

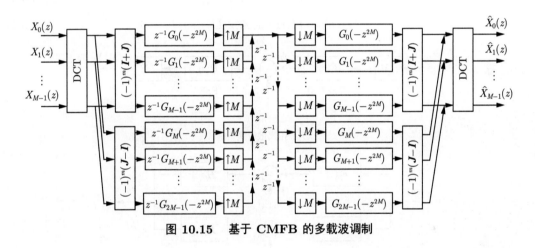

图 10.15 基于 CMFB 的多载波调制

基于 CMFB 的 MC-CDMA 系统使用修改后的综合滤波器组 $\{z^{-1}G_i(z)\}$ 进行调制，用分析滤波器组 $\{H_i(z)\}$ 进行解调，如图 10.16 所示。仿真结果表明[182]，基于 CMFB 的 MC-CDMA 系统的滤波器组旁瓣约为 -45dB，远低于 OFDM 的 -13.2dB，在抗多径干扰方面具有更好的性能。

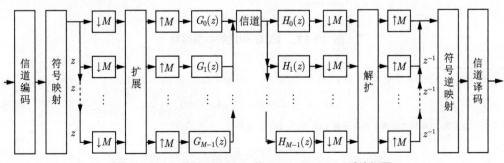

图 10.16 基于 CMFB 的 MC-CDMA 系统框图

10.3　滤波器组在 MIMO 系统中的应用

信道均衡是数字通信系统中一项十分重要的技术，本节介绍双正交对[178,183-184]（biorthogonal partner）在多输入多输出（multiple input multiple output，MIMO）系统信道均衡中的应用。利用 MIMO 双正交对的不唯一性，可设计灵活的分数间隔均衡器（fractionally spaced equalizer，FSE），增强有用信号对信道噪声的稳健性。

考虑使用 FSE 的 MIMO 数字通信信道，如图 10.17（a）所示。假设均衡信道 $\boldsymbol{F}(z)$ 是 $L \times L$ 的矩阵，且 $M = 2$。在这种情况下，图 10.17（a）可以转化为图 10.17（b），其中 $\boldsymbol{w}_0(n)$ 和 $\boldsymbol{w}_1(n)$ 是噪声矢量序列 $\boldsymbol{w}(n)$ 的多相分量，$\hat{\boldsymbol{H}}_0(z)$ 和 $\hat{\boldsymbol{H}}_1(z)$ 是 FSE 的多相分量。若 $\hat{\boldsymbol{H}}_0(z)$ 和 $\hat{\boldsymbol{H}}_1(z)$ 满足 FIR LBP 的存在条件①，可以得到

$$\hat{\boldsymbol{H}}_0(z) = \boldsymbol{H}_0(z) + \boldsymbol{A}(z)\boldsymbol{U}_{21}(z) \tag{10.3.3}$$

$$\hat{\boldsymbol{H}}_1(z) = \boldsymbol{H}_1(z) + \boldsymbol{A}(z)\boldsymbol{U}_{22}(z) \tag{10.3.4}$$

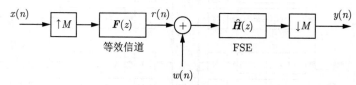

（a）FSE离散时间信道

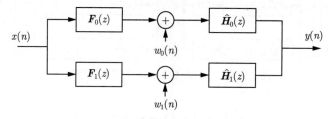

（b）FSE离散时间信道等效模型

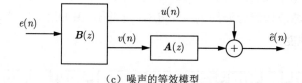

（c）噪声的等效模型

图 10.17　FSE 构建的框图解释

---

① 称 MIMO 系统转移矩阵 $\boldsymbol{H}(z)$ 为 $\boldsymbol{F}(z)$ 的左双正交对（left biorthogonal partner，LBP），如果存在某个 $\boldsymbol{G}(z)$ 使得

$$\boldsymbol{H}(z) = ([\boldsymbol{G}(z)\boldsymbol{F}(z)]_{\downarrow M \uparrow M})\boldsymbol{G}(z) \tag{10.3.1}$$

假设 $\boldsymbol{F}(z)$ 为因果 FIR 转移矩阵，存在因果 FIR 矩阵 $\boldsymbol{H}(z)$ 使得

$$[\boldsymbol{H}(z)\boldsymbol{F}(z)]_{\downarrow M} = 1 \tag{10.3.2}$$

当且仅当 $\boldsymbol{F}_0(z), \boldsymbol{F}_1(z), \cdots, \boldsymbol{F}_M(z)$ 的最大右公因子（greatest right common divisor）为酉模矩阵 $\boldsymbol{R}(z)$，即 $\det \boldsymbol{R}(z)$ 为非零常数。上述命题称为 FIR LBP 条件[184]。

式中，$\boldsymbol{A}(z)$ 为任意 $L \times L$ 矩阵。

目标是设计 $\boldsymbol{A}(z)$ 使得 $y(n)$ 的噪声最小。为此，考虑图 10.17（b）的噪声模型。定义

$$\boldsymbol{e}(n) \stackrel{\text{def}}{=\!=} \begin{bmatrix} \boldsymbol{w}_0(n) \\ \boldsymbol{w}_1(n) \end{bmatrix}, \; \boldsymbol{B}(z) \stackrel{\text{def}}{=\!=} \begin{bmatrix} \boldsymbol{H}_0(z) & \boldsymbol{H}_1(z) \\ \boldsymbol{U}_{21}(z) & \boldsymbol{U}_{22}(z) \end{bmatrix}$$

那么图 10.17（b）等效为图 10.17（c）。因此，现在目标变成选择矩阵 $\boldsymbol{A}(z) = \sum\limits_{i=0}^{N_A-1} \boldsymbol{A}_i z^{-i}$ 使得

$$\hat{\boldsymbol{e}}(n) = \boldsymbol{u}(n) + \sum_{i=0}^{N_A-1} \boldsymbol{A}_i \boldsymbol{v}(n-i) \tag{10.3.5}$$

最小化。该问题等价转化为已知观测向量 $\boldsymbol{v}(n)$，寻找 $\boldsymbol{u}(n)$ 的 $N_A - 1$ 阶的最优线性估计。

定义 $L \times N_A L$ 矩阵 $\boldsymbol{A}$ 为

$$\boldsymbol{A} \stackrel{\text{def}}{=\!=} \begin{bmatrix} \boldsymbol{A}_0 & \boldsymbol{A}_1 & \cdots & \boldsymbol{A}_{N_A-1} \end{bmatrix} \tag{10.3.6}$$

及 $N_A L \times 1$ 的向量序列 $\boldsymbol{V}(n)$ 为

$$\boldsymbol{V}(n) \stackrel{\text{def}}{=\!=} \begin{bmatrix} v^{\mathrm{T}}(n) & v^{\mathrm{T}}(n-1) & \cdots & v^{\mathrm{T}}(n-N_A+1) \end{bmatrix}^{\mathrm{T}} \tag{10.3.7}$$

由正交准则，有

$$E[\boldsymbol{u}\boldsymbol{V}^{\mathrm{H}}] + E[\boldsymbol{A}\boldsymbol{V}\boldsymbol{V}^{\mathrm{H}}] = 0 \tag{10.3.8}$$

则 $\boldsymbol{A}$ 的最优解为

$$\boldsymbol{A} = -E[\boldsymbol{u}\boldsymbol{V}^{\mathrm{H}}]\boldsymbol{R}_{\boldsymbol{V}}^{-1} \tag{10.3.9}$$

式中，$\boldsymbol{R}_{\boldsymbol{V}}$ 表示 $\boldsymbol{V}$ 的自相关矩阵。

下面需要用输入噪声 $\boldsymbol{e}(n)$ 的统计学形式表示出式(10.3.9)。令 $\bar{\boldsymbol{H}}(z), \bar{\boldsymbol{U}}(z)$ 分别为矩阵 $\boldsymbol{B}(z)$（$2L \times 2L$）的前 L 行和后 L 行组成的块矩阵（$L \times 2L$），设

$$\bar{\boldsymbol{H}}(z) = \sum_{i=0}^{N_B-1} \bar{\boldsymbol{H}}_i z^{-i}, \; \bar{\boldsymbol{U}}(z) = \sum_{i=0}^{N_B-1} \bar{\boldsymbol{U}}_i z^{-i} \tag{10.3.10}$$

式中，$N_B - 1$ 是 $\boldsymbol{B}(z)$ 的阶数。

定义

$$\boldsymbol{e}(n) \stackrel{\text{def}}{=\!=} \begin{bmatrix} e^{\mathrm{T}}(n) & e^{\mathrm{T}}(n-1) & \cdots & e^{\mathrm{T}}(n-N_A-N_B+1) \end{bmatrix}^{\mathrm{T}} \qquad (10.3.11)$$

$$\boldsymbol{H} \stackrel{\text{def}}{=\!=} \begin{bmatrix} \bar{\boldsymbol{H}}_0 & \bar{\boldsymbol{H}}_1 & \cdots & \bar{\boldsymbol{H}}_{N_B-1} & \boldsymbol{0} & \cdots & \boldsymbol{0} \end{bmatrix}^{\mathrm{T}} \qquad (10.3.12)$$

$$\boldsymbol{U} \stackrel{\text{def}}{=\!=} \begin{bmatrix} \bar{\boldsymbol{U}}_0 & \cdots & \bar{\boldsymbol{U}}_{N_B-1} & \boldsymbol{0} & \cdots & \boldsymbol{0} \\ \boldsymbol{0} & \bar{\boldsymbol{U}}_0 & \cdots & \bar{\boldsymbol{U}}_{N_B-1} & \cdots & \boldsymbol{0} \\ \vdots & \vdots & \ddots & \vdots & \ddots & \vdots \\ \boldsymbol{0} & \cdots & \boldsymbol{0} & \bar{\boldsymbol{U}}_0 & \cdots & \bar{\boldsymbol{U}}_{N_B-1} \end{bmatrix} \qquad (10.3.13)$$

则

$$\boldsymbol{u}(n) = \boldsymbol{H}\boldsymbol{e}(n), \ \boldsymbol{V}(n) = \boldsymbol{U}\boldsymbol{e}(n) \qquad (10.3.14)$$

把式(10.3.14)代入式(10.3.9)得到：

$$\boldsymbol{A} = \boldsymbol{H} - \boldsymbol{R}_e \boldsymbol{U}^{\mathrm{H}} (\boldsymbol{U}\boldsymbol{R}_e\boldsymbol{U}^{\mathrm{H}})^{-1} \qquad (10.3.15)$$

注意到，式(10.3.15)仅和输入噪声 $\boldsymbol{R}_e$ 的统计特性及矩阵 $\boldsymbol{B}(z)$ 的元素有关。

文献[184]对三种 MIMO 信道均衡方法进行了比较，包括符号间隔均衡器（symbol spaced equalizer，SSE）、FIR FSE 以及通过 $\boldsymbol{A}(z)$ 优化选择的 FIR FSE。仿真结果表明，在没有噪声的情况下，SSE 和两种 FSE 的效果一样，即所有符号被完好接收。在存在噪声的情况下（SNR = 18dB），SSE 接收的符号几乎无法解译（unintelligible）。而在相同信噪比下，采用 FSE 的方法性能更好，其中 FIR FSE 方法有 8‰ 的符号被错误接收，而使用三阶估测器优化的 FIR FSE 方法误码率是 10^{-5}，提升将近 5.5dB。具体仿真参数及实验分析可参见文献[184]。

本章小结

本章介绍了滤波器组在数字通信中的应用，读者可以通过本章的学习加深对滤波器组和通信技术的理解。

多路通信是指在数字通信中，由一条信道完成几个独立信号的传输。10.1 节介绍了**时分复用**（TDM）和**频分复用**（FDM）的基本原理，两者均可通过滤波器组来实现。多路通信也是多载波通信的基础。

广义的多载波通信系统的模型即**正交传输复用模型**，适用于 TDMA、FDMA 和 CDMA 的多用户系统，也适用于多载波（MC）系统以及 MC-CDMA 系统。该模型在结构上等效于均匀 DFT 滤波器组，可以采用 FFT 结合多相滤波器组的方式高效实现。

离散多频调制（DMT）是一种在有色噪声的非平稳信道中的有效传输方法，它与 FDM 技术相似。10.2.2 节介绍了 DMT 的基本原理。与 FDM 不同，DMT 为了提高频带利用率，使各载波上的信号频谱互相重叠，但载波间隔的选择要使这些载波在整个信号周期上是正交的。因而从某种意义上说，DMT 与 OFDM 具有相同的含义。完全重构的 DMT 系统信道无失真时（$C(z) = 1$），当且仅当传输和接收滤波器满足**双正交特性**时可以完全恢复信号。关于滤波器组在通信中的应用的更多细节描述，读者可参考文献[177]。

10.2.3 节介绍了基于滤波器组的 OFDM/OQAM 系统的基本原理及实现过程。这部分内容主要源自文献[179]的工作。**多载波 CDMA 调制**要求在理想信道时，解调端信号能完全重构调制端信号。通过滤波器组可以构造 M 带完全重构传输复用器。10.2.4 节介绍了一种基于 CMFB 的构造方法。其他关于滤波器组在多载波通信中的应用可参考文献[170,172,180-181]。

10.3 节介绍了**双正交对**在 MIMO 系统信道均衡化中的应用，关于双正交对的理论分析及应用，读者可参见文献[178,183-184]。

习题

10.1　证明：图 10.7 所示的两个传输系统等效，其中

$$G(\mathrm{e}^{\mathrm{j}\omega}) = [H(\mathrm{e}^{\mathrm{j}\omega})]_{\downarrow M}$$

或在时域表示为 $g(n) = h(Mn)$。

10.2　证明：在广义正交传输模型（如图 10.4 所示）中，如果要求接收端信号是发送端信号的纯延时，即

$$y_m(n) = x_m(n - n_0),\ m = 0, 1, \cdots, M - 1$$

则滤波器组 $\{h_m(n), g_m(n)\}$ 需要满足双正交条件，即

$$[H_k(z)G_m(z)]_{\downarrow M} = \delta(k - m)$$

结合习题 10.1 的结论，说明乘性滤波器 $F_{km}(z) \stackrel{\text{def}}{=\!=} H_k(z)G_m(z)$ 为 M 带滤波器，即

$$f_{km}(Mn) = \begin{cases} \delta(n), & k = m \\ 0, & k \neq m \end{cases}$$

10.3　通过调研文献，比较 OFDM 多载波与滤波器组多载波（FBMC）技术的特点和差别。

第11章

滤波器组在音频编码中的应用

本章要点

- 音频编码的作用是什么？
- 什么是子带编码？它有哪些优点？滤波器组在子带编码中有什么作用？
- 什么是变换编码？它与子带编码的区别是什么？
- MDCT 变换有哪些优点？它与余弦调制滤波器组有什么关系？
- 话带语音、宽带语音和宽带音频的区别是什么？宽带音频编码标准有哪些？
- 什么是 MPEG-1 音频编码标准？如何进行编码、解码？
- MPEG-1 的三个层有什么差异？滤波器组在 MPEG-1 的三个层中各有什么作用？

音频信号在日常生活中无处不在，是携带信息的主要媒介之一。随着音频技术的快速发展，音频文件日益庞大，随之对于音频的存储、传输和处理也提出了更高的要求。音频文件所需存储空间的计算公式为

$$存储空间 = 采样频率 \times \frac{量化位数}{8} \times 时间 \times 声道数$$

以 CD 为例，其采样频率为 44.1kHz，量化位数为 16bit，则一分钟立体声占 10.584MB 的存储空间，用容量为 650MB 的 CD 只能存储 1 小时左右。这无法满足人们的需求，因此需要对音频信号进行压缩，即以较少的位数表示音频信号。但是压缩会让信号受损，因此要保证在听觉方面不产生失真的前提下，对音频数据信号进行尽可能大的压缩。

11.1 音频编码概述

音频信号在时域、频域都存在一定的冗余，压缩编码的过程可以视为滤除这些冗余。音频编码大致可分为时域编码和频域编码。时域编码是结合声音幅度的出现概率来选取量化位数进行编码，在满足一定的量化噪声下降低比特率。但是时域编码的压缩率较低，很多应用并不适用。而频域编码可以很好地克服时域编码的局限性，原理如图 11.1 所示。将信

号从时域变换到频域，结合声音的相关性和人的感知选取量化位数进行编码，采用基于心理声学模型（psychoacoustic model）处理量化噪声。心理声学模型将在 11.1.1 节进行简要介绍。常用的两种频域编码方式为子带编码和变换编码。

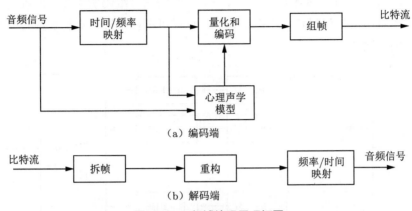

图 11.1　频域编码原理框图

11.1.1　子带编码

频域编码是基于人的听觉感知进行量化编码，若将输入信号分割成若干子带信号，就可以根据人耳对不同频率信号感知的灵敏度不同，对每个子带中的声音信号进行不同的分析处理，这样可以更加充分有效地压缩信号，由此出现了基于滤波器组的子带编码（subband coding，SBC）。

子带编码最早由 Crochiere 等提出[185]，原理如图 11.2 所示。首先利用 $M(M \geqslant 2)$ 通道滤波器组将输入信号分成 M 个子带信号，然后将这些子带信号通过频率搬移变成基带信号，再分别进行抽取。采样后的信号经过量化编码后复合成一个总比特流发送到接收端。解码端与编码端过程相反，先将总比特流分解成各个子带的编码流，分别进行解码，将其频率搬移到原来位置后再经过滤波及内插，得到的各个子带信号相加即为重构信号。

子带的划分对于压缩信号的质量有较大的影响，根据各子带带宽是否相同可分为等带宽子带编码和变带宽子带编码。后者利用非均匀滤波器组，使低频段的子带带宽较窄，高频段的子带带宽较宽，这样的划分与听觉感知随频率变化关系相匹配，但是不易于硬件实现。而进行等带宽划分时，对于不同的子带分配不同的比特数，也可以获得很好的压缩质量，特别是当 M 较大时更是如此，因此通常选择等带宽子带编码。等带宽子带编码中的滤波器组即为 M 通道均匀滤波器组，为了保证信号不失真，滤波器组需满足完全重构条件[186]，该性质已在第 4 章进行详细分析，这里不再赘述。

子带编码将信号划分成不同的频带分量后，基于心理声学模型对每个子带分配不同的位数进行独立编码。常见的编码方式有脉冲编码调制（PCM）、差分脉冲编码调制（DPCM）、霍夫曼编码等，详细的编码方式读者可参考文献[187-188]。心理声学模型可以理解为听觉系统中存在一个听觉掩蔽阈值，低于这个阈值的声音信号人耳无法听到，因此对于这部分信号即使忽略掉也不会影响听觉效果，故无须进行编码。而高于这个阈值的信号也可以有选择地分配量化位数，对于人耳敏感的信号可以多分配位数以保证失真较小，对于不敏感的部分分配的位数则可以少一些，这是由信号最大值与掩蔽阈值之间的差值，即信号掩蔽比（singal-to-mask ratio，SMR）决定的，SMR 高的信号编码所需的位数较多。同时需要保证每个子带中的量化噪声低于掩蔽阈值，这样可以在不影响听觉质量的情况下，尽可能降低数据的传输速率。

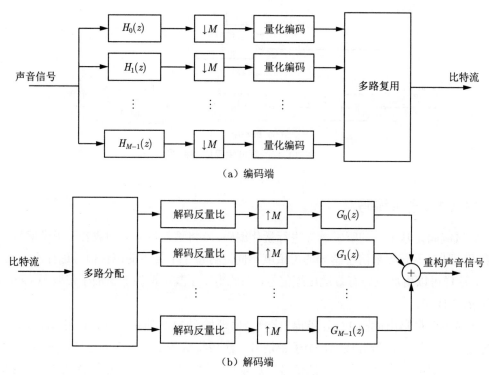

图 11.2　子带编码原理框图

根据以上的分析，子带编码具有以下优点：

（1）将信号划分成子带可以去除信号之间的相关性，从而可以独立地进行编码，互不干扰。

（2）通过对不同子带分配不同的位数，就可以分别控制各子带的量化级数和量化误差，以获得更好的主观听觉质量。

（3）各子带的量化噪声相互独立，被局限在本子带内，这样可以避免某个子带内能量较小的信号被其他子带内的量化噪声所掩盖的情况。

11.1.2　变换编码

声音信号在时域相关性较大，有很高的冗余度，若将信号变换到变换域，则相关性会减少很多，参数相对独立，从而有较高的压缩比，这就是变换编码（transform coding）的基本思想。如图 11.3 所示，变换编码不进行子带划分，而是直接对信号进行映射变换，对所获得的变换域参数进行量化编码。而解码端对收到的信号进行解码反量化后，再通过反变换恢复声音信号。

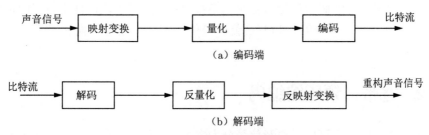

（a）编码端

（b）解码端

图 11.3　变换编码原理框图

通常使用的变换有离散傅里叶变换（DFT）、离散余弦变换（DCT）、修正的离散余弦变换（modified discrete cosine transform，MDCT）等。对于 DFT 和 DCT 读者应该比较熟悉，这里不再过多介绍，下面主要介绍 MDCT。

DCT 变换通常分块进行，然后对每一块的变换系数进行独立编码，这样就会不可避免地因为分块产生边界效应，为了解决该问题，Princen 和 Bradley 最先提出 MDCT[76]，利用时域混叠抵消（time domain aliasing cancellation，TDAC）在不降低编码性能的条件下，有效地克服了边界效应。对于输入序列 $x(n)$，用长为 $2M$ 的窗函数 $h(n)$ 截取其 $2M$ 点，对截取的数据 $x(n)h(n)$ 作 MDCT 变换：

$$X(k) = \sum_{n=0}^{2M-1} h(n)x(n)\cos\left[\left(k+\frac{1}{2}\right)\left(n+\frac{M+1}{2}\right)\frac{\pi}{M}\right], \quad k=0,1,\cdots,M-1 \quad (11.1.1)$$

然后将窗移动 M 点，重复上述操作，这使其存在 50% 的重叠，即对每一个输入样本都进行了两次变换。但是根据式(11.1.1)可知，$X(k)$ 具有对称性，即

$$X(k) = -X(2M-1-k) \quad (11.1.2)$$

因此，$2M$ 个变换系数中只有 M 个是独立的，仍然有 M 个独立的变换系数需要传输，所以 50% 重叠变换的编码性能并未降低。

对 $X(k)$ 作逆 MDCT 变换（IMDCT），

$$\hat{x}(n) = \frac{2}{M}\sum_{k=0}^{M-1} X(k)\cos\left[\left(k+\frac{1}{2}\right)\left(n+\frac{M+1}{2}\right)\frac{\pi}{M}\right], \quad n=0,1,\cdots,M-1 \quad (11.1.3)$$

如果窗函数 $h(n)$ 满足：

$$h(n)h(n) + h(n+M)h(n+M) = 1 \quad (11.1.4)$$

则可以在时域抵消变换域生成的混叠，从而利用前一个块样本的逆变换 $\hat{x}'(n)$ 和 $\hat{x}(n)$ 得到原始输入样本：

$$x(n) = \hat{x}'(n+M) + \hat{x}(n) \quad (11.1.5)$$

可以看到式(11.1.1)和式(11.1.3)的形式和余弦调制滤波器组相同，因此 MDCT 也称为余弦调制滤波器组。由于其性能优于 DCT，且同样具有快速算法，因此被广泛应用。

事实上，如果子带编码中的滤波器组通道数 M 大到等于块内样本数，即每个子带只由一个样本构成，此时子带编码和变换编码等价，因此可以将变换编码看作子带编码的特例。

11.2 宽带音频压缩编码

根据频率范围的大小可以将声音信号分为宽带信号和窄带信号，目前主要研究的信号主要三种：话带（窄带）语音（telephone speech）、宽带语音（wideband speech）和宽带音频（wideband audio），基本参数如表 11.1 所示。对于语音信号来说只需能听清、听懂即可，而对于音频信号的音质听者的要求则较高，本节主要讨论宽带音频信号。

表 11.1 典型声音信号的基本参数

信号类型	应用	频率范围/Hz	采样频率/kHz	量化位数/b	PCM 码率[①]/（kb·s^{-1}）
话带语音	长途电话	300~3400（中、欧） 200~3200（美、日）	8	8	64
宽带语音	调幅（AM）广播	50~7000	16	14	244
宽带音频	调频（FM）广播	20~15000	32	16	512
	CD	20~20000	44.1	16	705.6
	数字录音带（DAT）	10~22000	48	16	768

① PCM 码率 = 采样频率 × 量化位数。

通常，宽带音频中的子带编码将信号分为 32 个等宽的子带，具有良好的时间分辨率，但是频率分辨率不足，难以真实反映出人耳的听觉特性。而变换编码则相反，频率分辨率高但是时间分辨率较低，这样会在出现 b、p 等爆发音时产生预回声。因此，对于高质量的宽带音频编码通常采用子带编码和变换编码相结合的方式，如 MPEG 标准。目前宽带音频压缩标准的算法大多采用如图 11.4 所示的模型，不同的算法子带个数 M 和 MDCT 块长不同，然后再进行量化编码。时频分析、阈值计算以及量化位数分配都是对信号逐段分块进行的。

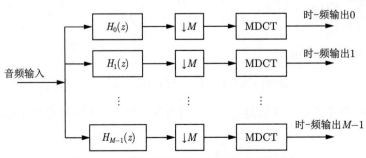

图 11.4 宽带音频编码时频分析信源模型

动态图像专家组（moving picture experts group，MPEG）制定了具有压缩意义的国际化音视频编码标准，即 MPEG 标准。MPEG 标准最初是为了实现 1.5Mb/s、10Mb/s 及 40Mb/s 码率的压缩编码，即 MPEG-1、MPEG-2、MPEG-3。但是由于 MPEG-2 的功能扩展与 MPEG-3 重复，因此 MPEG-3 被取消。后来又陆续提出了 MPEG-4、MPEG-7、MPEG-21 标准。其中只有 MPEG-1、MPEG-2、MPEG-4 涉及音频压缩方法。

MPEG-1 主要是为 CD 光盘介质定制的视频和音频压缩标准，用以解决数字音像存储问题。MPEG-1 是 VCD 的主要压缩标准，可适用于不同的带宽设备，如 CD-ROM、Video-CD 等。MPEG-2 是为数字电视提出的压缩标准，可以更大范围地改变压缩比，以适应不同画面质量、存储容量和带宽的要求。它在与 MPEG-1 兼容的基础上实现了更低码率和多声道扩展。后来又开发出一套新的音频编码算法，即为 AAC（advanced audio coding）算法，该算法不向前兼容 MPEG-1。MPEG-4 与 MPEG-1 和 MPEG-2 有很大的不同，在具有高压缩率的同时，更加注重多媒体系统的交互性和灵活性。MPEG-4 标准包含 MPEG-1 和 MPEG-2 中的语音编码器，同时提供了一个表示其他媒体对象（如语音、合成音频、文本-语音）的框架。

MPEG-1 是国际上第一个具有高保真度的宽带音频编码标准，并得到了广泛的应用，其他标准均在此基础上得以发展。下面将主要介绍 MPEG-1 标准中的音频压缩算法的基本原理。

11.3　MPEG-1 音频编码标准

MPEG-1 音频标准是 MPEG 于 1992 年发布的第一个音视频编码标准，该标准分为以下五部分。

（1）MPEG-1 系统：实现视频数据、音频数据及其他相关数据的同步存储。

（2）MPEG-1 视频：实现视频压缩。

（3）MPEG-1 音频：实现音频压缩。

（4）MPEG-1 一致性测试：规定了数据流和解码器与前三部分的测试方法。

（5）MPEG-1 软件模拟：给出了前三部分的仿真过程。

这里主要讨论的是 MPEG-1 音频标准，其采样频率为 32kHz、44.1kHz 或 48kHz。该标准仅规范了数据流和解码器的精确细节，这使得编码端具有很大的自由度，可以利用估算听觉掩蔽阈值、量化、伸缩等方式不断进行改进，或者针对不同应用做适应性的调整，但是输出必须符合标准定义的比特流（bit steam）格式。因此 MPEG-1 允许采用三个不同层（layer）的编码系统，分别为第 I 层、第 II 层和第 III 层，虽然三层独立，但是高层的音频编码器要兼容本层和所有低层编码器的输出比特流。三个层中编码的总体思路是相同的，由于对声音信号的性质没有作任何假设，三层的编码器均主要依靠感知模型来降低编码率，即利用人耳的听觉特性对声音进行压缩，去除声音信号中人耳感知不到的部分，同时使量化噪声对于人耳来说是被屏蔽的。

三层依次以更低的比特率产生逐步提升的质量，但是编码和解码过程中的复杂度就会提高，即第 Ⅲ 层以最低的比特率实现最高的压缩质量，其编码解码复杂度也最高。第Ⅰ层算法简单，主要应用于数字小型盒式磁带（DCC）；第 Ⅱ 层精度更高，应用于数字音频广播（DAB）、CD-ROM、VCD 等；第 Ⅲ 层就是 MP3 音乐格式，用于互联网上高质量音频的传输。第Ⅰ层是所有层的基础，下面以第Ⅰ层为例进行介绍。

11.3.1　MPEG-1 第Ⅰ层

MPEG-1 第Ⅰ层利用的是子带编码，编码端将音频信号通过分析滤波器组分为等带宽的 32 个子带，其中，子带信号的量化基于 11.1.1 节提到的心理声学模型，位数分配模块根据信号掩蔽比控制各子带的量化参数，使其在满足比特率的条件下感知失真最小，最后将子带样本信息按照一定格式打包形成比特流输出。解码端将帧解包后进行解码和重新量化，最后由综合滤波器组将子带信号合成。其基本原理框图如图 11.5 所示。

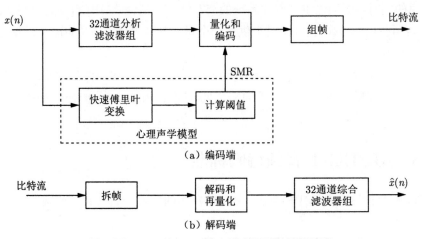

图 11.5　MPEG-1 第Ⅰ层音频压缩结构框图

MPEG-1 宽带音频编码标准第Ⅰ层基于一个 $M = 32$ 通道的均匀滤波器组，如图 11.6 所示。编码端中的 32 通道分析滤波器组用于产生一组子带信号，解码端的综合滤波器组将这些子带信号合成一个完整的信号，为了尽可能地减小音频信号的失真程度，要求合成的信号与原始信号几乎相同，图 11.6 中的 Q 模块表示完整的编码系统中压缩数据的过程。

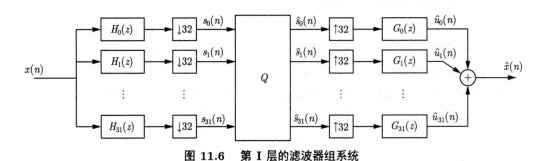

图 11.6　第Ⅰ层的滤波器组系统

这里的均匀滤波器组采用的是余弦调制滤波器组，根据前面的分析可知，这样不仅没有边界效应，而且比 QMFB 更加灵活，也可以有效地减少计算量。MPEG-1 采用的余弦调制滤波器组的表达式为

$$h_k(n) = 2h(n)\cos\left[(k+0.5)(n-16)\frac{\pi}{32}\right], \quad k = 0, 1, \cdots, 31 \tag{11.3.1}$$

$$g_k(n) = 2 \times 32h(n)\cos\left[(k+0.5)(n+16)\frac{\pi}{32}\right], \quad k = 0, 1, \cdots, 31 \tag{11.3.2}$$

式中，$h(n)$ 是一个低通原型滤波器，且 $n = 0, 1, \cdots, 511$。根据式(11.3.1)和式(11.3.2)可以看出，余弦调制分析和综合滤波器组的乘数因子不同，这与第 4 章讨论的略有不同，由于音频信号幅度的变化对人耳听觉影响很大，所以经过滤波器组前后的信号幅度应保持严格不变。式(11.3.2)中的乘数因子 32 就是为了保证内插前后信号的幅值相等，而第 4 章所讨论的无幅度失真是指信号波形没有变化，幅度则可以存在倍数变化。

经过余弦调制分析和综合滤波器组后的信号分别表示为

$$s_k(n) = \sum_{m=0}^{511} x(32n-m)2h(m)\cos\left[(k+0.5)(m-16)\frac{\pi}{32}\right], \quad k = 0, 1, \cdots, 31 \tag{11.3.3}$$

$$\hat{u}_k(n) = 64 \sum_{r=-\infty}^{\infty} \hat{s}_k(r)h(n-32r)\cos\left[(k+0.5)(n-32r+16)\frac{\pi}{32}\right], \quad k = 0, 1, \cdots, 31 \tag{11.3.4}$$

这里 $\hat{s}_k(n) \neq s_k(n)$，信号 $\hat{s}_k(n)$ 表示解码后再量化的子带信号。

对于任意时刻，综合滤波器的合成输出都按一个 $M = 32$ 的样本块进行计算。令 n_0 表示某个子带样本 $\hat{s}_k(n_0)$ 的时间序号，根据式(11.3.4) 可知，每个样本都允许计算对应的内插后的输出信号 $\hat{u}_k(n)$ 的 32 个样本，其中，$n = 32n_0 + m (m = 0, 1, \cdots, 31)$。特别地，由于综合滤波器为长度 $L = 512$ 的因果 FIR 滤波器，所以在任意时刻 n，仅有子带信号的有限过去值对计算有影响，该值的个数为 $L/M = 16$。因此，在 $n_0 M \leqslant n \leqslant (n_0 + 1)M$ 时，综合滤波器的输出为

$$\hat{x}(n_0 + m) = \sum_{k=0}^{31}\left(\sum_{r=0}^{15}\hat{s}_k(n_0-r)[64h(m+32r)]\cos\left[(k+0.5)(m+32r+16)\frac{\pi}{32}\right]\right),$$

$$m = 0, 1, \cdots, 31 \tag{11.3.5}$$

对 32 个样本重复使用该式计算输出。

由第 4 章可知，如果没有 Q 模块，即 $\hat{s}_k(n) = s(n)$ 时，可以实现余弦调制滤波器组的完全重构。对于 MPEG-1 音频标准来说，条件可适当宽松，只需实现近似完全重构即可，其相位失真由式(11.3.1)和式(11.3.2)中的相位调整得以消除[①]，通过让原型滤波器满足一定

---

① 消除相位失真的相位选择方式不唯一，在前面第 4 章也有介绍，所以这里的余弦调制滤波器组的表达式与第 4 章稍有不同。

的条件可以实现近似完全重构。MPEG-1 标准[189] 给出了分析窗的值。根据文献[190] 可知，原型低通滤波器 $h(n)$ 与分析窗 $C(n)$ 有如下关系

$$h(n) = \begin{cases} -\dfrac{C(n)}{2}, & \left\lfloor \dfrac{n}{64} \right\rfloor \text{ 为奇数}, \quad n = 0,1,\cdots,511 \\[3mm] \dfrac{C(n)}{2}, & \left\lfloor \dfrac{n}{64} \right\rfloor \text{ 为偶数}, \quad n = 0,1,\cdots,511 \end{cases} \tag{11.3.6}$$

式中，$\lfloor u \rfloor$ 表示向下取整，即不超过 u 的最大整数。

原型低通滤波器是关于 $n = 256$ 对称的 FIR 滤波器，其冲激响应和对数幅频响应分别如图 11.7（a）和图 11.7（b）所示。可以观察到滤波器的通带增益为 1，也就是 0dB，增益为 -3dB 时频率 $\omega = \pi/64$，阻带截止频率 ω_s 约为 $\pi/32$，因此过渡带从 $\pi/64$ 扩展到 $\pi/32$。注意到滤波器阻带的增益都低于 -100dB，由第 4 章可知这样有利于近似地消除混叠，从而实现近似完全重构。

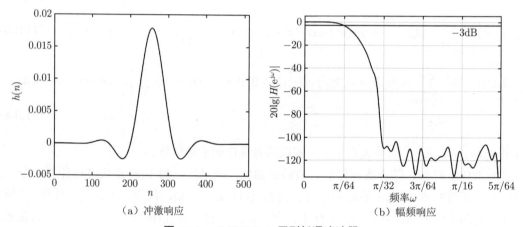

（a）冲激响应　　　　　　　　　　　（b）幅频响应

图 11.7　MPEG-1 原型低通滤波器

根据式(11.3.1)和式(11.3.2)可以通过原型滤波器实现余弦调制滤波器组，如图 11.8 所示。为了方便观察，图中给出了频率范围 $0 \leqslant \omega \leqslant \pi/8$ 内分析滤波器组的前四个通道的对数幅频响应。根据第 4 章可知，若要完全消除混叠失真，则带通滤波器的带宽应小于 $\pi/M = \pi/32$，而由图 11.8 可以看到其两侧带宽具有一定扩展，同时也可以观察到对于某一通道滤波器的过渡带来说，只和相邻滤波器的过渡带存在交叉部分，由伪 QMF 的概念可知这部分产生的混叠可以消除，而非相邻滤波器只有阻带与其过渡带有交叉，这部分产生的混叠无法消除，即余弦滤波器组只能实现近似完全重构。

在 MPEG-1 的第 I 层中，经过抽取输出后将每个子带内连续 12 个样本归为一个块进行编码，这相当于在原始采样下的 $12 \times 32 = 384$ 个样本，若采样频率为 48kHz 时，则帧长为 $384/48 = 8$ms。MPEG-1 的量化基于心理声学模型，即需要计算每个子带信号的掩蔽阈值，进而控制量化编码。为了使量化噪声低于掩蔽阈值，每个子带都引入了比例因子，从而充分利用量化器的动态范围来减少量化噪声。

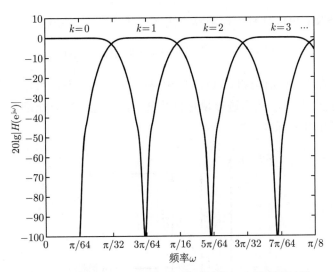

图 11.8　MPEG-1 分析滤波器组的前四个通道滤波器

在计算 SMR 时，需要先对信号进行 512 点的 FFT，如图 11.5 所示，将信号从时域转换到频域，并通过加汉宁窗减少边界效应，以提高频率分辨率。然后在每个子带内根据比例因子和功率谱确定声压级（sound pressure level，SPL）：

$$\text{SPL}(n) = \max\left[|X(k)|^2, 20\lg(s(n) \times 32768) - 10\right] \quad \text{(dB)} \tag{11.3.7}$$

式中，$|X(k)|^2$ 是第 n 个子带中频率范围内幅度最大的 FFT 谱线的功率谱，$s(n)$ 是第 n 个子带的比例因子。

信号分为音调分量和非音调分量，这两部分的掩蔽阈值不同。因此为了计算总的掩蔽阈值，需要通过 FFT 谱线找出音调分量和非音调分量，并分别确定掩蔽阈值 T_{t} 和 T_{n}，结合绝对阈值 T_{q}，也就是最低掩蔽边界，即在安静环境中人耳刚好能感知到的声音大小，可以计算出第 i 个样本的总掩蔽阈值 $T_{\text{g}}(i)$，即

$$T_{\text{g}}(i) = 10\lg\left[10^{T_{\text{q}}(i)/10} + \sum_{j=1}^{m} 10^{T_{\text{t}}(j,i)/10} + \sum_{j=1}^{n} 10^{T_{\text{n}}(j,i)/10}\right] \quad \text{(dB)} \tag{11.3.8}$$

式中，$T_{\text{t}}(j,i)$ 表示第 j 个音调分量对第 i 个样本的掩蔽阈值，共有 m 个音调分量；同理 $T_{\text{n}}(j,i)$ 表示第 j 个非音调分量对第 i 个样本的掩蔽阈值，共有 n 个非音调分量。由 $T_{\text{g}}(i)$ 可以得到第 n 个子带的最小掩蔽阈值 $T_{\min}(n)$ 为

$$T_{\min}(n) = \min[T_{\text{g}}(i)] \quad \text{(dB)} \tag{11.3.9}$$

每个子带信号的 SMR 为信号的声压级和最小掩蔽阈值的差值，即

$$\text{SMR}(n) = \text{SPL}(n) - T_{\min}(n) \quad \text{(dB)} \tag{11.3.10}$$

由 SMR 和 SNR 可以计算出掩蔽噪声比（mask-to-noise ratio，MNR）

$$\text{MNR}(n) = \text{SNR}(n) - \text{SMR}(n) \quad (\text{dB}) \tag{11.3.11}$$

图 11.9 所示为式(11.3.10)和式(11.3.11)中各项之间的关系，可以更直观地看出信号和量化噪声均满足掩蔽要求，从而进行量化位数分配。量化位数分配是一个迭代过程，详细过程可以参考 MPEG-1 标准[189]。

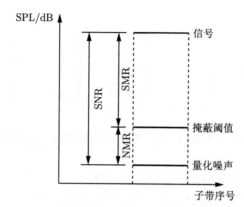

图 11.9　子带内信号、噪声和掩蔽阈值的关系示意图

量化位数分配后对子带样本进行线性量化，量化前需要将这些样本除以比例因子以得到归一化样本 X。根据分配的量化位数 N 可以确定量化系数 A、B，计算 $AX + B$，并取结果的最高 N 位，对它进行最高位取反，以避免出现全"1"码。最后将量化后的样本、位数分配、比例因子以及其他辅助数据流按照 MPEG-1 标准[189] 中规定的帧格式组装成数据帧，这些数据帧连接起来就可以生成表示音频信号的比特流。

解码端在接收到比特流后先进行拆帧，对于每一帧根据规则来解释这些比特，然后进行再量化，对量化后的样本通过 32 通道综合滤波器组进行重构，以恢复出音频信号。

11.3.2　MPEG-1 第 II、III 层

MPEG-1 标准为了降低比特率以保证高质量，以第 I 层为基础增加了更为复杂的层，即第 II、III 层，下面主要介绍这两层与第 I 层的不同。

与第 I 层对每个子带 12 个样本值组成一个块进行编码不同，第 II 层对一个子带的三个块进行编码，每个块同样含有 12 个样本值，这相当于在原始采样率下的 $12 \times 3 \times 32 = 1152$ 个样本。一个子带内的三个块有 3 个不同的比例因子，但是为了降低传送比例因子所需的比特数，在实际编码时通常对比例因子进行共享，即信号变化平稳时，只传送其中 1 个或者 2 个较大的比例因子；而对于瞬态变化的信号，3 个比例因子都进行传送。比特流中的比例因子选择信息（scale factor selection information，SCFSI）告知解码端如何共享比例因子，从而进行解码。第 II 层心理声学模型中进行的是 1024 点 FFT 运算，这样可以提高频率分辨率，以实现尽可能低的码率，得到信号更加准确的频谱特性。由此可见，MPEG-1 第 II 层比第 I 层更为复杂，但是压缩率也更高。

MPEG-1 第 Ⅲ 层就是 MP3，该层的音频质量最好但是复杂度最高。每个通道比特率低至 64kb/s，其编码端框图如图 11.10 所示，可以看到 32 通道分析滤波器组的输出样本要经过 MDCT 进一步变换。这种 MDCT 采用自适应窗口选择技术，顾名思义，就是 MDCT 具有动态变换的窗函数，进而使子带信号带宽不同，这是为了能够准确反映人耳的听觉特性。在需要抑制预回声的情况下采用短窗，而在需要平稳信号的情况下则使用长窗，这样可以同时兼顾编码效率和编码质量，但也会增加算法的复杂度。两种窗的窗口大小分别为 36 个和 12 个采样值。由于 11.1.2 节提到的 MDCT 相邻窗口之间存在 50% 的重叠，所以这就相当于第 Ⅲ 层制定了两种 MDCT 的块长，长块的块长为 18 个样本值，短块的块长为 6 个样本值。也就是说，MPEG-1 第 Ⅲ 层结合了子带编码和变换编码，即采用了 11.2 节中图 11.4 的模型。值得注意的是，MPEG-1 第 Ⅲ 层采用的是霍夫曼编码，以提高编码效率。

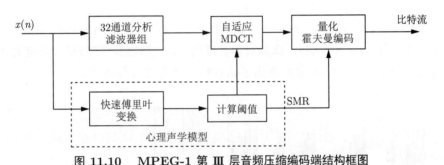

图 11.10　MPEG-1 第 Ⅲ 层音频压缩编码端结构框图

11.4　MATLAB 仿真实例

根据前面几节的分析可知，在音频编码中，滤波器组主要应用在子带编码中。为了更好地理解相关技术原理，本节将给出一个子带编码的 MATLAB 仿真实例。在该实例中，将输入音频信号分为两个子带，再分别进行编码解码，最后实现信号的重构，其原理框图如图 11.11 所示。

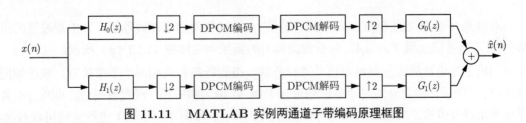

图 11.11　MATLAB 实例两通道子带编码原理框图

仿真实例的编码方式采用的是 DPCM 编码。MATLAB 中提供的 DPCM 编码、解码函数分别为 dpcmenco 和 dpcmdeco[①]，句法为

---

① 需安装 MATLAB 通信工具箱（Communications Toolbox）。

```
indx = dpcmenco(sig,codebook,partition,predictor);  % 编码
sig = dpcmdeco(indx,codebook,predictor);  % 解码
```

其中，编码输入参数 sig 为输入信号；partition 为分区；codebook 为码本，为量化中的每个分区规定一个值；predictor 为预测传递函数。解码输入参数为给定的码本、预测传递函数以及量化索引 indx。

分区，码本和预测传递函数可以利用 dpcmopt 函数获得，句法为

```
[predictor,codebook,partition]=dpcmopt(training_set,ord,len);
```

其中，参数 training_set 为输入信号；ord 为预测传递函数的阶数；len 为码本的长度，分区为 len-1。

下面介绍具体的实验流程。选用 MATLAB 自带的音频文件"handel"进行实验，该音频文件的采样率为 $F_s = 8192$Hz，原始数据长度为 $N = 73113$，实验截取长度为 $L = 2^{16}$。图 11.12（a）和图 11.12（b）分别画出了该音频信号的波形和频谱。

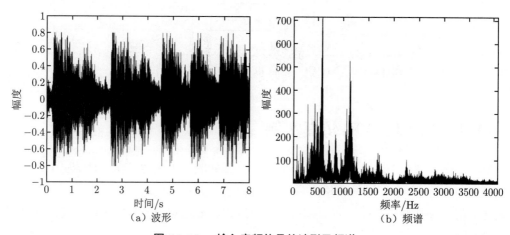

（a）波形　　　　　　　　　　（b）频谱

图 11.12　输入音频信号的波形及频谱

利用第 3 章介绍的 firpr2chfb 函数设计完全重构的两通道滤波器组，其中滤波器的阶数为 41，通带截止频率为 0.4。分析滤波器组的幅频响应如图 11.13（a）所示。

利用上述设计的滤波器组对信号进行分解，得到低频和高频两个子带信号，频谱如图 11.13（b）所示。然后分别对子带信号进行 DPCM 编码和解码。经过解码后，再通过综合滤波器组进行重构。重构的音频信号如图 11.14 所示。和图 11.12（a）进行比较可以看出，重构音频信号与原始信号的波形在形状上基本相同。可以通过文件大小验证编码过程是否实现压缩，并计算原始信号与重构信号的均方误差（MSE）。结果显示，原始信号与重构信号的文件大小之比，即压缩比约为 7.937，两者的 MSE 约为 0.0367，失真程度较小。利用 sound 函数分别播放原始和重构音频，失真度对于人耳来说在可接受范围内。

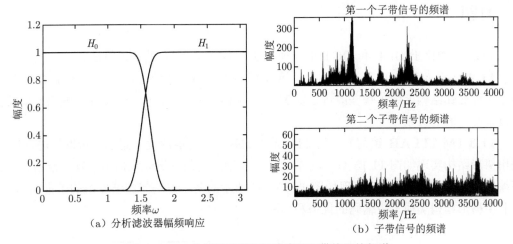

（a）分析滤波器幅频响应 （b）子带信号的频谱

图 11.13 分析滤波器幅频响应及子带信号的频谱

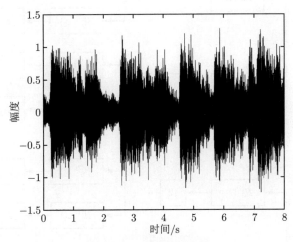

图 11.14 重构的音频信号

本节实验的完整代码见附录 A.4。

本章小结

本章介绍了滤波器组在音频编码中的应用。音频编码主要采用频域编码的方式，分别介绍了频域编码中的**子带编码**和**变换编码**与滤波器组的关系。子带编码通过滤波器组将音频信号划分为不同的子带信号，变换编码中的 MDCT 变换即为余弦调制滤波器组。很多音频编码都采用了子带编码和变换编码相结合的方式，比如目前得到快速发展的宽带音频编码。接着介绍了宽带音频编码中的 **MPEG-1 标准**。MPEG-1 标准分为三层，详细介绍了第 Ⅰ 层中**余弦调制滤波器组**的作用，第 Ⅱ、Ⅲ 层均以此为基础，并说明了其他两层与第 Ⅰ 层的不同之处。最后，给出了一个基于两通道滤波器组子带编码的 MATLAB 仿真实例。

习题

11.1 类比于 DFT 和 DCT 的快速算法，推导 MDCT 的快速算法。

11.2 与 MPEG-1 第 I 层相比，第 II 层最大的不同是什么？MPEG-1 第 III 层为了提高压缩比在结构上做了哪些改进？以 MPEG-1 标准为例，分析编码质量、编码速率及算法复杂度之间的关系。

11.3（MATLAB 练习） 对 11.4 节中的基于两通道滤波器组的子带编码进行扩展，利用树形结构实现如图 11.15（a）所示的基于 4 通道均匀分析滤波器组进行子带划分的子带编码，同样利用树形结构实现如图 11.15（b）所示的基于非均匀滤波器组的子带编码，分析利用树形结构实现子带编码的优势和局限性。

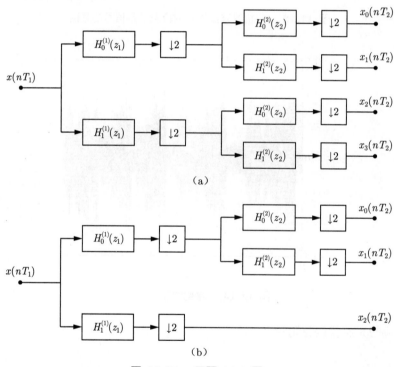

图 11.15 习题 11.3 图

第12章

小波变换在图像处理中的应用

本章要点

- 什么是全色锐化？该问题模型是什么？
- 多孔小波变换有什么特点？多孔小波变换如何实现？
- 多孔小波变换在全色锐化中的作用和优势是什么？
- 阈值去噪的原理是什么？有哪些阈值方法？
- 双树复小波在图像去噪中的作用和优势是什么？

12.1 小波变换在全色锐化中的应用

全色锐化（pansharpening）是多源遥感图像融合中的一项重要技术。空间卫星搭载的光学传感器通常在空间分辨率和光谱分辨率上存在局限性。以我国发射的高分 1 号卫星为例，它搭载的全色相机具有高空间分辨率的特点，但仅有单一波段，缺乏光谱分辨能力；而多光谱相机具有四个波段，覆盖了可见光至近红外波段，但空间分辨率较低。因此，两类传感器不能同时兼顾空间信息与光谱信息，给场景的解译和分析带来了挑战。全色锐化是将全色图像（panchromatic image，PAN）与多光谱图像（multispectral image，MS）进行融合，在保持光谱信息的同时，提高了多光谱图像的空间分辨率，在遥感成像领域有着重要的应用价值。

12.1.1 全色锐化问题模型

全色锐化的代表性方法有成分替代法（component substitution，CS）和多分辨率分析法（multiresolution analysis，MRA）[191]。CS 方法利用特定的线性变换对多光谱图像的各波段进行加权组合，从而获得表示空间信息的成分，然后用全色图像替换该成分，常用的方法包括亮度–色度–饱和度（intensity-hue-saturation，IHS）[192]、主成分分析法（principle component analysis，PCA）[192]、Gram-Schmidt 正交化方法[193] 等。MRA 方法首先对全色图像进行多尺度分解获得空间细节信息，然后将细节信息注入到多光谱波段。本书将主要介绍基于 MRA 框架的小波变换方法[194-195]。

基于 MRA 的融合模型可以概括为

$$\widehat{MS}_k = \widetilde{MS}_k + g_k \boldsymbol{D}, \ k = 1, 2, \cdots, B \tag{12.1.1}$$

式中，$\widetilde{MS}_k$ 表示插值后的多光谱图像，$\boldsymbol{D}$ 表示从全色图像 $\boldsymbol{p}$ 中提取的细节信息，g_k 为增益系数，$\widehat{MS}_k$ 表示融合后的多光谱图像，下标 k 表示第 k 个波段。

具体来讲，MRA 方法主要分为如下几个步骤：

（1）对多光谱图像进行插值以达到和全色图像相同的尺寸（像素个数）。通常，同一视场下多光谱图像的尺寸为全色图像的 $1/R$，其中，R 为高低分辨率①之比。例如，若全色图像的尺寸为 $N \times N$，则多光谱图像的尺寸为 $N/R \times N/R$。

（2）通过多尺度变换方法得到全色图像的细节信息 $\boldsymbol{D}$。在提取细节信息时，应尽可能保证 $\boldsymbol{D}$ 为多光谱图像所缺失的细节信息。

（3）计算注入增益系数 g_k，根据增益系数将提取的细节信息注入多光谱图像中。合理的增益系数能够降低光谱误差，改善融合质量。

上述融合过程如图 12.1 所示。

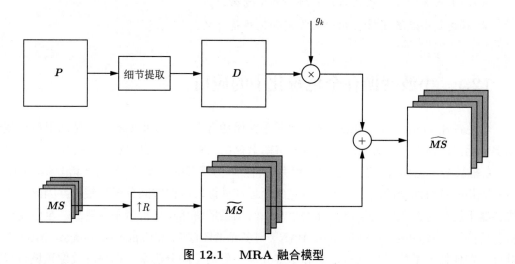

图 12.1　MRA 融合模型

12.1.2　多孔小波变换

离散小波变换（discrete wavelet transform，DWT）可以通过两通道滤波器组的树形结构实现。对于二维可分离小波，每经过一次滤波便会伴随着一次 2 倍抽取，因此每一级变换后子带的尺寸为上一级子带的 1/4（水平/竖直两个维度）。以两级为例，最后将得到如

---

① 分辨率可以通过地面采样距离（ground sample distance，GSD）来衡量，即单位像素所对应的空间中的距离。例如分辨率为 1m，即单位像素表示空间中 $1 \times 1\text{m}^2$ 的区域。GSD 越小，分辨率越高。注意，分辨率与图像的尺寸无关，但同一视场下，两者为正比例关系，即分辨率越高尺寸越大。

图 12.2 所示的子带分解,其中,A 表示含有低频分量的近似子带,H,V,D 分别对应水平、竖直、对角方向的子带,下标 $k=1,2$ 为变换级数。

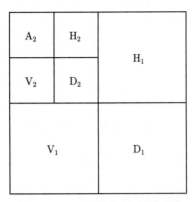

图 12.2   离散小波变换两级分解

由于离散小波变换含有抽取,如果滤波器选取不当,可能会在子带引入混叠。尽管能够利用滤波器组的完全重构性质消除混叠,但对于子带的任何处理都可能在重构过程中引入伪影(artifact)。同时,离散小波变换不具有平移不变性,因此变换系数对位置极为敏感,特别是对于图像边缘位置。一种改进的方法是采用多孔算法,由此得到多孔小波变换[①]
(à-trous wavelet transform,ATWT)。考虑离散小波变换两级分解结构,取其中的一条支路如图 12.3(a)所示,其中,$H_1(z)$ 与 $H_2(z)$ 分别代表第一级与第二级的滤波器。利用 Noble 恒等式,可以将第一级的抽取与第二级的滤波器交换位置,于是得到如图 12.3(b)所示的等效关系。此时第二级滤波器变为 $H_2(z^2)$,即表示 $H_2(z)$ 的 2 倍零值内插。若将抽取舍弃,便得到多孔小波变换。图 12.4 给出了二级多孔小波变换的分析端与综合端结构。

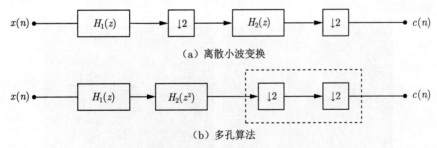

(a)离散小波变换

(b)多孔算法

图 12.3   离散小波变换的多孔算法(以二级为例)

多孔小波变换取消了抽取操作,故每一级变换可以得到与原始图像尺寸相同的子带系数。虽然多孔小波变换增加了变换的冗余度,但由于变换过程不存在混叠失真,更有利于滤波器设计。注意到为满足完全重构,分析端与综合端的滤波器组只需满足

$$H_0(z)G_0(z) + H_1(z)G_1(z) = cz^{-n_0} \tag{12.1.2}$$

[①] 又称为非抽取小波变换(undecimated discrete wavelet transform,UDWT)或平稳小波变换(stationary wavelet transform,SWT)。

式中，c 为常数；n_0 为整数。相对于正交或双正交滤波器组，条件更为宽松。

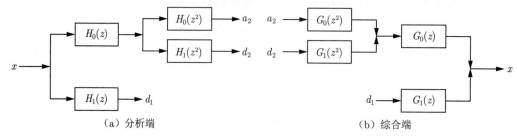

（a）分析端 　　　　　　　　　　　　　　　（b）综合端

图 12.4　多孔小波变换的滤波器组结构（二级）

在 MATLAB 中，二维多孔小波变换可以通过 swt2 函数实现：

```
[A,H,V,D] = swt2(input,L,wname);
```

其中，input 表示输入图像；L 表示变换级数；wname 表示使用的小波函数名称；输出 **A** 表示近似子带；H、V、D 分别对应于水平、竖直、对角方向上的子带。

二维多孔小波逆变换的函数为 iswt2，具体如下：

```
output = iswt2(A,H,V,D,wname);
```

其中，A,H,V,D 对应于分解得到的小波子带；wname 为小波函数名称，应与分解相同；output 表示重构后的图像。

以 5/3 小波为例，对图像进行 2 级多孔小波分解，得到的分解系数如图 12.5（a）和图 12.5（b）所示（每一个子带均与原图有着相同的尺寸，这里将一级变换的 4 个子带整体显示）。若将近似子带 **A** 置零之后进行重构，便可得到图像的细节信息。

（a）第一级子带分解 　　　　　　　　　（b）第二级子带分解

图 12.5　5/3 小波分解系数

12.1.3　基于多孔小波变换的全色锐化方法

本节介绍基于多孔小波变换的全色锐化方法，具体流程如下。

（1）预处理：由于原始的多光谱图像的尺寸小于全色图像，故在进行融合之前，需要将多光谱图像插值（上采样）到全色图像的尺寸，内插因子为高低分辨率之比 R。

插值可以采用空域插值或频域插值方法。空域插值方法主要包括：最邻近插值、双线性插值、双立方插值等，可利用 MATLAB 中的 imresize 函数来实现。频域插值方法基于抽样率转换原理，其中插值滤波器组可采用 MATLAB 中的 fir1、fir2、intfilt 等函数来设计，具体参见 MATLAB 帮助文档。注意到上述提到的滤波器设计方法均为一维情况，二维滤波器可以通过张量积来实现。本实验采用空域插值方法。

（2）细节信息提取：对全色图像进行小波分解。根据小波多尺度变换的特点，应考虑变换级数对细节信息提取的影响。级数较小会造成细节信息提取不足，反之级数较大会造成额外的计算负担与融合图像的信息冗余。一般而言，变换级数 L 可以通过遥感数据的高低分辨率之比 R 来确定：

$$L = \lceil \log_2 R \rceil \tag{12.1.3}$$

式中，$\lceil \cdot \rceil$ 表示上取整。

除变换级数之外，小波基对细节信息提取也有影响（见下文）。在确定变换级数和小波基之后，对全色图像进行小波变换，得到小波近似子带与细节子带，为了得到全色图像的细节信息，应将近似子带（低频信息）置零，然后利用小波逆变换得到只含有细节信息的重构图像。

（3）细节注入：依据式(12.1.1)将小波变换得到的细节信息注入多光谱图像的每一个波段中，这里令增益系数 $g_k = 1, k = 1, 2, \cdots, B$。至此得到融合图像，之后可以使用融合评价指标进行评价。

本实验考虑三类小波基，包括：

① Haar 小波：Haar 小波是唯一具有紧支撑的对称的正交小波基，其消失矩[①]为 1 阶。Haar 尺度函数与小波函数如图 12.6（a）所示。

② Daubechies 小波：Daubechies 小波是一类具有紧支撑的正交小波基。在给定长度的情况下，可以实现最大的消失矩，它对应的尺度函数滤波器为最小相位滤波器。本实验选择具有 4 阶消失矩的 Daubechies 小波（记为"db4"），尺度函数与小波函数如图 12.6（b）所示。

③ 双正交小波：双正交小波在分析端与综合端具有不同的尺度函数和小波函数，其对称性和完全重构可通过 FIR 滤波器实现。本实验选择两个典型的双正交小波，即 5/3 小波和 9/7 小波，相应的消失矩为 2 阶和 4 阶。图 12.7 给出了两种小波的尺度函数与小波函数。

---

① 如果

$$\int_{-\infty}^{+\infty} t^k \psi(t) \mathrm{d}t = 0, \ k = 0, 1, \cdots, p-1$$

则称小波函数 $\psi(t)$ 具有 p 阶消失矩。消失矩表示小波滤除高频信息的能力，消失矩越大，高频子带的能量就越小。根据定义，小波函数至少有 1 阶消失矩。

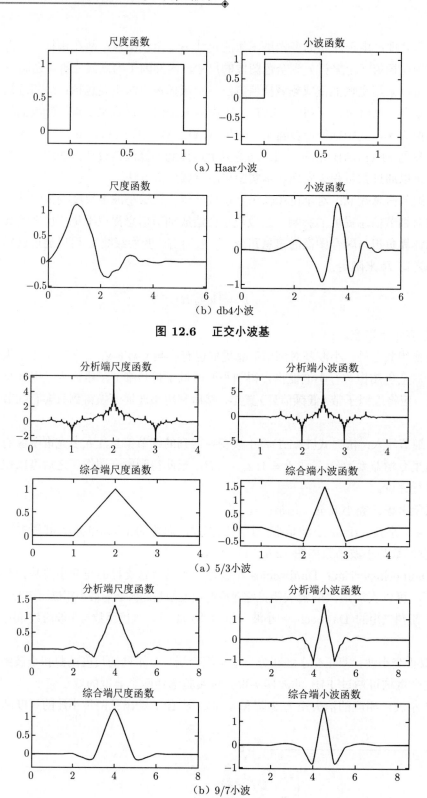

图 12.6　正交小波基

图 12.7　双正交小波基

12.1.4 全色锐化评价指标

全色锐化的评价方式主要包括主观评价和客观评价。主观评价即通过视觉给出直观的判断。客观评价则采用一些数值指标定量地评价。为此，需要将融合图像与参考图像（即理想的高分辨率多光谱图像）进行对比。然而实际中并不存在高分辨率的多光谱图像。为了解决这个问题，可根据 Wald 协议，采用两种方式来进行评价[196-197]。一种是一致性（consistency）评价，即融合后的多光谱图像，如果经过退化（低通滤波并抽取），应与原始多光谱图像尽可能一致；另一种是综合性（synthesis）评价，即将原始的多光谱图像视为参考图像，先对原始的全色、多光谱图像同时退化，在退化尺度下得到融合图像，再将它与原始的多光谱图像进行比较。本实验采用综合性评价，这种方式的优点在于融合是在全尺寸下进行的，因此能够最大限度地保留原始数据的信息。

实验选择三种常用的融合评价指标[198]，包括相对无量纲全局误差（ERGAS）、光谱角映射（spectral angle mapper，SAM）和 Q4 指标。

1. 相对无量纲全局误差

ERGAS 从整体上反映了多光谱图像的失真，具体定义为

$$\mathrm{ERGAS}(\boldsymbol{X}, \boldsymbol{Y}) = \frac{100}{R} \sqrt{\frac{1}{B} \sum_{k=1}^{B} \left(\frac{\mathrm{RMSE}(\boldsymbol{X}_k, \boldsymbol{Y}_k)}{\mu_k} \right)^2} \tag{12.1.4}$$

式中，$\boldsymbol{X}, \boldsymbol{Y}$ 分别表示参考图像与融合图像；$\mathrm{RMSE}(\boldsymbol{X}_k, \boldsymbol{Y}_k)$ 表示两幅图像第 k 个波段的均方根误差；μ_k 表示参考图像第 k 个波段的均值；B 为波段数；R 表示高低分辨率之比。ERGAS 取值非负，数值越小越好。

2. 光谱角映射

给定两个 B 维的光谱向量 $\boldsymbol{v} = \{v_1, v_2, \cdots, v_B\}$ 与 $\hat{\boldsymbol{v}} = \{\hat{v}_1, \hat{v}_2, \cdots, \hat{v}_B\}$，用 SAM 衡量两个光谱向量之间的角度，即

$$\mathrm{SAM}(\boldsymbol{v}, \hat{\boldsymbol{v}}) = \arccos \left(\frac{\langle \boldsymbol{v}, \hat{\boldsymbol{v}} \rangle}{||\boldsymbol{v}||_2 \cdot ||\hat{\boldsymbol{v}}||_2} \right) \tag{12.1.5}$$

式中，$||\cdot||_2$ 表示 2 范数。

对于多光谱图像，每一个像素可视为一个光谱向量，因此可以通过 SAM 衡量融合图像与参考图像的接近程度，数值越小越好。

3. Q4 指标

Q4 指标是通用图像质量指数（universal image quality index，UIQI）的多波段扩展。UIQI 用于衡量两幅不同图像的结构相似性，具体定义为

$$\mathrm{UIQI} = \frac{4\sigma_{xy}\mu_x\mu_y}{(\sigma_x^2 + \sigma_y^2)(\mu_x^2 + \mu_y^2)} = \frac{\sigma_{xy}}{\sigma_x\sigma_y} \cdot \frac{2\mu_x\mu_y}{\mu_x^2 + \mu_y^2} \cdot \frac{2\sigma_x\sigma_y}{\sigma_x^2 + \sigma_y^2} \tag{12.1.6}$$

式中，$\mu_x, \mu_y, \sigma_x, \sigma_y$ 分别对应于单波段图像 $\boldsymbol{x}, \boldsymbol{y}$ 的均值、标准差；σ_{xy} 表示 $\boldsymbol{x}, \boldsymbol{y}$ 的协方差。式(12.1.6)由三部分组成，第一部分 $\frac{\sigma_{xy}}{\sigma_x\sigma_y}$ 表示相关系数，取值在 $[-1, 1]$ 之间；第二部分

$\dfrac{2\mu_x\mu_y}{\mu_x^2 + \mu_y^2}$ 反映两幅图像均值（亮度）的偏差，取值在 $[0,1]$ 之间；第三部分 $\dfrac{2\sigma_x\sigma_y}{\sigma_x^2 + \sigma_y^2}$ 反映了两幅图像对比度之间的差异，取值在 $[0,1]$ 之间。

UIQI 从相关性、亮度、对比度三方面衡量了两幅单波段图像的相似性，Q4 指标将单一波段拓展到四波段，此时用四元数来表示四波段图像：

$$z = a + ib + jc + kd \tag{12.1.7}$$

式中，a, b, c, d 均表示一个单波段的图像；i, j, k 表示虚数单位。

Q4 指标定义为

$$Q4 = \frac{4|\sigma_{z_1 z_2}| \cdot |\overline{z}_1| \cdot |\overline{z}_2|}{(\sigma_{z_1}^2 + \sigma_{z_2}^2)(|\overline{z}_1|^2 + |\overline{z}_2|^2)} = \frac{\sigma_{z_1 z_2}}{\sigma_{z_1}\sigma_{z_2}} \cdot \frac{2\overline{z}_1 \cdot \overline{z}_2}{\overline{z}_1^2 + \overline{z}_2^2} \cdot \frac{2\sigma_{z_1}\sigma_{z_2}}{\sigma_{z_1}^2 + \sigma_{z_2}^2} \tag{12.1.8}$$

式中，两个四元数 z_1, z_2 分别对应于四波段的参考图像与融合图像；$\overline{z}, \sigma_z$ 分别表示四元数的均值和标准差；$\sigma_{z_1 z_2}$ 表示 z_1, z_2 的协方差。Q4 的取值在 $[0,1]$ 之间，越接近 1 越好。

12.1.5 仿真实验结果及分析

本节实验采用由 World-View4 遥感卫星拍摄的影像数据[①]，其中全色图像的分辨率为 0.31m，尺寸为 2048×2048，四波段多光谱图像的分辨率为 1.24m，尺寸为 512×512，高低分辨率之比 $R = 4$。在融合前，须先对多光谱图像进行插值，保证与全色图像尺寸相同。上采样后的多光谱图像和全色图像（截取部分区域）如图 12.8 所示。

（a）插值后的多光谱图像　　　　　（b）全色图像

图 12.8　World-View4 遥感影像数据[199]

---

① 该数据源自文献[199]，可以从 `https://resources.maxar.com/product-samples/pansharpening-benchmark-dataset` 下载。

为了说明 ATWT 的有效性，同时将离散小波变换（DWT）作为比较对象。分别利用 ATWT 和 DWT 及 12.1.3 节提到的四种小波基对全色图像进行分解与细节重构，得到的细节信息如图 12.9 所示。从图 12.9 可以看出，DWT 方法得到的边缘纹理信息较为模糊（非水平竖直方向上更加明显），而 ATWT 方法得到的边缘纹理更加清晰；在平滑区域，DWT 方法会有较为明显的伪影，而 ATWT 方法则相对平滑。小波函数消失矩对图像细节信息的提取也有影响，与 Haar 小波相比，消失矩更高的 db4 小波与双正交小波提取的细节信息更精细。

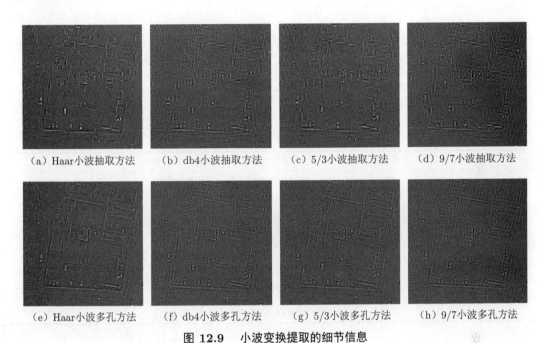

(a) Haar小波抽取方法　　(b) db4小波抽取方法　　(c) 5/3小波抽取方法　　(d) 9/7小波抽取方法

(e) Haar小波多孔方法　　(f) db4小波多孔方法　　(g) 5/3小波多孔方法　　(h) 9/7小波多孔方法

图 12.9　小波变换提取的细节信息

将提取出的细节信息加入到插值后的多光谱图像中，得到的融合图像如图 12.10 所示。与图 12.8（a）相比较，经过全色锐化，多光谱图像的空间分辨率得到了明显提升。从视觉上来看，四种小波基的融合结果相近，但采用 ATWT 的全色锐化结果在图像边缘纹理部分更加清晰，同时有效抑制了伪影。

(a) Haar小波抽取方法　　(b) db4小波抽取方法　　(c) 5/3小波抽取方法　　(d) 9/7小波抽取方法

图 12.10　不同方法的全色锐化结果

（e）Haar小波多孔方法　　　（f）db4小波多孔方法　　　（g）5/3小波多孔方法　　　（h）9/7小波多孔方法

图 12.10　（续）

表 12.1 给出了各类方法的数值指标。根据结果可知，ATWT 要优于 DWT 方法。在四种小波基的对比中，消失矩阶数较高的 db4 和 9/7 小波取得了更好的结果，说明较高的消失矩能够在有效提取细节信息的同时，降低光谱失真。

本节实验相关的完整代码见附录 A.5。

表 12.1　全色锐化数值评价结果

变换	小波基	ERGAS	SAM	Q4
DWT	Haar	5.6676	4.2563	0.9155
	db4	5.1995	4.1667	0.9240
	5/3	5.3832	4.1964	0.9205
	9/7	5.1397	4.1936	0.9248
ATWT	Haar	5.5289	4.2943	0.9187
	db4	5.0947	4.1651	0.9260
	5/3	5.2238	4.1979	0.9237
	9/7	5.0950	4.1652	0.9260

12.2　双树复小波在图像去噪中的应用

图像在采集或传输过程中经常受到噪声的影响，去除噪声对图像后续应用有着重要意义。传统图像去噪是通过线性滤波实现（如高斯滤波、维纳滤波等）。具有良好时频特性的小波变换也可以应用于图像去噪，并且取得了非常好的效果。与传统去噪方法相比，小波变换可以很好地刻画信号的特征；小波系数具有稀疏性（即使用较少的系数表示原始图像）与去相关性，使得噪声经过变换后有白化趋势，进而更容易进行分离；通过选择合适的小波基，可以更好地应用于具体的去噪问题。

根据噪声对图像影响的方式，可以将噪声分为加性噪声与乘性噪声。加性噪声一般假设与图像无关，具体表示为

$$\boldsymbol{y}(i,j) = \boldsymbol{x}(i,j) + \boldsymbol{n}(i,j) \tag{12.2.1}$$

式中，$\boldsymbol{x}$ 表示未经噪声污染的图像；$\boldsymbol{y}$ 表示含有噪声的图像；$\boldsymbol{n}$ 表示噪声；(i,j) 表示图像

中像素的具体位置。加性噪声以叠加的方式影响输入信号，如电子器件的噪声、信道噪声等，本节使用加性噪声模型阐述图像去噪算法。

12.2.1 阈值去噪原理

根据式(12.2.1)所示的加性噪声的模型，Donoho 和 Johnstone 提出小波阈值收缩（wavelet shrinkage）方法[200]，该方法在最小均方误差意义上可以实现近似最优，而且能够取得较好的视觉效果。小波阈值收缩去噪算法的主要过程为：首先对噪声图像进行小波变换，然后对小波系数进行阈值去噪，最后使用小波逆变换重构图像。小波阈值收缩去噪算法的主要理论依据为：经过小波变换，图像的能量集中在小波域中少量系数上，这些系数往往具有较大的幅值，而噪声信号（这里指高斯白噪声）系数均匀分布于整个小波空间，这些系数幅度较小而且不同幅度之间差异不大。因此，可以通过选定合适的阈值，保留幅值较大的小波系数，清除幅值较小的小波系数，进而实现图像去噪。

对小波系数进行的非线性阈值处理方法分为硬阈值方法[200] 和软阈值方法[201]。在硬阈值方法中，幅值小于或等于阈值的系数被置为零，幅度大于阈值的系数保持不变，如图 12.11（a）所示。图 12.11（a）为了方便显示，假设小波系数都在 $[-1, 1]$ 的范围，并选取阈值为 0.3。在软阈值方法中，幅值小于等于阈值的系数被置为零，而大于阈值的系数要收缩为该系数与阈值的差值（这里解释大于零的情况，小于零的情况类似），软阈值函数如图 12.11（b）所示。

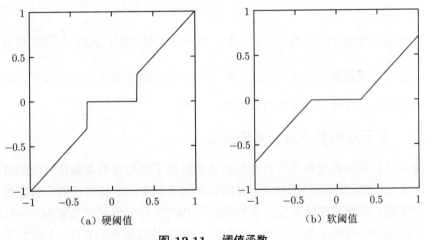

(a) 硬阈值   (b) 软阈值

图 12.11 阈值函数

两种阈值方法中，硬阈值方法能够更好地保持图像中的边缘信息，去噪结果更加接近真实图像（需要保留的系数未做任何改动）；而软阈值方法中函数具有连续性，去噪后的图像更加平滑，具有更好的视觉效果。本节采用软阈值方法说明小波变换在图像去噪中的应用。在确定了阈值去噪的具体方法后，另一个重要问题为阈值的取值，如果阈值过小，噪声滤除效果不好，如果阈值过大，将会丢失有用信息进而导致图像的模糊，因此选择合适的阈值至关重要，下面将介绍阈值确定的方法。

1. Universal 阈值

Universal 阈值[200] 的计算方法为

$$T_{\mathrm{univ}} = \sigma_{\mathrm{n}}\sqrt{2\ln N} \tag{12.2.2}$$

式中，σ_{n} 为噪声标准差；N 表示图像中像素的总个数。文献[200]证明，在高斯白噪声模型下，大于该阈值的系数含有噪声信号的概率趋向于零。

2. 贝叶斯收缩阈值

Chang 等将广义高斯分布（generalized Gaussian distribution）引入图像的小波系数先验模型中，在贝叶斯框架下通过最小化贝叶斯风险，得到了著名的贝叶斯收缩（Bayes Shrink）阈值[202]，具体计算方法如下：

$$T_{\mathrm{Bayes}} = \frac{\sigma_{\mathrm{n}}^2}{\sigma_x} \tag{12.2.3}$$

式中，σ_{n} 为噪声标准差。噪声图像经过小波变换，得到多个小波子带，σ_x 表示小波子带的标准差（不同的子带对应不同的标准差），σ_x 的估计方法为

$$\hat{\sigma}_x = \sqrt{\max\{\hat{\sigma}_y^2 - \sigma_{\mathrm{n}}^2, 0\}} \tag{12.2.4}$$

式中，$\hat{\sigma}_y^2$ 表示噪声图像小波子带的方差。

贝叶斯收缩阈值有很直观的物理意义，对该阈值归一化得 $\dfrac{T_{\mathrm{Bayes}}}{\sigma_{\mathrm{n}}} = \dfrac{\sigma_{\mathrm{n}}}{\sigma_x}$，其中，等式右边 $\dfrac{\sigma_{\mathrm{n}}}{\sigma_x}$ 为信噪比倒数的开方。当 $\dfrac{\sigma_{\mathrm{n}}}{\sigma_x} \ll 1$ 时，信号占主导作用，此时 $\dfrac{T_{\mathrm{Bayes}}}{\sigma_{\mathrm{n}}}$ 取值很小，因此能够更多地保留图像细节信息；反之，若 $\dfrac{\sigma_{\mathrm{n}}}{\sigma_x} \gg 1$，此时系数主要反映噪声，此时 $\dfrac{T_{\mathrm{Bayes}}}{\sigma_{\mathrm{n}}}$ 取值较大，可以实现对噪声信号的有效去除。

12.2.2 基于双树复小波的阈值去噪

小波变换可以将图像分解为含有低频信息的近似子带与含有高频信息的细节子带。随着小波分解级数的增加，近似子带中含有的信息越来越少，选择合适的分解级数可以提升去噪算法的性能。传统的二维可分离小波变换（DWT）可以将图像分解为一个低频子带与表示三个不同方向的高频子带（一级小波分解），由于抽取操作的存在，DWT 不具有平移不变性，这将导致重构后的图像具有块状伪影。多孔算法将变换中的抽取操作等效为对滤波器的内插，进而实现了平移不变性。因此，具有平移不变性的小波变换在实际应用中具有更好的视觉效果。但是，图像中有丰富的纹理信息，DWT 得到的 3 个方向的高频子带不足以高效表示图像中的细节信息，这将会影响到最终的去噪效果（细节信息的高效表示更有利于信号与噪声分离）。

双树复小波变换（DTCWT）的基函数为复数，而且基函数的实部与虚部互为希尔伯特变换对（即具有解析性）。具有解析性的复数基函数使得 DTCWT 在具有近似平移不变性

的同时，还可以实现 6 个不同方向的子带分解。DTCWT 通过双树结构实现，具有运算速度快、多方向等特点，具体实现方式可以参考第 8 章。本节将使用 DTCWT 对图像进行去噪处理，为了说明 DTCWT 多方向分解的有效性，选择不含抽取操作的多孔小波变换（ATWT）作为对照。DTCWT 已经集成在 MATLAB 小波工具箱中，具体用法如下：

```
[A,D] = dualtree2(input); % 分 解
output = idualtree2(A,D); % 重 构
```

其中，A 为实系数矩阵，表示近似子带；D 为元胞数组，包含了每一级分解得到的细节系数（细节系数为复数矩阵）。

具体去噪流程如下：

（1）对含有噪声的图像进行 DTCWT。注意到不同的分解级数会对结果造成影响，分解级数太小不足以将噪声分离，分解级数太大则会将重要的信息滤除。本节实验采用 3 级分解。

（2）对噪声图像进行 DTCWT 后得到一个低频子带与 3 组高频子带，每一组高频子带具有 6 个不同方向的细节子带。由于近似子带主要反映图像的低频信息（低频信息较为平滑），而幅值变化较大的噪声主要分散在高频子带中，因此将近似子带完全保留，使用阈值去噪方法对细节子带进行去噪处理。此处应注意，单一个细节子带中的每一个元素均为复数，在阈值处理中应分别对实部、虚部进行处理，然后整合为复数。注意到 Universal 阈值与贝叶斯收缩阈值均涉及噪声方差，可以通过小波系数估计[200]：

$$\hat{\sigma}_{\mathrm{n}} = \frac{\mathrm{MED}(d)}{0.6745}$$

其中，$\mathrm{MED}(d)$ 表示小波子带系数 d 的中位数。在去噪过程中，每一个子带对应于一个噪声方差 $\hat{\sigma}_{\mathrm{n}}$。

（3）将经过去噪处理的细节子带与保留的近似子带重构为去噪图像，至此图像去噪完成，后续可以使用评价指标分析图像去噪结果。

12.2.3　仿真实验结果与分析

去噪结果可以用峰值信噪比（peak signal to noise ratio，PSNR）来评价，具体定义如下：

$$\mathrm{PSNR}(\boldsymbol{x}, \hat{\boldsymbol{x}}) = 10\lg\frac{M^2}{\mathrm{MSE}(\boldsymbol{x}, \hat{\boldsymbol{x}})} \tag{12.2.5}$$

式中，$\boldsymbol{x}$ 表示原始图像；$\hat{\boldsymbol{x}}$ 表示去噪图像；$\mathrm{MSE}(\boldsymbol{x}, \hat{\boldsymbol{x}})$ 为两幅图像的均方误差；M 表示图像的动态范围。若图像为 8 位整型数据，则 $M = 255$；若图像为 $[0, 1]$ 内的双精度浮点型数据，则 $M = 1$。通常情况下 PSNR 取值为 20~40dB，数值越高表示两幅图像越接近。

本节实验选取两幅典型的自然图像 Lena 与 Barbara，分别如图 12.12（a）和图 12.13（a）所示。对原始图像加入不同标准差的高斯白噪声，生成噪声图像。采用 12.2.2 节所介绍的

DTCWT 去噪方法进行去噪，同时将 ATWT 作为比较对象，选择 9/7 小波作为基函数。两种变换均采用 3 级分解。

表 12.2 和表 12.3 给出了两幅图像的去噪结果，其中，U、B 分别代表 Universal 阈值法和贝叶斯收缩阈值法。可以看出，在不同噪声标准差下，基于 DTCWT 的去噪方法均要优于 ATWT。同时，采用贝叶斯收缩阈值的结果要优于采用 Universal 阈值的结果。以图像 Lena 为例，DTCWT-B 高于 DTCWT-U 约 3dB，提升效果显著。

表 12.2　图像 Lena 的去噪结果（PSNR/dB）

σ_n	噪声图像	ATWT-U	DTCWT-U	ATWT-B	DTCWT-B
10	28.1312	27.3879	28.6083	33.4690	34.0300
15	24.6255	26.7570	27.8746	31.4460	32.0659
20	22.1411	26.3547	27.3680	30.1084	30.7252
25	20.2232	26.0582	26.9702	29.0864	29.6642
30	18.6749	25.8389	26.6068	28.2250	28.8452

表 12.3　图像 Barbara 的去噪结果（PSNR/dB）

σ_n	噪声图像	ATWT-U	DTCWT-U	ATWT-B	DTCWT-B
10	28.1348	23.9427	24.8030	31.8696	32.3294
15	24.6049	23.3925	24.0272	29.2399	29.7261
20	22.1634	23.1378	23.5838	27.1215	27.7478
25	20.2640	23.0011	23.3362	25.7181	26.4090
30	18.7319	22.8856	23.1662	24.5294	25.1891

图 12.12 和图 12.13 给出了 $\sigma_n = 20$ 的情况下不同去噪方法的可视化结果。从图中可以发现，无论是 STWT 还是 DTCWT，Universal 阈值法的结果有明显的模糊。相对而言，贝叶斯萎缩阈值法有效去除了噪声，同时保留了图像的边缘纹理信息。对于两种变换的比较，由于 DTCWT 具有多个方向子带，因此保留了更多的纹理信息，视觉效果更好。

（a）原始图像　　　　（b）噪声图像（$\sigma_n = 20$）　　　　（c）ATWT-U

图 12.12　图像 Lena 的去噪可视化结果

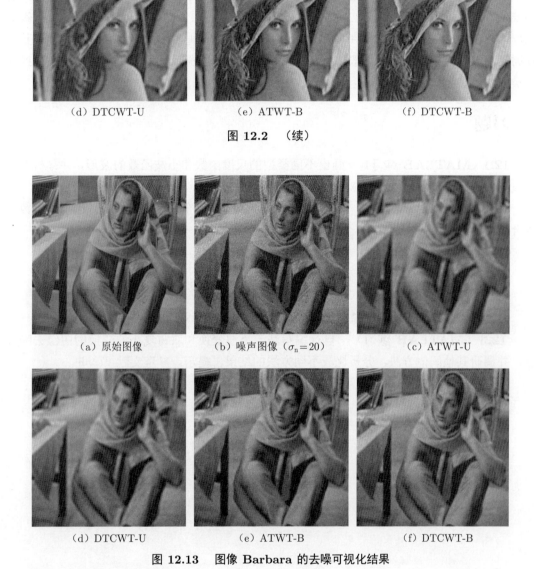

（d）DTCWT-U 　　　　　　（e）ATWT-B 　　　　　　（f）DTCWT-B

图 12.2　（续）

（a）原始图像 　　　　　（b）噪声图像（$\sigma_n = 20$） 　　　　　（c）ATWT-U

（d）DTCWT-U 　　　　　　（e）ATWT-B 　　　　　　（f）DTCWT-B

图 12.13　图像 Barbara 的去噪可视化结果

本节实验相关的完整代码见附录 A.5。

本章小结

本章介绍了小波变换在图像处理中应用。12.1 节介绍了**全色锐化**问题，该问题的关键在于如何提取全色图像的细节信息，将其加入到多光谱图像中以增强多光谱图像的空间分辨率。由于小波变换具有多尺度特性，因此可用于提取空间细节。同时，采用具有平移不变性的**多孔小波变换**，能够降低高频信息对空间位置的敏感性，减少融合图像的伪影。在仿真实验中取得了良好的全色锐化结果。

12.2 节介绍了**图像去噪**问题。对含有噪声的图像进行小波变换，使用**阈值去噪**方法对小波系数进行处理，可以有效去除噪声，提高图像质量。12.2.1 节重点阐述了阈值去噪的原理，并介绍了两种阈值方法——Universal 阈值与贝叶斯收缩阈值。12.2.2 节介绍了基于**双树复小波变换**的图像去噪一般化流程，最后通过仿真实验证明了基于双树复小波变换的去噪方法的优势。

习题

12.1（MATLAB 练习）　画出不同类型的尺度函数和小波函数的波形，并分析不同小波基的特点。提示：可利用 MATLAB 函数 `wavefun`。

12.2（MATLAB 练习）　自行编写基于小波变换的全色锐化算法，讨论下列参数对融合结果的影响：

（1）变换级数；

（2）小波基；

（3）抽取小波或多孔小波；

（4）增益系数。提示：增益系数模型可参考文献 [191,198]。

12.3（MATLAB 练习）　自行编写基于小波变换和双树复小波变换的图像去噪算法，并调研其他阈值方法，分析比较不同方法的结果。提示：参考文献 [87,96]。

REFERENCES

参考文献

[1] 程佩青. 数字信号处理教程[M]. 5 版. 北京：清华大学出版社，2017.

[2] 胡广书. 数字信号处理–理论、算法与实现[M]. 3 版. 北京：清华大学出版社，2012.

[3] OPPENHEIM A V. 离散时间信号处理[M]. 英文版. 3 版. 北京：电子工业出版社，2019.

[4] PROAKIS J G, MANOLAKIS D G. 数字信号处理——原理、算法与应用[M]. 英文版. 4 版. 北京：电子工业出版社，2013.

[5] LYONS R G. 数字信号处理[M]. 英文版. 3 版. 北京：电子工业出版社，2012.

[6] CROCHIERE R E, RABINER L R. Interpolation and decimation of digital signals—A tutorial review[J]. Proceedings of the IEEE, 1981, 69(3): 300-331.

[7] CROCHIERE R E, RABINER L R. Multirate digital signal processing[M]. Englewood Cliffs: Prentice-Hall, 1983.

[8] VAIDYANATHAN P P. Multirate systems and filter banks[M]. Englewood Cliffs: Prentice-Hall, 1993.

[9] 宗孔德. 多抽样率数字信号处理[M]. 北京：清华大学出版社，1996.

[10] BI G, MITRA S K. Sampling rate conversion in the frequency domain [DSP tips and tricks][J]. IEEE Signal Processing Magazine, 2011, 28(3): 140-144.

[11] HERRMANN O, RABINER L R, CHAN D S K. Practical design rules for optimum finite impulse response low-pass digital filters[J]. The Bell System Technical Journal, 1973, 52(6): 769-799.

[12] HOGENAUER E. An economical class of digital filters for decimation and interpolation[J]. IEEE Transactions on Acoustics, Speech, and Signal Processing, 1981, 29(2): 155-162.

[13] ESTEBAN D, GALAND C. Application of quadrature mirror filters to split band voice coding schemes[C]. ICASSP '77. IEEE International Conference on Acoustics, Speech, and Signal Processing, 1977, 2: 191-195.

[14] VAIDYANATHAN P P. Quadrature mirror filter banks, M-band extensions and perfect-reconstruction techniques[J]. IEEE ASSP Magazine, 1987, 4(3): 4-20.

[15] VAIDYANATHAN P P. On power-complementary FIR filters[J]. IEEE Transactions on Circuits and Systems, 1985, 32(12): 1308-1310.

[16] JOHNSTON J D. A filter family designed for use in quadrature mirror filter banks[C]. IEEE International Conference on Acoustics, Speech, and Signal Processing, 1980, 5: 291-294.

[17] SARAMAKI T. On the design of digital filters as a sum of two all-pass filters[J]. IEEE Transactions on Circuits and Systems, 1985, 32(11): 1191-1193.

[18] VAIDYANATHAN P P. A tutorial on multirate digital filter banks[C]. IEEE International

Symposium on Circuits and Systems, 1988, 3: 2241-2248.

[19]   VAIDYANATHAN P P, REGALIA P, MITRA S. Design of doubly-complementary IIR digital filters, using a single complex allpass filter[C]. ICASSP '86. IEEE International Conference on Acoustics, Speech, and Signal Processing, 1986, 11: 2547-2550.

[20]   SMITH M J T, BARNWELL T P. A procedure for designing exact reconstruction filter banks for tree-structured subband coders[C]. IEEE International Conference on Acoustics, Speech, and Signal Processing: 1984, 9: 421-424.

[21]   SMITH M J T, BARNWELL T P. Exact reconstruction techniques for tree-structured subband coders[J]. IEEE Transactions on Acoustics, Speech, and Signal Processing, 1986, 34(3): 434-441.

[22]   MINTZER F. Filters for distortion-free two-band multirate filter banks[J]. IEEE Transactions on Acoustics, Speech, and Signal Processing, 1985, 33(3): 626-630.

[23]   VAIDYANATHAN P P, HOANG P Q. Lattice structures for optimal design and robust implementation of two-channel perfect-reconstruction QMF banks[J]. IEEE Transactions on Acoustics, Speech, and Signal Processing, 1988, 36(1): 81-94.

[24]   ANSARI R, GUILLEMOT C, KAISER J F. Wavelet construction using lagrange halfband filters [J]. IEEE Transactions on Circuits and Systems, 1991, 38(9): 1116-1118.

[25]   ANSARI R, KIM C W, DEDOVIC M. Structure and design of two-channel filter banks derived from a triplet of halfband filters[J]. IEEE Transactions on Circuits and Systems II: Analog and Digital Signal Processing, 1999, 46(12): 1487-1496.

[26]   PATIL B D, PATWARDHAN P G, GADRE V M. On the design of FIR wavelet filter banks using factorization of a halfband polynomial[J]. IEEE Signal Processing Letters, 2008, 15: 485-488.

[27]   VETTERLI M. A theory of multirate filter banks[J]. IEEE Transactions on Acoustics, Speech, and Signal Processing, 1987, 35(3): 356-372.

[28]   NGUYEN T Q, VAIDYANATHAN P P. Two-channel perfect-reconstruction FIR QMF structures which yield linear-phase analysis and synthesis filters[J]. IEEE Transactions on Acoustics, Speech, and Signal Processing, 1989, 37(5): 676-690.

[29]   TRAN T D, NGUYEN T Q. On M-channel linear phase FIR filter banks and application in image compression[J]. IEEE Transactions on Signal Processing, 1997, 45(9): 2175-2187.

[30]   TRAN T D, DE QUEIROZ R L, NGUYEN T Q. Linear-phase perfect reconstruction filter bank: Lattice structure, design, and application in image coding[J]. IEEE Transactions on Signal Processing, 2000, 48(1): 133-147.

[31]   HORNG B R, WILLSON A N. Lagrange multiplier approaches to the design of two-channel perfect-reconstruction linear-phase FIR filter banks[J]. IEEE Transactions on Signal Processing, 1992, 40(2): 364-374.

[32]   TAY D B H. Two stage, least squares design of biorthogonal filter banks[C]. IEEE International Symposium on Circuits and Systems (ISCAS), 2000, 1: 591-594.

[33]   HO C Y F, LING B W K, BENMESBAH L, et al. Two-channel linear phase FIR QMF bank minimax design via global nonconvex optimization programming[J]. IEEE Transactions on Signal Processing, 2010, 58(8): 4436-4441.

[34]   VETTERLI M, HERLEY C. Wavelets and filter banks: Relationships and new results[C]. International Conference on Acoustics, Speech, and Signal Processing, 1990, 3: 1723-1726.

[35]   VETTERLI M, HERLEY C. Wavelets and filter banks: Theory and design[J]. IEEE Transac-

tions on Signal Processing, 1992, 40(9): 2207-2232.

[36] PHOONG S M, KIM C W, VAIDYANATHAN P P, et al. A new class of two-channel biorthogonal filter banks and wavelet bases[J]. IEEE Transactions on Signal Processing, 1995, 43(3): 649-665.

[37] CHAN S C, PUN C K S, HO K L. New design and realization techniques for a class of perfect reconstruction two-channel FIR filter banks and wavelets bases[J]. IEEE Transactions on Signal Processing, 2004, 52(7): 2135-2141.

[38] VAIDYANATHAN P P. Multirate digital filters, filter banks, polyphase networks, and applications: A tutorial[J]. Proceedings of the IEEE, 1990, 78(1): 56-93.

[39] VAIDYANATHAN P P. Theory and design of M-channel maximally decimated quadrature mirror filters with arbitrary M, having the perfect-reconstruction property[J]. IEEE Transactions on Acoustics, Speech, and Signal Processing, 1987, 35(4): 476-492.

[40] SWAMINATHAN K, VAIDYANATHAN P P. Theory and design of uniform DFT, parallel, quadrature mirror filter banks[J]. IEEE Transactions on Circuits and Systems, 1986, 33(12): 1170-1191.

[41] HELLER P N, KARP T, NGUYEN T Q. A general formulation of modulated filter banks[J]. IEEE Transactions on Signal Processing, 1999, 47(4): 986-1002.

[42] NUSSBAUMER H J. Pseudo QMF filter banks[J]. IBM Tech Disclosure Bulletin, 1981, 24: 3081-3087.

[43] ROTHWEILER J. Polyphase quadrature filters–A new subband coding technique[C]. ICASSP '83. IEEE International Conference on Acoustics, Speech, and Signal Processing, 1983, 8: 1280-1283.

[44] CHU P. Quadrature mirror filter design for an arbitrary number of equal bandwidth channels [J]. IEEE Transactions on Acoustics, Speech, and Signal Processing, 1985, 33(1): 203-218.

[45] MASSON J, PICEL Z. Flexible design of computationaly efficient nearly perfect QMF filter banks[C]//ICASSP '85. IEEE International Conference on Acoustics, Speech, and Signal Processing, 1985, 10: 541-544.

[46] KOILPILLAI R D, VAIDYANATHAN P P. New results on cosine-modulated FIR filter banks satisfying perfect reconstruction[C]. [Proceedings] ICASSP 91: 1991 International Conference on Acoustics, Speech, and Signal Processing, 1991, 3: 1793-1796.

[47] CREUSERE C D, MITRA S K. A simple method for designing high-quality prototype filters for M-band pseudo QMF banks[J]. IEEE Transactions on Signal Processing, 1995, 43(4): 1005-1007.

[48] LIN Y P, VAIDYANATHAN P P. A kaiser window approach for the design of prototype filters of cosine modulated filter banks[J]. IEEE Signal Processing Letters, 1998, 5(6): 132-134.

[49] VETTERLI M, GALL D L. Perfect reconstruction FIR filter banks: Some properties and factorizations[J]. IEEE Transactions on Acoustics, Speech, and Signal Processing, 1989, 37(7): 1057-1071.

[50] MALVAR H S, STAELIN D H. The LOT: Transform coding without blocking effects[J]. IEEE Transactions on Acoustics, Speech, and Signal Processing, 1989, 37(4): 553-559.

[51] MALVAR H S. Modulated QMF filter banks with perfect reconstruction[J]. Electronics Letters, 1990, 26(13): 906-907.

[52] KOILPILLAI R D, VAIDYANATHAN P P. Cosine-modulated FIR filter banks satisfying perfect reconstruction[J]. IEEE Transactions on Signal Processing, 1992, 40(4): 770-783.

[53] FONG Y T, KOK C W. Iterative least squares design of DC-leakage free paraunitary cosine modulated filter banks[J]. IEEE Transactions on Circuits and Systems II: Analog and Digital Signal Processing, 2003, 50(5): 238-243.

[54] CHAN S C, LIU W, HO K L. Multiplierless perfect reconstruction modulated filter banks with sum-of-powers-of-two coefficients[J]. IEEE Signal Processing Letters, 2001, 8(6): 163-166.

[55] NGUYEN T Q. Digital filter bank design quadratic-constrained formulation[J]. IEEE Transactions on Signal Processing, 1995, 43(9): 2103-2108.

[56] NGUYEN T Q, HELLER P N. Biorthogonal cosine-modulated filter bank[C]. 1996 IEEE International Conference on Acoustics, Speech, and Signal Processing Conference Proceedings, 1996, 3: 1471-1474.

[57] KARP T, MERTINS A. Biorthogonal cosine-modulated filter banks without DC leakage[C]. Proceedings of the 1998 IEEE International Conference on Acoustics, Speech and Signal Processing, ICASSP '98, 1998, 3: 1457-1460.

[58] ARGENTI F, RE E D. Design of biorthogonal M-channel cosine-modulated FIR/IIR filter banks [J]. IEEE Transactions on Signal Processing, 2000, 48(3): 876-881.

[59] LU Y, MORRIS J M. A novel design technique for biorthogonal filter bank systems[J]. IEEE Transactions on Signal Processing, 2000, 48(2): 563-566.

[60] COX R. The design of uniformly and nonuniformly spaced pseudoquadrature mirror filters[J]. IEEE Transactions on Acoustics, Speech, and Signal Processing, 1986, 34(5): 1090-1096.

[61] HOANG P Q, VAIDYANATHAN P P. Non-uniform multirate filter banks: Theory and design [C]. IEEE International Symposium on Circuits and Systems, 1989, 1: 371-374.

[62] KOVACEVIC J, VETTERLI M. Perfect reconstruction filter banks with rational sampling factors[J]. IEEE Transactions on Signal Processing, 1993, 41(6): 2047-2066.

[63] NAYEBI K, BARNWELL T P, SMITH M J T. Nonuniform filter banks: A reconstruction and design theory[J]. IEEE Transactions on Signal Processing, 1993, 41(3): 1114-1127.

[64] LIU B, BRUTON L T. The design of nonuniform-band maximally decimated filter banks[C]. IEEE International Symposium on Circuits and Systems, 1993, 1: 375-378.

[65] LIU B, BRUTON L T. The design of N-band nonuniform-band maximally decimated filter banks[C]. Proceedings of 27th Asilomar Conference on Signals, Systems and Computers, 1993, 2: 1281-1285.

[66] WADA S. Design of nonuniform division multirate FIR filter banks[J]. IEEE Transactions on Circuits and Systems II: Analog and Digital Signal Processing, 1995, 42(2): 115-121.

[67] NAGAI T, FUTIE T, IKEHARA M. Direct design of nonuniform filter banks[C]. IEEE International Conference on Acoustics, Speech, and Signal Processing, 1997, 3: 2429-2432.

[68] ARGENTI F, RE E D. Non-uniform filter banks based on a multi-prototype cosine modulation [C]. IEEE International Conference on Acoustics, Speech, and Signal Processing Conference Proceedings, 1996, 3: 1511-1514.

[69] LI J, NGUYEN T Q, TANTARATANA S. A simple design method for near-perfect-reconstruction nonuniform filter banks[J]. IEEE Transactions on Signal Processing, 1997, 45 (8): 2105-2109.

[70] CHAN S C, XIE X M, YUK T I. Theory and design of a class of cosine-modulated non-uniform filter banks[C]. IEEE International Conference on Acoustics, Speech, and Signal Processing. Proceedings (Cat. No.00CH37100), 2000, 1: 504-507.

[71] PANDHARIPANDE A, DASGUPTA S. On biorthogonal nonuniform filter banks and tree struc-
      tures[J]. IEEE Transactions on Circuits and Systems I: Fundamental Theory and Applications,
      2002, 49(10): 1457-1467.

[72] SHEEBA V S, ELIAS E. Design of signal-adapted nonuniform filter banks using tree structure
      [C]. IEEE International Symposium on Circuits and Systems. 2006: 890.

[73] ANURAG S, KUMAR A. Simple iterative design technique for tree structured non-uniform filter
      bank[C]. 1st International Conference on Recent Advances in Information Technology (RAIT).
      2012: 744-749.

[74] SMITH M J T, BARNWELL T P. A unifying framework for analysis/synthesis systems based on
      maximally decimated filter banks[C]. ICASSP '85. IEEE International Conference on Acoustics,
      Speech, and Signal Processing, 1985, 10: 521-524.

[75] WACKERSREUTHER G. Some new aspects of filters for filter banks[J]. IEEE Transactions on
      Acoustics, Speech, and Signal Processing, 1986, 34(5): 1182-1200.

[76] PRINCEN J, BRADLEY A. Analysis/synthesis filter bank design based on time domain aliasing
      cancellation[J]. IEEE Transactions on Acoustics, Speech, and Signal Processing, 1986, 34(5):
      1153-1161.

[77] SMITH M J T, BARNWELL T P. A new filter bank theory for time-frequency representation
      [J]. IEEE Transactions on Acoustics, Speech, and Signal Processing, 1987, 35(3): 314-327.

[78] VETTERLI M. A theory of multirate filter banks[J]. IEEE Transactions on Acoustics, Speech,
      and Signal Processing, 1987, 35(3): 356-372.

[79] NGUYEN T Q, VAIDYANATHAN P P. Maximally decimated perfect-reconstruction FIR fil-
      ter banks with pairwise mirror-image analysis (and synthesis) frequency responses[J]. IEEE
      Transactions on Acoustics, Speech, and Signal Processing, 1988, 36(5): 693-706.

[80] VISCITO E, ALLEBACH J. The design of tree-structured M-channel filter banks using perfect
      reconstruction filter blocks[C]. ICASSP-88., International Conference on Acoustics, Speech, and
      Signal Processing, 1988, 3: 1475-1478.

[81] MALLAT S. A wavelet tour of signal processing: The sparse way[M]. Academic Press, 2008.

[82] 胡广书. 现代信号处理教程[M]. 北京：清华大学出版社，2015.

[83] RABINER L R, SCHAFER R W. 数字语音处理理论与应用[M]. 英文版. 2 版. 北京：电子工业
      出版社，2011.

[84] HAAR A. Zur theorie der orthogonalen funktionensysteme[J]. Mathematische Annalen, 1910,
      69(3): 331-371.

[85] WALNUT D F. 小波分析导论[M]. 影印版. 北京：世界图书出版公司，2011.

[86] MALLAT S. A theory for multiresolution signal decomposition: The wavelet representation[J].
      IEEE Transactions on Pattern Analysis and Machine Intelligence, 1989, 11(7): 674-693.

[87] Yves Meyer awarded Abel prize[J/OL]. Notices of the AMS, 2017, 64(6): 592-594. DOI:
      http://dx.doi.org/10.1090/noti1543.

[88] 彭思龙，李保滨，胡晰远. 小波与滤波器组设计：理论及其应用[M]. 北京：清华大学出版社，2017.

[89] SWELDENS W. The lifting scheme: A new philosophy in biorthogonal wavelet constructions
      [C]//LAINE A F, UNSER M. Wavelet Applications in Signal and Image Processing III. Proc.
      SPIE 2569, 1995: 68-79.

[90] SWELDENS W. The lifting scheme: A custom-design construction of biorthogonal wavelets[J].
      Appl. Comput. Harmon. Anal., 1996, 3(2): 186-200.

[91] SWELDENS W. The lifting scheme: A construction of second generation wavelets[J]. SIAM J. Math. Anal., 1997, 29(2): 511-546.

[92] DAUBECHIES I, SWELDENS W. Factoring wavelet transforms into lifting steps[J]. J. Fourier Anal. Appl., 1998, 4(3): 247-269.

[93] COHEN A, DAUBECHIES I, FEAUVEAU J C. Biorthogonal bases of compactly supported wavelets[J]. Communications on Pure and Applied Mathematics, 1992, 45(5): 485-560.

[94] TAUBMAN D, MARCELLIN M. JPEG2000: 图像压缩基础、标准和实践[M]. 魏江力，柏正尧，译. 北京：电子工业出版社，2004.

[95] DAUBECHIES I. CBMS-NSF regional conference series in applied mathematics: Ten lectures on wavelets[M]. Philadelphia: Society for Industrial and Applied Mathematics, 1992.

[96] 成礼智，王红霞，罗永. 小波的理论与应用[M]. 北京：科学出版社，2004.

[97] BOGGESS A, NARCOWICH F J. 小波与傅里叶分析基础[M]. 芮国胜，康健，译. 2 版. 北京：电子工业出版社，2010.

[98] BURRUS C S, GOPINATH R A, GUO H. 小波与小波变换导论[M]. 芮国胜，程正兴，王文，译. 北京：电子工业出版社，2013.

[99] 孙延奎. 小波变换与图像、图形处理技术[M]. 2 版. 北京：清华大学出版社，2018.

[100] DAUBECHIES I. Orthonormal bases of compactly supported wavelets[J]. Communications on Pure and Applied Mathematics, 1988, 41(7): 909-996.

[101] ALMEIDA L B. The fractional Fourier transform and time-frequency representations[J]. IEEE Transactions on Signal Processing, 1994, 42(11): 3084-3091.

[102] 陶然，邓兵，王越. 分数阶傅里叶变换及其应用[M]. 北京：清华大学出版社，2009.

[103] OZAKTAS H M, ZALEVSKY Z, KUTAY M A. The fractional Fourier transform with applications in optics and signal processing[M]. New York: Wiley, 2001.

[104] 陶然，齐林，王越. 分数阶 Fourier 变换的原理与应用[M]. 北京：清华大学出版社，2004.

[105] 马金铭，苗红霞，苏新华，等. 分数傅里叶变换理论及其应用研究进展[J]. 光电工程，2018, 45(6): 170747.

[106] ALMEIDA L B. Product and convolution theorems for the fractional Fourier transform[J]. IEEE Signal Processing Letters, 1997, 4(1): 15-17.

[107] TAO R, DENG B, ZHANG W Q, et al. Sampling and sampling rate conversion of band limited signals in the fractional Fourier transform domain[J]. IEEE Transactions on Signal Processing, 2008, 56(1): 158-171.

[108] OZAKTAS H M, ARIKAN O, KUTAY M A, et al. Digital computation of the fractional Fourier transform[J]. IEEE Transactions on Signal Processing, 1996, 44(9): 2141-2150.

[109] BULTHEEL A, SULBARAN H E M. Computation of the fractional Fourier transform[J]. Applied and Computational Harmonic Analysis, 2004, 16(3): 182-202.

[110] ZAYED A I. On the relationship between the Fourier and fractional Fourier transforms[J]. IEEE Signal Processing Letters, 1996, 3(12): 310-311.

[111] XIA X G. On bandlimited signals with fractional Fourier transform[J]. IEEE Signal Processing Letters, 1996, 3(3): 72-74.

[112] ERSEGHE T, KRANIAUSKAS P, CARIORARO G. Unified fractional Fourier transform and sampling theorem[J]. IEEE Transactions on Signal Processing, 1999, 47(12): 3419-3423.

[113] ZAYED A I. Sampling theorem for two dimensional fractional Fourier transform[J]. Signal Processing, 2021, 181: 107902.

[114] MENG X, TAO R, WANG Y. Fractional Fourier domain analysis of decimation and interpolation [J]. Science in China Series F: Information Sciences, 2007, 50: 521-538.

[115] PEI S C, YEH M H, TSENG C C. Discrete fractional Fourier transform based on orthogonal projections[J]. IEEE Transactions on Signal Processing, 1999, 47(5): 1335-1348.

[116] PEI S C, DING J J. Closed-form discrete fractional and affine Fourier transforms[J]. IEEE Transactions on Signal Processing, 2000, 48(5): 1338-1353.

[117] CANDAN C, KUTAY M A, OZAKTAS H M. The discrete fractional Fourier transform[J]. IEEE Transactions on Signal Processing, 2000, 48(5): 1329-1337.

[118] SU X, TAO R, KANG X. Analysis and comparison of discrete fractional Fourier transforms[J]. Signal Processing, 2019, 160: 284-298.

[119] ZAYED A I. A convolution and product theorem for the fractional Fourier transform[J]. IEEE Signal Processing Letters, 1998, 5(4): 101-103.

[120] VISCITO E, ALLEBACH J P. The analysis and design of multidimensional FIR perfect reconstruction filter banks for arbitrary sampling lattices[J]. IEEE Transactions on Circuits and Systems, 1991, 38(1): 29-41.

[121] CHEN T, VAIDYANATHAN P P. Recent developments in multidimensional multirate systems [J]. IEEE Transactions on Circuits and Systems for Video Technology, 1993, 3(2): 116-137.

[122] MURAMATSU S, YAMADA A, KIYA H. A design method of multidimensional linear-phase paraunitary filter banks with a lattice structure[J]. IEEE Transactions on Signal Processing, 1999, 47(3): 690-700.

[123] ZHOU J, DO M N, KOVACEVIC J. Multidimensional orthogonal filter bank characterization and design using the Cayley transform[J]. IEEE Transactions on Image Processing, 2005, 14(6): 760-769.

[124] VAIDYANATHAN P P. Fundamentals of multidimensional multirate digital signal processing [J]. Sadhana, 1990, 15: 157-176.

[125] CHEN T, VAIDYANATHAN P P. The role of integer matrices in multidimensional multirate systems[J]. IEEE Transactions on Signal Processing, 1993, 41(3): 1035-1047.

[126] CHEN T, VAIDYANATHAN P P. Multidimensional multirate filters and filter banks derived from one-dimensional filters[J]. IEEE Transactions on Signal Processing, 1993, 41(5): 1749-1765.

[127] KOVACEVIC J, VETTERLI M. Nonseparable multidimensional perfect reconstruction filter banks and wavelet bases for R^n[J]. IEEE Transactions on Information Theory, 1992, 38(2): 533-555.

[128] BAMBERGER R H, SMITH M J T. A filter bank for the directional decomposition of images: Theory and design[J]. IEEE Transactions on Signal Processing, 1992, 40(4): 882-893.

[129] NGUYEN T T, ORAINTARA S. Multiresolution direction filterbanks: Theory, design, and applications[J]. IEEE Transactions on Signal Processing, 2005, 53(10): 3895-3905.

[130] CANDÈS E J, DONOHO D L. New tight frames of curvelets and optimal representations of objects with piecewise C2 singularities[J]. Communications on Pure and Applied Mathematics, 2004, 57(2): 219-266.

[131] DO M N, VETTERLI M. The contourlet transform: An efficient directional multiresolution image representation[J]. IEEE Transactions on Image Processing, 2005, 14(12): 2091-2106.

[132] BURT P, ADELSON E. The Laplacian pyramid as a compact image code[J]. IEEE Transactions on Communications, 1983, 31(4): 532-540.

[133] DO M N, VETTERLI M. Framing pyramids[J]. IEEE Transactions on Signal Processing, 2003, 51(9): 2329-2342.

[134] COIFMAN R R, DONOHO D L. Translation-invariant de-noising[M]. New York: Springer, 1995: 125-150.

[135] CUNHA A L D, ZHOU J, DO M N. The nonsubsampled contourlet transform: Theory, design, and applications[J]. IEEE Transactions on Image Processing, 2006, 15(10): 3089-3101.

[136] McClellan J H. The design of two-dimensional digital filters by transformation[C]. Proceeding 7th Annual Princeton Conference Information Sciences and Systems. 1973.

[137] PHOONG S M, KIM C W, VAIDYANATHAN P P, et al. A new class of two-channel biorthogonal filter banks and wavelet bases[J]. IEEE Transactions on Signal Processing, 1995, 43(3): 649-665.

[138] TAY D B H, KINGSBURY N G. Flexible design of multidimensional perfect reconstruction FIR 2-band filters using transformations of variables[J]. IEEE Transactions on Image Processing, 1993, 2(4): 466-480.

[139] DA CUNHA A L, DO M N. On two-channel filter banks with directional vanishing moments [J]. IEEE Transactions on Image Processing, 2007, 16(5): 1207-1219.

[140] SELESNICK I W, BARANIUK R G, KINGSBURY N C. The dual-tree complex wavelet transform[J]. IEEE Signal Processing Magazine, 2005, 22(6): 123-151.

[141] FERNANDES F C A, SELESNICK I W, VAN SPAENDONCK R L C, et al. Complex wavelet transforms with all-pass filters[J]. Signal Processing, 2003, 83(8): 1689-1706.

[142] FERNANDES F C A, VAN SPAENDONCK R L C, BURRUS C S. A new framework for complex wavelet transforms[J]. IEEE Transactions on Signal Processing, 2003, 51(7): 1825-1837.

[143] SELESNICK I W. Hilbert transform pairs of wavelet bases[J]. IEEE Signal Processing Letters, 2001, 8(6): 170-173.

[144] OZKARAMANLI H, YU R. On the phase condition and its solution for Hilbert transform pairs of wavelet bases[J]. IEEE Transactions on Signal Processing, 2003, 51(12): 3293-3294.

[145] YU R, OZKARAMANLI H. Hilbert transform pairs of orthogonal wavelet bases: Necessary and sufficient conditions[J]. IEEE Transactions on Signal Processing, 2005, 53(12): 4723-4725.

[146] KINGSBURY N. The dual-tree complex wavelet transform: A new efficient tool for image restoration and enhancement[C]. 9th European Signal Processing Conference, 1998: 1-4.

[147] KINGSBURY N. The dual-tree complex wavelet transform: A new technique for shift invariance and directional filters[C]. Proc. 8th IEEE DSP Workshop, 1998: 319-322.

[148] KINGSBURY N. A dual-tree complex wavelet transform with improved orthogonality and symmetry properties[C]. Proceedings 2000 International Conference on Image Processing, 2000, 2: 375-378.

[149] SELESNICK I W. The design of approximate Hilbert transform pairs of wavelet bases[J]. IEEE Transactions on Signal Processing, 2002, 50(5): 1144-1152.

[150] SIMONCELLI E P, FREEMAN W T. The steerable pyramid: A flexible architecture for multiscale derivative computation[C]. International Conference on Image Processing Proceedings, 1995, 3: 444-447.

[151] CANDÈS E J, DONOHO D L. Ridgelets: A key to higher-dimensional intermittency?[J]. Philosophical Transactions of the Royal Society of London. Series A: Mathematical, Physical and

Engineering Sciences, 1999, 357(1760): 2495-2509.

[152] EASLEY G, LABATE D, LIM W Q. Sparse directional image representations using the discrete Shearlet transform[J]. Applied and Computational Harmonic Analysis, 2008, 25(1): 25-46.

[153] LIM W Q. The discrete Shearlet transform: A new directional transform and compactly supported Shearlet frames[J]. IEEE Transactions on Image Processing, 2010, 19(5): 1166-1180.

[154] DING W, WU F, WU X, et al. Adaptive directional lifting-based wavelet transform for image coding[J]. IEEE Transactions on Image Processing, 2007, 16(2): 416-427.

[155] CHANG C L, GIROD B. Direction-adaptive discrete wavelet transform for image compression [J]. IEEE Transactions on Image Processing, 2007, 16(5): 1289-1302.

[156] SHI Y, YANG X, GUO Y. Translation invariant directional framelet transform combined with Gabor filters for image denoising[J]. IEEE Transactions on Image Processing, 2014, 23(1): 44-55.

[157] JENQ Y C. Digital spectra of nonuniformly sampled signals: Fundaments and high-speed waveform digitizers[J]. IEEE Transactions on Instrumentation and Measurement, 1988, 37(2): 245-251.

[158] PETRAGLIA A, MITRA S K. High-speed A/D conversion incorporating a QMF bank[J]. IEEE Transactions on Instrumentation and Measurement, 1992, 41(3): 427-431.

[159] PETRAGLIA A, MALOBERTI F, MITRA S K. QMF-based A/D converters: Overview and new results[C]//1991 International Conference on Analogue to Digital and Digital to Analogue Conversion, 1991: 112-117.

[160] ELDAR Y C, OPPENHEIM A V. Filter bank reconstruction of bandlimited signals from nonuniform and generalized samples[J]. IEEE Transactions on Signal Processing, 2000, 48(10): 2864-2875.

[161] PRENDERGAST R S, LEVY B C, HURST P J. Reconstruction of band-limited periodic nonuniformly sampled signals through multirate filter banks[J]. IEEE Transactions on Circuits and Systems I: Regular Papers, 2004, 51(8): 1612-1622.

[162] VAIDYANATHAN P P, LIU V C. Classical sampling theorems in the context of multirate and polyphase digital filter bank structures[J]. IEEE Transactions on Acoustics, Speech, and Signal Processing, 1988, 36(9): 1480-1495.

[163] VAIDYANATHAN P P, LIU V C. Efficient reconstruction of band-limited sequences from nonuniformly decimated versions by use of polyphase filter banks[J]. IEEE Transactions on Acoustics, Speech, and Signal Processing, 1990, 38(11): 1927-1936.

[164] VENKATARAMANI R, BRESLER Y. Perfect reconstruction formulas and bounds on aliasing error in sub-Nyquist nonuniform sampling of multiband signals[J]. IEEE Transactions on Information Theory, 2000, 46(6): 2173-2183.

[165] MISHALI M, ELDAR Y C. From theory to practice: Sub-Nyquist sampling of sparse wideband analog signals[J]. IEEE Journal of Selected Topics in Signal Processing, 2010, 4(2): 375-391.

[166] AZIZ P M, SORENSEN H V, VN DER SPIEGEL J. An overview of sigma-delta converters[J]. IEEE Signal Processing Magazine, 1996, 13(1): 61-84.

[167] 初仁欣，赵伟，孙圣和. 一类非均匀采样信号的数字谱[J]. 信号处理，1999, 15(4): 297-302.

[168] AKANSU A N, DUHAMEL P, LIN X, et al. Orthogonal transmultiplexers in communication: A review[J]. IEEE Transactions on Signal Processing, 1998, 46(4): 979-995.

[169] PANDHARIPANDE A. Principles of OFDM[J]. IEEE Potentials, 2002, 21(2): 16-19.

[170] SAHIN A, GUVENC I, ARSLAN H. A survey on multicarrier communications: Prototype filters,

lattice structures, and implementation aspects[J]. IEEE Communications Surveys Tutorials, 2014, 16(3): 1312-1338.

[171] WANG Z, GIANNAKIS G B. Wireless multicarrier communications[J]. IEEE Signal Processing Magazine, 2000, 17(3): 29-48.

[172] FARHANG-BOROUJENY B. OFDM versus filter bank multicarrier[J]. IEEE Signal Processing Magazine, 2011, 28(3): 92-112.

[173] 张登银，郑宝玉. 广义正交传输系统及其高效实现方法[J]. 通信学报，2002，23(12): 102-109.

[174] KALET I. The multitone channel[J]. IEEE Transactions on Communications, 1989, 37(2): 119-124.

[175] BINGHAM J A C. Multicarrier modulation for data transmission: An idea whose time has come[J]. IEEE Communications Magazine, 1990, 28(5): 5-14.

[176] CHOW J S, TU J C, CIOFFI J M. A discrete multitone transceiver system for HDSL applications [J]. IEEE Journal on Selected Areas in Communications, 1991, 9(6): 895-908.

[177] VAIDYANATHAN P P. Filter banks in digital communications[J]. IEEE Circuits and Systems Magazine, 2001, 1(2): 4-25.

[178] VAIDYANATHAN P P, VRCELJ B. Biorthogonal partners and applications[J]. IEEE Transactions on Signal Processing, 2001, 49(5): 1013-1027.

[179] SIOHAN P, SICLET C, LACAILLE N. Analysis and design of OFDM/OQAM systems based on filterbank theory[J]. IEEE Transactions on Signal Processing, 2002, 50(5): 1170-1183.

[180] HARA S, PRASAD R. Overview of multicarrier CDMA[J]. IEEE Communications Magazine, 1997, 35(12): 126-133.

[181] YANG L L, HANZO L. Multicarrier DS-CDMA: A multiple access scheme for ubiquitous broadband wireless communications[J]. IEEE Communications Magazine, 2003, 41(10): 116-124.

[182] MEI L, WEIDONG L, DEQING S, et al. A MC-CDMA system based on CMFB[C]. Proceedings of the 2004 IEEE International Conference on Control Applications, 2004, 1: 45-50.

[183] VRCELJ B, VAIDYANATHAN P P. Theory of MIMO biorthogonal partners and their application in channel equalization[C]. IEEE International Conference on Communications, 2001, 2: 377-381.

[184] VRCELJ B, VAIDYANATHAN P P. MIMO biorthogonal partners and applications[J]. IEEE Transactions on Signal Processing, 2002, 50(3): 528-542.

[185] CROCHIERE R, WEBBER S, FLANAGAN J. Digital coding of speech in sub-bands[C]. ICASSP '76. IEEE International Conference on Acoustics, Speech, and Signal Processing, 1976, 1: 233-236.

[186] ESTEBAN D, GALAND C. Application of quadrature mirror filters to split band voice coding schemes[C]. ICASSP '77. IEEE International Conference on Acoustics, Speech, and Signal Processing, 1977, 2: 191-195.

[187] JAYANT N S. Digital coding of speech waveforms: PCM, DPCM, and DM quantizers[J]. Proceedings of the IEEE, 1974, 62(5): 611-632.

[188] HUFFMAN D A. A method for the construction of minimum-redundancy codes[J]. Proceedings of the IRE, 1952, 40(9): 1098-1101.

[189] ISO/IEC JTC 1. ISO/IEC 11172-3 Information technology—coding of moving pictures and associated audio for digital storage media at up to about 1, 5 Mbit/s—Part 3: Audio [S]. 1993.

[190] PAN D. A tutorial on MPEG/audio compression[J]. IEEE MultiMedia, 1995, 2(2): 60-74.

[191] VIVONE G, ALPARONE L, CHANUSSOT J, et al. A critical comparison among pansharpening algorithms[J]. IEEE Transactions on Geoscience and Remote Sensing, 2015, 53(5): 2565-2586.

[192] JR. P S C, SIDES S C, ANDERSON J A. Comparison of three different methods to merge multiresolution and multispectral data: Landsat TM and SPOT panchromatic[J]. Photogramm. Eng. Remote Sens., 1991, 57(3): 295-303.

[193] LABEN C A, BROWER B V. Process for enhancing the spatial resolution of multispectral imagery using pan-sharpening: US Patent No.6011875[P], 2000.

[194] ALPARONE L, BARONTI S, AIAZZI B, et al. Spatial methods for multispectral pansharpening: Multiresolution analysis demystified[J]. IEEE Transactions on Geoscience and Remote Sensing, 2016, 54(5): 2563-2576.

[195] 杨小远，石岩，王敬凯. 基于框架理论的图像融合[M]. 北京：科学出版社，2019.

[196] WALD L, RANCHIN T, MANGOLINI M. Fusion of satellite images of different spatial resolution: Assessing the quality of resulting images[J]. Photogramm. Eng. Remote Sensing, 1997, 63 (6): 691-699.

[197] PALSSON F, SVEINSSON J R, ULFARSSON M O, et al. Quantitative quality evaluation of pansharpened imagery: Consistency versus synthesis[J]. IEEE Transactions on Geoscience and Remote Sensing, 2016, 54(3): 1247-1259.

[198] VIVONE G, MURA M D, GARZELLI A, et al. A new benchmark based on recent advances in multispectral pansharpening: Revisiting pansharpening with classical and emerging pansharpening methods[J]. IEEE Geoscience and Remote Sensing Magazine, 2021, 9(1): 53-81.

[199] VIVONE G, MURA M D, GARZELLI A, et al. A benchmarking protocol for pansharpening: Dataset, preprocessing, and quality assessment[J]. IEEE Journal of Selected Topics in Applied Earth Observations and Remote Sensing, 2021, 14: 6102-6118.

[200] DONOHO D L, JOHNSTONE I M. Ideal spatial adaptation by wavelet shrinkage[J]. Biometrika, 1994, 81: 425-455.

[201] DONOHO D L. De-noising by soft-thresholding[J]. IEEE Transactions on Information Theory, 1995, 41(3): 613-627.

[202] CHANG S G, YU B, VETTERLI M. Adaptive wavelet thresholding for image denoising and compression[J]. IEEE Transactions on Image Processing, 2000, 9(9): 1532-1546.

附录A

实验代码

A.1 第 3 章

实验 3.1

```
% 利用firpr2chfb设计两通道滤波器组
clear;

N = 19;      % 滤波器阶数
fp = 0.35; % 通带截止频率
[h0,h1,g0,g1] = firpr2chfb(N,fp);

% 绘制频率响应
[a0,w0] = freqz(h0);
plot(w0/pi,20*log10(abs(a0)),'LineWidth',1.5); hold on;
[a1,w1] = freqz(h1);
plot(w1/pi,20*log10(abs(a1)),'LineWidth',1.5);
axis([0 1 -70 10]); grid on;
xlabel('\omega/\pi');ylabel('幅度(dB)');
text(0.2,2.5,'H_0');text(0.8,2.5,'H_1');
figure;
[b0,w2] = freqz(g0);
plot(w2/pi,20*log10(abs(b0)),'LineWidth',1.5); hold on;
[b1,w3] = freqz(g1);
plot(w3/pi,20*log10(abs(b1)),'LineWidth',1.5);
axis([0 1 -70 15]); grid on;
xlabel('\omega/\pi');ylabel('幅度(dB)');
text(0.2,9,'G_0');text(0.8,9,'G_1');

% 验证完全重构
n = 0:N;
```

```
a = conv(g0,((-1).^n.*h0))+conv(g1,((-1).^n.*h1));
t = 1/2*conv(g0,h0)+1/2*conv(g1,h1);
figure
subplot(1,2,1)
stem(a,'LineWidth',1);
title('a(n)');
axis([0 40 -0.5 0.5]);
subplot(1,2,2)
stem(t,'LineWidth',1);
title('t(n)');
axis([0 40 -0.1 1.1]);
set(gcf,'Units','centimeter','Position',[5 5 20 5]);
```

实验 3.2

```
% 利用半带滤波器设计两通道滤波器组
clear;


Fs = 1000;      % 采样频率
f = [180 320];  % 截止频率
a = [1 0];      % 幅频响应
ds = 0.01;      % 阻带波纹
dp = ds;        % 通带波纹
[N,fo,ao,w]=firpmord(f,a,[ds dp],Fs);  % 估计半带滤波器的阶数
if rem(N,2) == 1
    N = N+1; % 保证阶数为偶数
end
[p,d] = firpm(N,fo,ao,w); % 设计半带滤波器
p(N/2+1) = p(N/2+1)+d; % 保证频率响应非负


z = roots(p);
m = zplane(z,[]); % 零点分布图
set(m,'linewidth',1.5);
x = real(z)+0.1;
y = imag(z);
x([4,8,7,11]) = x([4,8,7,11])-0.1;
y([4,8,7,11]) = y([4,8,7,11])-0.1;
for i=1:length(z)
    label{i} = ['z_{',num2str(i),'}'];
end
text(x,y,label);
% 根据零点分布图选取单位圆内的零点
zh = [z(4) z(5) z(8) z(9) z(12) z(13) z(14)]';
```

```
% 滤波器组设计
[b0,a0] = zp2tf(zh,[],1);
n = 0:length(b0)-1;
b1 = (-1).^n.*b0;
b2 = 2*b0;
b3 = -2*b1;

% 绘制半带滤波器幅频响应
[amp,w] = freqz(p);
figure;
plot(w/pi,abs(amp),'LineWidth',1.5); grid on;
xlabel('\omega/\pi');ylabel('幅度');

% 绘制滤波器组幅频响应
[h0,w0] = freqz(b0,a0);
[h1,w1] = freqz(b1,a0);
[g0,w2] = freqz(b2,a0);
[g1,w3] = freqz(b3,a0);
figure;
plot(w0/pi,20*log10(abs(h0)/max(h0)),'LineWidth',1.5);
hold on;
plot(w1/pi,20*log10(abs(h1)/max(h0)),'LineWidth',1.5);
axis([0 1 -50 7]); grid on;
xlabel('\omega/\pi');ylabel('幅度(dB)');
text(0.2,2.5,'H_0');text(0.8,2.5,'H_1');
figure;
plot(w2/pi,20*log10(abs(g0)/max(h0)),'LineWidth',1.5);
hold on;
plot(w3/pi,20*log10(abs(g1)/max(h0)),'LineWidth',1.5);
axis([0 1 -50 13]); grid on;
xlabel('\omega/\pi');ylabel('幅度(dB)');
text(0.2,9,'G_0');text(0.8,9,'G_1');
```

A.2 第 5 章

例 5.2

```
% Haar小波分解示例
clear
Tx = 256;
x = linspace(0,1,Tx);
```

```
y = 1.5*sin(4*pi*x)+0.3*cos(20*(x-0.4).*x)+sin(10*pi*(1-x));
n1 = -3*sin(70*pi*(1-x));
n2=2*sin(75*pi*x);
t1 = floor(0.2*Tx);
t2 = floor(0.6*Tx);
n1 = [zeros(1,t1-3) n1(t1-2:t1+2) zeros(1,Tx-t1-2)];
n2 = [zeros(1,t2-3) n2(t2-2:t2+2) zeros(1,Tx-t2-2)];
z = y+n1+n2; % 生成具有突变的信号

lw = 1.5;
fsiz = 14;
subplot(4,2,1)
plot(x,z,'LineWidth',lw);
xlabel('(a) $f(t)$','Interpreter','latex');
set(gca,'fontname','times','fontsize',fsiz);

subplot(4,2,2)
stairs(x,z,'LineWidth',lw);
xlabel('(b) $f_8(t)$','Interpreter','latex');
set(gca,'fontname','times','fontsize',fsiz);

sub = {'(c)','(d)','(e)','(f)','(g)','(h)'};

for i = 1:3
k = 8-i;
[c,s] = wavedec(z,1,'haar'); % 一维小波分解
a = appcoef(c,s,'haar')/sqrt(2);
d = detcoef(c,s)*sqrt(2);
T = length(a);
subplot(4,2,2*i+1)
stairs(linspace(0,1,T),a,'LineWidth',lw);
at = [sub{2*i-1} ' $a_' num2str(k) '(t)\in V_' num2str(k) '$'];
xlabel(at,'Interpreter','latex');
set(gca,'fontname','times','fontsize',fsiz);

subplot(4,2,2*i+2)
stairs(linspace(0,1,T),d,'LineWidth',lw);
dt = [sub{2*i} ' $d_' num2str(k) '(t)\in W_' num2str(k) '$'];
xlabel(dt,'Interpreter','latex');
z = a;
set(gca,'fontname','times','fontsize',fsiz);
end
```

A.3　第 6 章

实验 6.1

```
% 分数域抽取
% 生成原始信号与抽取信号
N = 1000;
T = 3;
t = linspace(-T,T,N);
xi = sinc(3*t).^2; % 原始信号
D = 4; % 抽取因子
x_d = xi(1:D:end); % 抽取信号
% 原始信号补零以确保正确的采样率关系
x = [zeros(1,(D-1)*N/2),xi,zeros(1,(D-1)*N/2)];

figure;
subplot(2,2,1)
plot(t,xi,'linewidth',1);
xlabel('t');
title('原始信号');

a = [0.5 0.7 1]; % 变换阶次
for i = 1:length(a)
p = a(i);
alpha = pi/2*p;
% 数值计算并幅度归一化
y = frft(x,p)*sqrt(length(x));
y_d = frft(x_d,p)*sqrt(length(x_d));

% 画图
subplot(2,2,i+1)
L = pi*sin(alpha);
w1 = linspace(-L,L,length(y));
w2 = linspace(-L,L,length(y_d));
plot(w1,abs(y),'linewidth',1);
hold on;
plot(w2,abs(y_d),'linewidth',1);
xlim([-L,L]);
title(strcat('FrFT谱 p=',num2str(p)));
xlabel('u');
legend('原始信号','抽取后');
end
```

实验 6.2

```
% 分数域内插
% 生成原始信号与内插信号
N = 1000;
T = 3;
t = linspace(-T,T,N);
x =sinc(10*t).^2; % 原始信号
I = 3; % 内插因子
N = length(x);
x_i = zeros(1,I*N);
x_i(1:I:end) = x; % 内插信号
% 内插信号补零以确保正确的采样率关系
x_i = [zeros(1,(I^2-I)*N/2),x_i,zeros(1,(I^2-I)*N/2)];

figure;
subplot(2,2,1)
plot(t,x,'linewidth',1);
xlabel('t');
title('原始信号');

a = [0.3 0.6 1]; % 变换阶次
for i = 1:length(a)
p = a(i);
alpha = pi/2*p;
% 数值计算并幅度归一化
y = frft(x,p)*sqrt(length(x));
y_i = frft(x_i,p)*sqrt(length(x_i));

% 画图
subplot(2,2,i+1)
L=pi*sin(alpha);
w1=linspace(-L,L,length(y));
w2=linspace(-L,L,length(y_i));
plot(w1,abs(y),'linewidth',1);
hold on;
plot(w2,abs(y_i),'linewidth',1);
xlim([-L,L]);
title(['FrFT谱 p=',num2str(p)]);
xlabel('u');
legend('原始信号','内插后');
end
```

分数阶傅里叶变换主程序

```matlab
function Faf = frft(f,a)
% 分数阶傅里叶变换离散化算法
f = f(:);
N = length(f);
shft = rem((0:N-1)+fix(N/2),N)+1;
sN = sqrt(N);
a = mod(a,4);
% 特殊阶次
if (a==0), Faf = f; return; end
if (a==2), Faf = flipud(f); return; end
if (a==1), Faf(shft,1) = fft(f(shft))/sN; return; end
if (a==3), Faf(shft,1) = ifft(f(shft))*sN; return; end
% 变换到0.5 < a < 1.5
if (a>2.0), a = a-2; f = flipud(f); end
if (a>1.5), a = a-1; f(shft,1) = fft(f(shft))/sN; end
if (a<0.5), a = a+1; f(shft,1) = ifft(f(shft))*sN; end

alpha = a*pi/2;
tana2 = tan(alpha/2);
sina = sin(alpha);
f = [zeros(N-1,1) ; interp(f) ; zeros(N-1,1)];
% chirp乘积
chrp = exp(-1i*pi/N*tana2/4*(-2*N+2:2*N-2)'.^2);
f = chrp.*f;
% chirp卷积
c = pi/N/sina/4;
Faf = conv(exp(1i*c*(-(4*N-4):4*N-4)'.^2),f);
Faf = Faf(4*N-3:8*N-7)*sqrt(c/pi);
% chirp乘积
Faf = chrp.*Faf;
% 系数归一化
Faf = exp(-1i*(1-a)*pi/4)*Faf(N:2:end-N+1);

end


%%%%%%%%%%%%%%%%%%%%%%%%
function xint = interp(x)
% sinc插值
N = length(x);
y = zeros(2*N-1,1);
```

```
y(1:2:2*N-1) = x;
xint = conv(y(1:2*N-1), sinc([-(2*N-3):(2*N-3)]'/2));
xint = xint(2*N-2:end-2*N+3);


end
```

A.4 第 11 章

音频子带编码实验

```
% 音频子带编码示例
load handel; % 加载文件
L = 2^16; % 截断
y = y(1:L);
N = 41;
fp = 0.4;
[h0,h1,g0,g1] = firpr2chfb(N,fp); % 设计滤波器组
[y0,y1] = sigdec(y,h0,h1); % 分解
a = 2^3; % 位数
[predictor1,codebook1,partition1] = dpcmopt(y0,1,a);
[predictor2,codebook2,partition2] = dpcmopt(y1,1,a);
% DPCM编码
x0 = dpcmenco(y0,codebook1,partition1,predictor1);
x1 = dpcmenco(y1,codebook2,partition2,predictor2);
% DPCM解码
dx0 = dpcmdeco(x0,codebook1,predictor2);
dx1 = dpcmdeco(x1,codebook1,predictor2);
dy=sigrec(dx0,dx1,g0,g1); % 重构
dy=dy(N+1:end-N-1); % 对齐
% 写入文件
save('ori.mat','y');
ori = dir('ori.mat');
save('enco.mat','dy');
enco = dir('enco.mat');
r = ori.bytes/enco.bytes; % 压缩比
mse = immse(y,dy'); % 重构信号与原始信号均方误差
```

```
% 信号分解
function [y0,y1] = sigdec(x,h0,h1)


u0 = conv(x,h0);
```

```
u1 = conv(x,h1);
y0 = downsample(u0,2);
y1 = downsample(u1,2);

end
```

```
% 信号重构
function y = sigrec(x0,x1,g0,g1)

v0 = upsample(x0,2);
v1 = upsample(x1,2);
y0 = conv(v0,g0);
y1 = conv(v1,g1);
y = y0+y1;

end
```

A.5 第 12 章

全色锐化实验

```
% 全色锐化示例
data = 'W4_Mexi_Urb_FR.mat';
load(data); % 加载数据

wname = 'haar'; % 小波基
[FUS,R] = pansharp_swt(MS_LR,PAN,wname); % 全色锐化主程序

% 数值评价
FUS = ms_deg(FUS,R); % 退化
REF = MS_LR; % 以原始MS为参考
SAM_index = ind_sam(FUS,REF);
Q4_index = ind_q4(FUS,REF);
ERGAS_index = ind_ergas(FUS,REF,R);
```

```
function [fus,R] = pansharp_swt(ms,pan,wname)
% 使用多孔（平稳）小波变换进行全色锐化
% ms -- 原始多光谱图像
% pan -- 原始全色图像
% wname -- 小波基
% fus -- 融合图像
```

```
% R -- 分辨率之比

R = round(size(pan,1)/size(ms,1)); % 高低分辨率之比
L = ceil(log2(R)); % 变换级数
[A,H,V,D] = swt2(pan,L,wname); % 分解
detail = iswt2(zeros(size(A)),H,V,D,wname); % 重构细节
ms = imresize(ms,R); % 多光谱图像插值
fus = ms + repmat(detail,1,1,size(ms,3)); % 细节注入

end
```

```
function [fus,R] = pansharp_dwt(ms,pan,wname)
% 使用离散小波变换进行全色锐化
% ms -- 原始多光谱图像
% pan -- 原始全色图像
% wname -- 小波基
% fus -- 融合图像
% R -- 分辨率之比

R = round(size(pan,1)/size(ms,1)); % 高低分辨率之比
L = ceil(log2(R)); % 变换级数
[C,S] = wavedec2(pan,L,wname); 分解
sizeA = S(1,:);
C(1,1:sizeA(1)*sizeA(2)) = 0;
detail = waverec2(C,S,wname); % 重构细节
ms = imresize(ms,R); % 多光谱图像插值
fus = ms + repmat(detail,1,1,size(ms,3)); % 细节注入

end
```

```
function ms = ms_deg(ms,R)
% 融合图像退化，用于一致性评价

L=44;
h = fir1(L,1/R);
h = h'*h;
ms = imfilter(ms,h);
ms = ms(1:R:end,1:R:end,:);

end
```

```
function e = ind_ergas(x,y,r)
% 全局无量纲指标
b = size(x,3);
x = reshape(x,[],b);
y = reshape(y,[],b);
mser =  mean((x-y).^2);
mea = mean(x).^2+eps;
m = mean(mser./mea);
e=100/r*sqrt(m);


end
```

```
function s = ind_sam(x,y)
% 光谱角映射指标
A=sum(x.*y,3);
B=sqrt(sum(x.^2,3).*sum(y.^2,3));
T=A./(B+eps);
T = acos(T);
s = mean2(T)*180/pi;
s = abs(s);


end
```

```
function q=ind_q4(X,Y)
% Q4指标
X=reshape(X,[],4);
Y=reshape(Y,[],4);
u1=mean(X);
u2=mean(Y);
M=quatmultiply(X,quatconj(Y));
cov=mean(M)-quatmultiply(u1,quatconj(u2));
cov=sqrt(quatnorm(cov));
u1=quatnorm(u1);
u2=quatnorm(u2);
w = sum(X.^2,2);
v = sum(Y.^2,2);
s1=mean(w)-u1;
s2=mean(v)-u2;
q=4*cov*sqrt(u1*u2)/(s1+s2+eps)/(u1+u2+eps);


end
```

图像去噪实验

```
% 图像去噪示例
imname = 'Lena.tif'; % 读取无噪图像
im = imread(imname);
im = im2double(im);

sigma = 20; % 噪声标准差
sigma_n = sigma/255;
y = imnoise(im, 'gaussian', 0, sigma_n^2); % 生成含噪图像
peaksnr_ref = psnr(y,im);

L = 3; % 变换级数
wname = 'bior4.4'; % 小波基

% dtcwt
[out_univ_dtcwt] = de_dtcwt(y,L,'Universal');
peaksnr_univ_dtcwt = psnr(out_univ_dtcwt,im);
[out_Bayes_dtcwt] = de_dtcwt(y,L,'BayesShrink');
peaksnr_Bayes_dtcwt = psnr(out_Bayes_dtcwt,im);

% swt
[out_univ_swt] = de_swt(y,L,wname,'Universal');
peaksnr_univ_swt = psnr(out_univ_swt,im);
[out_Bayes_swt] = de_swt(y,L,wname,'BayesShrink');
peaksnr_Bayes_swt = psnr(out_Bayes_swt,im);
```

```
function y = de_dtcwt(x,L,threshold)
% 使用双树复小波进行去噪处理
% x -- 含噪图像
% L -- 分解级数
% threshold -- 阈值方法: 'Universal'/'BayesShrink'
% y -- 去噪图像

[A,D] = dualtree2(y,'Level',L);
denoise_D = cell(size(D,1),size(D,2));

for i = 1:1:L
    detail = D{i,1};
    d_real = real(detail);      % N*N*6
    d_imag = imag(detail);
    R = zeros(size(d_real));
```

```
        I = zeros(size(d_imag));
        for j = 1:1:6
            % 噪声标准差估计
            s_real = median(abs(d_real(:,:,j)),'all') / 0.6745;
            s_imag = median(abs(d_imag(:,:,j)),'all') / 0.6745;
            switch threshold
            case 'Universal'
                N = size(R,1);
                t_u_real = s_real * sqrt(2 * 2 * log(N));
                t_u_imag = s_imag * sqrt(2 * 2 * log(N));
                R(:,:,j) = wthresh(d_real(:,:,j),'s',t_u_real);
                I(:,:,j) = wthresh(d_imag(:,:,j),'s',t_u_imag);
            case 'BayesShrink'
                R(:,:,j) = bayesshrink(d_real(:,:,j),s_real);
                I(:,:,j) = bayesshrink(d_imag(:,:,j),s_imag);
            end
        end
        denoise_D{i,1} = R + 1i * I;
    end

    out = idualtree2(A,denoise_D);

end
```

```
function y = de_swt(x,L,wname,threshold)
% 使用平稳小波进行去噪处理
% x -- 含噪图像
% L -- 分解级数
% wname -- 小波基
% threshold -- 阈值方法：'Universal'/'BayesShrink'
% y -- 去噪图像

[A,H,V,D] = swt2(y,L,wname);

H_T = zeros(size(H));
V_T = zeros(size(V));
D_T = zeros(size(D));
for i = 1:1:L
    sigma_H = median(abs(H(:,:,i)),'all') / 0.6745;
    sigma_V = median(abs(V(:,:,i)),'all') / 0.6745;
    sigma_D = median(abs(D(:,:,i)),'all') / 0.6745;
    switch threshold
```

```
    case 'Universal'
        N = size(y,1);
        th_univ_H = sigma_H * sqrt(2 * 2 * log(N));
        th_univ_V = sigma_V * sqrt(2 * 2 * log(N));
        th_univ_D = sigma_D * sqrt(2 * 2 * log(N));
        H_T(:,:,i) = wthresh(H(:,:,i),'s',th_univ_H);
        V_T(:,:,i) = wthresh(V(:,:,i),'s',th_univ_V);
        D_T(:,:,i) = wthresh(D(:,:,i),'s',th_univ_D);
    case 'BayesShrink'
        H_T(:,:,i) = bayesshrink(H(:,:,i),sigma_H);
        V_T(:,:,i) = bayesshrink(V(:,:,i),sigma_V);
        D_T(:,:,i) = bayesshrink(D(:,:,i),sigma_D);
    end
end
out = iswt2(A,H_T,V_T,D_T,wname);


end
```

```
function out = bayesshrink(input,sigma_n)
% BayesShrink阈值去噪
% input -- 小波子带系数
% sigman -- 噪声标准差
% out -- 经过阈值处理的小波系数

sigma = std2(input);
sigma_x = sqrt(max(sigma^2 - sigma_n^2,0));
T = sigma_n^2 / (sigma_x+eps);
out = wthresh(input,'s',T); % 软阈值

end
```

图 书 资 源 支 持

感谢您一直以来对清华版图书的支持和爱护。为了配合本书的使用，本书提供配套的资源，有需求的读者请扫描下方的"书圈"微信公众号二维码，在图书专区下载，也可以拨打电话或发送电子邮件咨询。

如果您在使用本书的过程中遇到了什么问题，或者有相关图书出版计划，也请您发邮件告诉我们，以便我们更好地为您服务。

我们的联系方式：

地　　　址：北京市海淀区双清路学研大厦 A 座 714

邮　　　编：100084

电　　　话：010-83470236　　010-83470237

客服邮箱：2301891038@qq.com

QQ：2301891038（请写明您的单位和姓名）

资源下载：关注公众号"书圈"下载配套资源。

资源下载、样书申请

书 圈

图书案例

清华计算机学堂

观看课程直播